U0203853

材料研究方法

（第二版）

王　茹　顾书英　林　健　吴建国　主编

北　京

内 容 简 介

本书着重论述各种材料研究方法的基本原理、样品制备及应用，内容简明、实用，尽可能地展现先进的方法。书中的研究方法包括光学显微分析、X射线衍射分析、电子显微分析、热分析、分子与原子光谱分析、核磁共振分析、质谱分析、色谱分析、X射线光电子能谱分析、X射线荧光光谱分析、俄歇电子能谱分析、低能电子衍射分析、扫描隧道显微镜和原子力显微镜分析，以及X射线计算机断层扫描分析。书中融合了编者在科研中的综合应用实例。

本书适用学科范围广，适应宽知识面的人才培养要求，可作为高等学校材料类专业本科生、研究生的教学用书，也可作为材料相关专业工程技术人员的参考用书。

图书在版编目（CIP）数据

材料研究方法 / 王茹等主编. -- 2版. -- 北京 : 科学出版社，2024. 6. -- ISBN 978-7-03-074907-9

Ⅰ. TB3-3

中国国家版本馆 CIP 数据核字第 2024KG0439 号

责任编辑：侯晓敏 陈雅娴 李丽娇 / 责任校对：杨 赛
责任印制：赵 博 / 封面设计：陈 敬

科 学 出 版 社 出版
北京东黄城根北街 16 号
邮政编码：100717
http://www.sciencep.com

三河市春园印刷有限公司印刷
科学出版社发行 各地新华书店经销
*

2005 年 4 月第 一 版 开本：787×1092 1/16
2024 年 6 月第 二 版 印张：22 1/2
2024 年 11 月第二十六次印刷 字数：548 000

定价：78.00 元
（如有印装质量问题，我社负责调换）

第二版前言

本书第一版自 2005 年出版以来，至今已印刷二十余次，依托课程"材料研究方法"于 2007 年入选国家级精品课程。科学技术的飞速发展促进了研究技术的不断发展和新的研究方法的不断涌现，提高了材料研究者对研究方法的掌握要求，加上高等教育的改革与发展的需要，本书亟须更新和补充。为此，编者对第一版进行了大幅度修订。修订过程中，广泛听取了兄弟院校同行的反馈意见，也汲取了编者多年的教学与科研经验，在第一版基础上更新原有研究方法，并补充了一些新方法。

本书精简了仪器构造描述，着重论述研究方法的基本原理、样品制备及应用，内容力求简明、实用，并尽可能展现最先进的方法。更新的研究方法包括光学显微分析、X 射线衍射分析、电子显微分析、热分析、红外光谱分析、紫外光谱分析、激光拉曼光谱分析、核磁共振分析、质谱分析等，以及编者在科研中的综合应用实例。补充的研究方法有原子光谱分析、色谱分析、X 射线荧光光谱分析、扫描隧道显微镜分析、原子力显微镜分析、X 射线计算机断层扫描分析等。另外，扩展了 X 射线光电子能谱分析、俄歇电子能谱分析、低能电子衍射分析等表面分析方法。

本书依然具有适用学科范围广的教学特点，更能适应宽知识面的人才培养要求，满足大材料专业本科生和研究生的教学用书需要，也可作为材料类及相关专业工程技术人员的参考用书。

本书由王培铭编写第 1、4、11 章，林健编写第 2、5 章，吴建国编写第 3、10 章，顾书英编写第 6 章，许乾慰编写第 7、9 章，王茹编写第 8 章并组织编写人员互相核对和统稿。

在此，谨向在本书编写和出版过程中给予支持和帮助的各位同仁表示衷心的感谢！

由于编者水平有限，书中难免有疏漏和不妥之处，敬请读者批评指正！

编 者

2024 年 3 月

第一版前言

本书为同济大学"十五"规划教材，由同济大学教材、学术著作基金委员会资助。

测试方法在材料的发展中起着非常重要的作用。随着科学技术的发展，人们对材料性能的要求日益广泛和苛刻，对材料性能及其组分和微观结构的关系越来越感兴趣，因而不断出现新的研究方法。测试手段也越来越多样化，实验方法的数量随着科学技术的发展而急速增加。

本书介绍了材料研究常用的分析测试方法，包括光学显微分析、X射线衍射分析、电子衍射分析、电子显微分析、热分析、光谱分析、核磁共振分析、色谱分析、质谱分析等分析方法以及这些方法在材料测试中的综合应用。本书着重论述分析测试方法的基本原理、样品制备及应用，内容力求简明、实用，具有适应学科范围广的教学特点，并尽可能展现最先进的分析测试方法，如环境扫描电镜和近场光学显微镜等。

本书根据拓宽专业口径、加强专业基础的需要，为适应材料学和材料加工工程专业的教学而编写。本书能适应现代社会对宽知识面的人才的培养要求，能满足大材料专业研究生的教学用书需要，同时也可作为材料类及相关专业本科生和工程技术人员的参考用书。

本书由王培铭编写第1、4、9章，林健编写第2、5章，吴建国编写第3章，许乾慰编写第6~8章。

本书在编写和出版过程中，得到同济大学的大力支持，在此表示衷心的感谢！

编　者
2005 年 2 月

目　　录

第 1 章

绪　　论

1.1　材料研究的意义和内容

材料科学的主要任务是研究材料。材料一般是指可以用来制造有用的构件、器件或其他物品的物质，也可以说是将原料通过物理或化学方法加工制成的金属、无机非金属、有机高分子和复合材料的物质。它们一方面作为构件、器件或物品的原材料或半成品，如金属、硬质材、有机高分子、木材、人造纤维、天然石材和某些玻璃等；另一方面可以在单级工艺过程中同时制成最终产品，如陶瓷和玻璃制品等。

无论何种材料，都具有一定的性能，既有共性，也有特性。这些材料的不同性能是材料内部因素在一定外界因素作用下的综合反映。材料的内部因素一般来说包括物质的组成和结构。从原子级结构来说，这些材料的不同性能主要由结合键的差异决定。金属材料以典型的金属键结合，内部有大量自由运动的电子，因而导电性好；在变形时也不会破坏键的结合，因而塑性好；原子排列紧密，因而密度大。无机非金属材料以离子键、共价键或这两种键的混合键结合，所以通常不导电；键的结合力强且有方向性，变形时要破坏局部的键结合，因而硬度高且很脆；原子排列不如金属紧密，因而密度比金属低。因此可以说，物质的组成和结构直接决定了材料的性能。

物质的组成和结构取决于材料的制备和使用条件。在材料制备和使用过程中，物质经历了一系列物理、化学或物理化学变化。因此，材料的制备工艺和使用过程，特别是前者直接决定了材料的组成和结构，从而决定了材料的性能。例如，一根化学组成相同的铜棒，分别用铸造方法和轧制方法成型后，其显微结构完全不同，前者含辐射状排列的长晶粒，且含有气孔和气泡；后者含圆形晶粒，且含有被拉长的非金属夹杂物和内部原子排列缺陷。因此，这两者的性能是不相同的：铸造件强度较低，容易发生脆性开裂；轧制件的强度则高得多，但因存在夹杂物和缺陷也会发生开裂；如果通过热处理改变结构，则金属的强度和韧性将大幅度提高。再如，同样是聚氨酯，可制成橡胶和纤维，也可做塑料和胶黏剂，这也主要取决于结构的改变。化学组成相同的水泥浆体在 5℃ 和 20℃ 下养护形成的结构完全不同：前者的水化产物粒子尺寸大，浆体密实度大，后期强度高；后者粒子尺寸较小，浆体密实度小，随着使用时间的延长，在环境介质的影响下，更容易发生结构上的变化，使性能下降。正是由于考虑到制备工艺和使用过程具有这种重要性，材料研究应着重于探索制备过程前后和使用过程中的物质变化规律，在此基础上探明材料的组成(结构)、合成(制备)、性能、使用效能与环境协调性及其之间的相互关系(图 1.1)，或者说在全程考虑环境协调性的条件下，找出经一定工艺流程获得的材料的组成(结构)对于材料性能与用途的影响规律，以达到基于环境友好条件对材料优化设计的目的，从而将经验性工艺逐步纳入材料科学与工程的轨道。

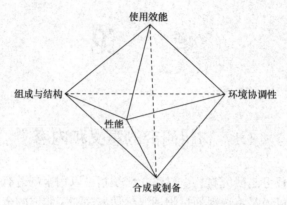

图 1.1   材料科学五要素关系示意图

材料研究还须以正确的研究方法为前提。研究方法，从广义上来说，包括技术路线、实验技术、数据分析等。具体来说，就是在充分了解研究对象所处现状的基础上，根据具体目标，详细制定研究内容、工作步骤及所采用的实验手段，并将实验获得的数据进行数学分析和处理，最后得出规律或建立数学模型。其中，技术路线的制定是至关重要的，实验方法的选择也是非常关键的。比如，虽然制定出完整的技术路线，但若没有相应的实验方法或先进的测试手段与之对应，有可能达不到预期的目的；反过来，若仅有先进的测试手段而没有正确的技术路线，也同样达不到预期目的；两者相辅相成，缺一不可。

从狭义上来说，研究方法就是某一种测试方法，如 X 射线衍射分析、电子显微分析、热分析等，包括实验数据(信息)获取和分析。因为每一种实验方法均需要一定的仪器，所以也可以说，研究方法主要指测试材料微观结构、化学组成和物相组成的仪器方法。

1.2   材料研究方法分类

材料的仪器研究方法有很多种，图 1.2 列出了本书所涉及的 22 种。又根据应用场合和基本原理归于若干分类。应用场合是指所列研究方法主要用于材料的微观结构分析、化学组成分析和物相组成分析。基本原理则是所列方法的信息方式，如根据信息形式分为图像法和非图像法两大类，前者包含电子、X 射线、扫描探针等显微分析方法，后者包含电子和 X 射线衍射，光、能、热、质、色等谱分析。其实，对每一种具体的分析方法来说，并不一定仅用于一种场合，反之亦然。例如，图像法中的电子显微镜不仅用于微观结构分析，也可用于微区内的化学组成分析和物相组成分析。又如，非图像法中的红外吸收光谱不仅以谱的形式表现分子结构和化学组成，并推演物相组成，也可以通过扫描获得以图像形式表现特定基团(对应于特定物相)的微区分布，即显微结构。当然，不是所列的所有的分析方法都可以同时获得微观结构、化学组成和物相组成的信息。

图像法是材料结构分析的重要研究手段，以显微分析为主体。光学显微镜是在微米尺度观察材料结构的较普及的分析仪器，且可以获得连电子显微镜也无法提供的关于材料光

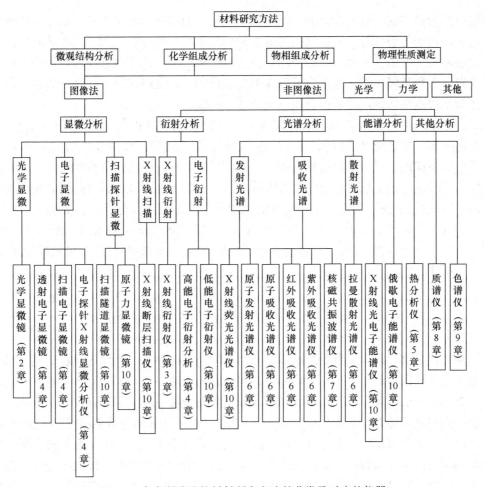

图 1.2 本书所涉及的材料研究方法的分类及对应的仪器

学性能的信息；扫描电子显微镜可达到亚微观结构的尺度，透射电子显微镜和扫描探针显微镜将观察尺度推进到纳米甚至原子级，如高分辨电子显微分析和扫描探针显微分析可用来研究原子的排列情况。电子显微镜不仅分辨能力高超，且能与微区电子衍射和微区化学元素分析合为一体，同时获得微区形貌-结构-成分的特点也是光学显微镜所不能及的，因此各种显微分析仪器的功能各有特色，应合理选用。

图像法既可根据图像的特点及有关的性质来分析和研究固体材料的相组成，也可形象地研究其结构特征和各项结构参数的测定。其中最有代表性的是形态学和体视学研究。形态学是研究材料中组成相的几何形状及其变化，进一步探究它们与生产工艺及材料性能间关系的科学。体视学是研究材料中组成相的形貌特征，通过结构参数的测量，确定各物相三维空间的颗粒的形态和大小以及各相百分含量的科学。4D 电子显微镜更是将三维空间的形态与经历时间联系了起来。

非图像法分为衍射分析和谱分析，衍射分析主要用来研究材料的结晶相及其参数，谱分析主要测定材料的化学成分或聚合物结构与形态及其演变，可以推断聚合物的物相及行为。

衍射分析包括 X 射线衍射、电子衍射等分析方法。无机非金属材料的结构测定仍以 X

射线衍射法为主。这一技术包括德拜粉末照相，背发射和透射劳厄照相，高温、常温、低温衍射仪，四圆衍射仪等。X 射线衍射分析物相较简便、快捷，适用于多相体系的综合分析，也能对尺寸在微米量级的单颗晶体材料进行结构分析。由于电子与物质的相互作用比 X 射线强 4 个数量级，而且电子束可以在电磁场作用下会聚得很细小，因此微细晶体或材料的亚微米尺度结构测定特别适合用电子衍射来完成。

光谱包括发射光谱(X 射线荧光光谱和原子发射光谱)、吸收光谱(原子吸收光谱、红外吸收光谱、紫外吸收光谱、核磁共振波谱)、拉曼散射光谱等。能谱包含 X 射线光电子能谱、俄歇电子能谱。再加上热分析、质谱、色谱等其他谱，上述谱分析的信息大多来源于整个样品，是统计性信息。但是，也有微区成像的，如上面提及的以红外吸收光谱为基础的红外显微镜(未单独列入图 1.2)；还有的仅用于样品表层组分分析的，如能谱。顺便提一下，图 1.2 中列出的两种能谱仅指电子能谱，其是按电子能量展谱的。而 X 射线能谱是按 X 射线光子能量展谱的，其包含在电子探针 X 射线显微分析仪中(详见第 4 章)，未单独列入图 1.2。

1.3　材料微观结构及其与组成的关系

微观结构是材料结构的重要组成部分。材料结构是指材料系统内各组成单元之间的相互联系和相互作用方式。从存在形式来讲，材料结构无非是相结构、晶体结构、非晶体结构、分子结构、原子-电子结构及它们不同形式且错综复杂的组合；而从尺寸上来讲，又分为宏观结构和微观结构，这是以人眼分辨率为界划分的，微观结构必须用仪器才能观察到；微观结构又分为显微结构、亚微观结构、微观结构等三个不同的层次，这是按观察所用仪器的分辨率范围大体划分的，显微结构和亚显微结构的划分以光学显微镜的分辨率为界，亚显微结构和微观结构的分界相当于普通扫描电子显微镜的分辨率。结构层次的尺寸范围如表 1.1 所示。

表 1.1　材料结构层次的划分及所用观察设备

物体尺寸	结构层次	观测设备	研究对象	举例
>100μm	宏观结构	肉眼 放大镜	颗粒集团 大孔	断面结构 外观缺陷 裂纹、空洞
100～0.2μm	显微结构	光学显微镜 红外显微镜 扫描电子显微镜 X 射线断层扫描仪	多相集团 晶粒 胶粒	物相或颗粒形状、大小、取向、分布； 物相光学性质：消光、干涉色、延性、多色性
0.2～0.01μm	亚显微结构 (细观结构)	近场光学显微镜 干涉光学显微镜 超分辨光学显微镜 透射电子显微镜 扫描电子显微镜	微晶 胶团	液相分离体、沉积、凝胶结构 界面形貌 晶体缺陷，如位错
<0.01μm	微观结构	高分辨电子显微镜 扫描隧道显微镜 原子力显微镜	原子结构 分子结构	原子排列及缺陷

宏观结构是指用人眼(有时借助放大镜)可分辨的结构范围,结构组成单元是相、颗粒、甚至是复合材料的组成材料,结构包括材料中的大孔隙、裂纹、不同材料的组合与复合方式(或形式)、各组成材料的分布等,如岩石层理与斑纹、混凝土中的砂石、纤维增强材料中纤维的多少与纤维的分布方向等。材料的宏观结构是影响材料性质的重要因素。材料的宏观结构不同,即使组成与微观结构等相同,材料的性质与用途也不同,如玻璃与泡沫玻璃、密实的灰砂硅酸盐砖与灰砂加气混凝土,它们的许多性质及用途有很大的不同。材料的宏观结构相同或相似,即使材料的组成或微观结构等不同,材料也具有某些相同或相似的性质与用途,如泡沫玻璃、泡沫塑料、加气混凝土等。

显微结构是指在光学显微镜下分辨出的结构范围,结构组成单元是这个尺度范围的各个相,结构是这些相的种类、数量、颗粒的形貌及其相互之间的关系,如陶瓷和水泥熟料中多种晶体粒子聚集方式、分布及其相互结合的状况等。

亚微观结构是指在普通电子显微镜(透射电子显微镜和扫描电子显微镜)下所能分辨的结构范围,结构组成单元是微晶粒、胶粒等粒子。这里的结构主要是单个粒子的形状、大小和分布,如各种晶体的构造缺陷、界面结构、水化硅酸钙凝胶粒子的形貌等。

微观结构是指高分辨电子显微镜所能分辨的结构范围,结构组成单元主要是原子、分子、离子或原子团等质点。微观结构就是这些质点在相互作用力下的聚集状态、排列形式(也称为原子级结构或分子级结构),如金属结晶物质的单胞、晶格特征,硅酸盐中 Si—O 四面体所组成的格架、空穴、氧离子配位,高分子链构型和构象等。

长期以来,各个材料领域对结构层次的划分、理解和使用并不一致,如有的并不是将结构分成上述四个层次,而是三个层次,即微观结构、亚微观结构(细观结构)和宏观结构或者原子级结构、显微结构和宏观结构,也有的干脆分成显微结构和宏观结构这两个层次,将亚微观结构和微观结构均包含在显微结构内(如陶瓷领域)。即便"微观结构"一词,也有一些不同的术语,如"微结构""组织结构"等。有时还会将其与"细观结构""细微结构""形貌""形态""聚集态结构""织态结构""织构""构型""构造"等术语混为一谈。其实,这些术语均具有特定含义,并有所区别。

举例来说,"细微结构"是矿物晶体颗粒自身的各项结构特征。"形貌"是指组成相的形状、大小和分布。"构造"是用来描述构成材料的组成矿物在空间分布的排列关系。高分子的"聚集态结构"包括晶态、非晶态、液晶态、取向态和织态结构,其中前四者是描述高分子聚集体中的分子之间是如何堆砌的,而织态结构是指聚合物中掺杂添加剂或其他杂质,或将不同性质的两种或多种聚合物混合形成的多组分复合材料中不同聚合物之间或聚合物与其他成分之间的堆砌排列方式。而无机矿物的"织构"(并非"组织结构")是指其在空间做"定向"排列的一类特殊的显微结构。

由此可以将微观结构定义为:借助仪器观察到的尺寸范围内的物相的种类、形状、大小、分布及相互关系。

物相是微观结构的主体。尽管微观结构有时可以仅利用显微镜就可以获得,但条件是微观结构所含的物相种类可以通过显微镜观察的物相形状特征直接鉴别得出,然而有时却不尽然。这是因为有些物相的形状特征不明显,并不能一一确切辨别。这就必须用显微镜以外的其他分析方法来确认物相种类。依据是,物相的种类与其化学组成、聚集态(晶体结构、非晶体结构、液晶结构、分子结构、固溶形式、混合形式等)相关,也与其化学组成缺陷和晶体结构缺陷相关，还与物相的相互关系与其界面的状态和取向有关。也就是说，在确认物相种类时，往往要用到这些信息的一种或多种，即这些信息是构成微观结构的直接和间接信息，从这里可以看出微观结构与化学组成和物相组成之间的相关性。同时应当注意到，微观结构、化学组成和物相组成又是可以完全各自独立的，如化学组成和物相组成可以分别或联合直接用来进行材料属性剖析，或推断材料的性能发展。

思考题与习题

1. 材料是如何分类的？其性质为什么有差异？
2. 材料研究方法与材料科学五要素中的哪些要素相关？
3. 微观结构在材料研究中占据什么地位？
4. 材料的微观结构与物相组成的关系是什么？

参 考 文 献

师昌绪. 1994. 材料大辞典. 北京：化学工业出版社

吴刚. 2002. 材料结构表征及应用. 北京：化学工业出版社

周志朝. 1993. 无机材料显微结构分析. 杭州：浙江大学出版社

第 2 章

光学显微分析

自古以来，人们就对微观世界充满了敬畏和好奇。光学显微分析技术是人类打开微观物质世界之门的第一把钥匙，在其 500 多年的发展历程中，人类步入微观世界，绚丽多彩的微观物质形貌逐渐展现在人们的面前。

15 世纪中叶，斯泰卢蒂(F. Stelluti)利用放大镜，即单式显微镜，研究蜜蜂，开始将人类的视角由宏观引向微观世界的广阔领域。此后，人们从简单的单透镜开始学会组装透镜具组，进而学会透镜具组、棱镜具组、反射镜具组的综合使用。约 1590 年，荷兰的詹森父子(H. Janssen 和 Z. Janssen)创造出最早的复式显微镜。17 世纪中叶，物理学家胡克(R. Hooke)设计了第一台性能较好的显微镜，此后惠更斯(C. Huygens)又制成了光学性能优良的惠更斯目镜，成为现代光学显微镜中诸多目镜的原型，为光学显微镜的发展做出了杰出贡献。19 世纪，德国的阿贝(E. Abbe)阐明了光学显微镜的成像原理，确定了光学显微镜分辨率 $0.2\mu m$ 的理论极限，并由此制造出油浸系物镜，制成了真正意义上的现代光学显微镜。

光学显微镜有多种分类方法：按使用目镜数目可分为双目、单目显微镜等；按图像是否有立体感可分为立体视觉和非立体视觉显微镜；按观察对象可分为生物、金相显微镜等；按光学原理可分为偏光、反光、相衬和相差干涉显微镜等；按光源类型可分为普通光、荧光、红外光和激光显微镜等；按接收器类型可分为目视、摄影和电视显微镜等。常用的光学显微镜有生物显微镜、偏光显微镜、金相显微镜、立体视觉显微镜、荧光显微镜等。

在材料科学领域中，大量材料或生产材料所用的原料往往包含各种各样的晶体。材料的晶相组成直接影响它们的结构和性质；而生产材料所用原料的晶相组成及其显微结构也直接影响生产工艺过程及产品性能。因此，对于各种材料及其原料性能、质量评价，除了考虑其化学组成外，还必须考虑它们的晶相组成及显微结构。简言之，显微结构是指构成材料的物相形貌、大小、分布以及它们之间的相互关系。

利用光学显微分析技术进行物相分析就是研究材料和其原料的显微结构，并以此来研究形成这些物相结构的工艺条件和产品性能之间的关系。

2.1 晶体光学基础

2.1.1 光的物理性质

光是键合电子在原子核外电子能级之间激发跃迁产生的自发能量变化，导致发射或吸收辐射能的一种形态。在麦克斯韦电磁理论中，认为光是叠加的振荡电磁场承载着能量以连续波形式通过空间。而按照量子理论，光能量是由一束具有极小能量的微粒，即"光子"不连续地输送着，表明光具有微粒与波动双重性，即波粒二象性。由于光学显微分析所观察到的光与物质的相互作用效应，在特性上像波，故利用光的波动学说解决晶体光学问题。

电磁波在空间传播过程中，电磁场振动垂直其传播方向，因此光是横波，即光波振动与传播方向垂直。电磁波的范围极为广泛，包括无线电波、红外线、可见光、紫外线、X射线和γ射线等。按照它们的波长大小依次排列便构成一个电磁波谱，如图2.1所示。

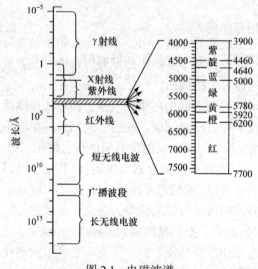

图 2.1　电磁波谱

从电磁波谱中可以看出，可见光只是整个电磁波谱中波长范围很窄的一段，其波长为3900~7700Å。这一小波段电磁波能引起视觉，故称为可见光。不同波长的可见光作用在人的视网膜上产生不一样的视觉，因而产生各种不同色彩。当波长由大变小时，相应的颜色由红、橙、黄、绿、蓝、靛连续过渡到紫。各种颜色的大致波长范围如图2.1所示。通常所见的"白光"实质上就是各种颜色的光按一定比例混合成的混合光。

根据光波的振动特点，光又可以分成自然光和偏振光两种。

自然光就是从普通光源发出的光波，如太阳光、灯光等。光是由光源中大量分子或原子辐射的电磁波的混合波，光源中每一个分子或原子在某一瞬间的运动状态各不相同，因此发出的光波振动方向也各不相同。自然光的振动具有两方面的性质：一方面它和光波的传播方向垂直；另一方面它又迅速地变换着自己的振动方向，也就是说自然光在垂直于光传播方向的平面内的任意方向振动，如图2.2(a)所示。由于发光单元数量极大，自然光各个方向上振动的概率相同，在各个方向上的振幅也相等。

偏振光是自然光经过某些物质的反射、折射、吸收或其他方法，使它只保留某一固定方向的光振动，如图2.2(b)所示。

偏振光的光振动方向与传播方向组成的平面称为振动面，由此也将偏振光称为平面偏光，简称偏光。

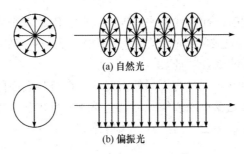

图 2.2　自然光和偏振光振动示意图

2.1.2　光与固体物质的相互作用

一束光入射到固体物质的表面，会产生光的折射、反射和吸收等现象，其折射、反射和吸收性能与光的性能、入射方法及固体物质性质有关。

1. 光的折射与吸收

无论是自然光还是偏光，当它从一种介质传到另一种介质时，在两介质的分界面上将产生反射和折射现象，其中折射光将从一种介质传播到另一种介质中。光波在入射介质中的波速与折射介质中的波速之比称为折射介质对入射介质的相对折射率。如果入射介质为真空，则为折射介质的绝对折射率，简称折射率。介质的折射率与光在介质中的传播速度成反比。

同一介质的折射率因所用光波波长而异，这种性质称为折射率色散。对于同一介质，光波波长与折射率成反比。在可见光谱中，紫光波长最短，红光波长最长。因此，同一介质在紫光中测定的折射率最大，而在红光中测定的折射率最小。色散能力是指晶体在两种波长光波中测定的折射率的差值。差值越大，色散能力越强。例如，萤石的色散能力很弱，$N_紫 - N_红 = 0.00868$；而金刚石的色散能力很强，$N_紫 - N_红 = 0.05741$。此外，不同物态的介质，色散能力也有差异，一般来讲液体的色散能力较固体强。为了不受色散的影响，测定折射率时，宜在单色光中进行，通常在一般文献中列出的矿物折射率值都是指黄色光中测定的数值。

当光射入吸收性物质后，光的振幅随着透入深度的增大而不断减小。朗伯(J. H. Lambert)吸收指数定律给出了光吸收的数学表达式：

$$I_x = I \exp(-\alpha x) \tag{2.1}$$

式中，I_x 为透过厚度为 x 的光强；I 为入射光强；α 为比例常数。

2. 光的反射

物质对投射在它的表面或磨光面上光线的反射能力称为反射力。表示反射力大小的数值称为反射率：

$$R = (I_r / I_i) \times 100\% \tag{2.2}$$

式中，R 为反射率；I_r 为反射光的强度；I_i 为入射光的强度。

如果物质表面对白光中七种色光等量反射，则物质没有反射色，只是根据反射率的大小而呈现为白色或程度不等的灰色；反射率大的物质呈白色，反射率小的物质呈灰色。如果物质对七种色光选择反射，使某些色光反射多一些，则物质会呈现反射色。许多矿物有很显著的特征反射色，如黄铁矿为黄色反射色，辉铜矿为灰白色或者微蓝色反射色。因此，反射色是鉴定不透明物质的重要特征。

有些晶体物质在不同方向上具有不同的折射率，在材料表面的反射率也不相同，呈现双反射现象。用一束偏振光以不同方位照射这些晶体材料，会产生明显的反射多色性。例如，辉铁锑矿可以呈现粉红褐色、白色两种反射色。

2.1.3   光在晶体中的传播

晶体是具有格子构造的固体，拥有独特的对称性和各向异性。光在不同晶体中传播时

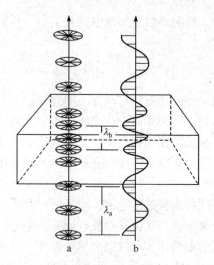

图 2.3   光波垂直均质体薄片入射示意图

也表现出不同的特点。自然光和偏光在晶体中的传播也不尽相同。根据光在晶体中不同的传播特点，可以把透明物质分为光性均质体和光性非均质体两大类。

1. 光性均质体

光波在各向同性介质中传播时，其传播速度不因振动方向而发生改变。也就是说，介质的折射率不因光波在介质中的振动方向不同而发生改变，其折射率值只有一个，此类介质属光性均质体(简称均质体)。光波射入均质体中发生单折射现象，不改变光波的振动特点和振动方向(图 2.3)。也就是说，自然光射入均质体后仍为自然光，偏光射入均质体后仍为偏光，且其振动方向不改变。

等轴晶系矿物的对称特性极高，在各个方向上表现出相同光学性质，它们和各向同性的非晶质物质一样，属于光性均质体。例如，石榴石、萤石等等轴晶系晶体，以及玻璃、树胶等非晶物质都是均质体。

2. 光性非均质体

光波在各向异性介质中传播时，其传播速度随振动方向不同而发生变化，因而其折射率值也因振动方向不同而改变，即介质的折射率值不止一个，此类介质属于光性非均质体(简称非均质体)。光波射入非均质体时，除特殊方向以外，都要发生双折射现象，分解形成振动方向互相垂直、传播速度不同、折射率不等的两种偏光 P_o、P_e(图 2.4)。两种偏光折射率值的差称为双折射率。当入射光为自然光时，非均质体能够改变入射光波的振动特点；当入射光波为偏光时，也可以改变入射光波的振动方向。

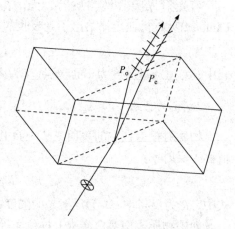

图 2.4   光波入射非均质体薄片示意图

中级晶族和低级晶族矿物的光学性质随方向而异，属于光性非均质体，如长石、石英、橄榄石等。绝大多数矿物属于非均质体。

当光波沿非均质体的某些特殊方向(如中级晶族晶体的 c 轴方向)传播时，则不会发生双折射现象，不改变入射光波的振动特点和振动方向。这种不发生双折射的特殊方向称为光轴。中级晶族晶体只有一个光轴方向，称为一轴晶。低级晶族晶体有两个光轴方向，称为二轴晶。

2.1.4　光率体

透明晶体在偏光显微镜下所显示的一些光学性质大多与光波在晶体中的振动方向及相应折射率值有密切关系。为了反映光波在晶体中传播时偏光振动方向与相应折射率值之间的关系，有必要使用在物理学中建立的光率体概念。

光率体是表示光波在晶体中传播时，光波振动方向与相应折射率值之间关系的一种光性指示体。其做法是设想自晶体中心起，沿光波的各个振动方向，按比例截取相应的折射率值，再把各个线段的端点联系起来，便构成了光率体。

实际上光率体是利用晶体不同方向上的切片，在折光仪上测出各个光波振动方向上的相应折射率值所作的立体图。

光率体是从晶体的光学现象中抽象得出的立体几何图形，它反映了晶体光学性质中最本质的特点。它形状简单，应用方便，成为解释一切晶体光学现象的基础。用偏光显微镜鉴定晶体矿物也都以光率体在每种矿物中的方位为依据。由于各类晶体的光学性质不同，所构成的光率体形状也各不相同。

1. 均质体光率体

光波在均质体中传播时，光波在任何方向振动，其传播速度不变，相应的折射率都相等。因此，均质体光率体是一个圆球体(图 2.5)。通过光率体中心的任意切面均为圆切面，圆的半径代表折射率值。

2. 一轴晶光率体

一轴晶光率体为旋转椭球体，有长、短不等的两个半径，即两个光学主轴，因而一轴晶光率体又称为二轴椭球体。光率体主轴之一为 N_e 轴，它也是旋转椭球体

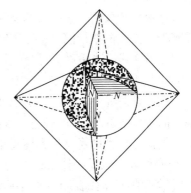

图 2.5　均质体光率体的形态

的旋转轴，称为光轴。另一光学主轴为 N_o 轴，其方向与 N_e 轴垂直。N_e、N_o 轴向半径代表一轴晶的两个主折射率。

中级晶族(三方、四方、六方晶系)晶体属一轴晶，当光沿着结晶轴 c 轴(光轴)方向入射时，所表现出来的光学性质是均一的。无论入射光的振动方向如何改变，其折射率都是一个固定不变的常数，称为常光，以符号"o"表示。当光沿着非光轴方向入射时，发生双折射现象，分解成相互垂直的两种偏光(图 2.6、图 2.7)，其中一种偏光的折射率为常光折射率 N_o。另一种偏光的折射率则随的入射方向不同而改变，称为非常光。当光垂直 c 轴(光轴)入射，该非常光折射率为光率体中的最大折射率，以符号"e"表示。

一轴晶光率体有正、负之分。正一轴晶是一个被拉长了的旋转椭球体(图 2.6)，负一轴晶是一个被压扁了的旋转椭球体(图 2.7)。现以石英和方解石为例分述如下。

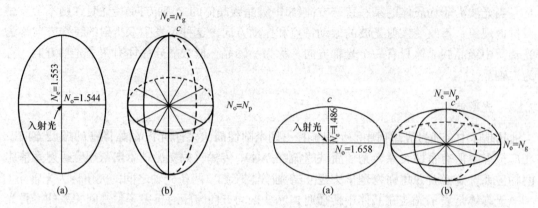

图 2.6　一轴晶正光性光率体的构成　　　图 2.7　一轴晶负光性光率体的构成

当光线垂直石英晶体的 c 轴方向射入晶体时，发生双折射，产生两个互相垂直振动的偏光。其一为常光，振动方向垂直 c 轴，折射率为 1.544，以 N_o 表示；另一为非常光，其振动方向平行于 c 轴，折射率为 1.553，以 N_e 表示。在平行 c 轴的方向上截取 $N_e = 1.553$，垂直光轴的方向上截取 $N_o = 1.544$，以此二线段为长短半径可构成一个垂直入射光线的椭圆切面[图 2.6(a)]。垂直 c 轴其他任何方向射入的光线均可构成相同的椭圆切面。将这一系列的椭圆切面联系起来，便构成一个以 c 轴为旋转轴的长形旋转椭球体，即石英的光率体[图 2.6(b)]。

这种光率体的特点是：其旋转轴为长轴，称为光轴。光沿光轴方向振动的折射率总比垂直于光轴方向振动的折射率大，即 $N_e > N_o$，称为一轴晶正光性光率体。

而当光线垂直方解石晶体的 c 轴方向(光轴)射入时，发生双折射，其 $N_o = 1.658$，$N_e = 1.486$，用上述方法作出的光率体，则是一个以 c 轴为旋转轴的扁形旋转椭球体(图 2.7)。它的特点与石英光率体相反，旋转轴为短轴(光轴)，光沿光轴方向振动的折射率总比垂直光轴方向的折射率小。即 $N_e < N_o$，称为一轴晶负光性光率体。

无论是正光性还是负光性光率体，其直立轴(光轴)永远是 N_e，水平轴永远是 N_o。N_e 与 N_o 分别代表一轴晶晶体折射率的最大值与最小值。在光率体椭圆切面中，以 N_g 代表最大的折射率值，N_p 代表最小的折射率值。因此当 $N_e = N_g$，$N_o = N_p$ 时，光性为正；当 $N_o = N_g$，$N_e = N_p$ 时，光性为负。N_o 与 N_e 之间的差值称为一轴晶晶体的最大双折射率值。

在利用偏光显微镜进行晶体光学鉴定时，使用的是晶体各方向的光率体切面。一轴晶光率体主要的切面有垂直光轴切面、平行光轴切面和斜交光轴切面等三种。其中，平行光轴切面的双折射率(记作 $N_g - N_p$，其中 N_g 与 N_p 为该光率体切面的最大与最小折射率值)最大，即 $|N_e - N_o|$；垂直光轴切面的双折射率等于 0，为圆切面。

3. 二轴晶光率体

低级晶族(斜方、单斜、三斜晶系)晶体属二轴晶。这类晶体的三个结晶轴(a、b、c)单位不等，表明晶体在三维空间的不均一性。因此，二轴晶的光率体是一个三轴椭球体，三轴椭球体中三个互相垂直的轴代表二轴晶矿物的三个主要光学方向，称为光学主轴，简称主轴，即 N_g 轴、N_m 轴和 N_p 轴。三条主轴两两组成光率体的三个主轴面，即 N_gN_p 面、N_gN_m 面和 N_mN_p 面。对应于其他振动方向的折射率值递变于 N_g 和 N_p 之间。

　　二轴晶光率体是一个三轴椭球体，三个主轴的相对大小是 $N_g>N_m>N_p$，因此包含 N_m 且以其为旋转轴，可作出一系列的椭圆切面，它们的半径之一是 N_m，另一半径在 N_g 与 N_p 之间连续变化。因为是连续变化，所以在 N_g 到 N_p 之间总可以找到一个半径相当于 N_m 的圆切面(图 2.8)，同样在另一侧也可以找出一个圆切面，故圆切面在三轴椭球体中有两个。当光垂直这两个圆切面入射时，都不产生双折射，故称这两个方向为光轴，一般以 OA 表示。在二轴晶晶体中，通过光率体中心，只能找出两个圆切面，只有两个光轴，所以称为二轴晶。

　　包含两光轴的平面称为光轴面(与主轴面 N_gN_p 一致)，一般以符号 A_p 表示。通过光率体中心且垂直光轴面方向称为光学法线(与主轴 N_m 一致)。两条光轴之间的夹角称为光轴角。光轴角有锐角和钝角之分，锐角以符号 $2V$ 表示，钝角以符号 $2E$ 表示。锐角的平分线称为锐角等分线，以符号 B_{xa} 表示；钝角的平分线称为钝角等分线，以符号 B_{xo} 表示。二者均包含在光轴面上。

　　二轴晶光率体也有正、负之分(图 2.9)，区分正、负光性可用锐角等分线为 N_g 或 N_p 来确定。

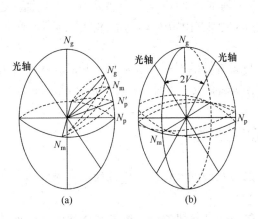

图 2.8　二轴晶光率体的构成

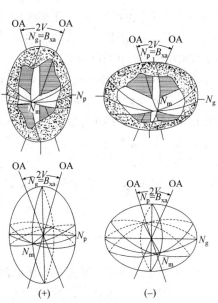

图 2.9　二轴晶的正、负性光率体

对二轴晶光率体的三个主折射率而言：

$N_g-N_m>N_m-N_p$ 时，N_m 比较接近 N_p 值，两条光轴接近 N_g 轴，为正光性；

$N_g-N_m<N_m-N_p$ 时，N_m 比较接近 N_g 值，两条光轴接近 N_p 轴，为负光性。

二轴晶光率体的主要切面有：

(1) 垂直光轴的切面：为圆切面，其半径等于 N_m，双折射率等于零。

(2) 平行光轴面(N_gN_p 面)的切面：双折射率等于 N_g-N_p，为二轴晶的最大双折射率。

(3) 垂直 B_{xa} 的切面：为椭圆切面，正光性晶体相当于主轴面 N_mN_p 面，负光性晶体相

当于主轴面 N_gN_m 面。光垂直这种切面(沿 B_{xa} 方向)入射时，发生双折射，双折射率等于 $N_m - N_p$ 或 $N_g - N_m$。

(4) 垂直 B_{xo} 的切面：为椭圆切面，正光性晶体相当于主轴面 N_gN_m 面，负光性晶体相当于主轴面 N_mN_p 面。光垂直这种切面(沿 B_{xo} 方向)入射时，发生双折射，双折射率等于 $N_g - N_m$ 或 $N_m - N_p$。无论光性正负，垂直 B_{xa} 切面上的双折射率总是小于垂直 B_{xo} 切面上的双折射率。

(5) 斜交切面：双折射率介于零到 $N_g - N_p$ 之间。

2.1.5　光率体在晶体中的位置——光性方位

光率体的主轴与晶面、结晶轴以及晶棱之间的关系称为光性方位。不同晶体的光性方位不同，而同一晶体的光性方位基本固定，故确定光性方位可以帮助鉴定晶体。

三方、四方和六方晶系晶体的光率体均属一轴晶光率体。一轴晶光率体为旋转椭球体，其旋转轴(光轴)与结晶轴 c 轴相当，也与晶系的高次对称轴重合。光率体的中心与晶体中心重合。

二轴晶光率体为三轴椭球体，具有三个互相垂直的二次对称轴(主轴)、三个对称面(主轴面)和一个对称中心。其对称要素为 $3L^23PC$，与斜方晶系的最高对称性相当。因此，斜方晶系的光性方位的特点是：光率体的三条主轴与晶体的三条结晶轴重合，至于是哪一条主轴与哪一条结晶轴重合，因晶体不同而不同。光率体的三个主轴面与晶体的三个对称面[(100)、(010)、(001)面]重合。

单斜晶系的光性方位与斜方晶系不同，单斜晶系晶体的最高对称型为 L^2PC。其光性方位的特点是：光率体的三主轴之一与晶体的二次对称轴(b 轴)重合，光率体中三个主轴面之一与晶体的对称面[(010)面]重合，光率体的另外两主轴在(010)面内与晶体的另外两晶轴(a、c 轴)相交成一定角度。

三斜晶系晶体中，仅具有一个对称中心可与光率体的对称中心重合，其晶体的光性方位的特点是：光率体的三条主轴与晶体的三条结晶轴斜交，其斜交角度因矿物晶体而不同。

2.2　偏光显微镜

光学显微分析利用可见光观察物体的表面形貌和内部结构、鉴定晶体的光学性质。透明晶体的观察可利用透射光显微镜。

偏光显微镜是目前研究材料晶相显微结构最有效的工具之一。随着科学技术的发展，偏光显微镜技术不断改进，镜下的鉴定工作逐步由定性分析发展到定量鉴定，为光学显微镜在各个科学领域中的应用开辟了广阔的前景。

2.2.1　偏光显微镜的构成

偏光显微镜的类型较多，但它们的构造基本相似。如图 2.10 所示，其通常由目镜、镜筒、物镜、镜臂、镜座、载物台、上偏光镜、下偏光镜、锁光圈、反光镜、勃氏镜、聚光镜、试板孔、粗动手轮、微调手轮等部分组成。

目镜：由两片平凸透镜组成，目镜中可放置十字丝、目镜方格网或分度尺等。显微镜的总放大倍数为目镜放大倍数与物镜放大倍数的乘积。

物镜：由1～5组复式透镜组成。其下端的透镜称为前透镜，上端的透镜称为后透镜。前透镜越小，镜头越长，其放大倍数越大。每台显微镜附有3～7个不同放大倍数的物镜。每个物镜上刻有放大倍数、数值孔径(N.A.)、机械筒长、盖玻璃厚度等。

反光镜：是一个拥有平、凹两面的小圆镜，用于将光反射到显微镜的光学系统中。当进行低倍研究时，需要的光量不大，可用平面镜；当进行高倍研究时，使用凹镜使光少许聚敛，可以增加视域的亮度。

载物台：是一个可以转动的圆形平台。边缘有刻度(0°～360°)，附有游标尺，读出的角度可精确至 1/10°。

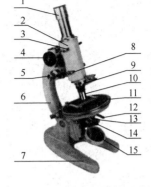

图 2.10　偏光显微镜结构示意图

1. 目镜；2. 镜筒；3. 勃氏镜；4. 粗动手轮；5. 微调手轮；6. 镜臂；7. 镜座；8. 上偏光镜；9. 试板孔；10. 物镜；11. 载物台；12. 聚光镜；13. 锁光圈；14. 下偏光镜；15. 反光镜

同时配有固定螺丝，用以固定载物台。载物台中央有圆孔，是光线的通道。载物台上有一对弹簧夹，用以夹持光片。

下偏光镜：位于反光镜之上，从反光镜反射来的自然光通过下偏光镜后，即成为振动方向固定的偏光，通常用 PP 代表下偏光镜的振动方向。下偏光镜可以转动，以便调节其振动方向。

锁光圈：在下偏光镜之上。可以自由开合，用以控制进入视域的光量。

聚光镜：在锁光圈之上。它是一个小凸透镜，可以将下偏光镜透出的偏光聚敛而成锥形偏光。聚光镜可以自由安上或放下。

上偏光镜：在物镜之上，其构造及作用与下偏光镜相同，但其振动方向(以 AA 表示)与下偏光镜振动方向(以 PP 表示)垂直。上偏光镜可以自由推入或拉出。

勃氏镜：位于目镜与上偏光镜之间，是一个小的凸透镜，根据需要可推入或拉出。

此外，除了以上一些主要部件外，偏光显微镜还有一些其他附件，如用于定量分析的物台微尺、机械台和电动求积仪，用于晶体光性鉴定的石膏试板、云母试板、石英楔补色器以及摄影摄像单元等。

光学显微镜根据凸透镜的成像原理，经过凸透镜的两次成像来实现显微图像放大。置于载物台上的样品距离物镜1～2倍焦距之间，经过物镜第一次成像，形成放大的一次倒立实像(图 2.11)。该实像又位于目镜的一倍焦距以内，因此经目镜第二次成像，又形成相对一次实像而言为二次放大的正立虚像，但对于样品而言则是倒立的二次放大虚像。

利用偏光显微镜的上述部件可以组合成单偏光、正交偏光、锥光等光学分析系统，用来鉴定晶体的光学性质。

2.2.2　单偏光镜下的晶体光学性质

利用单偏光镜鉴定晶体光学性质时，仅使用偏光显微镜中的下偏光镜，而不使用上偏光镜、锥光镜和勃氏镜等光学部件。单偏光下观察的内容有：晶体形态、晶体颗粒大小、百分含量、解理、突起、糙面、贝克线以及颜色和多色性等。

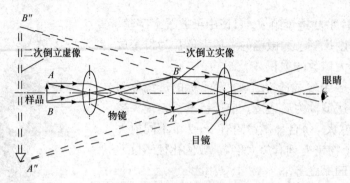

图 2.11   光学显微镜成像原理

1. 晶体的形态

每一种晶体往往具有一定的结晶习性，构成一定的形态。晶体的形状、大小、完整程度常与形成条件、析晶顺序等有密切关系。所以研究晶体的形态，不仅可以帮助我们鉴定晶体，还可以用来推测其形成条件。需要注意的是，在偏光显微镜中见到的晶体形态并不是整个立体形态，而仅仅是晶体的某一切片。切片方向不同，晶体的形态可以完全不同。

在单偏光中还可见晶体的自形程度，即晶体边棱的规则程度。根据其不同的形貌特征可将晶体划分为下列几种类型。

自形晶：光片中晶形完整，一般呈规则的多边形[图 2.12(a)]，边棱全为直线。析晶早、结晶能力强、物理化学环境适宜于晶体生长时，便形成自形晶。

图 2.12   晶体的自形程度
(a) 自形晶；(b) 半自形晶；(c) 它形晶

半自形晶：光片中晶形较完整，但比自形晶差[图 2.12(b)]，部分晶棱为直线，部分为不规则的曲线。半自形晶往往是析晶较晚的晶体。

它形晶：光片中晶形呈不规则的粒状，晶棱均为它形的曲线[图 2.12(c)]。它形晶是析晶最晚或温度下降较快时析出的晶体。

由于析晶时物质成分的黏度和杂质等因素的影响，还会形成一些奇形的晶体。这些晶体在光片中呈雪花状、树枝状、鳞片状和放射状等形态的核晶。这在玻璃结石中较为常见。

此外，在镜下常能见到一个大晶体包裹着一些小晶体或其他物质，称为包裹体。包裹体可以是气体、液体、其他晶体或同种晶体。从包裹体的成分和形态可以分析出晶体生长时的物理化学环境，成为物相分析的一个重要依据。

2. 晶体的解理及解理角

部分晶体沿着一定方向裂开成光滑平面的性质称为解理。裂开的面称为解理面。解理面一般平行于晶面。许多晶体都具有解理，但解理的方向、组数(沿几个方向有解理)及完善程度不一样，所以解理是鉴定晶体的一个重要依据。解理具有方向性，它与晶面或晶轴有一定关系。

晶体的解理在光片中是一些平行或交叉的细缝(解理面与切面的交线)，称为解理缝。

根据解理发育的完善程度，可以划分为极完全解理(如图 2.13 中黑云母的解理)、完全解理和不完全解理等几类。有些晶体具有两组以上的解理，如角闪石和辉石均有两组解理，它们的解理夹角分别约为 124° 和 87°，因此可通过测定解理角来帮助鉴别晶体。

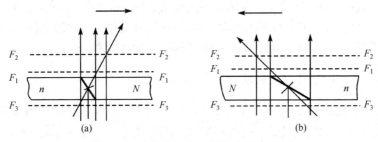

图 2.13　黑云母的解理

3. 颜色和多色性

光片中晶体的颜色是晶体对白光中七色光波选择吸收的结果。如果晶体对白光中七色光波有同等程度的吸收，透过晶体后仍为白光，只是强度有所减弱，此时晶体不具有颜色，为无色晶体。如果晶体对白光中的各色光吸收程度不同，则透出晶体的各种色光强度比例将发生改变，晶体呈现特定的颜色。光片中晶体颜色的深浅称为颜色的浓度。颜色浓度除与晶体的吸收能力有关外，还与光片的厚度有关，光片越厚吸收越多，则颜色越深。

均质体晶体是光学各向同性体，其光学性质各方向一致，故对不同振动方向的光波选择吸收也相同，所以均质体晶体的颜色和浓度不因光波的振动方向而发生变化。但部分非均质体晶体的颜色和浓度会随方向而改变。在单偏光镜下旋转物台时，非均质体晶体的颜色和颜色深浅要发生变化。这种由于光波和晶体中的振动方向不同，使晶体颜色发生改变的现象称为多色性；颜色深浅发生改变的现象称为吸收性。一轴晶晶体允许有两个主要的颜色，分别与 N_e、N_o 相当。二轴晶允许有三个主要的颜色，分别与光率体三主轴 N_g、N_m、N_p 相当。晶体的多色性或吸收性可用多色性公式或吸收性公式来表示，如普通角闪石的多色性公式为 N_g=深绿色，N_m=绿色，N_p=浅黄绿色。

4. 贝克线、糙面、突起及闪突起

在光片中相邻两物质间，会因折射率不同而发生由折射、反射所引起的一些光学现象。

在两个折射率不同的物质接触处，可以看到比较黑暗的边缘，称为物质的轮廓。在轮廓附近可以看到一条比较明亮的细线，当升降镜筒时，亮线发生移动，这条较亮的细线称为贝克线。

贝克线的产生主要是由于相邻两物质的折射率不等、光通过接触界面时，发生折射、反射(图 2.14)。按两物质接触关系有下列几种情况：

图 2.14　贝克线的成因及移动规律($N>n$)

(1) 相邻两物质倾斜接触，折射率大的物质盖在折射率小的物质上[图 2.14(a)]，平行光线射到接触面上，光由疏介质进入密介质，光靠近法线方向折射，光线均向折射率高的一边折射，致使物质的一边光线增多而亮度增强，另一边光线减弱。所以在两物质交界处出

现较亮的贝克线和较暗的轮廓。

(2) 相邻两物质倾斜接触，折射率小的物质盖在折射率大的物质上，若接触面较缓[图 2.14(b)]，平行光线射到接触面上，光由密介质进入疏介质，光远离法线方向折射，光线均向折射率高的一边折射。

不管两介质如何接触，贝克线移动的规律总是：提升镜筒，贝克线向折射率大的物质移动。根据贝克线移动规律，可以比较相邻两物质折射率的相对大小。在观察贝克线时，适当缩小光圈，降低视域的亮度，使贝克线能被清楚地看到。

在单偏光镜下观察晶体表面时，可以发现某些晶体表面较为光滑，某些晶体表面显得粗糙呈麻点状，像粗糙皮革一样，这种现象称为糙面。

糙面产生的原因是晶体光片表面具有一些微小的凹凸不平、覆盖在晶体上的树胶，其折射率又与晶体折射率不同，光线通过两者的接触面时，发生折射，甚至全反射作用，致使光片中晶体表面的光线集散不一，而显得明暗程度不相同，给人以粗糙的感觉。

同时，在晶体形貌观察时还会感觉到不同晶体表面好像高低不平，即某些晶体显得高一些，这种现象称为突起。突起仅仅是人们的一种视觉，因为在同一光片中，各个晶体表面实际上是在同一水平面上，这种视觉上的突起主要是由晶体折射率与周围树胶折射率不同而引起的。晶体折射率与树胶折射率相差越大，晶体的突起越高。

在晶体光片制备时使用的树胶折射率为 1.54，对折射率大于树胶的晶体属正突起；折射率小于树胶的晶体属负突起，在晶体光学鉴定时可利用贝克线区分晶体的正负突起。根据光片中突起的高低、轮廓、糙面的明显程度，一般将晶体的突起划分为六个等级，如表 2.1 所示。

表 2.1   突起等级及特征

突起等级	折射率	糙面及轮廓特征	实例
负突起	<1.48	糙面及轮廓显著，提升镜筒，贝克线移向树胶	萤石
负低突起	1.48~1.54	表面光滑，轮廓不明显，提升镜筒，贝克线移向树胶	正长石
正低突起	1.54~1.60	表面光滑，轮廓不清楚，提升镜筒，贝克线移向晶体	石英
正中突起	1.60~1.66	表面略显粗糙，轮廓清楚，贝克线移向晶体	硅灰石
正高突起	1.66~1.78	表面显著，轮廓明显而较宽，贝克线移向晶体	透辉石
正极高突起	>1.78	表面显著，轮廓很宽，贝克线移向晶体	斜锆石

非均质体晶体的折射率随光波在晶体中的振动方向不同而有差异。在单偏光镜下旋转载物台时，双折射率很大的晶体其突起高低发生明显的变化，这种现象称为闪突起。例如，方解石晶体有明显的闪突起，可以作为鉴定晶体的一个重要特征。

2.2.3   正交偏光镜下的晶体光学性质

正交偏光镜就是下偏光镜和上偏光镜联合使用，并且两偏光镜的振动面处于互相垂直的位置(图 2.15)。为了观察方便，要使两偏光镜的振动方向严格与目镜"东西""南北"十字丝一致。在正交偏光镜下观察时，入射光是近于平行的光束，故又称为平行正交偏光镜。

在正交偏光镜的载物台上，若不放任何晶体光片时，其视域是黑暗的。因为光通过下偏光镜，其振动方向被限制在下偏光镜的振动面 PP 内，当 PP 方向振动的光到达上偏光镜 AA 时，由于两振动方向互相垂直，光无法通过上偏光镜，所以视域是黑暗的。

　　若在正交偏光镜下的载物台上放置晶体光片，由于晶体的性质和切片方向不同，将出现消光和干涉等光学现象。

1. 消光现象

　　晶体在正交镜下呈现黑暗的现象称为消光现象。消光现象包括全消光和四次消光两种。

　　在正交镜下放置均质体任意方向切片或非均质体垂直光轴的切片[图 2.16(a)]，由于这两种切片的光率体切面皆为圆切面，光波垂直这种切片入射时，不发生双折射，也不改变入射光的振动方向。因此，自下偏光镜透出的振动方向平行 PP 的偏光，通过晶体后，不改变原来的振动方向并与上偏光镜的振动方向 AA 垂直，故不能透出上偏光镜，使视域黑暗。旋转载物台 360°，消光现象不改变。这种消光现象称为全消光。非晶体、等轴晶系的晶体和非均质晶体垂直光轴的切片均为全消光。

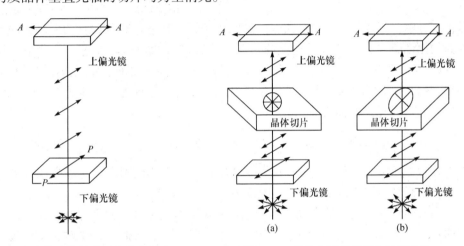

图 2.15　正交偏光镜的装置和光学特点　　　　图 2.16　晶体在正交镜下的消光现象

　　在正交镜下放置非均质体其他方向的切片，由于这种切片的光率体切面均为椭圆，当椭圆切面的长、短半径与上、下偏光镜的振动方向(PP、AA)一致时[图 2.16(b)]，从下偏光镜透出的振动方向平行 PP 的偏光可以透过晶体而不改变原来的振动方向。当它到达上偏光镜时，因 PP 与 AA 垂直，透不过上偏光镜而使晶体消光，而在其他位置时则总有部分光透过上偏光镜。旋转载物台 360°，晶体切片上的光率体椭圆半径与上、下偏光镜的振动方向有四次平行的机会(消光位)，故晶体出现四次消光现象。

　　由此可知，在正交镜下呈现全消光的晶体，可能是均质体，也可能是非均质体垂直光轴的切片。而呈现四次消光的，一定是非均质体晶体。所以四次消光是非均质体的特征。

　　非均质体垂直光轴以外的任意方向切片，不在消光位时，将发生干涉现象。

2. 干涉现象

　　当非均质体任意方向切片上的光率体椭圆半径 K_1、K_2 与上、下偏光镜的振动方向 AA、PP 斜交时(图 2.17)，自然光透过下偏光镜以振动方向平行 PP 的偏光进入晶体切片后，发生双折射，分解形成振动方向平行 K_1、K_2 的两种偏光。K_1、K_2 的折射率不等($N_{K_1} > N_{K_2}$)，在切片中的传播速度也不相同(K_1 为慢光，K_2 为快光)，因此它们透出晶体切片的时间必有

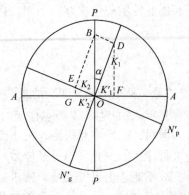

图 2.17 薄片置于正交镜下的干涉作用

先后，于是就产生了光程差，以 R 表示，如式(2.3)所示。当 K_1、K_2 透过切片在空气中传播时，由于传播速度相同，因此它们在到达上偏光镜之前，光程差保持不变。

$$R = d(N_g - N_p) \tag{2.3}$$

式中，R 为光程差；d 为晶体厚度；N_g、N_p 为晶体光率体切面的主折射率。光程差通常以 nm 为单位表示。光程差的大小取决于晶体的双折射率和晶体的厚度。

K_1、K_2 两条偏光的振动方向与上偏光镜的振动方向(AA)斜交，故当 K_1、K_2 先后进入上偏光镜时再度分解，形成 K_1'、K_1'' 和 K_2'、K_2'' 四条偏光。其中，K_1'' 和 K_2'' 的振动方向垂直于上偏光镜的振动方向 AA，不能透过上偏光镜；而 K_1' 和 K_2' 的振动方向平行于上偏光镜的振动方向 AA，因此全部透过。由于 K_1' 和 K_2' 均起源于射入晶体之前的那束偏振光，两者振动频率相同，均在 AA 平面内振动，且存在光程差，故将会导致光的干涉现象。K_1、K_2 两束光相叠加后的合成光波振幅为

$$A_+^2 = \overline{OB}^2 \sin^2(2\alpha) \cdot \sin^2(R\pi/\lambda) = \overline{OB}^2 \sin^2(2\alpha) \cdot \sin^2[d(N_g - N_p)\pi/\lambda] \tag{2.4}$$

式中，$\overline{OB}$ 值为入射光的强度；α 为晶体切片中光率体椭圆半径与偏光镜振动方向间的夹角，转动载物台可以改变 α 角；λ 为所用单色光的波长。

当晶体切片内的光波振动方向与上、下偏光镜的振动方向平行时，$\alpha = 0$，$A_+ = 0$，晶体切片处于消光位。旋转载物台一周，当 $\alpha = 0°$、$90°$、$180°$、$270°$ 时，均出现四次消光现象。而当 $\alpha = 45°$、$135°$、$225°$ 和 $315°$ 时，晶体的亮度最大。

如果使用单色光作光源，当光程差为波长的整数倍时，$\sin[d(N_g - N_p)\pi/\lambda] = \sin n\pi = 0$，$A_+ = 0$，此时晶体切片呈黑色。而当光程差为半波长的奇数倍时，$\sin[(2n+1)\pi/2] = 1$，使合成波振幅 A_+ 最大，干涉结果使光增强。如果沿石英光轴方向，由薄至厚磨成一条楔形的光片(称为石英楔)。石英的最大双折射率 $N_e - N_o = 0.009$ 是固定常数。此时光程差的改变只随石英楔的厚度变化。当由薄至厚逐渐插入石英楔时，造成光程差均匀增加，此时在视域中就可以看到明暗相间的条带(图 2.18)。在 $R = 2n\lambda/2$ 处，光消失呈现黑带；在 $R = [(2n+1)\lambda/2]$ 处，光线加强而呈现单色光的亮带(最亮)。在光程差介于两者之间处时，则明亮程度介于全黑与最亮之间。明暗条带相间的距离由单色光的波长而定，红光波长较长，明暗条带的距离大；紫光波长较短，明暗条带的距离也小。

3. 干涉色及色谱表

白光由七种不同波长的单色光组成，由于不同单色光发生的消光位和最强位因各自波长而处于不同位置，因此七种单色光的明

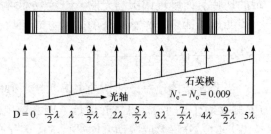

图 2.18 用单色光照射石英楔的情况

暗干涉条纹互相叠加而构成了与光程差相对应的特殊混合色，称为干涉色，它是由白光干涉而成的。干涉色的颜色只取决于光程差的大小，α 角只能影响干涉色的亮度。

在白光的照射下，将石英楔插入试板孔中，薄的一端在前，随着石英楔慢慢推入，可以见到石英楔的干涉色连续不断地变化，当光程差为零时，石英楔呈黑色，光程差逐渐增加，干涉色由黑色变为钢灰，然后顺着下列次序变化：钢灰、蓝灰、白、黄白、亮黄、橙黄、红、紫、蓝绿、黄绿、橙黄、猩红、淡紫、灰蓝、淡绿、……、高级白。这种随着光程差的逐渐增加产生的一系列有规律变化的干涉色序称为干涉色级序。在干涉色级序中，颜色与颜色之间是逐渐过渡的，没有明显的界线，干涉色级序越高，界限越不明显。通常将干涉色级序划分为以下几级：

第一级序：光程差为 0~560nm，干涉色由低到高为：黑、钢灰、蓝灰、白、黄白、亮黄、橙黄、红、紫红。这一级特征是光程差为 200nm 左右时，各色波长的光均具有一定的亮度，互相混合而成白色，称一级白色。一级干涉色中没有蓝色与绿色。

第二级序：光程差为 560~1120nm，干涉色由低到高为：紫蓝、绿、黄绿、橙红等色。其特征是颜色鲜艳，色带之间界限较清楚。

第三级序：光程差为 1120~1680nm，干涉色由低到高为：紫、蓝、蓝绿、黄绿、黄、橙、红。其特征不如第二级鲜艳，色带之间的界限不如第二级那样清楚。

第四级序及更高级序：光程差为 1680nm 以上，干涉色由低到高为：紫灰、青灰、绿灰、淡蓝绿、浅橙红、高级白色。第四级序干涉色一般色调很淡，色带之间完全是逐渐过渡，无明显界限。当光程差增加到五级以上，各色光都不等量地出现，它们混合起来成为近似白色色调的颜色，称为高级白。例如，方解石平行光轴的切片上，双折射率 $N_o - N_e = 0.172$，当光片厚度磨到 0.03mm 时，其光程差 $R = d(N_o - N_e) = 5160nm$，呈现高级白色。这是高双折射率晶体的特征。

干涉色级序的高低取决于光程差的大小，而光程差的大小又随着光片厚度和双折射率的大小而变化，所以干涉色级序的高低应取决于晶体光片的厚度和双折射率。在鉴定晶体时一般测定具有最大双折射率光率体切面的最高干涉色。

表示干涉色级序的图表，称为色谱表，如图 2.19 所示，它是利用 $R = d(N_g - N_p)$ 公式中切片厚度、双折射率及光程差三者之间的关系而作出的。这个色谱表是米舍尔-列维在 1889 年创制的，故又称为米舍尔-列维色谱表。

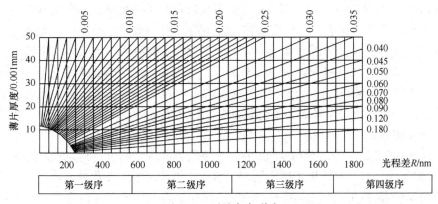

图 2.19　干涉色色谱表

色谱表的水平方向表示光程差及大小,单位为 nm;垂直方向表示光片厚度,单位为 mm;从坐标原点放射出来的一条条斜线表示双折射率的大小,每一条直线代表一个双折射率值,位于直线的末端。一定的光程差对应于一定的干涉色。在各光程差的位置上填上相应的干涉色,即成色谱表。

色谱图表示了光程差、光片厚度和双折射率三者之间的关系,因此当三者中知道其中两个时,应用色谱表就可以求出第三数值。

4. 补色法则和补色器

正交偏光镜下测定晶体光学常数时,必须根据补色法则,利用补色器来进行。

设有两个非均质体任意方向的切面(垂直光轴除外),其中一个晶体切面的光率体椭圆半径为 N_{g1} 和 N_{p1}。自下偏光镜上来的光通过该晶体切面时产生双折射,两偏光透过光片后产生的光程差为 R_1;另一个晶体切面的光率体椭圆半径为 N_{g2} 和 N_{p2},其光程差为 R_2。如使两切面重叠,则光通过两晶体切面后必然会产生一个总的光程差,以 R 表示。总的光程差 R 值是加大还是减小,取决于两晶体切面上光率体椭圆半径的相对位置。

若两晶体切面重叠时,$N_{g1}//N_{g2}$、$N_{p1}//N_{p2}$,即两晶体切面的椭圆半径是同名轴平行,总光程差为 $R = R_1 + R_2$。

若两晶体切面重叠时,$N_{g1}//N_{p2}$,$N_{p1}//N_{g2}$,即两晶体切面的椭圆半径是异名轴平行,总光程差为 $R = |R_1 - R_2|$。

由此可知,两个晶体切面在正交偏光镜十字丝的 45° 位置重叠时,如果切面的椭圆半径是同名轴平行,总光程差等于两晶体切面光程差之和,干涉色升高;如果是异名轴平行,总光程差等于两晶体切面光程差之差,干涉色降低。若总的光程差 $R = 0$,此时晶体切面消色而变黑暗。

在两晶体切面中,如果有一晶体切面的光率体椭圆半径的名称为已知,根据上述原则,观察总光程差的增大还是减小,干涉色的升降变化情况,可以确定另一晶体切面上光率体椭圆半径的名称。

根据补色法则的原理,在光学显微分析时利用一套补色器,来帮助鉴定晶体光学性质。常用的补色器有石膏试板、云母试板和石英楔等。

石膏试板[图 2.20(a)]是采用天然石膏或石英片(沿石膏 $N_g N_p$ 方向或沿石英平行光轴方向的切片)镶嵌在长条板状的金属圆孔中,上下用玻璃片夹住而成。其快光方向一般与金属板的长边平行并注明在试板上。在正交偏光镜下会产生一级紫红干涉色,光通过试板后产生 560nm 的光程差,使晶体的干涉色升降一个级序,主要适用于当晶体的干涉色为一级黄以下,尤其当干涉色为一级灰或一级白时的干涉色鉴定。若晶体的光程差为一级灰,$R = 147$nm,两者重叠若是同名轴平行,则总光程差 $R = 560 + 147 = 707$(nm),此光程差的干涉色为二级蓝;当两者重叠是异名轴平行时,总光程差 $R = 560 - 147 = 413$(nm),此光程差的干涉色为一级橙黄。

云母试板[图 2.20(b)]在正交镜下产生的干涉色为一级灰白色,其光程差约为黄色光波长的 1/4,即 147nm。云母试板主要适用于一级、二级和三级干涉色的晶体,它对晶体干涉色的影响恰是使晶体的干涉色跳跃一个色序。例如,当晶体的干涉色为二级绿(800nm)时,插入云母试板,若同名轴平行,总光程差 $R = 800 + 147 = 947$(nm),干涉色为二级橙黄;若

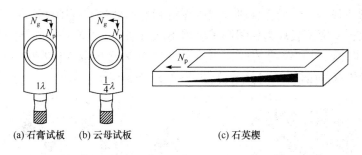

(a) 石膏试板　　(b) 云母试板　　　　　　(c) 石英楔

图 2.20　常用补色器

异名轴平行，则总光程差 $R = 800 - 147 = 653(\text{nm})$，干涉色为二级蓝。

　　石英楔[图 2.20(c)]为沿石英平行光轴方向从薄至厚磨成的一个楔形，镶嵌在长条形金属板中，它能产生一至四级的连续干涉色，其光程差为 $0 \sim 2240\text{nm}$。在晶体光片上由薄至厚插入石英楔，当同名轴平行时，晶体干涉色逐渐升高；当异名轴平行时，晶体干涉色逐渐降低；当插至石英楔与晶体光片光程差相等处时，晶体消色而出现黑带。石英楔的使用范围适用于一切干涉色，但通常当晶体的干涉色低于三级时，使用石膏试板和云母试板比较方便。只有当晶体的干涉色较高，使用前两种补色器不起作用时，才用石英楔。

5. 正交偏光下鉴定晶体光学性质

　　在正交偏光镜下可鉴定的晶体光学性质包括：晶体的干涉色级序、双折射率、消光类型、延性符号及双晶等。

　　同一晶体，由于切片方向不同，其双折射率也不相同，故表现出不同的干涉色。测定晶体的双折射率是指测定最高干涉色的切片上的最大双折射率。选择干涉色最高的切片，利用干涉色色谱表求出相应的光程差。根据光程差的公式 $R = d(N_g - N_p)$，在已知光片厚度的情况下即能确定晶体的双折射率。

　　晶体的解理缝、双晶缝、晶体轮廓(晶棱)与光率体轴存在一定关系，其对应关系即为消光类型。当晶体消光时，晶体光片的解理缝等与光率体轴之一平行时，为平行消光；若斜交则为斜消光。若晶体具有两组解理，且消光时目镜十字丝成为两组解理夹角的平分线时，则为对称消光。

　　中级晶族晶体的 c 轴与光率体光轴平行，大多数切片为平行消光和对称消光，斜消光切片很少见。斜方晶系晶体的光性方位为三个结晶轴与光率体三主轴平行，根据晶形和切片方位的不同可以为平行消光和对称消光，也可能为斜消光。单斜晶系晶体的光性方位为其结晶轴 b 轴与光率体三主轴之一平行，其余两个主轴与结晶轴 a 轴、c 轴斜交，因此以斜消光为主，只有在特殊方位的切片中才显示对称消光和平行消光。三斜晶系晶体的光性方位是三个结晶轴与光率体的三个主轴都斜交，只可能为斜消光。

　　许多晶体在形态上具有沿某一方向延长的特性，如针状、纤维状、柱状等。通常此方向与晶体的某一结晶轴平行或近似平行。因此，与该晶轴平行的切片就呈延长的形态，而其延长方向与光率体之间的对应关系即晶体的延性符号。晶体的延性符号有两种：当晶体切片的延长方向与光率体切面的长轴方向平行或与其夹角小于 45°时，称为正延性；当晶体切片的延长方向与光率体切面的短轴方向平行或与其夹角小于 45°时，称为负延性。

在晶体的形成过程中，光率体轴互成映像的相邻两个单体规则地连生在一起，即形成了双晶。双晶在正交镜下表现为相邻两个单体不同时消光，呈现一明一暗的现象(图2.21)。根据双晶中单体的数目和结合情况，可将双晶划分为简单双晶[图2.21(a)]、联合双晶[图2.21(b)]、聚片双晶[图2.21(c)]和格子双晶[图2.21(d)]等。

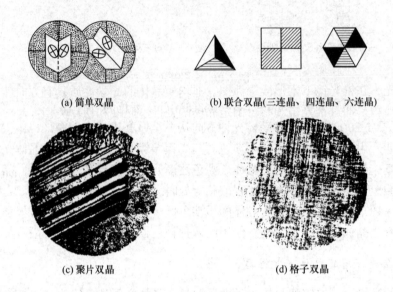

(a) 简单双晶　　　　　(b) 联合双晶(三连晶、四连晶、六连晶)

(c) 聚片双晶　　　　　(d) 格子双晶

图2.21　双晶的类型

2.2.4　锥光镜下的晶体光学性质

在正交偏光镜的基础上，加上聚光镜和勃氏镜，换上高倍物镜，组成锥光镜装置。

聚光镜的作用在于使平行入射的偏光高度聚敛，形成锥形光(图2.22)。在偏光锥中，除中央一条光线垂直地射到薄片外，其他光线都是倾斜地入射到薄片上，而且其倾角越向外越大，在薄片中所经历的距离也是越向外越长。但不管光线如何倾斜，其光波的振动平面仍然与下偏光镜振动方向平行。

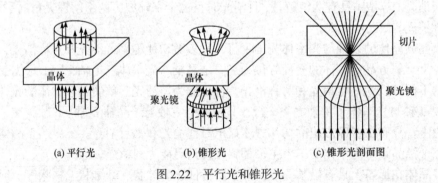

(a) 平行光　　　　　(b) 锥形光　　　　　(c) 锥形光剖面图

图2.22　平行光和锥形光

由于非均质体晶体的光学性质有方向性，当许多不同方向的入射光同时通过晶体后，到达上偏光镜时所发生的消光和干涉效应各不相同。所以在锥光镜下所观察的为偏光锥中各入射光至上偏光镜所产生的消光和干涉现象的总和，它们构成了各式各样的特殊干涉图形，称为干涉图。

在锥光镜下换用高倍物镜的目的在于能接纳较大范围的倾斜入射光波。高倍物镜的工作距离较短，具有较大的光孔角，它能接纳与薄片法线成 60°交角范围以内的倾斜入射光，这样看到的干涉图完整而清楚。

观察干涉图的方法有两种，第一种方法是去掉目镜，不用勃氏镜，此时晶体干涉图像呈现在物镜焦平面上，其图形较小，但很清楚。第二种方法是不去掉目镜，同时加入勃氏镜，此时勃氏镜与目镜联合组成一个望远镜式的放大系统，可以见到一个放大的干涉图像，图形较大，但较模糊。

均质晶体的光学性质为各向同性，对任何方向入射的光都不发生双折射，在正交偏光镜下永远消光，在锥光镜下不形成干涉图。非均质晶体的光学性质具有方向性，在锥光镜下能形成干涉图。通过锥光镜观察可确定晶体的轴性、光性和切片类型。

1. 一轴晶干涉图

在一轴晶晶体中，因切片方向不同，干涉图可分为三种类型：垂直光轴切片、斜交光轴切片和平行光轴切片的干涉图。

对于晶体垂直光轴切片来说，其光率体的光轴平行显微镜镜筒中心轴。当锥形光入射时，除了中央一条光线呈平行光轴方向入射外，其余光线均沿不同方向倾斜射入切片。根据光率体原理，垂直于每条斜交入射光，都可作一个椭圆切面。因入射光方向不同，故每个椭圆切面的长短半径方向也不相同。光率体两主轴在视域中的分布如图 2.23 所示。根据正交偏光镜下的消光和干涉原理，当晶体切片上光率体轴与上、下偏光镜振动方向平行时因消光而形成黑臂，斜交时则因干涉而产生干涉色。因此，垂直光轴切片在视域中可见到一较粗的黑十字，两臂与十字丝平行，如图 2.24(a)所示。视域被黑十字分割为四个象限，干涉色为一级灰白。对于双折射率较高或双折射率虽不高但薄片较厚的晶体，除黑十字以外，还具有以黑十字交点为中心的同心色环，如图 2.24(b)所示。干涉色级序越向外越高，干涉色色圈越向外越密。垂直光轴切片的干涉图，当旋转物台时，干涉图的形象不变。

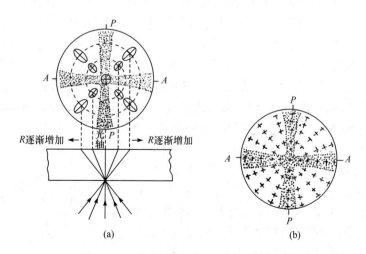

图 2.23　一轴晶垂直光轴干涉图成因(正光性)

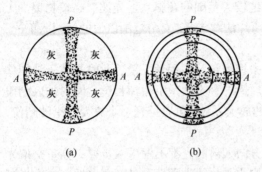

图 2.24   一轴晶垂直光轴切片干涉图

对于斜交光轴切片来说，光轴的位置是倾斜的，光轴在切片平面上的出露点不在视域中心。因此，转动载物台时，黑十字绕着视域中心做圆周运动。当光率体光轴与镜筒中心轴夹角较大时，光轴出露点落在视域外，只能见到黑十字中的每条黑臂平行移动并交替地在视域中出现。

平行光轴切片干涉图则完全不同，此时晶体光轴平行于载物台。当光轴与上、下偏光镜振动方向之一平行时，视域中大部分光率体椭圆半径与上、下偏光镜振动方向平行或近于平行而消光并呈粗大黑十字(图 2.25)。稍转动载物台，视域中大部分光率体椭圆半径大多与上、下偏光镜振动方向斜交而变亮，黑十字立即分裂成一对双曲线，沿光轴方向迅速逃出视域，因变化迅速故称为瞬变干涉图(又称闪图)。

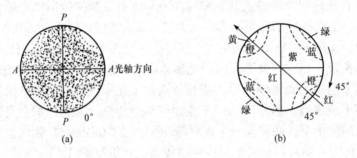

图 2.25   一轴晶平行光轴切片干涉图

2. 二轴晶干涉图

二轴晶光率体的对称程度比一轴晶低，其干涉图比一轴晶的干涉图复杂。按切片方向不同，二轴晶干涉图有以下几种类型：垂直锐角等分线($\perp B_{xa}$)切片、垂直钝角等分线($\perp B_{xo}$)切片、垂直一个光轴($\perp OA$)切片、斜交光轴切片和平行光轴面($//AP$)切片干涉图等。

对于垂直锐角等分线($\perp B_{xa}$)切片来说，锥形光射入二轴晶晶体时，根据拜阿特-弗伦涅尔定律(拜-弗定律)，垂直于入射光的光率体切面的椭圆半径必定是入射光与两个光轴所构成的两平面夹角的两个平分面与切片的交线，即在二轴晶切片上任一点的光率体轴，必定是此点与两光轴出露点连线夹角的角平分线(图 2.26)。

当光率体光轴面和光学法线与上、下偏光镜振动方向平行时，在光轴面及光学法线 N_m 方向上的光率体椭圆半径与上、下偏光镜振动方向平行，消光而形成黑十字干涉图像(图 2.27)。黑十字两个臂粗细不等，沿光轴面方向的黑臂较细，在两个光轴出露的地方更细，垂直光轴面方向(N_m方向)黑臂较宽。黑十字交点即 B_{xa} 出露点，位于视域中心。

图 2.26   拜-弗定律平面示意图

对于双折射率较高或厚度较大的晶体，除黑十字外还会出现以两光轴出露点为中心的∞字形干涉色色圈。旋转物台，黑十字从中心分裂成两个弯曲黑臂，位于相对的两象限中，当转动载物台45°时，两弯曲黑臂的顶点距离最远。继续转动载物台45°，黑臂向中心移动，又合成黑十字，但粗细黑臂更换了位置。

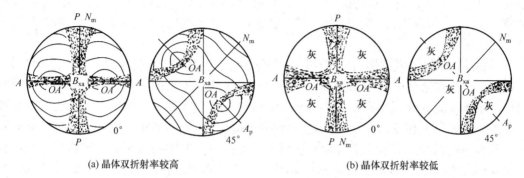

(a) 晶体双折射率较高   (b) 晶体双折射率较低

图 2.27   二轴晶垂直 B_{xa} 切面干涉图

垂直钝角等分线($\perp B_{xo}$)切片的干涉图的形成与垂直锐角等分线($\perp B_{xa}$)切片相同，当光轴面与上、下偏光镜振动方向之一平行时，干涉图为一个较粗大模糊的黑十字。由于两个光轴出露点之间距离较远，转动载物台，黑十字会分裂成两条弯臂并逸出视域。

垂直一个光轴($\perp OA$)切片干涉图在形象上相当于垂直 B_{xa} 切片干涉图的一半，当光轴面与上、下偏光镜振动方向平行时，出现一个直的黑臂和∞字形干涉色色圈的一部分(图 2.28)，转动载物台，黑臂和一条弯臂交替出现。当光轴面与上、下偏光镜振动方向成45°夹角时，黑臂弯曲度最大，其顶点为光轴出露点，位于视域中心，弯曲黑臂凸向锐角区。

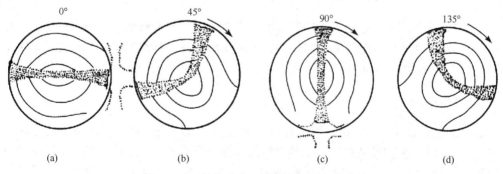

(a)   (b)   (c)   (d)

图 2.28   二轴晶垂直一根光轴切片的干涉图

斜交光轴切片最为常见。其干涉图形象为旋转载物台，黑直臂与弯臂交替出现，其形状接近于垂直光轴切片，但光轴出露点不在视域中心，甚至弯臂会逸出视域。

二轴晶平行光轴面切片的干涉图与一轴晶平行光轴切片干涉图相似，都为瞬变干涉图(闪图)。当切片中 B_{xa} 和 B_{xo} 方向分别与上、下偏光镜振动方向平行时，为粗大模糊的黑十字，几乎占据整个视域，少许转动载物台，黑十字立即分裂为一对弯臂，沿锐角等分线方向迅速逸出视域。

3. 锥光镜下鉴定晶体光学性质

利用锥光镜可以鉴定晶体的轴性、光性、切片类型和光轴角等。

在锥光镜下，除了晶体平行光轴(面)切片，一轴晶晶体和二轴晶晶体的干涉图像明显不同。对于一轴晶来说，转动载物台，呈现的是黑十字或黑直臂交替出现，不出现弯曲的黑臂。而对于二轴晶来说，则呈现黑十字(或直臂)与弯臂交替出现的干涉图像，两者可以方便地加以区分。

一轴晶和二轴晶光率体均有光性正负之分。对于一轴晶晶体切片(平行光轴方向除外)来说，黑十字中心代表光轴出露点。对一轴晶正光性晶体来说，由黑十字分隔的四个象限中光率体切面的分布形式如图 2.23 所示，而一轴晶负光性光率体在四个象限中光率体切面的分布则恰好相反。因此，鉴定一轴晶晶体的光性可利用相应补色器，通过确定黑十字所划分的四个象限或黑直臂两侧所对应的象限中光率体的分布形式来确定。在二轴晶晶体切片中(平行光轴面切片除外)，由黑十字或黑直臂位转动载物台 45°时，黑弯臂的顶点即光轴出露点，此时与光轴面(两光轴出露点连线)垂直方向即为 N_m。此时可以利用补色器，通过鉴定两光轴出露点连线平行于 N_g 或 N_p 来确定平行 B_{xa} 方向是哪根光率体主轴，即可确定二轴晶光率体光性。对于平行光轴(面)切片来说，一般不用来鉴定晶体轴性和光性。

在晶体光学鉴定时，往往需要利用各种已知类型的晶体切片来鉴定晶体的光学性质，因此首先确定所观察的晶体切片类型就显得相当重要。在锥光镜中一轴晶、二轴晶晶体的各种不同切片干涉图像差异较为明显，易于区分，故常用来鉴定晶体切片类型。

2.3 其他光学显微分析法

为了更好地提高光学显微技术的分辨率，更清晰地研究材料显微结构和测定某些光学性质，常利用其他一些光学显微研究方法，如反光显微镜、特殊照明术、相衬显微术、干涉显微术和高温显微分析术等。

2.3.1 反光显微镜

对于不透明物体来说主要利用反光显微镜进行显微分析。反光显微镜分为金相显微镜、矿相显微镜、生物显微镜等。它是材料领域的一种重要研究手段。随着对反射光下晶体光学性质研究的深入，反射光下研究晶体的范围也不断地扩大，对晶体光学性质的研究逐步由定性研究发展到定量分析，在科学研究和工业生产中都得到了普遍的应用。

反光显微镜的型号很多，但基本构造和原理大致相同。以金相显微镜为例，反光显微镜的构造如图 2.29 所示，包括载物台、物镜、目镜、半反光镜、转换器、调焦手轮、光源、视域光阑、孔径光阑等主要部件。反光显微镜除了拥有与偏光显微镜相似的镜座、镜臂、镜筒、目镜、物镜及载物台等主要构造外，还拥有一个特殊的光学装置，即垂直照明器。垂直照明器一般安置在物镜和目镜之间的光路系统中，由半反光镜、前偏光镜、孔径光阑、视域光阑等部件组成，其作用是把从光源来的入射光通过物镜垂直投射到光片表面，再把光片表面反射回来的光投射到目镜焦平面内。

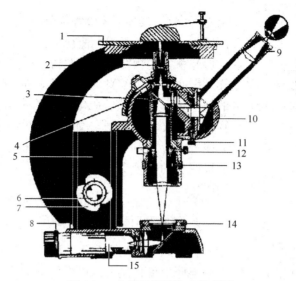

图 2.29　金相显微镜构造示意图

1. 载物台；2. 物镜；3. 半反光镜；4. 转换器；5. 传动箱；6. 微动调焦手轮；7. 粗动调焦手轮；8. 偏心轮；9. 目镜；10. 目镜管；11. 固定螺丝；12. 调节螺丝；13. 视域光阑；14. 孔径光阑；15. 光源

利用反光显微镜可以对光片表面相的形貌、尺寸、颜色、分布进行观察。对于那些不透明晶体(指光片厚度为 0.03mm 时不透明)来说，反光显微镜有效地填补了偏光显微镜在这方面的局限性。同时，反光显微分析法的光片制片简单，光片受浸蚀后晶体轮廓清晰，便于镜下定量测定，适宜于生产控制。且反光显微镜的构造简单，操作方便，容易掌握，因而在科研和生产中得到了普遍的应用。

近几十年来，在反射光下研究矿物晶体，无论从理论到方法都有了新的进展。反射光下对晶体光学性质的测定和矿石结构构造的研究，已逐步由定性发展到定量，反光显微镜的研究领域正在逐步扩大。

2.3.2　特殊照明术

光学显微分析中像的衬度是图像质量的重要指标。而显微镜的照明方式会影响光学图像的衬度。

1. 明场照明术

明场照明是显微成像中常用的照明方式。使用明视场照明时，光线均匀照射到样品表面，视域中矿物表面整个是明亮的。样品中的平坦表面能将大部分光反射回物镜，而凹陷部分会将光散射到物镜外面，这种不同表面平整状态以及物相的不同反射力和颜色等则造成不同的明暗反差和颜色反差。人眼根据明暗和颜色不同能识别不同物相及其形貌细节。在金相显微镜的光学系统中，配置了孔径光阑和视域光阑。正确地调节使用这两个光阑，可以充分发挥物镜的分辨能力，并兼顾景深，获得具有良好衬度的光学图像。

2. 暗场照明术

暗场照明术需要配备专门的暗视场照明器。暗视场照明器一般由垂直照明器、暗视场

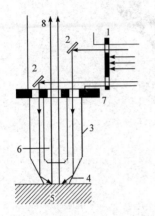

图 2.30　暗视场照明器示意图

1. 环状光圈；2. 环状反射镜；
3. 暗场聚光器；4. 暗场聚光器的反射面；5. 光片磨光面；6. 物镜；7. 暗场聚光器固定板；8. 反射光线

聚光器、物镜及环形光圈等部分组成。它利用在视场光阑后面插入一个环形光阑，使得来自光源的平行光束形成一个环形光束，经物镜外围的抛物面反射镜以大倾斜角投射到样品表面(图 2.30)，此时在平坦表面上的反射光线也以极大的倾斜角反射而不能进入物镜，在视域内呈黑暗色。只有在物相的裂纹、凹陷部分、交界面及界线等部位上的部分散射光线才有可能射入物镜而呈现明亮色。这将给人的眼睛造成极明显的明暗反差或颜色反差，便于更好地区分各种不同矿物。

3. 斜光照明术

斜光照明术则是利用照明光线与显微镜光轴成某种角度倾斜照射到样品上以提高分辨率的一种方法。斜光照明不需添加专门部件，可通过调节反光显微镜垂直照明器上光源透镜及孔径光阑，也可直接利用其他光源直接从侧面照射到样品表面来实现。对偏光显微镜来说，可通过调节聚光镜和缩小的孔径光阑互相配合而得到斜光照明效果，缩小光圈使照明光线变成一较细的光束，再移动光阑使细光束偏离聚光镜的光学中心轴，使聚敛光变成半锥状光束而形成斜光照明。

4. 荧光照明术

荧光照明术就是利用物质的荧光现象来研究材料的光学性质。某些物质在外部能量作用下能产生一定的发光现象。如发光现象随着外能消失而消失，称为荧光现象；如在外能消失后仍能维持一段时间的发光性，则称磷光现象。某些物质在紫外光或蓝紫光照射下会产生红、黄、绿色等荧光，这对研究和鉴别物质来说具有重要的意义。偏光显微镜和反光显微镜均可配备专门光源、激发滤光器、暗场聚光镜(偏光)或专用垂直照明器(反光)等部件实现荧光照明。专用光源有溴钨灯、氙灯或超高压汞灯等。激发滤光器上装有紫外、紫、蓝、绿四个滤光器以便选用不同的激发光。偏光显微镜专用聚光镜可不使激发光进入物镜，而仅使被激发的荧光进入物镜成像。反光显微镜则利用专门的垂直照明系统仅使被激发的荧光进入目镜而被观察。

2.3.3　相衬显微术和干涉显微术

相衬显微术和干涉显微术也是提高显微镜分辨率的两种技术，它们利用特殊的光学装置将不同物相之间不可见的微量光程差转变为可见的干涉彩色，用来区分衬度相差很小的金相组织。偏光、反光两种显微镜均可采用这两种技术。

1. 相衬显微术

相衬显微术是利用装在显微镜物镜内的相位板，使反射光线产生干涉或叠加，把具有相位差的光转换成具有强度差的光，以鉴别金相组织。

相衬反光显微镜即在金相显微镜光阑位置换上一块单环或同心双环遮板，并在物镜后焦面上放置一块相板。相板即一块透明玻璃片，并在对应于圆环遮板的透光狭缝处真空喷镀两层不同物质的镀膜，称为相环，起着移相和降低振幅的作用。光线经过圆环遮板后呈环形光束射入显微镜并到达相板上，环形光束正好与相板上的相环完全吻合(图 2.31)。如果光片表面是个理想光学平面，则环形光束射入光片后产生的直接反射光仍然与相环吻合。如果样品表面有不规则的地方，则除了直接反射光外还有部分衍射光，衍射光投射在整个相板上(投射在相环上的衍射光所占比例极小而可忽略)，而直接反射光则因通过相环而产生光程差，两者产生干涉而改变光的强度，从而达到提高衬度和分辨率的目的。利用相衬显微镜可以区分两相位差在 10~150nm 范围内的金相组织。

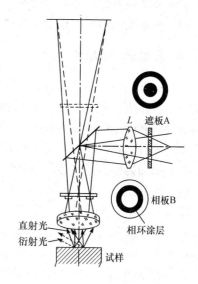

图 2.31　相衬显微镜的结构图

2. 干涉显微术

干涉显微术是将光波的干涉技术与显微镜结合起来，利用光的干涉研究样品更细微的表面高度差，可观察到的高度差可至数十纳米。

根据光的干涉原理，具有相同频率、相同振动方向和恒定光程差的光线在空间叠加时会产生干涉。两片平面玻璃，在一端垫一薄片形成一个空气尖劈，如图 2.32 所示。当一束单色光由 S 点射到平板玻璃上，在上下两片玻璃表面反射出两束存在一定光程差的光，并产生干涉现象，因而在目镜中可见明暗相间的条纹。如果用被测样品表面代替尖劈下面的一块平板玻璃，即可用来检测样品表面的平整度和表面粗糙度。如果被检测表面是平整的，则其干涉条纹为一组平行直线；若表面不平，则干涉条纹将发生弯曲(图 2.33)。根据干涉

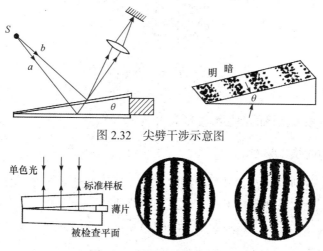

图 2.32　尖劈干涉示意图

图 2.33　用干涉法检查平面

条纹的形状即可检测样品表面的细微高度差和平整情况。在偏光或反光显微镜上只需加装专用棱镜系统，即可实现干涉显微分析。

2.3.4 高温显微分析术

显微光学分析一般在室温下进行，但大多数金属及其合金都随温度变化而发生组织转变，如再结晶、晶粒长大、第二相的析出以及相变等；在其他一些材料(如陶瓷、玻璃等)结构形貌研究中也往往需要观察升温过程中的相变或形貌变化。这就需要一种能在一定温度范围内进行加热或冷却，可连续观察组织的专用显微光学分析设备。在高温下观察金属组织，除需加热外，还应使样品置于真空的环境中，使样品检测面不致被氧化，而能直接观察检测面的组织变化。这种在高温下进行光学显微分析的方法称为高温显微术，由于该技术通常用于金属组织的研究，因此又称为高温金相分析术。

与普通金相显微镜相比，高温金相显微镜的构造特点是需要一个真空高温台及相应的物镜系统。真空高温台是安放样品和进行加热、冷却的装置。其外壳是一个由底座和顶盖构成的真空容器，如图 2.34 所示。为了防止物镜和周围其他部件受热损坏，底座和顶盖均制成双层壁套，通水冷却。在底座外套壁上装有抽真空接头和加热体电源接头，顶盖中间是透明石英观察窗。加热炉体安装在底座的中央，上置样品，样品底部置热电偶。高温金相显微镜的物镜与被研究样品之间隔有石英平板，故必须使用特殊设计的长焦距、长工作距离物镜。

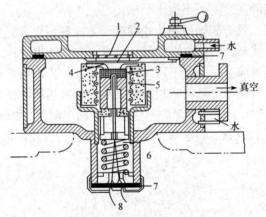

图 2.34　真空高温台

1. 石英板；2. 钼帘幕；3. 试样；4. 靠板；5. 加热体；6. 弹簧；7. 防漏垫片；8. 热电偶

目前的高温金相显微镜的使用温度最高可达 2000℃。

2.3.5 光学显微镜的技术参数

光学显微镜要达到清晰光学显微分析的目的，其各个光学部件都必须达到一定的性能指标要求。常见的光学显微镜技术参数包括：数值孔径、分辨率、放大倍数和有效放大倍数、景深、视场直径、像差、覆盖差和工作距离等，这些技术参数之间是相互联系又相互制约的。

1. 数值孔径

数值孔径(N.A.)是物镜和聚光镜的主要技术参数,是物镜前透镜与被检物体之间介质的折射率(n)和孔径角半角(α)的正弦的乘积,即 $N.A. = n\sin\alpha$。孔径角是通过物镜前透镜最边缘的光线与前焦点间所组成的角度。数值孔径表征了物镜的聚光能力,放大倍数越高的物镜,其数值孔径越大,而对于同一放大倍数的物镜,数值孔径越大,分辨率越高。

2. 分辨率

分辨率也称为分辨力或分辨本领,是指能被显微镜清晰区分的两个物点的最小间距。仪器能分辨两个物点间的距离越小,分辨率越高。

由于衍射效应,一个物点通过透镜等成像系统,所成的像实际上是个衍射光斑(艾里斑,如图 2.35 所示),衍射光斑是由许多亮暗相间的条纹构成的。因此,分辨相邻两物点的问题就归结为两个物点在像平面上所形成的衍射光斑的分辨问题。

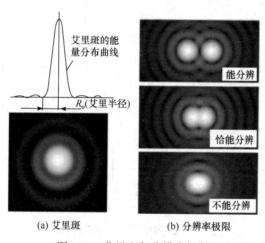

图 2.35　艾里斑与分辨率极限

德国物理学家阿贝用衍射理论预言了分辨率极限的存在。瑞利(L. Rayleigh)提出:当一个艾里斑的中心与另一个艾里斑的第一级暗环重合时为能分辨出两个像的分辨率极限,并归纳了一个简单的分辨率表达式:

$$\Delta r_0 = \frac{1.22\lambda}{2n\cdot\sin\alpha} \tag{2.5}$$

式(2.5)说明,当光的波长为 λ,用折射率 n、光圈孔径角半角为 α 的镜头观察相距为 Δr_0 的两个物点时,仅当满足上式条件时才能分辨它们。当使用高数值孔径的镜头时(N.A.=1.3～1.5),分辨率 Δr_0 的上限约为波长的一半。由于这个限制,用传统光学显微镜不可能分辨比 $\lambda/2$ 更小的物体。例如,当以波长为 400nm 的绿光作光源时,仅能分辨相距为 200nm 的两个物点,达到传统光学显微镜的分辨率极限,这个表达式也称为瑞利判据。在实际应用中,光学显微镜的分辨率还要差些。

为进一步提高显微镜的分辨率,通常采用三个途径来实施:一是选择更短的波长(如紫外光、电子束等);二是采用折射率更高的透镜(如浸油透镜);三是增大显微镜的孔径角(如采用复合透镜以加大显微镜物镜的孔径角)。如果仍以可见光作为光源,上述几种方法提高显微镜分辨率的程度有限,不可能突破$\lambda/2$的分辨率极限。因此,传统光学显微分析的分辨能力难以大幅提高。

3. 放大倍数和有效放大倍数

显微镜的放大倍数是指被检验物体经透镜放大后,人眼所看到的最终图像的大小对原物体大小的比值。对光学显微镜来说,其图像经物镜和目镜两次放大得到,因此其总的放大倍数就是物镜和目镜放大倍数的乘积。

放大倍数和分辨率是两个不同的但又互有联系的概念。这两个数值的比例称为有效放大倍数。若所用放大倍数超过有效放大倍数并不能得到更精细的图像。相对于放大倍数来说,分辨率是制约显微图像精细程度更重要的性能指标。当光源确定后,分辨率仅与物镜数值孔径有关,因此显微镜的有效放大倍数取决于其物镜的数值孔径。

4. 景深

景深是指能观察到清晰图像对应于物平面的轴向距离。也就是说,不仅位于物平面上的各点都可以看清楚,而且在此平面的上下一定厚度内,也能看得清楚,这个厚度就是景深。

景深与其他技术参数有以下关系:景深与总放大倍数及物镜的数值孔径成反比;景深增大,分辨率降低。

5. 视场直径

观察显微镜时,所看到的明亮的圆形范围称为视场,它的大小是由目镜里的视场光阑决定的。

视场直径也称视场宽度,是指在显微镜下看到的圆形视场内所能容纳被检物体的实际范围。视场直径越大,越便于观察。有公式$F = \mathrm{FN}/M$,其中:F为视场直径;FN为视场数(field number,简写为FN,标刻在目镜的镜筒外侧);M为物镜放大率。所以,视场直径与视场数成正比;增大物镜的倍数时视场直径减小。

6. 像差

通常平行于光轴的光线在通过透镜后并不会聚焦成一点,而是会聚成一个模糊的斑点或弥散圈,图像还会发生变形。造成这些图像缺陷的主要原因就是光学透镜本身存在的各种像差。

平行于主轴的光线,在通过凸透镜时发生折射,其边缘与中心部分的折射光不能通过聚焦相聚于一点;离透镜的主轴较远的光线因折射率大而焦点离透镜近,离透镜主轴较近的光线则因折射率小而焦点离透镜远,即形成球面像差,导致成像模糊。为降低球面相差,可采用组合透镜作为物镜进行校正;还可通过适当调节孔径光阑控制透镜边缘区进光加以校正。

当用白光照射时,会形成一系列不同颜色的像。这是由于组成白光的各色光的波长各不相同,折射率不同,因而成像的位置也不同,即色差。消除色差较困难,一般采用由不同透镜组合制成的物镜进行校正。

垂直于光轴的直立物体经过透镜后会形成一弯曲的像面，即像域弯曲。像域弯曲是几种像差综合作用的结果，造成在垂直放置的成像平面上难以得到全部清晰的像。像域弯曲可以用特制的物镜校正，平面消色差物镜或平面复消色差物镜都可用来校正像域弯曲，使成像平坦清晰。

7. 覆盖差

显微镜的光学系统也包括盖玻片在内。由于盖玻片的厚度不标准，光线从盖玻片进入空气产生折射后的光路发生了改变，从而产生了像差，这就是覆盖差。

覆盖差的产生影响了显微镜的成像质量。国际规定，盖玻片的标准厚度为 0.17mm，许可范围在 0.16～0.18mm，在物镜的制造上已将此厚度范围的相差计算在内。物镜外壳上标的 0.17，即表明该物镜所要求的盖玻片的厚度。

8. 工作距离

工作距离也称物距，是指物镜前透镜的表面到被检物体之间的距离。物镜的工作距离与物镜的焦距有关，物镜的焦距越长，放大倍数越低，其工作距离越长。

2.4　光学显微分析样品的制备

合格的显微分析光片的制作则是成功进行光学显微分析的前提。用于光学显微分析的光片样品应满足如下要求：显微分析光片能代表所要研究的对象，光片的检测面平整光滑，能显示所要研究的内部组织结构。光片的制作一般要经过取样、镶嵌、磨光、抛光以及浸蚀等步骤，每个操作步骤都包括许多技巧和经验，任何阶段上的失误都可能导致制样失败。

2.4.1　取样

光片的取样部位应具有代表性，应包含所要研究的对象并满足研究的特定要求。例如，在研究玻璃液对耐火材料的浸蚀时，可以在耐火材料被浸蚀表面上取样分析其浸蚀产物，也可以在耐火材料横截面上取样分析其浸蚀深度。切取样品可用锯、车、刨、砂轮切割等方式，但要避免检测部位过热或变形而使样品组织发生变化。截取的样品应该有规则的外形、合适的大小，以便于握持、加工及保存。

2.4.2　镶嵌

对一些形状特殊或尺寸细小而不易握持的样品，需进行样品镶嵌。常用的镶嵌法有机械夹持法、塑料镶嵌法和低熔点镶嵌法等。塑料镶嵌法包括热镶法和冷镶法两种，热镶法常用酚醛树脂(热固性塑料)或聚氯乙烯(热塑性塑料)作镶嵌材料，冷镶法一般使用环氧塑料作镶嵌材料。由于偏光显微镜的标准光片厚度为 0.03mm，因此样片经一面抛光后需用树胶镶嵌在载玻片上再抛光另一面。

2.4.3 磨光

磨光的目的是去除取样时引入的样品表层损伤，获得平整光滑的样品表面。在砂轮或砂纸上磨光，每个磨粒均可看成是一把具有一定迎角的单面刨刀，其中迎角大于临界角的磨粒起切削作用，迎角小于临界角的磨粒只能压出磨痕，使样品表层产生塑性变形，形成样品表面的损伤层。磨光时除了要使表面光滑平整外，更重要的是应尽可能减少表层损伤，每一道磨光工序必须去除前一道工序造成的损伤层。磨光操作通常分为粗磨和细磨，磨制样品要充分冷却以免过热引起组织变化。样品可以先在砂轮机上粗磨，把样品修成需要的形状，并把检测面磨平。然后利用砂纸用由粗到细进行细磨。每次细磨不仅要磨去上一道的磨痕，还要去除上一道工序造成的变形层。砂纸依次换细，逐步将样品磨光，且逐步减小变形层深度。金相砂纸所用的磨料有碳化硅和天然刚玉两种，其中碳化硅砂纸最适用于金相样品的磨光。

2.4.4 抛光

抛光的目的是去除细磨痕以获得平整无疵的镜面，并去除变形层，得以观察样品的显微组织。常用的方法有机械抛光、电解抛光和化学抛光等。机械抛光使用最广，它用附着有抛光粉(粒度很小的磨料)的抛光织物在样品表面高速运动，达到抛光的目的。机械抛光在抛光机上进行，抛光粉嵌在抛光织物纤维上，通过抛光盘高速转动将样品表面上磨光时产生的磨痕及变形层除掉，使其成为光滑镜面。样品的抛光分粗抛和细抛两道操作，粗抛除去磨光时产生的变形层，细抛则除去粗抛产生的变形层，使抛光损伤减到最小。对于偏光显微镜用光片来说，经抛光至 0.03mm 厚度后，利用树胶覆上盖玻片后即可用于观察。电解抛光和化学抛光则是一个化学的溶解过程，它们没有机械力的作用，不会产生表面变形层，不影响显微组织显示的真实性。电解或化学抛光时，粗糙样品表面的凸起处和凹陷处附近存在细小的曲率半径，导致凸起处和凹陷处的电势和化学势较高，在电解或化学抛光液的作用下优先溶解而达到表面平滑。电解抛光液包括一些稀酸、碱、乙醇等，而常用的化学抛光液是一些强氧化剂，如硝酸、硫酸、铬酸及过氧化氢等。

2.4.5 浸蚀

抛光后的样品表面是平整的镜面，在反光显微镜下只能看到孔洞、裂纹、非金属夹杂物等。必须采用恰当的浸蚀方法，使不同组织、不同位向晶粒以及晶粒内部与晶界处受到不同程度的浸蚀，形成差别，从而清晰地显示出材料的内部组织。浸蚀的另一个作用是去除抛光引起的变形层，防止可能因此出现的伪组织，确保显微组织的真实性。

样品的浸蚀处理方法包括化学浸蚀、电解浸蚀和一些物理蚀刻方法，如热蚀刻、等离子蚀刻等。

化学浸蚀法是最常用的浸蚀方法。样品表面抛光后形成的非晶态变形层覆盖了表面显微结构中的裂隙及晶体边界空隙，使表面显微结构及不同晶体的界线分辨不清。使用适当的浸蚀剂对样品进行浸蚀处理，除去表面非晶质变形层，使得晶体界线、解理及包裹物等结构较为清晰。浸蚀的另一作用是使样品表面的某些晶体着色，或产生带颜色的沉淀而易于分辨。硅酸盐水泥熟料和陶瓷材料常用的一些浸蚀剂分别如表2.2、表2.3所示。

表 2.2　硅酸盐水泥熟料浸蚀剂的浸蚀条件

浸蚀剂名称	浸蚀条件	显形的矿物特征
蒸馏水	20℃，2～3s	游离氧化钙：呈彩虹色 黑色中间相：呈蓝色、棕色
1%氯化铵水溶液	20℃，3s	A 矿：呈蓝色，少数呈深棕色 B 矿：呈浅棕色 游离氧化钙：呈彩色麻面
1%硝酸乙醇	20℃，3s	A 矿：呈深棕色 B 矿：呈黄褐色

表 2.3　陶瓷制品的腐蚀方法及试剂

类别	腐蚀试剂	腐蚀条件
SiC	30g NaF，60g K_2CO_3	650℃，10～60min
Al_2O_3	H_3PO_4	425℃或180～250℃，在通风橱中腐蚀
	H_2SO_4	330℃，5s～1min，在通风橱中腐蚀
MgO	50mL HNO_3，50mL H_2O	20℃，1～5min
SiO_2	HF	数秒
TiO_2	KOH	650℃，8min
ZrO_2	HF	20℃，1～5s

对于化学稳定性较高的合金，如不锈钢、耐热钢、高温合金、钛合金等，这些金属需要使用电解浸蚀法浸蚀样品才能显现出它们的真实组织。

2.5　光学显微分析在材料科学中的应用

光学显微分析较其他分析手段更为直观、形象。在新材料研究中，尤其是在无机材料领域的研究中，光学显微分析技术在材料制备、加工和分析鉴定等方面具有重要的应用价值。

2.5.1　透射光显微镜在材料科学中的应用

透射光显微镜在新材料研究和工业生产等领域具有广泛的应用价值，而偏光显微镜则是用于晶体光学鉴定的最常用的一种透射光显微镜。

结晶相是材料的一个重要组成部分，大部分的无机材料都含有各种晶相。这些晶相的种类、生长环境和形貌等对材料的结构、性能等具有重要影响。利用偏光显微镜可以对晶相的上述特征进行鉴定和分析。

自然界的晶体种类繁杂，各种晶体都有其独特的光学特性。每一种晶体都有一定的生长习性以及颜色、解理、折射率、双折射率、轴性、光性和延性等光学特性，利用偏光显微镜可以准确地测定各种晶体光学性质，对晶体鉴定具有重要意义。同时，在单偏光下还可以直观地观察晶体的形状、尺寸、分布等形貌特征，对分析它们的生长环境具有重要价值。

在玻璃材料的研究和生产中，偏光显微镜也得到了较为广泛的应用。玻璃是一种非晶态固体，在正交偏光镜下呈全消光，但制备玻璃所用原料大多是晶态原料，同时在玻璃制备过程中往往会出现少量结石、气泡、条纹等缺陷。而这些缺陷的避免一直是玻璃制品研究和生产中必须解决的问题。玻璃结石实际上是一种晶态物质，源于玻璃中的未熔物、析晶以及熔制过程中耐火材料侵蚀等原因，不同来源的结石在偏光显微镜下往往有不同的形貌特征。例如，玻璃生产中出现的鳞石英结石，分别缘于析晶、未熔颗粒、耐火材料熔蚀等不同成因，往往呈现不同的形貌特征(图 2.36)。由玻璃析晶形成的骨架状方石英则均匀分布在玻璃相中[图 2.37(a)]，而缘于耐火材料侵蚀的方石英则呈蜂窝状[图 2.37(b)]、粟粒状。利用偏光显微镜就可以方便地鉴定玻璃结石的种类和成因，为玻璃制备和质量控制提供手段。

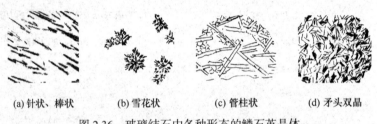

(a) 针状、棒状　　　(b) 雪花状　　　(c) 管柱状　　　(d) 矛头双晶

图 2.36　玻璃结石中各种形态的鳞石英晶体

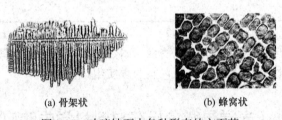

(a) 骨架状　　　　　　　　(b) 蜂窝状

图 2.37　玻璃结石中各种形态的方石英

在陶瓷材料研究中，人们将光学显微分析法引入陶瓷研究中，形成了陶瓷岩相分析。陶瓷岩相是研究陶瓷的种类、自形程度、形状、大小、数量和空间分布及相互关系等。我国科学家提出了"陶瓷显微结构"这一术语，其内容主要是指在显微镜下观察陶瓷中不同相的存在和分布、晶粒的大小、形状和取向、气孔的形状和位置、各种杂质、缺陷和微裂纹的存在形式和分布以及晶界特征等。利用显微镜研究陶瓷材料可以帮助判断陶瓷的性能和质量、监控陶瓷制品生产过程，以提高产品质量。

在耐火材料研究和生产过程中，偏光显微镜可用来研究耐火材料的显微结构与生产工艺条件、耐火材料性能等之间的关系。它在耐火材料生产、改善耐火材料性能、开发新产品等方面具有独到之处。

光学显微分析法在高分子材料科学方面也有应用。当高聚物溶液或熔融态在通常条件下析晶时，可以生成单晶、树枝晶、球晶等。例如，从高聚物浓溶液或熔融体中冷却结晶时，高聚物倾向于生成球晶结构。球晶的直径可达几十或几百微米，可以在光学显微镜中直接观察。

2.5.2 反光显微镜在材料科学中的应用

反光显微镜也是材料科学研究的一种重要手段，在金属材料、无机非金属材料研究和生产中有广泛的应用。

很早以前人们就开始寻求各种方法来研究金属和合金的性质、性能与组织之间的内在关系。在光学显微分析问世后，人们利用光学显微镜观察金属材料的内部组织，即金相组织结构，发现了金属的宏观性能与金相组织形态之间的密切关系，金相显微镜则成了金相研究的主要工具。利用它可以观察金属的微观组织结构，检验金属产品的冶炼和轧制质量，观察夹杂物的形态、大小、分布及数量，控制热处理工艺过程，帮助改进热处理工艺操作，提高产品质量。利用高温金相显微镜还可以帮助人们研究金属组织转变的规律，跟踪转变过程，连续观察金属或合金在一定温度范围内的组织转变等。

在水泥工业生产中，利用显微光学分析的方法可以对水泥熟料和原料进行鉴定分析，研究水泥熟料中的矿物组成和显微结构，了解熟料形成过程和水化机理，帮助解决生产过程中可能出现的各种问题。水泥熟料矿物晶体细小，一般仅为几十微米，在偏光显微镜下鉴定晶体光学性质有一定困难。而经过适当浸蚀处理的熟料光片，可在反光显微镜下观察到轮廓清晰的晶体，并加以区分和分析。例如，经过 1% NH_4Cl 水溶液浸蚀处理的水泥熟料，其主要晶相硅酸三钙固溶体(A 矿)呈蓝色的六角板状、柱状结构(图 2.38)，而硅酸二钙(B 矿)呈棕黄色的圆粒状结构(图 2.39)。经蒸馏水浸蚀的水泥熟料中的游离氧化钙呈彩虹色。不同的熟料形成环境下得到的矿物形貌特征各不相同，因此可以用来研究水泥熟料形成机理。

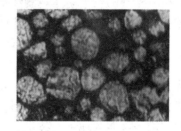

图 2.38　正常水泥熟料的 A 矿照片　　　　　图 2.39　正常水泥熟料的 B 矿照片

2.5.3 相衬显微镜和干涉显微镜在材料科学中的应用

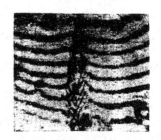

对于一般光学显微镜不易分辨的具有微小高差的显微组织，可以采用相衬显微分析及干涉显微分析技术进行观察。

在金属热处理后，马氏体、贝氏体的相变都有相变浮凸现象产生，这种浮凸现象用一般的显微镜难以察觉。但利用相衬显微镜，将这种微小的相位差转变成大的衬度差，就可以观察到清晰的浮凸现象。而利用干涉显微镜，还可以根据干涉条纹测得浮凸的高度(图 2.40)。

图 2.40　Fe-Ni 合金的马氏体针浮凸

材料在塑性变形过程中会发生滑移，滑移将出现滑移线和滑移带。一般的显微镜只能看到比较粗大的滑移带，而利用相衬显微镜可以看到细小的滑移带和滑移线，利用干涉显微镜还可以测量滑移台阶的高度。

在材料表面精密加工时常用干涉显微镜进行测量，电解抛光、化学抛光过的样品可用干涉显微镜进行鉴定。如果加工表面存在微小的谷峰，就会造成干涉条纹的弯曲，根据干涉条纹弯曲程度可以测得表面的光洁度。

2.6 光学显微分析技术的近期发展

2.6.1 体视显微镜与超景深三维显微镜

体视显微镜，也称实体显微镜，属于双目显微镜，可利用双眼从不同角度观察物体。它利用一个共用的初级物镜，对物体成像后的两束光被两组中间物镜——变焦镜分开，并成一体视角再经各自的目镜成像，进而获得立体感。其倍率变化通过改变中间镜组之间的距离而获得，样品直接置于镜头下配合照明即可观察，像是直立的，便于观察和操作。其工作距离很长、焦深大，便于观察被检样品的全层，视场直径大，但放大倍率在 200 倍以下。根据实际应用需求，可选配如荧光、照相、摄像、冷光源等附件以获得多种功能。目前被广泛应用在材料宏观表面观察、失效分析、断口分析以及生物、医学、农林、工业及海洋生物等领域。

超景深三维显微镜集体视显微镜、工具显微镜和金相显微镜于一体，可以观察传统光学显微镜因景深不够而不能看到的显微世界，其应用领域可以拓展到光学显微镜和扫描电子显微镜之间。它具有独特的环形照明技术，并配有斜照明、透射光和偏振光，能满足一般物相分析、宏观的三维立体观测和拍摄，还可以拍摄动态的显微录像，是集光学技术、光电转换技术及电子显示技术于一体的高科技分析仪器。

2.6.2 激光扫描共焦显微镜

激光扫描共焦显微镜(laser scanning confocal microscope，LSCM)是以光学为基础，融光学、机械和电子计算机为一体的高精度显微测试仪器。其在传统光学显微镜基础上，以激光作为光源，采用共轭焦点技术逐点、逐行、逐面快速扫描成像，扫描的激光与荧光收集共用一个物镜，物镜的焦点即扫描激光的聚焦点，也是瞬时成像的物点。系统经一次调焦，扫描限制在样品的一个平面内。调焦深度不一样时，可以获得样品不同深度层次的图像，这些图像信息经计算机分析和模拟能显示样品的立体结构，可以得到相当高的横向分辨率(100nm)和纵向分辨率(50nm)。

2.6.3 扫描近场光学显微镜

扫描近场光学显微镜(scanning near field optical microscope，SNOM)是 20 世纪 80 年代迅速发展起来的一种光学扫描探针显微分析技术，是对传统(远场)光学显微镜的革命性发展。其分辨率突破传统光学显微分析的衍射分辨极限，达到 10~200nm。近场光学显微镜由以激光器和光纤探针构成的"局域光源"、带有超微动装置的"样品台"和由显微物镜等构成的"光学放大系统"等三部分组成，光纤探针在样品表面逐点扫描和逐点记录并数字成像。

近场光学是突破衍射极限的一种有效光学手段,其研究对象是距离物体表面一个波长以内的光学现象。近场既包含可向外传输信息的辐射场(传播波),又包含被限制在样品表面并且在远处迅速衰减的非辐射场(隐失波)。近场波体现了光在传播时遇到空间光学性质不连续情况下的瞬态变化,利用距离物体表面一个波长以内的光纤探针可以探测样品的隐失波,进而获取样品表面的亚波长结构和光学信息。近场光学显微镜可以获得比传统光学显微镜高得多的空间分辨率,因而近年来在纳米材料、生物医学、微电子学等领域得到越来越多的应用。近年来各国仍在不断研究、相继开发各种新型近场扫描光学显微技术,以获得更高的分辨能力,并在材料科学、生物技术、纳米科学、信息存储、微纳加工等领域获得大量应用。

2.6.4 超分辨显微分析技术

超分辨显微分析技术是指基于远场光学显微镜的突破传统分辨率极限的技术,主要包括两种方法:一种是基于特殊强度分布照明光场的超分辨成像方法[如受激发射损耗显微术(stimulated emission depletion microscopy,STED)];另一种是基于单分子成像和定位的方法[如光激活定位显微术(photoactivated localization microscopy,PALM)]。

STED 源于爱因斯坦(A. Einstein)的受激辐射理论。1994 年,德国科学家赫尔(S.W. Hell)提出一种理论,利用受激发射损耗原理,将一束由相位调制产生的空心环形激光围绕激发光,导致环形区域内的分子受激辐射,而只有光束中心部分的荧光分子被激发光照射产生自发辐射,进而被独立检测出来。随着环形激光强度不断升高,其孔径也相继减小,借此突破光学分辨率极限。赫尔制造出了 STED,将二维方向分辨率水平从 200nm 提升到 70nm 左右,其领导的研究组随后又在三维方向上实现了超高分辨率成像。

1995 年,美国科学家白兹格(E. Betzig)提出单分子荧光分子数和定位精度的原则,即利用光谱特性对艾里斑内的发射波长不同的荧光分子进行分时探测和中心位置定位,从而实现荧光密集标记样本的超分辨成像。2006 年,白兹格等巧妙利用光激活绿色荧光蛋白(PA-GFP)的可控荧光开关特性,首先利用 405nm 激光来活化 PA-GFP,再使用 561nm 激光对活化后的 PA-GFP 进行单分子荧光成像,直至活化后的 PA-GFP 分子被光漂白。重复激活—激发—定位—漂白过程,可以在艾里斑内高精度找到大量 PA-GFP 分子的中心位置,从而重建出一幅由 PA-GFP 分子中心位置组成的超分辨图像。这种技术被称为光激活定位显微术。目前利用这种方法已经在样品的 xy 轴上获得了 20nm 左右的分辨率水平,而其与干涉光显微术的整合已经得到了 30nm 的 z 轴分辨率。

2014 年,瑞典皇家科学院将诺贝尔化学奖授予白兹格、赫尔和美国科学家莫尔纳尔(W. E. Moerner),以表彰他们在超分辨率荧光显微技术领域取得的成就。

思考题与习题

1. 什么是贝克线?其移动规律如何?有什么作用?
2. 什么是晶体的糙面、突起、闪突起?决定晶体糙面和突起等级的因素是什么?

3. 如何区分晶体的颜色和干涉色？影响晶体干涉色的因素有哪些？

4. 白云母的三个主折射率为 $N_g = 1.588$，$N_m = 1.582$，$N_p = 1.552$，若要制造干涉色为 $1/4\lambda$（147nm）的试板，在垂直于 N_g 切面上的切片厚度应为多少？

5. 平行金红石（四方）(100)晶面取一薄片，在折射率仪中测得 c 轴方向为 2.616，垂直 c 轴方向为 2.832；试绘出其光率体，并写出最大双折射率及其光性正负。

6. 平行莫来石（斜方）斜方柱面(110)取一切面测得该晶体最大折射率为 1.654，垂直斜方柱面另取一切面(001)面测得其折射率变化为 1.644～1.642。已知光轴面//(010)，试绘出其光率体并写出最大双折射率、光性符号、光性方位。

7. 普通辉石为止光性晶体，在正交偏光下其最高干涉色为二级黄（$R = 880$nm），垂直 B_{xa} 切面具有一级亮灰干涉色（$R = 210$nm），设 $N_g - N_m = 0.019$，求薄片厚度。

8. 设橄榄石晶体薄片厚度为 0.03mm，$N_g = 1.689$，$N_m = 1.670$，$N_p = 1.654$，则垂直 B_{xa} 切面、垂直 B_{xo} 切面和平行光轴面切面上的光程差是多少？

9. 普通辉石（单斜晶系）的 $\alpha = \gamma = 90°$，$\beta = 87°$，$N_g = 1.723$、$N_m = 1.703$、$N_p = 1.698$，//(010)面切片在正交镜下可见到最高干涉色为二级黄（880nm），首先使晶体的解理//十字丝竖丝，然后晶体顺时针旋转 50° 而达到消光，从消光位再顺时针旋转 45°，插入石膏试板（长边//N_p）即可见三级黄色。(1) 在正交镜下从消光位逆时针旋转 45°，然后插入云母试板，则有何干涉色？(2) 写出它的光性方位。

10. 如何利用锥光镜鉴定晶体的光性和轴性？

11. 如何提高光学显微分析的分辨能力？

12. 阐述光学显微分析用光片的制备方法。

参 考 文 献

陈宗简, 李良德, 阮志成. 1982. 金相显微镜. 北京：机械工业出版社

杜希文, 原续波. 2006. 材料分析方法. 天津：天津大学出版社

邵国有. 1991. 硅酸盐岩相学. 武汉：武汉工业大学出版社

舍英, 伊力奇, 呼和巴特尔. 1996. 现代光学显微镜. 北京：科学出版社

孙业英. 1997. 光学显微分析. 北京：清华大学出版社

唐正霞, 林青, 秦润华. 2018. 材料研究方法. 西安：西安电子科技大学出版社

武汉工业大学, 东南大学, 同济大学, 等. 1994. 物相分析. 武汉：武汉工业大学出版社

张树霖. 2000. 近场光学显微镜及其应用. 北京：科学出版社

第 3 章

X 射线衍射分析

1895 年，著名的德国物理学家伦琴(W. C. Röntgen)发现了 X 射线。1912 年，德国物理学家劳厄(M. von Laue)等发现了 X 射线在晶体中的衍射现象，确证了 X 射线是一种电磁波。同年，英国物理学家布拉格父子(W. H. Bragg 和 V. L. Bragg)利用 X 射线衍射测定了 NaCl 晶体的结构，从此开创了 X 射线晶体结构分析的历史。

随着现代技术的发展，X 射线的产生出现了巨大的变化。目前世界各国利用同步辐射装置，获得了强度更高、亮度更大、单色性更好的 X 射线；实验室则采用液态金属作为 X 射线发生器的阳极获得高性能 X 射线。这些技术使用 X 射线研究和探索未知领域的微观结构、形貌得到了更为广泛的应用。

其次，X 射线探测技术和装备的不断发展，使 X 射线在快速分析、成像、高精度结构解析等领域的应用获得了进一步的提高。

最后，随着计算机软硬件的发展，为 X 射线在各领域的应用研究提供了更为强大的工具。

本章介绍了 X 射线的物理基础，X 射线的性质、产生、谱线特征及与物质的交互作用，论述了 X 射线衍射原理和衍射束的强度、实验方法及样品制备、X 射线物相定性分析和定量分析、晶体结构分析、X 射线衍射技术在其他方面的应用。

3.1 X 射线的物理基础

3.1.1 X 射线的性质

X 射线是一种波长为 $10^{-2} \sim 10^2 \text{Å}$ 的电磁波，介于紫外线和 γ 射线之间，如图 2.1 所示。X 射线的波长 $\lambda(\text{Å})$、振动频率 ν 和传播速度 $C(\text{m} \cdot \text{s}^{-1})$ 符合：

$$\lambda = \frac{C}{\nu} \tag{3.1}$$

X 射线与其他电磁波一样，具有波粒二象性，可看作是具有一定能量 E、动量 P、质量 m 的 X 光子流。

$$E = h\nu \tag{3.2}$$

$$P = \frac{h}{\lambda} \tag{3.3}$$

式中，h 为普朗克常量($6.6261 \times 10^{-34} \text{ J} \cdot \text{s}$)。

由式(3.1)和式(3.2)可得到 X 射线波长与 X 光子能量的关系式为

$$E = h \cdot \frac{C}{\lambda} \approx \frac{12.4}{\lambda}$$ (3.4)

X 射线的性质与可见光有非常大的区别。

(1) X 射线具有很强的穿透能力，可以穿透黑纸及许多对于可见光不透明的物质。当穿过物质时，能被偏振化并被物质吸收而使强度减弱。

(2) X 射线沿直线传播，即使存在电场和磁场，也不能使其传播方向发生偏转。

(3) X 射线肉眼不能观察到，但可以使照相底片感光。在通过　些物质时，使物质原子中的外层电子发生跃迁产生可见光；通过气体时，X 射线光子与气体原子发生碰撞，使气体电离。

(4) X 射线能够杀死生物细胞和组织。人体组织在受到 X 射线的辐射时，生理上会产生一定的反应。

3.1.2　X 射线的产生

凡是高速运动的电子流或其他高能辐射流(如 γ 射线、X 射线、中子流等)被突然减速时均能产生 X 射线。

实验室中所用的 X 射线通常是由 X 射线机产生的。X 射线机主要由 X 射线管、高压变压器、电压和电流调节稳定系统等构成，其主要线路如图 3.1 所示。为保证 X 射线机的稳定工作及其运行的安全性和可靠性，必须为其配置其他辅助设备，如冷却系统、安全防护系统、检测系统等。

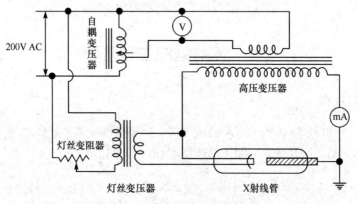

图 3.1　X 射线机的主要线路图

X 射线管是 X 射线机最重要的部件之一。目前常见的 X 射线光管均为封闭式电子 X 射线管，而大功率 X 射线机一般使用旋转阳极 X 射线光管，图 3.2 为封闭式 X 射线光管示意图。

X 射线光管实质上是一个真空二极管，其结构主要由产生电子并将电子束聚焦的电子枪(阴极)和发射 X 射线的金属靶(阳极)两大部分组成。当阴极和阳极之间加以数十千伏的高电压时，阴极灯丝产生的电子在电场的作用下被加速，并以高速飞向阳极靶，与

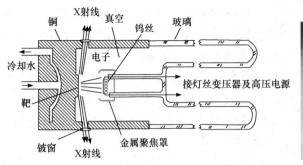

图 3.2　X 射线光管结构和实物图

阳极靶碰撞，产生 X 射线。X 射线通过用金属铍(厚度约为 0.2mm)制成的窗口出射，供实验所用。

　　高速电子轰击阳极靶，小部分能量转化为 X 射线，大部分转化为热能，使阳极靶局部温度急剧升高。为防止阳极靶过热损坏，工作中采用循环水对阳极靶进行冷却。

　　为解决阳极靶过热问题并提高其发射功率，人们还采用了阳极靶高速旋转的方法，不断改变电子束轰击的位置，使阳极靶面热量有充分时间散发，以达到提高 X 射线光管发射功率并解决阳极靶过热问题。图 3.3 为旋转阳极示意图。

　　阳极靶面被电子束轰击的区域称为焦斑，X 射线从焦斑区域发出。焦斑的形状对 X 射线衍射图样的形状、清晰度和分辨率有较大的影响，所以，阳极靶面的焦斑形状及大小是 X 射线光管的重要质量指标之一。而焦斑的形状和大小一般由阴极灯丝的形状及聚焦罩所决定。

　　目前，一般封闭式 X 射线光管的焦斑为长方形，大小为 1mm×10mm，如图 3.4 所示。

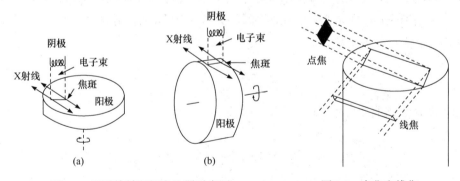

图 3.3　两种旋转阳极发生器示意图　　　图 3.4　点焦和线焦

　　为达到工作中有较小的焦点和较强 X 射线强度的目的，总是在与靶面成出射角为 3°～6°处接受 X 射线，这样当在与焦斑的短边相垂直的方向处，可得到表观面积为 1mm×1mm 的正方形焦点，称为点光源；而当与焦斑长边相垂直的方向处，可得到 0.1mm×10mm 的细线形焦点，称为线光源。

3.1.3　X 射线谱

　　由常规 X 射线光管发出的 X 射线束并不是单一波长的辐射，用适当的方法将辐射展

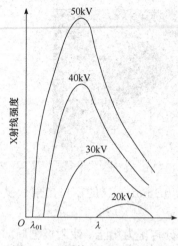

图 3.5　不同管电压下金属 W 的
连续 X 射线谱

谱，可得到如图 3.5 所示的 X 射线强度随波长而变化的关系曲线，称为 X 射线谱。本质上，这种 X 射线谱由两部分，即强度随波长连续变化的连续谱和波长一定、强度很大的特征谱叠加而成。但特征谱只有当管电压超过一定值 V_k(激发电压)时才会产生。特征谱与 X 射线光管的工作条件无关，仅取决于光管阳极靶的材料，可以用来标识物质元素。

通常情况下，由 X 射线光管产生的 X 射线包含各种连续的波长，构成连续谱，如图 3.5 所示。

由图 3.5 可知，X 射线连续谱的强度随着 X 射线管的管电压增加而增大，而最大强度所对应的波长 λ_{max} 变小，最短波长界限 λ_0 减小。

在 X 射线光管中，由于阴极灯丝所产生的电子数量巨大，这些能量巨大的电子撞向阳极靶上的条件和碰撞时间不可能一致，因而所产生的电磁辐射也各不相同，从而形成了各种波长的连续 X 射线。

当 X 射线光管电压一定，在高速电子发生能量转化时，某一个电子的全部动能 E 完全转化为一个 X 射线的光量子，那么此 X 射线光量子的能量最大，波长最短：

$$E = \frac{1}{2}mv^2 = eV = hv_{max} = h\frac{C}{\lambda_0} \tag{3.5}$$

式中，m 为电子质量；v 为电子运动速度；e 为电子电荷；V 为光管加速电压；h 为普朗克常量；ν 为辐射频率；C 为光速；λ_0 为短波限。由式(3.5)可得在一定管电压时，连续 X 射线谱的短波限 λ_0 为

$$\lambda_0 = \frac{hC}{eV} \tag{3.6}$$

图 3.5 的连续谱曲线可用经验方程式表达为

$$I_\lambda = C' \cdot Z \cdot \frac{1}{\lambda^2}\left(\frac{1}{\lambda_0} - \frac{1}{\lambda}\right) \tag{3.7}$$

式中，C' 为常数；Z 为阳极材料的原子序数；λ_0 可由式(3.6)求出。

3.1.4　特征 X 射线

特征 X 射线为一线性光谱，由若干互相分离且具有特定波长的谱线组成，其强度大大超过连续谱线的强度并可叠加到连续谱线上，图 3.6 给出了金属 Mo 靶在 35kV 下的 X 射线谱。

根据原子结构壳层理论，原子核周围的电子分布在若干壳层中，处于每一壳层的电子有其自身特定的能量。按光谱学的分类，将壳层由内至外分别命名为 K、L、M、N…壳层，

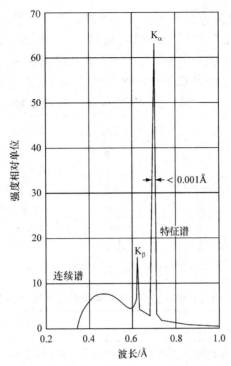

图 3.6　Mo 靶 X 射线光管产生的 X 射线强度(39kV)

相应的主量子数为 $n = 1, 2, 3, 4, \cdots$。每个壳层中最多能容纳 $2n^2$ 个电子，其中处于 K 壳层中的电子能量为最低，L 壳层次之，依次能量递增，构成一系列能级。处于 n 壳层能级中电子的能量可用下式表示：

$$E_n = \frac{-2\pi^2 me^4(Z - \sigma)^2}{h^2 n^2} \tag{3.8}$$

式中，m 为电子质量；n 为主量子数；e 为电子电荷；Z 为原子序数；h 为普朗克常量；σ 为屏蔽常数，K 壳层 $\sigma = 1$，L 壳层 $\sigma = 3.5$。

　　通常情况下，电子总是首先占满能量最低的壳层，如 K、L 层等。在具有足够高能量的高速电子撞击阳极靶时，会将阳极靶中物质原子 K 层电子撞出，在 K 壳层中形成空位，原子系统能量升高，使体系处于不稳定的激发态，按能量最低原理，L、M、N…层中的电子会跃入 K 层的空位，为保持体系能量平衡，在跃迁的同时，这些电子会将多余的能量以 X 射线光量子的形式释放，而该 X 射线光量子的频率可写作：

$$h\nu_{n_2 \to n_1} = E_{n_2} - E_{n_1} = RhC(Z - \sigma)^2 \left(\frac{1}{n_1^2} - \frac{1}{n_2^2} \right) \tag{3.9}$$

式中，$\nu_{n_2 \to n_1}$ 为电子从主量子数为 n_2 的壳层跃入主量子数为 n_1 壳层所释放的 X 射线光量子频率；h 为普朗克常量；E_{n_1} 和 E_{n_2} 分别为主量子数为 n_1 和 n_2 壳层中电子的能量；R 为里德伯常量；C 为光速；Z 为原子序数；σ 为屏蔽常数。

　　对于从 L、M、N…壳层中的电子跃入 K 壳层空位时所释放的 X 射线，分别称为 K_α、

K_β、K_γ…谱线，共同构成 K 系标识 X 射线。类似 K 壳层电子被激发，L 壳层、M 壳层…电子被激发时，就会产生 L 系、M 系…标识 X 射线，而 K 系、L 系、M 系…标识 X 射线共同构成了原子的特征 X 射线。由于一般 L 系、M 系标识 X 射线波长较长，强度很弱，因此在衍射分析工作中，主要使用 K 系特征 X 射线。图 3.7 给出了特征 X 射线及 K 系谱线产生示意图，表 3.1 给出了 X 射线分析常用阳极材料的 K 系特征谱线。

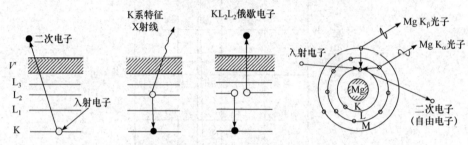

图 3.7　特征 X 射线激发机理示意图

表 3.1　X 射线分析常用阳极材料 K 系特征谱线

阳极元素	K_{α_1}	K_{α_2}		K_α	K_β		K 吸收限/Å	K 线系的中肯电压/kV
	波长/Å*(2)	波长/Å*(2)	相对强(1)	波长/Å*(2)	波长/Å*(2)	相对强(1)		
²⁴Cr	2.28970	2.293606	51	2.291002	2.08487	21	2.07020	6.0
²⁵Mn	2.101820	2.10578	55	2.10314	1.91021	22	1.89643	6.5
²⁶Fe	1.936042	1.939980	49	1.937355	1.75661	18	1.74346	7.5
²⁷Co	1.788965	1.792850	53	1.790260	1.62079	19	1.60815	7.7
²⁸Ni	1.657910	1.661747	48	1.659189	1.500135	17	1.48807	8.3
²⁹Cu	1.540562	1.544390	46	1.541838	1.392218	16	1.38059	8.9
⁴²Mo	0.709300	0.713590	51	0.71073	0.632288	23	0.61978	20.0
⁴⁷Ag	0.5594075	0.563798	52	0.560871	0.497069	24	0.48589	25.5

注：(1) 1967 年后公认 $\lambda(WK_{\alpha_1}) = 0.2090100$Å ± 5ppm，并被作为标准采用；本表的波长值都是以此为标准，令 $\lambda(WK_{\alpha_1}) = 0.2090100$Å*求得的，故波长都以 Å*为单位。1973 年国际学术协会"科技数据委员会"正式公示比值 $\lambda(Å)/\lambda(Å^*) = 1.0000205 ± 5.6 × 10^{-6}$，故若以 Å 作单位表示波长，则表中各波长值都要乘以 1.0000205。

(2) 以 K_{α_1} 线的强度为 100，求得的强度。

　　X 射线透过物质后会变弱，这是由于入射 X 射线与物质相互作用的结果。X 射线与物质的相互作用十分复杂，作用时会产生物理、化学和生化过程，引起各种效应。X 射线可使一些物质发出可见的荧光，使离子固体发出黄褐色或紫色的光，破坏物质的化学键，促使新键形成，促进物质的合成，引起生物效应，导致新陈代谢发生变化。但就 X 射线与物质之间的物理作用，可分为 X 射线散射和吸收。图 3.8 为 X 射线经过物质时与物质作用的示意图。

　　总之，当一束 X 射线通过物质时，其能量可分为三部分，即一部分被散射，一部分被吸收，而其余部分则透过物质继续沿原来的方向传播。

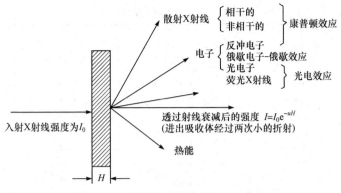

图 3.8　X 射线经过物质时的相互作用

1. X 射线的吸收

X 射线穿过物质后减弱，表明入射 X 射线与物质作用的结果。而 X 射线与物质作用主要是 X 射线被散射和吸收使得 X 射线被减弱。

如图 3.9 所示，设入射 X 射线强度为 I_0，透过厚度为 d 的物质后强度为 I，$I < I_0$。在被照射的物质中取一深度为 x 处的小厚度元 $\mathrm{d}x$，照到此小厚度元上的 X 射线强度为 I_x，透过此厚度元的 X 射线强度为 $I_{x+\mathrm{d}x}$，则强度的改变为

$$\mathrm{d}I_x = I_{x+\mathrm{d}x} - I_x \tag{3.10}$$

相对强度改变有

$$\frac{I_{x+\mathrm{d}x} - I_x}{I_x} = \frac{\mathrm{d}I_x}{I_x} = -\mu_{\mathrm{L}} \cdot \mathrm{d}x \tag{3.11}$$

式中，负号表示 $\mathrm{d}I_x$ 与 $\mathrm{d}x$ 的变化方向相反；μ_{L} 为线吸收系数(cm^{-1})，与 X 射线束的波长及被照射物质的元素组成和状态有关。对式(3.11)积分，可得 X 射线通过整个物质厚度的衰减规律：

$$\frac{I}{I_0} = \exp(-\mu_{\mathrm{L}} \cdot d) \tag{3.12}$$

式中，$\dfrac{I}{I_0}$ 为 X 射线穿透系数，由于 I 总是小于 I_0，因此 $\dfrac{I}{I_0} < 1$。$\dfrac{I}{I_0}$ 越小，表示 X 射线被衰减的程度越大。表 3.2 给出了某些物质的透过系数。

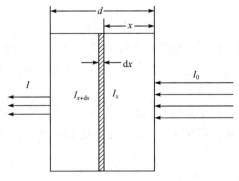

图 3.9　X 射线减弱规律

表 3.2 某些物质的透过系数

物质	厚度/mm	透过系数		
		Mo $K_\alpha \lambda = 0.7107$Å	Cu $K_\alpha \lambda = 1.542$Å	Cr $K_\alpha \lambda = 2.291$Å
空气(标态)	100	0.99	0.89	0.68
氩气(标态)	100	0.79	0.12	1.4×10^{-3}
铝	0.01	0.99	0.95	0.86
	0.10	0.95	0.62	0.22
铍	0.20	0.99	0.97	0.91
	0.50	0.98	0.93	0.80
黑纸	0.10	0.99	0.93	0.80
林德曼玻璃	0.10	0.99	0.86	0.62

从式(3.12)可以看出，当 d 为单位长 1cm 时，

$$\mu_L = \ln I_0 - \ln I \tag{3.13}$$

显然，μ_L 的物理意义就是当 X 射线透过单位长(1cm)物质时强度衰减的程度。μ_L 值越大，强度衰减越快。

在式(3.13)中，为了消除吸收系数对物理状态的依赖性，特别是单位体积内所含的物质数量及物质的组成，使用质量吸收系数 μ_m(cm²/g)替代 μ_L：

$$\mu_m = \frac{\mu_L}{\rho} \tag{3.14}$$

式中，ρ 为被照射物质的密度。

将式(3.14)代入式(3.13)，可得

$$I = I_0 \exp\left[-\left(\frac{\mu_L}{\rho}\right) \cdot \rho \cdot d\right] = I_0 \exp(-\mu_m \cdot \rho \cdot d) \tag{3.15}$$

而式(3.15)中 ρd 可看作是截面积为 1cm²、厚度为 d 的体积的物质质量。

对于质量系数 μ_m 可认为是单位质量物质(单位截面的 1g 物质)对 X 射线的衰减程度，其值的大小与温度、压力等物质状态参数无关，但与 X 射线波长及被照射物质的原子序数有关。

被照射物质使 X 射线减弱是由光电过程和散射过程引起的，因此质量系数也可分成两部分，即

$$\mu_m = \tau_m + \sigma_m \tag{3.16}$$

式中，τ_m 为真质量吸收系数；σ_m 为散射系数。对于 X 射线分析所用的波长及原子序数大于 10 的物质来说，$\tau_m \gg \sigma_m$，在这种情况下，$\mu_m \approx \tau_m$，即质量吸收系数等于真质量吸收系数。

如果吸收体是由两种以上元素构成的复杂物质，其第 i 种元素的质量分数为 x_i，原子分数为 y_i，原子量为 A_i，质量系数为 μ_{mi}，那么这个复杂物质的质量系数为

$$\mu_m = \sum_i \mu_{mi} x_i \tag{3.17}$$

或

$$\mu_m = \frac{\sum_i \mu_{mi} A_i y_i}{\sum_i A_i y_i} \tag{3.18}$$

质量吸收系数 μ_m 是所用辐射波长及元素的原子序数的函数。图 3.10 为金属铂的质量吸收系数随波长变化的示意图。从图中可以看到，铂在 $\lambda_K = 0.1582\text{Å}$，$\lambda_{L_I} = 0.8940\text{Å}$，$\lambda_{L_{II}} = 0.9348\text{Å}$，$\lambda_{L_{III}} = 1.0731\text{Å}$ 处 μ_m 突然增大，即吸收系数曲线有突变台阶，通常称这些吸收跃增所对应的波长为吸收限。实验表明所有元素的 μ_m 与 λ 的关系曲线均类似于金属铂，只是不同的元素，吸收限的位置不同，但吸收限是元素的特征量，不随实验条件变化而变化。

大量的实验数据表明，μ_m 与 λ 关系曲线中的连续变化部分，μ_m 与 λ 存在下列关系：

$$\mu_m = a\lambda^3 + b\lambda^4 \tag{3.19}$$

式中，a、b 为常数，与吸收物质有关。

曲线中出现的跃增，是原子所俘获的光子量恰好等于该原子某壳层(K、L、M…)电子的结合能，光子被物质大量吸收，吸收系数就发生突增。例如，K 壳层电子结合能为 W_K，则

$$W_K = h\frac{C}{\lambda_K}, \quad \lambda_K = \frac{hC}{W_K} \tag{3.20}$$

当辐射的波长一定时，不同元素的 μ_m 将随元素的原子序数 Z 变化。通常，μ_m 随原子序数增加而增大，但在某些元素处会发生突然减小。图 3.11 为 $\lambda = 1.00\text{Å}$ 辐射时，μ_m 与元素原子序数 Z 的关系曲线。从图中可以看到，由 As($Z = 33$) 到 Se($Z = 34$)，μ_m 剧烈下降，这是由于辐射的波长小于 As 的 K 吸收限($\lambda_K = 1.045\text{Å}$)而大于 Se 的 K 吸收限($\lambda_K = 0.980\text{Å}$)而产生的。图中曲线的连续变化段可用下式表示：

$$\mu_m \propto Z^3 \tag{3.21}$$

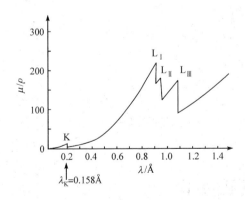

图 3.10　金属铂的 $\frac{\mu}{\rho}$-λ 关系曲线

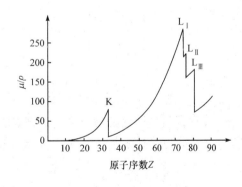

图 3.11　波长为 1.00Å 辐射的质量吸收系数与吸收原子序数的关系曲线

根据式(3.20)，如果入射 X 射线恰好击出原子的 K 层电子，那么只要测出 λ_K，得到物质的吸收限，从而确定 K 系能级图。通过同样的方法，确定 L、M、N…的能级，最终获得原子的能级图。

根据公式(3.20)，利用高能电子轰击阳极靶产生特征 X 射线，若为 K 系特征线，电子束能量至少为 W_K，则由式(3.20)可得到 K 层激发电压为：$V_K = \dfrac{12.40}{\lambda_K}$，因此得到高能电子的最小加速电压。

由于不同物质的 μ_m 不同，因此同一束辐射穿过含有不同物质的吸收体时，其透过的辐射因吸收不同而产生差异。通过分析这种差异，就能检验吸收体物质中存在的缺陷、气泡、裂纹或杂质等。

利用吸收限两侧吸收系数差别很大的现象来实现滤光。在 K 系特征辐射中，存在 K_α 和 K_β 两种辐射，其中 K_β 能量较小，常通过选择合适的物质对其进行吸收处理。在这种情况下，所选物质吸收限 λ_K 应满足 $\lambda_{K_\beta} < \lambda_K < \lambda_{K_\alpha}$。

2. X 射线的散射

X 射线与物质相互作用时，除了可能被物质吸收外，还可能被物质散射。在散射现象中，当散射线波长与入射线相同时，相位滞后恒定，散射线之间能互相干涉，称为相干散射；而当散射线波长与入射线波长不同时，散射线之间不相干涉，称为非相干散射。康普顿散射即为非相干散射。

图 3.12 为 MoK 辐射投射到石墨上所发生的散射线光谱图，散射角为 90°。由图可见，在偏离原射束 90°方向出现了 $Mo\,K_{\alpha_1}$、$Mo\,K_{\alpha_2}$ 和 $Mo\,K_\beta$ 辐射，这些辐射不改变波长。此外，在散射光谱图中还出现 A、B 两个峰，这两个辐射在原线束中不存在，而且会随着不同投射物质而改变其波长，这些辐射被称为康普顿散射。

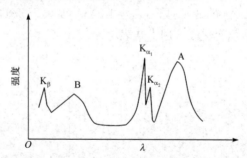

图 3.12   金属钼的 K 辐射投射到石墨上所发生的散射光谱图(散射角为 90°)

使 X 射线发生散射的物质主要是物质的自由电子及原子核束缚的非自由电子，有时也将非自由电子的散射称为原子对 X 射线的散射。

3.2   X 射线衍射原理

3.2.1   X 射线的衍射

当一束 X 射线投射到某一晶体时，在晶体背后置一照相底片，会发现在底片上存在有规律分布的斑点，如图 3.13 所示。X 射线作为一电磁波投射到晶体中时，会受到晶体中原子的散射，而散射波就好像是从原子中心发出，每一个原子中心发出的散射波又好比一个源球面波。由于原子在晶体中是周期排列，这些散射球面波之间存在固定的位相关系，它们之间会在空间产生干涉，结果导致在某些散射方向的球面波相互加强，而在某些方向上相互抵消，从而出现如图 3.13 所示的衍射现象，即在偏离原入射线方向上，只有在特定的方向上出现散射线加强而存在衍射斑点，其余方向则无衍射斑点。

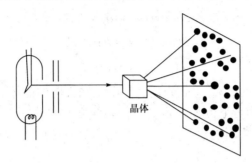

图 3.13　X 射线穿过晶体产生衍射

3.2.2　劳厄方程和布拉格方程

1. 劳厄方程

波长为 λ 的一束 X 射线，以入射角 α 投射到晶体中原子间距为 a 的原子列上(图 3.14)。假设入射线和衍射线均为平面波，且晶胞中只有一个原子，原子的尺寸忽略不计，原子中各电子产生的相干散射由原子中心点发出，那么由图 3.14 可知，相邻两原子的散射线光程差为

$$\delta = OQ - PR = OR(\cos\alpha' - \cos\alpha) \tag{3.22}$$

若各原子的散射波互相干涉加强，形成衍射，则光程差 δ 必须等于入射 X 射线波长 λ 的整数倍：

$$\delta = H\lambda \quad 或 \quad a(\cos\alpha' - \cos\alpha) = H\lambda \tag{3.23}$$

式中，H 为整数$(0, \pm 1, \pm 2, \pm 3, \cdots)$，称为衍射级数。

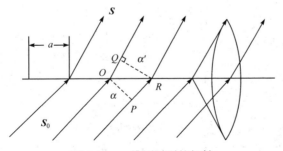

图 3.14　一维原子列的衍射

当入射 X 射线的方向 S_0 确定后，α 随之确定，那么，决定各级衍射方向 α' 角可由下式求得

$$\cos\alpha' = \cos\alpha + \frac{H}{a} \cdot \lambda \tag{3.24}$$

由于只要 α' 角满足式(3.23)就能产生衍射，因此衍射线将分布在以原子列为轴，以 α' 角为半顶角的一系列圆锥面上，每一个 H 值，对应于一个圆锥。

在三维空间中，设入射 X 射线单位矢量 S_0 与三个晶轴 a、b、c 的交角分别为 α、β、γ。若产生衍射，则衍射方向的单位矢量 S 与三个晶轴的交角 α'、β'、γ' 必须满足：

$$a(\cos\alpha' - \cos\alpha) = H\lambda$$
$$b(\cos\beta' - \cos\beta) = K\lambda \qquad (3.25)$$
$$c(\cos\gamma' - \cos\gamma) = L\lambda$$

式中，H、K、L 均为整数；a、b、c 分别为三个晶轴方向的晶体点阵常数。式(3.25)由劳厄在 1912 年提出，称为劳厄方程，是确定衍射线方向的基本方程。由于 S 与三晶轴的交角具有一定的相互约束，因此 α'、β'、γ' 不是完全相互独立。对于立方晶系，α'、β'、γ' 有如下关系：

$$\cos^2\alpha' + \cos^2\beta' + \cos^2\gamma' = 1 \qquad (3.26)$$

因此，对于给定一组 H、K、L，方程式(3.22)和方程式(3.26)将决定三个变量 α'、β'、γ'。只有当选择适当的入射线波长 λ 或选取合适的入射方向 S_0，才能使方程组(3.25)和方程式(3.26)有确定的解。

劳厄方程(3.25)也可以用矢量方程表达，即

$$a(S - S_0) = H\lambda$$
$$b(S - S_0) = K\lambda \qquad (3.27)$$
$$c(S - S_0) = L\lambda$$

2. 布拉格方程

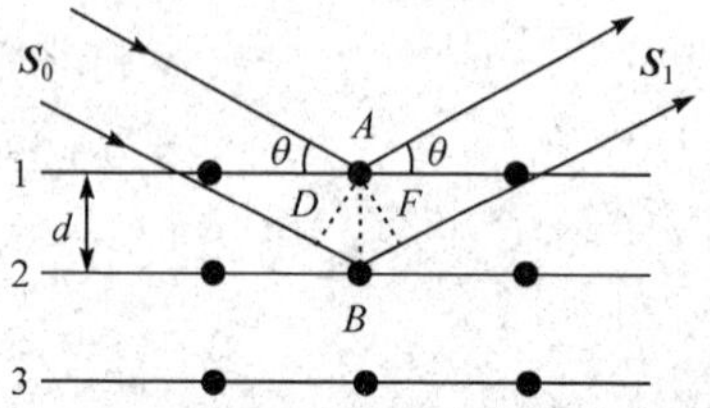

图 3.15　面网"反射"X 射线的条件

如图 3.15 所示，面网 1、2、3 代表晶面符号为 (hkl) 的一组平行面网，面网间距为 d。入射 X 射线 S_0(波长为 λ)沿着与面网成 θ 角(掠射角)的方向射入。与 S_1 方向上的散射线满足"光学镜面反射"条件(散射线、入射线与原子面法线共面)时，各原子的散射波将具有相同的位相，干涉结果产生加强，相邻两原子 A 和 B 的散射波光程差为零，相邻面网的"反射线"光程差为入射波长 λ 的整数倍：

$$\delta = DB + BF = n\lambda$$

即
$$2d\sin\theta = n\lambda \qquad (3.28)$$

式(3.28)即为著名的布拉格方程。式中，n 为整数。布拉格方程是 X 射线晶体学中最基本的公式之一，它与光学反射定律加在一起，称为布拉格定律，或 X 射线"反射"定律。式中，θ 角称为布拉格角或掠射角，又称半衍射角，而一般实验中所测得的 2θ 角则称为衍射角。X 射线在晶体中产生衍射，其入射角 θ、晶面间距 d 及入射线波长 λ 必须满足布拉格方程。

布拉格方程中的整数 n 称为衍射级数。当 $n=1$ 时，相邻两晶面的"反射线"的光程差为 1 个波长，称为 1 级衍射；$n=2$ 时，相邻两晶面的"反射线"的光程差为 2λ，产生 2 级

衍射；…。相邻两晶面的"反射线"光程差为 $n\lambda$ 时，产生 n 级衍射，即 $\sin\theta_1=\lambda/2d$，$\sin\theta_2=2\lambda/2d$，$\sin\theta_3=3\lambda/2d$，…，$\sin\theta_n=n\lambda/2d$。

对于整数 n，受到 $\sin\theta\leqslant1$ 的限制，即

$$n\leqslant2\frac{d}{\lambda} \quad \text{或} \quad d\geqslant n\frac{\lambda}{2}$$

由此可见，当 X 射线的波长 λ 和衍射面 d 选定后，晶体可能的衍射级数 n 也就被确定。一组晶面只能在有限的几个方向"反射"X 射线，而且，晶体中能产生衍射的晶面数也是有限的。

在常规的衍射工作中，往往将晶面族(hkl)的 n 级衍射作为假想晶面族(nh,nk,nl)的一级衍射来考虑，则布拉格方程可改写为

$$2(d_{hkl}/n)\sin\theta = \lambda$$

根据晶面指数的定义，指数为(nh,nk,nl)的晶面是与(hkl)面平行、面间距为 d_{hkl}/n 的晶面族，故布拉格方程又可写作：

$$2d_{nh,nk,nl}\sin\theta = \lambda$$

指数(nh,nk,nl)称为衍射指标，可用(HKL)来表示，因此应用衍射指标，布拉格方程可简化为

$$2d\sin\theta = \lambda \tag{3.29}$$

X 射线在晶面上的所谓"反射"，实质上是所有受 X 射线照射原子(包括表面和晶体内部)的散射线干涉加强而形成的。而且，只有在满足布拉格方程的某些特殊角度下才能"反射"，是一种有选择的反射。

对于一定面间距 d 的晶面，由于 $\sin\theta\leqslant1$，因此只有当 $\lambda\leqslant2d$ 时才能产生衍射，但是 $\lambda/2d\ll1$ 时，由于 θ 太小而不易观察或探测到衍射信号，因此实际衍射分析用的 X 射线波长与晶体的晶格常数较为接近。

3.3　X 射线衍射束的强度

3.3.1　晶体衍射强度

1. 简单结构晶体衍射强度

首先讨论一个晶胞只含一个原子的简单结构晶体对 X 射线的衍射。假设该简单晶体对 X 射线的折射率为 1，即 X 射线以和空气中一样的光速在晶体内传播(此假设与实际情况出入很小)。散射波不再被晶体内的其他原子所散射；入射线束和被散射线束在通过晶体时无吸收发生；晶体内原子无热振动。那么，根据电磁波运动学理论，可以导出单色 X 射线被晶体散射线束波幅为

$$E_c = f\,E_e \sum_{m=0}^{N_1-1} e^{ima\cdot S} \sum_{n=0}^{N_2-1} e^{2nb\cdot S} \sum_{p=0}^{N_3-1} e^{ipc\cdot S} \tag{3.30}$$

式中，a、b、c 为晶体点阵基矢；N_1、N_2、N_3 分别为沿基矢方向上的结点数；S 为衍射矢量，$|S| = \dfrac{4\pi\sin\theta}{\lambda}$（$\lambda$ 为入射线波长，θ 为衍射线与反射面夹角）；E_e 为单个电子按经典理论计算的散射振幅；f 为原子的散射因数。

而晶体衍射线束的强度为

$$I_c = E_c \cdot E_c^* \quad (E_c^* \text{为} E_c \text{的共轭复数})$$

$$= f^2 E_e^2 \frac{2-2\cos N_1 S\cdot a}{2-2\cos S\cdot a} \cdot \frac{2-2\cos N_2 S\cdot b}{2-2\cos S\cdot b} \cdot \frac{2-2\cos N_3 S\cdot c}{2-2\cos S\cdot c} \tag{3.31}$$

$$= f^2 E_e^2 \cdot \frac{S^2 \frac{1}{2}N_1 S\cdot a}{\sin^2 \frac{1}{2}S\cdot a} \cdot \frac{\sin^2 \frac{1}{2}N_2 S\cdot b}{\sin^2 \frac{1}{2}S\cdot b} \cdot \frac{\sin^2 \frac{1}{2}N_3 S\cdot c}{\sin^2 \frac{1}{2}S\cdot c}$$

式(3.31)即为衍射理论中的衍射线强度最基本公式。在式(3.31)中，令：

$$I(S) = \frac{\sin^2 \frac{1}{2}N_1 S\cdot a}{\sin^2 \frac{1}{2}S\cdot a} \cdot \frac{\sin^2 \frac{1}{2}N_2 S\cdot b}{\sin^2 \frac{1}{2}S\cdot b} \cdot \frac{\sin^2 \frac{1}{2}N_3 S\cdot c}{\sin^2 \frac{1}{2}S\cdot c} \tag{3.32}$$

$$I_a = f^2 \cdot E_e^2$$

则式(3.31)可写作：

$$I_c(S) = I_a \cdot I(S) \tag{3.33}$$

$I(S)$ 称为干涉函数，I_a 为一个原子的散射强度，其函数值的变化非常缓慢，而且 I_a 在任何散射角上都不为零，因此晶体衍射强度按衍射方向的分布就要取决于干涉函数 $I(S)$。

2. X 射线衍射累计强度

显然，简单结构晶体 X 射线衍射强度公式(3.30)所表示的衍射强度是在严格方向上的衍射束强度，但在实验过程中，由 X 射线探测器记录的是布拉格角附近各方向衍射线束强度累加总量，而推导式(3.30)对晶体及衍射过程进行了一定假设，不宜直接应用。

当一束单色 X 射线投射到晶体上时，不仅在准确的布拉格角 θ_0 上发生反射，而且在此角度附近的 $\Delta\theta$ 范围内也发生反射，因此，应将 $\theta_0 + \Delta\theta$ 全部反射强度累加，与实验所测反射辐射强度一致。设以 $I_0 P(\theta)\mathrm{d}\theta$ 表示单位时间内在 θ 方向上由整个反射面反射的辐射能量，而 θ 为在 θ_0 附近变化的角度，I_0 为入射线束强度，而 $P(\theta)$ 称为反射面在 θ 方向的反射本领，则此反射在单位时间内的全部反射强度为

$$I_s = I_0 \int_\theta P(\theta)\mathrm{d}\theta \tag{3.34}$$

式(3.34)中强度在布拉格角 θ_0 附近反射强度不为零的角度范围内产生，I_s 称为反射累积强度，它并不是通过单位面积的辐射能量，而是该衍射线束单位时间内投射到探测器上的总能量。$\int_\theta P(\theta)\mathrm{d}\theta$ 称为累积反射，θ 与入射线束强度 I_0 无关。

3.3.2 X 射线粉末衍射累计强度

目前，用 X 射线衍射仪测量粉末状晶体试样的实验应用较广泛，试样被制成平板状，且厚度足够，由式(3.31)可推导粉末衍射强度公式为

$$I = I_0 \cdot \left(\frac{e^2}{mC^2} \right)^2 \cdot \frac{\lambda^3}{32\pi R} \cdot L \cdot N_c^2 n \left| F(hkl) \right|^2 \frac{1 + \cos^2 2\theta}{\sin^2 \theta \cos \theta} A(\theta) \cdot e^{-2M} V \tag{3.35}$$

式中，I_0 为入射线强度；λ 为其波长；m 和 e 为电子质量和电子电荷；C 为光速；R 为衍射仪测角台半径；L 为所测衍射线的长度；N_c 为单位体积晶胞数；V 为被照射体积；$F(hkl)$ 为结构因子；n 为反射面的多重性因子；$A(\theta)$ 为吸收因子，在平板试样时，$A(\theta) = \dfrac{S}{2\mu V}$，$\mu$ 为线吸收系数，S 为照射面积；e^{-2M} 为温度因子。

式(3.35)中，$\dfrac{1 + \cos^2 2\theta}{\sin^2 \theta \cos \theta}$ 又称为角因数，θ 角为衍射线的布拉格角，$\dfrac{1}{\sin^2 \theta \cos \theta}$ 又单独称为洛伦兹因数。如果入射 X 射线是用不甚完整晶体单色化的辐射时，对于偏振因数 $\dfrac{1 + \cos^2 2\theta}{2}$ 可修正为 $\dfrac{1 + \cos^2 2\alpha \cos^2 2\theta}{1 + \cos^2 2\alpha}$，其中 α 为单色器入射角。

在同一衍射图中，对于同一物相的各衍射线束而言，$\dfrac{I_0 \lambda^3 L}{32\pi R} \left(\dfrac{e^2}{mC^2} \right)^2 N_c^2 \cdot V$ 是常数，因此，在式(3.35)中，两边除以此常数可得

$$I_p = nF^2 \frac{1 + \cos^2 2\theta}{\sin^2 \theta \cos \theta} e^{-2M} \tag{3.36}$$

I_p 称为衍射线的相对强度。

3.3.3 结构因子 F(hkl) 和衍射消光规律

绝大部分晶体中每个晶胞内都含有多种不同原子，且原子数量巨大，晶体的衍射受到晶胞内所含原子的种类、个数及排列的影响。为了表达晶胞的散射能力，定义结构因子 $F(\boldsymbol{S})$ 为

$$F(\boldsymbol{S}) = \frac{一个晶胞的相干散射振幅}{一个电子的相干散射振幅} = \frac{E_c}{E_e} \tag{3.37}$$

其物理意义是一个晶胞向由衍射矢量 $\boldsymbol{S}$ 规定的方向的散射振幅等于 $F(\boldsymbol{S})$ 个电子处在晶胞原点的同一方向散射的总振幅。

式(3.37)给出的是任意散射方向的结构因子，在衍射过程中，最重要的是满足布拉格条件的方向。根据布拉格方程及倒易点阵与衍射的关系，发生 hkl 反射时的结构因子表达为

$$F(hkl) = \sum_{j=1}^{n} f_j e^{2\pi i (hx_j + ky_j + lz_j)} \tag{3.38}$$

式中，f_j 为第 j 个原子的散射因数；x_j、y_j、z_j 为第 j 个原子的位置坐标。从式中可以看到，$F(hkl)$ 与晶体中原子的位置以及晶体所选原点的位置有关。

考察式(3.34)，由式(3.38)可得

$$|F(hkl)|^2 = |f_j|^2 \cdot \left[\sum_{j=1}^{n} e^{2\pi i(hx_j + ky_j + lz_j)}\right]^2 = |F_s|^2 \cdot |F_c|^2 \tag{3.39}$$

式中，$|F_s|$ 为晶体点阵中各结点的结构振幅；$|F_c|$ 为晶胞的结构振幅。由上式可知，$|F_s|^2 = 0$ 或 $|F_c|^2 = 0$ 均可使 $|F(hkl)|^2 = 0$，从而使式(3.35)晶体衍射线强度 I 为零，这种满足布拉格方程条件但衍射线强度为零的现象称为消光。

晶体所属的点阵类型不同，使 $|F_c|^2 = 0$ 的 h、k、l 指数规律不同。点阵相同，结构不同的晶体，$|F_c|^2 = 0$ 的指数规律相同，但 $|F_s|^2 = 0$ 的指数规律不同。所以，常称使 $|F_c|^2 = 0$ 的条件为点阵消光条件；$|F(hkl)|^2 = 0$ 的条件为结构消光条件。表 3.3 给出了布拉维点阵的消光规律。

表 3.3　布拉维点阵消光规律

布拉维点阵	出现的衍射	不出现的衍射
简单点阵	全部出现	无
底心点阵	k 及 h 全奇或全偶，$k+h$ 为偶数	$h+k$ 为奇数
体心点阵	$h+k+l$ 为偶数	$h+k+l$ 为奇数
面心点阵	h、k、l 全奇或全偶	h、k、l 为奇偶混杂

3.4　实验方法及样品制备

为了测得有用的衍射实验数据来进行晶体的研究，在实际工作中发展了许多衍射实验方法，而最基本的衍射实验方法有粉末法、劳厄法和转晶法三种。表 3.4 给出了这三种衍射方法的特点。

表 3.4　三种基本衍射实验方法

实验方法	所用辐射	样品	照相法	衍射仪法
粉末法	单色辐射	多晶或晶体粉末	样品转动或固定——德拜相机	粉末衍射仪
劳厄法	连续辐射	单晶体	样品固定——劳厄相机	单晶或粉末衍射仪
转晶法	单色辐射	单晶体	样品转动或固定——转晶-回摆照相机	单晶衍射仪

由于粉末法在晶体学研究中应用最广泛，而且实验方法及样品制备简单，因此在科学研究和实际生产工作中的应用不可缺少，劳厄法和转晶法主要应用于单晶体的研究，特别是在晶体结构分析中必不可少，在某些场合下是无法替代的方法。

3.4.1　粉末照相法

粉末照相法是将一束近平行的单色 X 射线投射到多晶样品上，用照相底片记录衍射线束强度和方向的一种实验法。主要装置为粉末照相机，而粉末照相法根据照相种类的不同，有多种实验照相方法，其中最为常用的是德拜照相法，又称为德拜法或德拜-谢乐法。

德拜照相法主要使用德拜相机,图 3.16 给出了德拜相机的结构示意图。

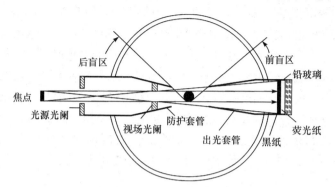

图 3.16 德拜相机的结构示意图

德拜相机主要由下列几部分构成:①圆筒形暗盒,内壁安装照相底片;②装在暗盒中心的样品轴,安装样品,附有调节样品到暗盒中心轴的螺丝及带动样品转动的电机;③装在暗盒壁上的平行光管,使入射 X 射线成为近平行光束投射到样品上;④暗盒的另一侧壁上装有承光管,以便让透射光束射出,并装有荧光屏,用以检查 X 射线是否投射到样品上。

德拜相机所用的照相底片为圆筒形底片,能将全部衍射线束同时记录下来。德拜相机的底片安装有三种方法,如图 3.17 所示:正装法、反装法和不对称法。德拜相机为方便测量衍射线数据,其暗盒内直径一般选定 57.3mm 或 114.6mm,这样,德拜相片上 1mm 长度,正好分别对应 2°或 1°圆心角。

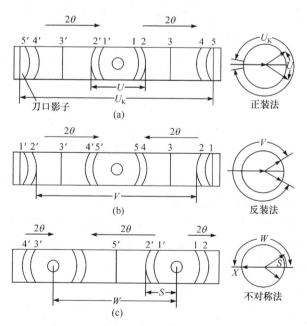

图 3.17 粉末照相法中三种不同的底片安装法

粉末照相法只是衍射法的一种。样品粉末很细,颗粒通常在 $10^{-3}\sim10^{-5}$cm 之间(过 250~300 目筛),每个颗粒又可能包含好几颗晶粒,因此试样中包含无数个取向不同但结构一样的小晶粒。当一束单色 X 射线照射到样品上时,对每一族晶面(hkl),总有某些小晶粒的(hkl)

晶面族恰好能够满足布拉格条件而产生衍射。由于试样中小晶粒数目巨大，因此满足布拉格条件的晶面族(hkl)也较多，与入射线的方位角都是 θ，如图 3.18 所示，因而可看作是由一个晶面以入射线为轴旋转而得到。图 3.18 中小晶粒晶面(hkl)的反射线分布在一个以入射线为轴、以衍射角 2θ 为半顶角的圆锥面上，不同的晶面族衍射角不同，衍射线所在的圆锥半顶角不同，从而不同晶面族的衍射就会共同构成一系列以入射线为轴的同顶点圆锥，当用围绕试样的圆筒形底片记录衍射线时，在底片上会得到一系列圆弧线段。

德拜粉末照相通常将粉末试样制成直径为 $0.3\sim0.6\text{mm}$、长度为 1cm 的细圆柱状粉末集合体。对于样品粉末的细度，颗粒 $> 10^{-3}\text{cm}$，可能由于参加衍射的晶粒数目太少而影响衍射线强度；但若颗粒度小于 10^{-5}cm，则可能因晶体结构的破坏而使衍射线发生弥散增宽。

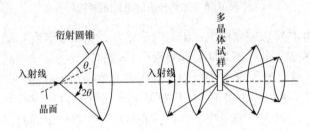

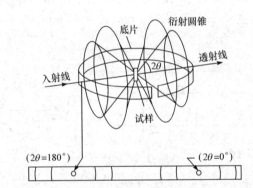

图 3.18   粉末衍射的谱线形成和照相法谱线的形成

德拜粉末照相法底片实验数据主要是测定底片上衍射线条的相对位置和相对强度，然后根据测量数据计算出 θ_{hkl} 和晶面间距 d_{hkl}。

如图 3.19 所示，设 R 是德拜相机镜头半径，设晶体中某晶面族(hkl)所产生的衍射线与底片交于 PP' 两点，则从 PP' 两点之间的距离 S 即可计算出衍射半角 θ。由图可知，在透射区($2\theta < 90°$，称为低角区)：

$$S = R \cdot 4\theta, \quad \theta = \frac{S}{4R}$$

即

$$\theta = \frac{S}{2R} \cdot \frac{360°}{2\pi} = \frac{S}{2R} \cdot 57.30$$

常见德拜相机的直径 $2R$ 多为 57.30mm，因而上式可简化为 $\theta = S$，即为德拜照相底片上测得的衍射线距离。

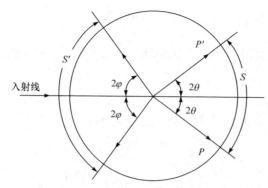

图 3.19 德拜照相法衍射角计算

当 $2\theta > 90°$(称为高角区)时,见图 3.19,用上述同样方法先求得 φ,进而求得 $\theta = 90° - \varphi$。

通过此式求得衍射角 θ 后,再由布拉格方程 $2d\sin\theta = \lambda$ 计算出该衍射线所对应的晶面间距 d。

该式中 S 的测量,如图 3.20 所示,实验中常采用带游标的刻度尺进行测量。通常,测量时首先将底片放在观察灯箱上,制定好底片中线(mn),然后用游标尺分别读出 $2'$、$1'$、1、2、3、4、5、$5'$、$4'$等衍射线位置的数值。计算时,将 $5'$ 和 5 的读数相加再除以 2 即得到孔 B 的中心位置,同样也可获得 $1'$ 和 1 到孔 A 的中心位置。孔 A、B 间距即为德拜相机半圆周长,所对应的角度为 $180°$,因此可求得长度当量 $K = \dfrac{180°}{l_{AB}}$,即 K 为底片上每单位长度相当的角度数值。计算 1、2、3、4、$\cdots$各线段与孔 A 的距离 $S/2$,乘以 K 即为对应衍射角 θ_1、θ_2、θ_3、$\cdots$,应用布拉格方程计算晶面间距 d_1、d_2、d_3、$\cdots$。

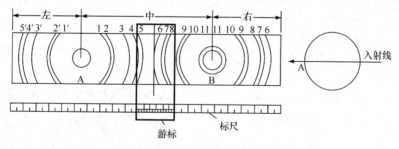

图 3.20 铝的非对称德拜照片

德拜-谢乐法通常所需样品少,所获得的衍射线条几乎可以全部记录在一张底片上,实验设备及实验方法相对简单。

3.4.2 粉末衍射仪法

X 射线衍射仪是采用衍射光子探测器和测角仪来记录衍射线位置及强度的分析仪器,且可以精确地测量衍射线强度和线形。就衍射仪的分析用途而言,有测定多晶粉末试样的粉末衍射仪、测定单晶结构的四圆衍射仪、用于特殊用途的微区衍射仪和表层衍射仪等,其中粉末衍射仪应用最为广泛,已经成为物相分析的通用测试仪器,由于其检测快速、操作简单、数据处理方便,已逐步取代粉末照相法。

1. 粉末衍射仪的主要构成及衍射几何光学布置

常用粉末衍射仪主要由 X 射线发生系统、测角及探测控制系统、记录和数据处理系统三大部分组成。图 3.21 为其构成的方框图。

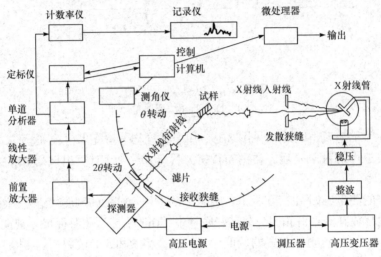

图 3.21   衍射仪构成示意框图

粉末衍射仪的核心部件是测角仪,图 3.22 为粉末衍射仪测角仪示意图及立式测角仪实物图。测角仪由两个同轴转盘 G、H 构成,小转盘 H 中心装有样品支架,大转盘 G 支架(摇臂)上装有辐射探测器 D 及前端接收狭缝 RS,目前常用的辐射探测器有正比计数器、闪烁探测器、半导体探测器、二维阵列探测器等。X 射线源 S 固定在仪器支架上,它与接收狭缝 RS 均位于以 O 为圆心的圆周上,此圆称为衍射仪圆,一般半径是 185mm。当试样围绕轴 O 转动时,接收狭缝和探测器则以试样转动速度的 2 倍绕 O 轴转动,转动角可由转动角度读数器或控制仪上读出,这种衍射光学的几何布置被称为 Bragg-Brentano 光路布置,简称 B-B 光路布置。

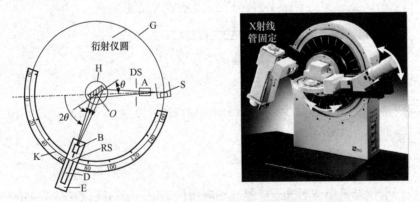

图 3.22   粉末衍射仪测角仪示意图和立式测角仪实物图

在 B-B 光路布置的粉末衍射仪中,通常使用线焦 X 射线,要求线焦与测角仪转动轴平行,线焦到衍射仪转动轴 O 的距离与轴到接收狭缝 RS 的距离相等,平板试样的表面必须经过测角仪的轴线。按照这样的几何布置,当试样的转动角速度为探测器(接收狭缝)的角速度的 1/2 时,无论在何角度,线焦点 S、试样和接收狭缝 RS 都处在一个半径 r 改变的圆上,而且试样被照射面总与该圆相切, 此圆则称为聚焦圆, 如图 3.23 所示。图 3.23(a)中的聚焦圆曲率半径小于图 3.23(b)的, 即随着测角仪圆的变化, 聚焦圆的半径不断发生改变。

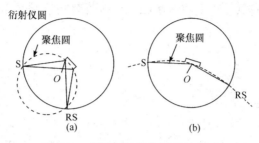

图 3.23　衍射仪的聚焦原理示意图

实际上, 试样表面的曲率无法与聚焦圆的半径随衍射角 θ 的变化而改变, 因此只能采用平面试样"半聚焦"方法, 因此衍射线就不能被完全聚焦, 造成衍射线宽化, 特别是入射光束水平发散增大时, 尤为明显; 而且, 入射线和衍射线还存在垂直发散。为了减小 X 射线的发散, 提高分辨率, 在入射和衍射光路程中, 采取了多种措施。如图 3.24 所示, 在光路中设置各种狭缝, 减少因辐射宽化和发散造成的测试误差。图中 S_1 和 S_2 称为索拉狭缝, 用以防止 X 射线束的垂直发散; DS 和 SS 称为防发散狭缝, 用以防止线束的宽化; RS 又称为接收狭缝。

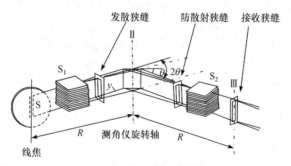

图 3.24　狭缝系统示意图

衍射线束被探测器接收, 并由探测器转换成电信号, 经波高分析器、定标器和计数率仪, 由计算机采集所获得的数据。图 3.25 即为记录的 α-SiO$_2$ 衍射谱。

2. 粉末衍射仪的工作方式

粉末衍射仪常用的工作方式有连续扫描和步进扫描两种。

1) 连续扫描

连续扫描就是使试样和探测器以 1:2 的角速度做匀速圆周运动, 在转动过程中同时将探测器依次接收到的各晶面衍射信号输入到记录系统或数据处理系统, 从而获得衍射图谱。图 3.25 即为连续扫描图谱。连续扫描图谱可方便地看出衍射线峰位、线形和相对强度等。

2) 步进扫描

步进扫描又称为阶梯扫描。步进扫描工作是不连续的, 试样每转动一定的角度$\Delta\theta$就停留一定时间, 在此期间, 探测器等后续设备开始工作, 并以定标器记录测定在此期间 X 射线光子的总计数, 然后试样转动一定角度, 重复测量, 输出结果。图 3.26 即为某一衍射峰的步进扫描图形。步进扫描无滞后及平滑效应，所以其衍射峰位正确，分辨力好，特别是衍射线强度弱且背底高的情况下更显其作用。由于步进法可以在每个 θ 角处延长停留时间，从而获得每步较大的总计数，因此可减小因统计涨落对实验强度的影响。

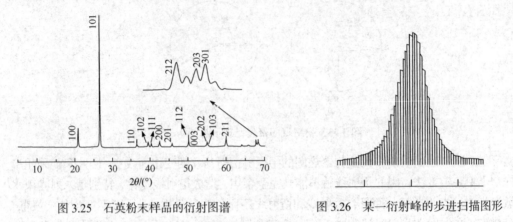

图 3.25　石英粉末样品的衍射图谱　　　　图 3.26　某一衍射峰的步进扫描图形

3. 衍射线峰位及衍射线积分强度测量

衍射线峰位确定，是晶体点阵参数、宏观应力测定、相分析等工作的关键。峰位确定方法主要有图形法、曲线近似法和重心法三种。

图形法见图 3.27。根据对图形处理的方法不同，分为下列几种常用确定峰位的方法。

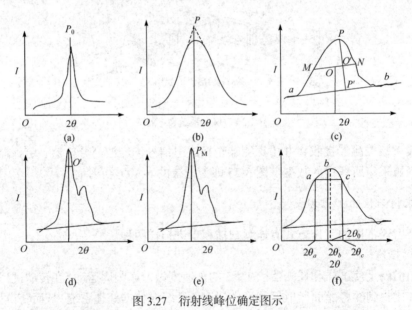

图 3.27　衍射线峰位确定图示

1) 峰顶法

图 3.27(a)中以衍射线的强度最大值所对应的 θ_0 角位置为此峰峰位。此法通常适用于峰形较尖锐的情况。

2) 切线法

图 3.27(b)中，将衍射峰两侧的直线部分延长相交，过交点作背底线垂线，垂足所对应

的衍射角 θ_p 为该峰的峰位。

3) 半高宽中点法

如图 3.27(c)所示，作出衍射峰背底线 a、b，过强度极大值 P 点作 ab 垂线 PP'，选定 PP'中点 O'，过 O'作 ab 平行线 MN，那么 MN 中点 O 所对应的 θ_H 即为此衍射峰位置。

4) 7/8 高度法

图 3.27(d)中，与半高宽中点法类似，只是选取 O'点位置为 7/8 高度处。此方法常用于重叠峰峰顶分离的衍射线形。

5) 点连线法

图 3.27(e)中，在峰强度最大值的 $\frac{1}{2}$、$\frac{3}{4}$、$\frac{7}{8}$、… 等处作背底线平行线，将这些平行线段的中点连接并延长，使之与峰顶相交于 P_M，则 P_M 所对应的 θ_{P_M} 衍射角即为此峰的峰位。

6) 曲线近似法

曲线近似法中最常用的是将衍射线顶点近似成抛物线，再用 3～5 个峰形上的实验点来拟合抛物线，找出其顶点，将此顶点所对应的衍射角 θ_b 作为该衍射峰的峰位，如图 3.27(f)所示。此方法比较适用于衍射峰形漫散及 K_α 双线分辨不清的情况。

7) 重心法

重心法就是指确定衍射线峰形中心，重心所对应的衍射角 $\langle\theta\rangle$ 即为该衍射线的线位。重心位置所对应的 $\langle 2\theta\rangle$：

$$\langle 2\theta\rangle = \frac{\int 2\theta I \mathrm{d}2\theta}{\int I \mathrm{d}2\theta} \tag{3.40}$$

也可写作：

$$\langle 2\theta\rangle = \frac{\sum_{i=1}^{N} 2\theta_i I_i}{\sum_{i=1}^{N} I_i} \tag{3.41}$$

其确定过程如图 3.28 所示。

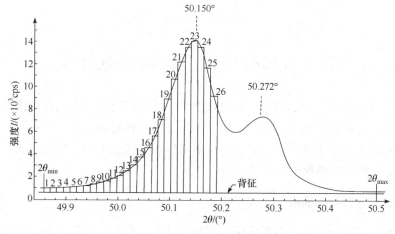

图 3.28　重心法确定衍射线的线位

4. 衍射线强度测定

1) 峰高强度

在一般情况下，可以用峰高法比较同一试样中各衍射线的强度，也可以用其比较不同试样中衍射线的强度。峰高法就是以衍射线的峰高来表示该线的强度。

2) 积分强度

在对某一衍射峰进行积分强度测定时，衍射仪一般采用慢扫描(0.25°/min)或步进扫描工作方法，以获得准确并精确的峰形和峰位。

衍射线积分强度的计算，就是将背底线以上区域的面积进行测量或计算。计算公式为

$$I_s = \int \left[I(2\theta) - I_{背}(2\theta) \right] \mathrm{d}2\theta = \sum_{i=1}^{N} \left(I_i - I_{背i} \right) \Delta 2\theta \tag{3.42}$$

式中，N 为线形的等分数；$\Delta 2\theta$ 为两点间的间隔。

5. 样品制备

被测试样制备良好，才能获得正确良好的衍射信息。对于粉末样品，通常要求其颗粒平均粒径控制在 $5 \sim 15 \mu m$，即通过 320 目的筛子，而且在加工过程中，应防止由于外加物理或化学因素而影响试样原有的性质。

目前，实验室衍射仪常用的粉末样品形状为平板形。其支承粉末样品的支架有两种，即透过试样板和不透过试样板，如图 3.29 所示。两种试样板在压制试样时，都必须注意不能造成样品表面区域产生择优取向，以防止衍射线相对强度的变化而造成误差。

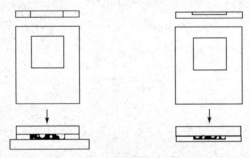

图 3.29 粉末样品制样示意图

3.5 X射线粉末衍射物相定性分析

定性相分析的目的是判定物质中的物相组成，即确定物质中所包含的结晶物质以何种结晶状态存在。每种晶体物质都有其特有的结构，具有各自特有的衍射花样。当物质中包含两种或两种以上的晶体物质时，它们的衍射花样不会相互干涉，根据这些表征各自晶体的衍射花样，就能确定物质中的晶体。

3.5.1 物相定性分析国际标准

进行物相定性分析时，一般采用粉末照相法或粉末衍射仪法测定所含晶体的衍射角，

根据布拉格方程,计算晶面间距 d,再估计出各衍射线的相对强度,最后与标准衍射花样进行比较鉴别。

为了获取这些公认的标准衍射花样,1938 年,哈那瓦尔特(J. D. Hanawalt)等研究者就开始收集并摄取各种已知物质的衍射花样,并将这些衍射数据进行科学分析,分类整理。

1942 年,美国材料试验协会(The American Society for Testing Materials,ASTM)整理出版了最早的一套晶体物质衍射数据标准卡,共计 1300 张,称为 ASTM 卡。1969 年,由美国材料试验协会与英国、法国、加拿大等国家的有关组织联合组建了名为“粉末衍射标准联合委员会”(The Joint Committee on Powder Diffraction Standards,简称 JCPDS)的国际组织,专门负责收集、校订各种物质的衍射数据,并将这些数据统一分类和编号,编制成卡片出版,这些卡片被称为 PDF(powder diffraction file)卡,这些 PDF 卡已超过 40000 张,而且每年还在进行更新发布最新的 PDF 卡片数据库。

3.5.2　PDF 卡片

图 3.30 为 PDF 卡片示意图。卡片共有十个区域,分别做如下说明。

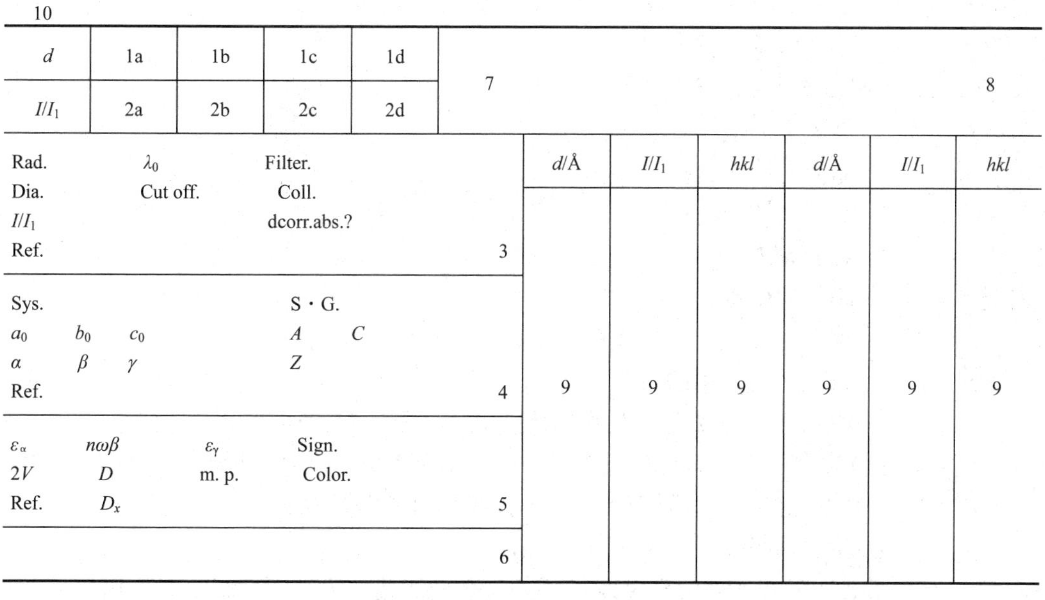

图 3.30　PDF 卡片示意图

(1) 1a、1b、1c 区域为从衍射图的透射区($2\theta° < 90°$)中选出的三条最强线的面间距。1d 为衍射图中出现的最大面间距。

(2) 2a、2b、2c、2d 区间中所列的是(1)区域中四条衍射线的相对强度。最强线为 100,当最强线的强度比其余线强度高很多时,有时也会将最强线强度定为大于 100。

(3) 第 3 区域列出了所获实验数据时的实验条件。

Rad.　　　　所用 X 射线的种类(Cu K_α, Fe K_α,…);

λ_0　　　　　X 射线的波长(Å);

Filter.　　　滤波片物质名,当用单色器时,注明“Mono”;

Dia.   照相机镜头直径，当相机为非圆筒形时，注明相机名称；

Cut off.   相机所测得的最大面间距；

Coll.   狭缝或光阑尺寸；

I/I_1 测量衍射线相对强度的方法(衍射仪法——Diffractometer，测微光度计法——Microphotometer，目测法——Visual)；

dcorr.abs.?   所测 d 值的吸收矫正(No：未矫正，Yes：矫正)；

Ref.   说明第 3、9 区域中所列资源的出处。

(4) 第 4 区域为被测物相晶体学数据：

Sys.   物相所属晶系；

S·G.   物相所属空间群；

a_0、b_0、c_0 物相晶体晶格常数；

$$A = \left(\frac{a_0}{b_0}\right), \quad C = \left(\frac{c_0}{b_0}\right) \qquad 轴率比；$$

α、β、γ 物相晶体的晶轴夹角；

Z 晶胞中所含物质化学式的分子数；

Ref.   第 4 区域数据的出处。

(5) 第 5 区域是该物相晶体的光学及其他物理常数：

ε_α、$n\omega\beta$、ε_γ 晶体折射率；

Sign.   晶体光性正负；

$2V$ 晶体光轴夹角；

D 物相密度；

m.p.   物相的熔点；

Color.   物相的颜色，有时还会给出光泽及硬度；

Ref.   第 5 区域数据的出处。

D_x 用 X 射线法测定的物相密度。

(6) 第 6 区域为物相的其他资料和数据。包括试样来源、化学分析数据、升华点(SP)、分解温度(DT)、转变点(TP)、按处理条件以及获得衍射数据时的温度等。

(7) 第 7 区域是该物相的化学式及英文名称。

有时在化学式后附有阿拉伯数字及英文大写字母，其阿拉伯数字表示该物相晶胞中原子数，而大写英文字母代表 14 种布拉维点阵：C 为简单立方；B 为体心立方；F 为面心立方；T 为简单四方；U 为体心四方；R 为简单三方；H 为简单六方；O 为简单正交；P 为体心正交；Q 为底心正交；S 为面心正交；M 为简单单斜；N 为底心单斜；E 为简单正斜。

(8) 第 8 区域为该物相矿物学名称或俗名。

某些有机物还在名称上方列出了其结构式或"点"式("dot" formula)，而名称上有圆括号，则表示该物相为人工合成。此外，在第 8 区域还会有下列标记：

★表示该卡片所列数据高度可靠；

O 表示数据可靠程度较低；

I 表示已做强度估计并指标化，但数据不如★号可靠；

C 表示所列数据是从已知的晶胞参数计算得到；

无标记卡片表示数据可靠性一般。

(9) 第 9 区域是该物相所对应晶体晶面间距 $d(\text{Å})$、相对强度 I/I_1 及衍射指标 hkl。

在该区域，有时会出现下列意义的字母：

B 为宽线或漫散线；d 为双线；n 为并非所有资料来源中均有；nc 为与晶胞参数不符；np 为给出的空间群所不允许的指数；ni 为用给出的晶胞参数不能指标化的线；β 为因 β 线存在或重叠而使强度不可靠的线；tr 为痕迹线；t 为可能有另外的指数。

(10) 第 10 区域为卡片编号。

若某一物相需两张卡片才能列出所有数据，则在两张卡片的序号后加字母 A 标记。

现代 PDF 卡片，主要以计算机数据库形式进行保存和使用，检索非常便利。

3.5.3　粉末衍射卡片索引及检索方法

为方便对粉末衍射卡片进行检索，JCPDS 编辑了几种 PDF 卡片的索引，主要有字母 (Alphabetical)索引、哈那瓦尔特(Hanawalt)索引和芬克(Fink)索引三种。

1. 字母索引

字母索引是按物相英文名称的字母顺序排列的。在每种物相名称的后面，列出化学分子式、三根最强线的 d 值和相对强度数据，并列出该物相的粉末衍射 PDF 卡号。对于一些合金化合物，还可按其所含的各种元素顺序重复出现，而某些物相同时还列出了其最强线对于刚玉最强线的相对强度。由此，若已知物相的名称或化学式，用字母能利用此索引方便地查到该物相的 PDF 卡号。

2. 哈那瓦尔特索引

该索引是按强衍射线的 d 值排列的。选择物相八条强线，用最强三条线 d 值进行组合排列，同时列出其余五强线的 d 值、相对强度、化学式和 PDF 卡号。整个索引将 d 值第 1 排列按大小划分为 51 组，每一组的 d 值范围均列在索引中。在每一组中其 d 值排列一般是，第 1 个 d 值按大小排列后，再按大小排列第 2 个 d 值，最后按大小排列第 3 个 d 值。

每一种物相在索引中至少重复三次。若某物相最强三线 d 值分别为 d_1、d_2、d_3，其余五条为 d_4、d_5、d_6、d_7、d_8，那么该物相在索引中重复三次出现的排列为

第一次：$d_1\ d_2\ d_3\ d_4\ d_5\ d_6\ d_7\ d_8$

第二次：$d_2\ d_3\ d_1\ d_4\ d_5\ d_6\ d_7\ d_8$

第三次：$d_3\ d_1\ d_2\ d_4\ d_5\ d_6\ d_7\ d_8$

采取这样的排列，主要是因为三根最强线的相对强度通常由于一些外在因素(吸收、择优取向等)而造成变化，因此若三强线的相对强度有所改变，通过上述排列，按哈那瓦尔特索引仍能检出此物相。

3. 芬克索引

当被测物质含有多种物相(往往都为多种物相)时，由于各物相的衍射线会产生重叠，强度数据不可靠，而且试样对 X 射线的吸收及晶粒的择优取向导致衍射线强度改变，从而采

用字母索引和哈那瓦尔特索引检索卡片比较困难，为克服这些困难，芬克索引以八根最强线的 d 值为分析依据，将强度作为次要依据进行排列。

芬克索引中，每一行对应一种物相，按 d 值递减列出该物相的八条最强线 d 值、英文名称、PDF 卡片号及微缩胶片号，假如某物相的衍射线少于八根，则以 0.00 补足八个 d 值。每种物相在芬克索引中至少出现四次。

设某物相八个衍射线 d 值依次为 d_1、d_2、d_3、d_4、d_5、d_6、d_7、d_8，而且 d_2、d_4、d_6、d_8 为八根强线中强度大于其他四根的，则芬克索引中 d 值的排列为

第一次：d_2　d_3　d_4　d_5　d_6　d_7　d_8　d_1

第二次：d_4　d_5　d_6　d_7　d_8　d_1　d_2　d_3

第三次：d_6　d_7　d_8　d_1　d_2　d_3　d_4　d_5

第四次：d_8　d_1　d_2　d_3　d_4　d_5　d_6　d_7

对于索引中 d 值的分组则类似于哈那瓦尔特法。

3.5.4　物相定性分析应注意的问题

(1) 一般在对试样进行分析前，应尽可能详细地了解样品的来源、化学成分、工艺状况，仔细观察其外形、颜色等性质，为其物相分析的检索工作提供线索。

(2) 尽可能地根据试样的各种性能，在许可的条件下将其分离成单一物相后进行衍射分析。

(3) 由于试样为多物相化合物，为尽可能地避免衍射线的重叠，应提高粉末照相或衍射仪的分辨率。

(4) 对于数据 d 值，由于检索主要利用该数据，因此处理时精度要求高，而且在检索时，只允许小数点后第二位才能出现偏差。

(5) 特别要重视低角度区域的衍射实验数据，因为在低角度区域，衍射线对应着 d 值较大的晶面，不同晶体差别较大，在该区域衍射线相互重叠的机会较小。

(6) 在进行多物相混合试样检验时，应耐心细致地进行检索，力求全部数据能合理解释，但有时也会出现少数衍射线不能解释的情况，这可能是由于混合物相中，某物相含量太少，只出现一、二级较强线，以致无法鉴定。

(7) 在物相定性分析过程中，尽可能地与其他的相分析实验手段结合起来，互相配合，互相印证。

随着现代计算机技术的飞速发展，目前在物相定性分析中，已经普遍使用计算机进行全自动检索。通过使用成熟的商用软件以及国际粉末晶体衍射委员会进行定期更新的 PDF 数据库，进行谱图数据的全谱比对，获得实验衍射数据的物相，通过对所测试物质数据的专业分析，最终确认检索所得物相种类，完成对物质的定性鉴别。

3.6　X 射线物相定量分析

X 射线物相定性分析是用于确定物质中有哪些物相，而对于某物相在物质中的含量测定则必须应用 X 射线定量分析技术。

物相衍射线的强度或相对强度与物相在样品中的含量相关。随着测试理论及测试技术的不断完善和发展，利用衍射花样中的强度来分析物相在试样中的含量，也得到了不断的完善和发展。1948 年，Alexander 提出了著名的内标法理论；1974 年，Chung 等提出了基体冲洗法(K 值法），其后又提出了绝标法；而 Hubbard、刘沃恒等还提出了其他分析方法。目前，在实验室中较为常用的 X 射线定量相分析方法为外标法、内标法、基体冲洗法和无标样定量分析法。

我们知道，对于粉末平板状样品，衍射线强度有如下公式：

$$I = G \cdot C \cdot A(\theta) \cdot V \tag{3.43}$$

式 中 ， $G = \dfrac{L}{32\pi R} \cdot I_0 \cdot \dfrac{e^4}{m^2 c^4} \lambda^3$ 。 显 然 ， 在 实 验 条 件 不 变 时 ， G 为 常 数 。 $C = N_c^2 n F^2 \dfrac{1+\cos^2 2\theta}{\sin^2 \theta \cos \theta} \mathrm{e}^{-2M}$。$A(\theta)$ 为吸收因子，V 为被 X 射线照射的样品体积。设样品中第 j 相的体积为 V_j，其密度为 ρ_j，其质量 $W_j = V_j \cdot \rho_j$。又设样品质量为 W，那么 j 相的质量分数为

$$X_j = \frac{W_j}{W} = \frac{\rho_j}{W} \cdot V_j$$

即

$$V_j = \frac{W}{\rho_j} \cdot X_j$$

对于平板状样品，衍射线累积强度中的吸收因子与 θ 角无关，此时 μ 为试样的线吸收系数，使式(3.43)中 $A(\theta) = \dfrac{S_0}{2V_\mu}$，将 $\dfrac{S_0}{2}$ 归入 G 因子中，$V = \dfrac{W}{\rho}$，$\mu_L = \mu_m \cdot \rho$，则式(3.43)可改写为

$$I_j = G \cdot C_j \frac{\rho}{\mu_L} \cdot \frac{X_j}{\rho_j} = G \cdot C_j \frac{1}{\mu_m} \cdot \frac{X_j}{\rho_j} \tag{3.44}$$

显然，式(3.44)将粉末衍射线强度与物相的质量分数联系在一起，为 X 射线物相定量分析的基础理论公式。

3.6.1　外标法

外标法是采用对比试样中第 j 相的某衍射线和纯 j 相(外标物质)的同一条衍射线强度而获得样品中第 j 相的含量。外标法原则上只适于含两相物质系统的定量测试。

设试样中两相的质量吸收系数分别为 μ_{m1} 和 μ_{m2}，两相的质量分数分别为 X_1 和 X_2，则该试样的质量吸收系数可写作：

$$\mu_m = \mu_{m1} X_1 + \mu_{m2} X_2 \tag{3.45}$$

由式(3.45)和式(3.44)可得

$$I_1 = G \cdot C_1 \cdot \frac{1}{\mu_{m1} X_1 + \mu_{m2} X_2} \cdot \frac{X_1}{\rho_1} \qquad (3.46)$$

而 $X_1 + X_2 = 1$，则式(3.46)可写为

$$I_1 = G \cdot C_1 \cdot \frac{1}{X_1(\mu_{m1} - \mu_{m2}) + \mu_{m2}} \cdot \frac{X_1}{\rho_1} \qquad (3.47)$$

以 I_{10} 表示纯 1 相的某衍射线强度，此时，$X_2 = 0$，$X_1 = 1$，则

$$I_{10} - G \cdot C_1 \frac{1}{\rho_1 \mu_{m1}} \qquad (3.48)$$

由式(3.48)和式(3.53)得

$$I_1 / I_{10} = \frac{X_1 \mu_{m1}}{X_1(\mu_{m1} - \mu_{m2}) + \mu_{m2}} \qquad (3.49)$$

由式(3.49)可知，两相系统中只要已知各相的质量吸收系数，在实验测试条件严格一致的情况下，分别测试得某相的一衍射线强度及对应的该纯相相同衍射线强度，即可获得待测试样中该相的含量。

假设水泥的质量吸收系数近似于钙矾石(AFt)的质量吸收系数，通过实验可获得图 3.31 所示的 X 射线定量分析用定标曲线。实验中，选择 AFt 晶体(001)面对应的衍射线 $d = 9.798\text{Å}$ 为测试数据。显然，从图中可以看出，实验点具有良好的线性关系。该定标曲线的测试绘制，即采用了外标法。

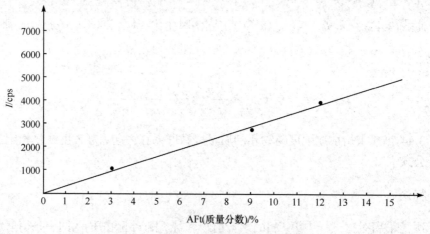

图 3.31   矿物 AFt 的定量分析定标曲线

在测定定标曲线时，为避免被测试样与纯试样之间因吸收产生大的误差，所以对纯标样 AFt 与未水化的硅酸盐水泥均匀混合制成的复合标样进行定量测定。

3.6.2   内标法

当试样中所含物相数大于 2 时，且各相的吸收系数不同，常采用在试样中加入某种标准物相进行分析，此方法通常称为内标法。

设样品有 n 个物相，质量分别为 W_1、W_2、W_3、$\cdots$、W_n，样品总质量 $W = \sum_{j=1}^{n} W_j$。试样中加入标准物相 S，质量为 W_S。X_j 为第 j 相(待测相)的质量分数，而 X_j' 为加入标样后的质量分数，X_S 为标样的质量分数，则 X_j' 为

$$X_j' = \frac{W_j}{W + W_S} = \frac{W_j}{W}\left(1 - \frac{W_S}{W + W_S}\right) = X_j(1 - X_S)$$

由式(3.43)可得到 j 物相某衍射线强度：

$$I_j = G \cdot C_j \frac{1}{\mu_m} \cdot \frac{X_j'}{\rho_j}$$

$$I_j = G \cdot C_j \frac{1}{\sum_{i=1}^{n} \mu_{mi} X_i + \mu_{mS} X_S} \cdot \frac{X_j(1 - X_S)}{\rho_j}$$

$$I_j = G \cdot C_j \frac{1}{\mu_m} \cdot \frac{X_j(1 - X_S)}{\rho_j} \tag{3.50}$$

对于标准物，其某一衍射线强度为

$$I_S = G \cdot C_S \frac{1}{\mu_m} \frac{X_S}{\rho_S} \tag{3.51}$$

比较式(3.50)和式(3.51)可得

$$I_j / I_S = \frac{C_j}{C_S} \cdot \frac{\rho_S}{\rho_j} \cdot \frac{1 - X_S}{X_S} \cdot X_j \tag{3.52}$$

一般情况下，标样的加入量为已知，X_S 为常数，故令 $C = \frac{C_j}{C_S} \cdot \frac{\rho_S}{\rho_j} \cdot \frac{1 - X_S}{X_S}$，则式(3.52)可写作：

$$I_j / I_S = C \cdot X_j \tag{3.53}$$

此式为内标法基本公式。

在实验测试过程中，由于常数 C 难以用计算方法获得，因此实际操作过程中是采用定标曲线，再进行分析。通常采用配制一系列的标样，即用纯 j 相与掺入物相 S 配制成不同的质量分数的标样，用 X 射线衍射仪测定。已知不同 X_j 的 I_j/I_S，作出定标曲线，然后再进行未知试样中 j 相的测定。图 3.32 为石英定量分析的定标曲线，以萤石为内标物相。

对于掺入的内标物，通常要求物理、化学稳定性

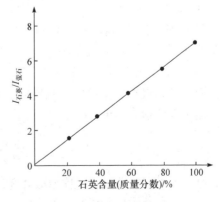

图 3.32　石英分析的定标曲线(用萤石作内标物质)

高，其特征线与待测 j 相及其他物相衍射线无干扰。

3.6.3　基体冲洗法(K值法)

由式(3.53)知，常数 C 与标样物相的掺入量有关，必然会导致实验过程测定定标曲线时，因样品的混合、计量等引入较多的误差，为消除此不足，F.H. 钟改进了内标测试方法，基本消除了因外掺标样物相所造成的误差，并称此改进方法为基体冲洗法，习惯上又称为 K 值法。

在式(3.51)中，令 $K_S^j = \dfrac{C_i}{C_S} \cdot \dfrac{\rho_S}{\rho_j}$，式(3.52)可写作：

$$I_j / I_S = K_S^j \cdot \frac{1 - X_S}{X_S} \cdot X_j \tag{3.54}$$

由式(3.54)中 K_S^j 的表达式可以看出，常数 K_S^j 与 j 相和 S 相的含量无关，也与试样中其他相的存在与否无关，而且与入射光束强度 I_0 以及衍射仪圆半径 R_0 等实验条件均无关，而只与 j 和 S 相的密度、结构及所选衍射线条有关，还与 X 射线的波长有关。但当入射线波长选定后，K_S^j 只与 j 和 S 相有关。显然，只需已知 K_S^j，测定 I_j 和 I_S，通过式(3.54)即可求得 X_j。

对 K_S^j 的获得有实验测定和查阅 PDF 卡片两种方法。在 PDF 卡片中所列出的 K_S^j，其参考相均为 α-Al$_2$O$_3$，用纯 α-Al$_2$O$_3$ 与待测相 j 以 1∶1 的质量比混合，测定两相的最强线强度而得到 K_S^j。

若待测物相在 PDF 卡片中未能列出 K_S^j，则用同样的方法，选定合适的标样物相，测定 K_S^j。

3.6.4　无标样定量分析法(Rietveld 法)

1969 年，Rietveld 提出一种用全谱拟合的计算机模拟方法分析中子衍射数据，以获得粉末材料结构的有关信息，这种基于晶体结构的粉末衍射全谱拟合方法被称为 Rietveld 法。1977 年，Rietveld 法被扩展到 X 射线粉末衍射分析。随着计算机和计算技术的发展，全谱拟合的 Rietveld 法得到了很大的完善和发展，得到越来越多的人的赞同和应用。

Rietveld 法从晶体结构出发，选择适当的峰形函数、衍射强度计算值与实验强度值进行拟合，拟合过程中不断调整晶体结构参数和峰形函数参数，用最小二乘法评估计算强度与实验强度的拟合程度：

$$S_y = \sum_i W_i \left(Y_i - Y_{ci} \right)^2 \tag{3.55}$$

式中，S_y 为强度残差，也称为拟合度；Y_i 为某点的实验强度；Y_{ci} 为该点的理论计算强度[参见公式(3.38)]；W_i 为权重因子。由于 Y_{ci} 在计算过程中与物质被 X 射线照射体积相关，因此通过体积与物质量的关系，可以通过调整物质量及其他参数，全谱拟合度达到最小，获得物相含量，完成无标样定量分析过程，而实验数据采集，主要是采用步进扫描法，以提高数据精度。

3.7　晶体结构分析

单晶体的形状和大小决定了衍射线条的位置，即 $\theta(2\theta)$ 角的大小；晶体中原子的排列及数量决定了该衍射线条的相对强度。所以，晶体的结构决定了该晶体的衍射花样，因此可以由晶体的衍射花样，采用尝试法推断晶体的结构。测定晶体结构可采用粉末多晶法和单晶衍射法。粉末多晶法的样品制备、衍射实验和数据处理简单，但只能测定简单或复杂结构晶体的部分内容；单晶衍射法的样品制备、衍射实验设备和数据处理复杂，但可测定复杂结构。

X 射线衍射晶体结构测定，首先要通过 X 射线衍射实验数据，根据衍射线的位置(θ角)，对每一条衍射线或衍射花样进行指标化，以确定晶体所属晶系，推算出单位晶胞的形状和大小；其次，根据单位晶胞的形状和大小、晶体材料的化学成分及其体积密度，计算每个单位晶胞的原子数；最后，根据衍射线或衍射花样的强度，推断各原子在单位晶胞中的位置。

3.7.1　X 射线结构分析方法

1. 单晶衍射结构分析

单晶体结构测定通常可概括为以下几点：
(1) 单晶体的选择或培养，即样品的准备；
(2) 晶胞参数的测定、衍射图的指标化及衍射强度的收集，即进行衍射实验、数据采集；
(3) 空间群的测定；
(4) 衍射强度的统一、修正、还原和结构振幅的计算；
(5) 衍射相角的测算；
(6) 电子密度函数的计算和原子坐标的修整、精确化；
(7) 结构的描述；
(8) 结构和性质之间联系的探讨。

单晶结构分析，测定晶体对 X 射线的衍射及方向可分为照相法和衍射仪法两大类。

照相法有多种，各种方法之间的主要差别在于倒易点阵、反射球和照相底片间相互运动不同。目前，单晶结构测定中，Weissenberg 法和回摆法应用较多，特别是采用计算自动指标化程序及底片自动扫描微光度的测量系统，缩短了照相法衍射数据的采集和分析时间，提高了测算精度，因而使照相法得到较广泛的应用。

衍射仪法通常采用 X 射线四圆衍射仪，通过自动逐点收集衍射数据，并用计算机进行数据处理。

图 3.33 为 Weissenberg 法示意图，图 3.34 为四圆衍射仪结构示意图。

　　用照相法和四圆衍射仪法，对单晶衍射花样或衍射线进行指标化，并计算出倒易点阵参数或晶胞参数，进而确定晶体所属晶系及其布拉维点阵。

　　对所收集的衍射花样或衍射线的强度，进行各种因子的修正，以获得晶体电子密度函数，再通过 Patterson 函数或直接法等多种方法，确定衍射相角，从而由电子密度函数与相角获得结构因数，表征晶体结构。

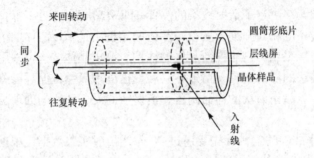

(a) Weissenberg照相机结构示意图

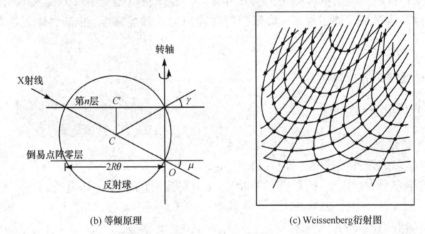

(b) 等倾原理　　　　　　　　　(c) Weissenberg衍射图

图 3.33　Weissenberg 法示意图

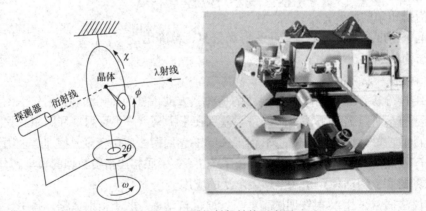

图 3.34　四圆衍射仪结构示意图

2. 粉末多晶衍射结构分析方法

粉末多晶在晶体结构测定中，只能完成对晶体晶系的确定、衍射花样指数标定、点阵参数测定等结构测定中的部分工作，所以多晶衍射只能进行简单晶体结构测定或复杂结构晶体测定的部分工作。由于粉末多晶衍射实验方法和操作简单，样品制备方便，因此被广泛用于晶体结构的初始测定工作中。

用粉末多晶衍射数据进行结构测定有多种方法，但它们均基于布拉格定律求出面间距离 d，然后通过面间距与点阵参数和衍射指数的关系，确定晶系、衍射指数和点阵参数。

实验用 X 射线粉末衍射仪采集粉末多晶的衍射数据，对衍射线的指标化可采用图解法、解析法和倒易点阵法三种方法进行。

3.7.2　X 射线晶体衍射花样的指数标定及晶胞参数计算

倒易矢 R_{hkl}^* 和晶体点阵及倒易点阵参数间的关系可写为

$$\left|R_{hkl}^*\right|^2 = h^2 a^{*2} + k^2 b^{*2} + l^2 c^{*2} + 2hka^* b^* \cos\gamma^* + 2klb^* c^* \cos\alpha^* + 2lhc^* a^* \cos\beta^* \tag{3.56}$$

根据倒易点阵的定义，知道倒易点阵参数 a^*、b^*、c^*、α^*、β^*、γ^* 与正点阵参数 a、b、c、α、β、γ 之间存在下列关系：

$$\left.\begin{aligned} a^* &= \frac{1}{V}bc\sin\alpha \\ b^* &= \frac{1}{V}ca\sin\beta \\ c^* &= \frac{1}{V}ab\sin\gamma \end{aligned}\right\} \tag{3.57}$$

和

$$\left.\begin{aligned} \cos\alpha^* &= \frac{\cos\beta\cos\gamma - \cos\alpha}{\sin\beta\sin\gamma} \\ \cos\beta^* &= \frac{\cos\gamma\cos\alpha - \cos\beta}{\sin\gamma\sin\alpha} \\ \cos\gamma^* &= \frac{\cos\alpha\cos\beta - \cos\gamma}{\sin\alpha\sin\beta} \end{aligned}\right\} \tag{3.58}$$

式(3.57)中，V 为正点阵晶胞体积，而倒易矢 R_{hkl}^* 与晶体面间距存在下列关系：

$$Q_{hkl} \equiv \left|R_{hkl}^*\right|^2 = \frac{1}{d_{hkl}^2} = \frac{4\sin^2\theta_{hkl}}{\lambda^2} \tag{3.59}$$

由式(3.56)~式(3.59)，通过实验测定 Q_{hkl}，再根据每个晶系所固有的特性和消光现象，判断所属晶系并计算晶胞参数。

3.7.3 立方晶系

在立方晶系中，$a^* = b^* = c^* = \dfrac{1}{a}$，$\alpha^* = \beta^* = \gamma^* = 90°$，式(3.59)可写作：

$$Q_{hkl} = (h^2 + k^2 + l^2)a^{*2} = N_c \cdot \dfrac{1}{a^2} \tag{3.60}$$

式中，$N_c = h^2 + k^2 + l^2$，为整数，由于

$$N_c \neq (7 + 8S) \cdot 4^m \tag{3.61}$$

式中，S 和 m 均为 0、1、2、…等正整数，即 N_c 不可能为 7、15、23、…，因此 N_c 可能的值列于表 3.5 中。

表 3.5 立方晶体的衍射指数及其平方和 N_c 的可能值

$N_c = h^2 + k^2 + l^2$ 的可能值				衍射指数
简单点阵	体心点阵	面心点阵	金刚石结构型	*hkl*
1				100
2	2			100
3		3	3	111
4	4	4		200
5				210
6	6			211
7*				
8	8	8	8	220
9				300, 221
10	10			310
11*		11	11	311
12	12	12		222
13				320
14	14			321
15*				
16	16	16	16	400
17				410, 322
18	18			411, 330
19		19	19	331
20	20	20		420
21				421
22	22			332
23*				
24	24	24	24	422
25				500, 430
26	26			510, 431

续表

| \multicolumn{4}{c}{$N_c = h^2 + k^2 + l^2$ 的可能值} | | | | 衍射指数 |
简单点阵	体心点阵	面心点阵	金刚石结构型	hkl
27		27	27	511, 333
28*	28*			
29				520, 432
30	30			521
31*				
32	32	32	32	440
33				522, 441
34	34			530, 433
35		35	35	531

* 不是三个整数的平方和。

在分析晶体衍射数据时，将 $1/N_c$ 分别按序一一对应地乘以实测的 Q_{hkl}，即 $\dfrac{1}{d_{hkl}^2}$，根据式(3.60)可知，若所得乘积为常数，即可判断样品属于立方晶系以及所属的布拉维点阵。

在确定样品所属立方晶系后，由 $N_c = h^2 + k^2 + l^2$ 算出 h、k、l，选择某一高强度衍射线计算 a^*，进而计算立方晶系点阵参数。

3.7.4　四方晶系和六方晶系

在四方晶系中，$a = b \neq c$，$\alpha = \beta = \gamma = 90°$，$a^* = \dfrac{1}{a}$，$b^* = \dfrac{1}{b}$，$c^* = \dfrac{1}{c}$，$\alpha^* = \beta^* = \gamma^* = 90°$。式(3.59)可写作：

$$Q_{hkl} = (h^2 + k^2)a^{*2} + l^2 c^{*2} = N_T a^{*2} + l^2 c^{*2} \tag{3.62}$$

式中，$N_T = h^2 + k^2$。四方晶系有简单点阵和体心点阵两种情况，其 N_T 的可能值均为 $N_T = 1, 2, 4, 5, 8, 9, 10, 13, 16, \cdots$。当 $l = 0$ 时，体心点阵的 N_T 可能值 N_{TI} 为：$N_{TI} = 2, 4, 8, 10, 16, 18, 20, 26, 32, \cdots$，其相对应与 N_T 是一致的。因此，N_{TI} 的可能值也可写作：$N_{TIR} = 1, 2, 4, 5, 8, 9, 10, 13, 16, \cdots$。

在六方晶系中，$a = b \neq c$，$\alpha = \beta = 90°$，$\gamma = 120°$；$a^* = b^* \neq c^*$，$\alpha^* = \beta^* = 90°$，$\gamma^* = 60°$。式(3.62)可写作：

$$Q_{hkl} = (h^2 + hk + k^2)a^{*2} + l^2 c^* = N_H a^{*2} + l^2 c^* \tag{3.63}$$

式中，$N_H = h^2 + hk + k^2$。在 $l = 0$ 的衍射中，N_H 的可能出现值为 $N_H = 1, 3, 4, 7, 9, 12, 13, 16, \cdots$。

比较四方晶系和六方晶系衍射中 h、k 指标出现的情况，发现在四方晶系中，不可能出现 $3, 7, 12, 19, 21, \cdots$，而在六方晶系中，不可能出现 $2, 5, 8, 10, 17, \cdots$ 数值。根据这些数值出现的现象，可以用来鉴别样品所属是六方晶系还是四方晶系。

由式(3.62)和式(3.63)，可以获得下列公式：

$$Q_{h_1k_1l_1} - Q_{h_2k_2l_2} = (N_1a^{*2} + l_1^2c^{*2}) - (N_2a^{*2} + l_1^2c^{*2}) = \Delta Na^{*2} \Big\}$$
$$Q_{h_1k_1l_1} - Q_{h_2k_2l_2} = \Delta l^2c^{*2} \Big\} \tag{3.64}$$

对于四方晶系和六方晶系，都存在：

$$\Delta N = 1, 2, 3, 4, 5, 6, 7, 8, \cdots$$
$$\Delta l = 1, 3, 4, 5, 7, 8, 9, \cdots$$

根据常规经验，六方晶系和四方晶系的粉末晶体衍射图中，经常会出现衍射指数为 (001)型或(hk0)型的衍射线。如果从衍射图中确认出两条以上这样的衍射线，即可由式(3.63) 和式(3.64)计算 a^* 和 c^*，进而获得 a、c 晶体常数，从而得到实验的最终目的。此外，经验还证明，出现(hk0)型衍射线的概率比出现(001)型的概率大，因此应从辨认(hk0)类型的衍射线出发，考虑指标化及晶胞常数计算。

对(hk0)型衍射有：$Q_{hk0} = (h^2 + k^2)a^{*2} = N_{\mathrm{T}}a^{*2}$（四方晶系）；$Q_{hk0} = (h^2 + hk + k^2)a^{*2} + N_{\mathrm{H}}a^{*2}$ （六方晶系），即 $\dfrac{Q_{hk0}}{a^{*2}}$ 为常数。所以，将实验测得的 Q 值以 N 的各种允许值去除，并将所得的值按 N 值和线序号排列成两位数表，可发现表中有几组数值相等，这些值即为 a^{*2}，若相等的数值有 3、7、12、$\cdots$，则为六方晶系特征；若为 2、5、8 等四方晶系特征量，则判断为四方晶系。

在获得 a^{*2} 后，通过(hkl)型衍射线，可求得 c^{*2} 值。由 a^{*2}、c^{*2} 可获得晶胞常数 a、c。对于低级晶系，理论上应用同样的方法对其衍射线进行标定，并计算晶胞参数，但因分析计算及方法较复杂，本章不进行讨论。

3.7.5   晶体晶胞中原子数及原子坐标的测定

在测定单位晶胞的形状和大小后，须进一步确定单位晶胞中的原子数(或分子数)n：

$$n = \frac{\text{单位晶胞中所有原子的总质量（或分子总质量）}}{\dfrac{\text{待测物质的原子量（分子量）}}{\text{阿伏伽德罗常量}}} = \rho V / \frac{M}{N} \tag{3.65}$$

式中，ρ 为待测物质的密度(g·cm^{-3})；V 为单位晶胞体积(Å^3)；N 为阿伏伽德罗常量；M 为待测物质的原子量(或分子量)。

为测定原子在晶胞中的位置，即原子的空间坐标，必须对所测得的衍射强度进行分析，通常采用尝试法，即先假设一套原子坐标，根据式(3.34)，理论计算出对应的衍射线强度 I_{p}：

$$I_{\mathrm{p}} = nF^2 \cdot \frac{1 + \cos^2 2\theta}{\sin^2 \theta \cdot \cos \theta} \cdot \mathrm{e}^{-2M} \tag{3.66}$$

式中，F 为结构因子；n 为反射面的多重性因子；e^{-2M} 为温度因子。利用数学处理手段，计算强度 I_{p} 与实测的衍射线强度进行比较，反复进行修正，直到理论计算值与实测值达到一致为止，则所设定的原子在晶胞中的坐标值即为该原子在晶胞中的位置。

3.7.6　X 射线衍射分析的应用

1. 晶胞常数测定

利用 X 射线衍射仪，测定了金属 Ta 粉末的衍射数据，列于表 3.6 中。采用尝试法，首先从高级晶系立方晶体开始，采用四种点阵的可能 N_c 值的倒数 $1/N_c$ 与 Q 值相乘，发现 $1/N_{c1} \times Q$ 值最为接近相同，因此确认 Ta 晶体属体心立方。根据 $N_c = h^2 + k^2 + l^2$，其各衍射线的衍射指标 hkl 列于表 3.6 中。

表 3.6　金属 Ta 粉末衍射数据及其指标标定

序号	d/Å	Q	辐射	$\sin\theta$	$\sin^2\theta$	$\sin\theta$ ($K_{\alpha1}$)	整数化 I	整数化 II	m	hkl
1	2.2969	0.18955	K_α	0.33563	0.11265	0.11246	1.03	2.05	2	110
2	1.6348	0.37417	K_α	0.47157	0.22238	0.22201	2.03	4.06	4	200
3	1.3388	0.55792	K_α	0.57580	0.33155	0.33100	3.02	6.05	6	211
4	1.1619	0.74073	K_α	0.66346	0.44018	0.43945	4.02	8.03	8	220
5	1.0411	0.92260	K_α	0.74044	0.54825	0.54734	(5.00)	(10.0)	10	310
6	0.9514	1.10477	K_α	0.81024	0.65649	0.65540	5.99	11.97	12	222
7	0.8825	1.28402	K_α	0.87357	0.76312	0.76185	6.96	13.92	14	321
8	0.8253	1.46817	K_{α_1}	0.93303	0.87054	0.87054	7.95	15.91	16	400
9	0.8252	1.46853	K_{α_2}	0.93575	0.87563	0.87130	7.96	15.92	16	400
10	0.7788	1.64872	K_{α_1}	0.98907	0.97826	0.97826	8.94	17.82	18	411, 330
11	0.7787	1.64915	K_{α_2}	0.99164	0.98335	0.97818	8.94	17.88	18	411, 330

选择高 θ 角 d 值，计算晶胞常数 $a = 3.3.12$Å。

表 3.7 列出了 $CaCrO_4$ 粉末衍射的 d 值、计算的 Q 值及其他指标。

表 3.7　$CaCrO_4$ 粉末衍射图的指标化

线序	d/mm	Q	Q_n/Q_2	N_T	标定指数
1	0.475	4.43			101
2	0.362	7.63	1	1	200
3	0.2880	12.06			211
4	0.2679	13.93			112
5	0.2562	15.23	1.996	2	220
6	0.2375	17.73			202
7	0.2254	19.68			301
8	0.2013	24.68			103
9	0.1913	27.33			321
10	0.1851	29.19			312
11	0.1810	30.52	4.00	4	400
12	0.1693	34.89			411
13	0.1620	38.10	4.993	5	420
14	0.1572	40.47			004
15	0.1500	44.44			332
16	0.1450	47.56			323
17	0.1442	48.09			204

线序	d/mm	Q	Q_n/Q_2	N_T	标定指数
18	0.1340	55.69			224
19	0.1315	57.83			521
20	0.1295	59.63			512
21	0.1281	60.94	7.986	8	440
22	0.1207	68.64	8.996	9	600
23	0.1188	70.85			404
24	0.1155	74.96			532
25	0.1145	76.28	9.997	10	620

显然，表 3.7 中只有 Q_6/Q_1 为整数，这种现象表明，此晶体属于四方晶系，且 Q_1 可能不是 Q_{001}，因而 Q_2 可能不是 Q_{100}，而是 Q_{200}。设 $Q_2 = Q_{200}$，由于 Q_n/Q_2 很接近整数但不完全是整数，因此采取平均值求 a^*，即

$$a^{*2} = \left(\frac{15.23}{8} + \frac{30.52}{16} + \frac{38.10}{20} + \frac{60.94}{32} + \frac{68.64}{36} + \frac{76.28}{40} \right) / 6 = 1.906$$

$$a^* = 1.3805\text{nm}^{-1}$$

即 $a = b = \dfrac{1}{a^*} = 0.7244$nm。由于 $Q_1 \neq 2a^{*2}$，故可能是 Q_{101}，由此推出 $c^{*2} = 4.43 - 1.91$，即 $c^{*2} = 2.52$，利用高角度线求出 $c^* = 1.590\text{nm}^{-1}$，

$$c = \frac{1}{c^*} = 0.6289\text{nm}$$

其次对衍射线进行指标化。应用 a^{*2} 和 c^{*2} 值，分别各乘以 $N_T = 1, 2, 4, 5, 8, 9, 10, 13, 16, \cdots$ 和 $l^2 = 1, 4, 9, 16, 25, \cdots$，将所得值列入表的横行和纵行。纵行相加所得值与实验 Q 值比较定出指数。最后定出的指数列于表 3.7 中。

表 3.7 列出的指数完全符合体心四方点阵的消光规律，这也证明了所得的 a^* 与 c^* 正确。

2. X 射线衍射结构分析在无机非金属材料中的应用

1) 硫铝酸盐水泥中主要矿物 $C_4A_3\bar{S}$ 晶体结构研究

$C_4A_3\bar{S}$ 晶体是低碱度硫铝酸盐水泥的主要矿物，也是快硬、快凝及超早强水泥中的主要矿物晶体。其晶体结构早在 1962 年就由 Halstead 和 Moore 以及在 1988 年由冯修吉等进行过一定的研究，并给出了立方晶胞 $a_0 = 18.39$Å 的结构模型，但其在衍射线中，有未能指标化的衍射线，因此该晶体的结构鉴定不完整。1991 年，张冠英等利用大功率 X 射线衍射仪对 $C_4A_3\bar{S}$ 粉末多晶进行了更为详细的研究，并且提出了经修正后的 $C_4A_3\bar{S}$ 晶体属四方晶系，其晶胞常数为 $a_0 = 13.03$Å，$c_0 = 9.16$Å，空间群为 $D_{2d}^6 \text{-} P\bar{4}c2$。

图 3.35 给出了 $C_4A_3\bar{S}$ X 射线粉末晶体衍射谱。对所获得的衍射数据，运用 X 射线衍射结构分析原理，在中级晶系中采用尝试法进行指标化，再进行精细数据处理。这两个过程，目前均可采用计算机自动进行，所用软件为 TREOR 指标化程序及 9214 精修程序，给出的衍射指标 hkl 出现的规律性是在 $h0l$ 或 $0kl$ 型衍射中，只有 $l = 2n$ 时才出现，符合四方晶

系的消光规律，确定 $C_4A_3\bar{S}$ 晶体属四方晶系。

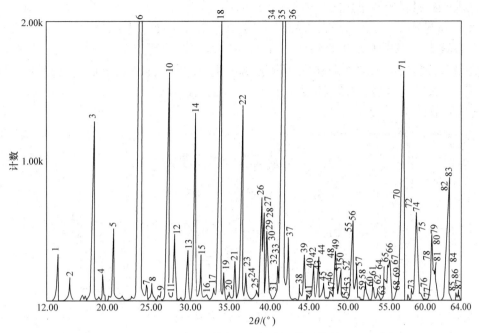

图 3.35 $C_4A_3\bar{S}$ X 射线粉末晶体衍射谱

2) X 射线衍射结构分析在 $Na_2O\text{-}Ge_2O$ 玻璃结构研究中的应用

X 射线衍射在非晶态材料玻璃中，不会产生衍射，不能求得衍射线的 $h\,k\,l$，而是采用分析衍射曲线(散射曲线)的径向分布函数来获得玻璃结构单位内原子的间距，从而推测玻璃的结构。

非晶态材料的 X 射线衍射(散射)强度可由下式表示：

$$I = \sum_m \sum_n f_m f_n \mathrm{e}^{2\pi\mathrm{i}\lambda(k-k_0)\gamma_{mn}} = \sum_m \sum_n f_m f_n \frac{\sin \boldsymbol{S}\cdot r_{mn}}{\boldsymbol{S}\cdot r_{mn}} \tag{3.67}$$

式中，f_m 和 f_n 分别为元素 m 和元素 n 的原子散射因子；r_{mn} 为两原子的间距；$\boldsymbol{S}$ 为按 $\boldsymbol{S} = 4\pi\sin\theta/\lambda$ 与衍射角 θ 和 X 射线波长 λ 相关的量，将式(3.67)进行傅里叶变换得到原子径向分布函数 RDF(r)：

$$\mathrm{RDF}(r) = \sum_m K_m 4\pi r^2 \rho_m(r) = 4\pi r^2 \rho_0 \sum_m K_m + 8\pi r \int_0^{S_{\max}} \boldsymbol{S}\cdot i(\boldsymbol{S})\sin(2\pi Sr)\mathrm{d}\boldsymbol{S} \tag{3.68}$$

式中，$\boldsymbol{S} = 2\sin\theta/\lambda$；$K_m$ 为有效电子数；$\rho_m(r)$ 为距离 n 原子 r 的点处的电子密度；ρ_0 为试样的平均电子密度，即 $\rho_m(r)$ 的平均值；$i(\boldsymbol{S})$ 可写为

$$i(\boldsymbol{S}) = \frac{I'_{\mathrm{obs}} - [\varepsilon_m f_m^2 + \sum_m (Z_m - \sum_j f_{jm}^2)]}{f_{\mathrm{e}}^2} \tag{3.69}$$

式中，f_{e} 相当于 1 个电子的平均散射系数，$f_{\mathrm{e}} = \dfrac{f_m}{\sum Z_m}$，$Z_m$ 为原子序数。实验散射强度 I_{obs}

经偏光因子 $P(\theta)$、吸收因子 $A(\theta)$ 和空气引起的散射修正后得到 I'_{obs}，由式(3.68)和式(3.69)计算获得非晶态材料的原子径向分布曲线 RDF(r)。

图 3.36 给出了 Na_2O-Ge_2O 系玻璃的 X 射线衍射及由计算机进行计算后绘出的 RDF(r) 曲线。曲线中，3Å 以内的峰即在 1.7~1.8Å 处的峰，其位置及峰下的面积表征了 Ge-O 原子间距及其含量。图 3.37 为根据峰面积或 Ge-O 原子间距转换为 GeO_6 八面体浓度对 Na_2O 掺入量的改变，Ge 六配位浓度增大，在 Na_2O 含量达 10~20mol%(mol% 为摩尔分数)时，六配位 Ge 最大。

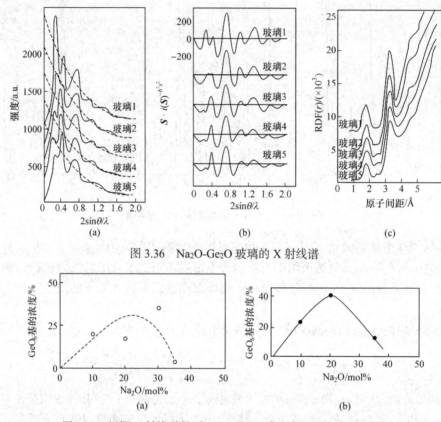

图 3.36 Na_2O-Ge_2O 玻璃的 X 射线谱

图 3.37   根据 X 射线谱得到 Na_2O-Ge_2O 玻璃中六配位 Ge 的变化

3. X 射线衍射分析在高分子材料中的应用

一般而言，聚合物材料是由晶区和非晶区组成的。许多聚合物还形成某种程度有序的单项体系或完全无序的非晶态。对于无择优取向结构，虽然晶区的分子链是取向的，且这种取向还产生结晶，但每个晶粒是无规随机取向的，表现出各向同性，而非晶区无论分子链还是各非晶区的取向都是无规的，即在各方向表现为随机取向，各向同性。对聚合物材料做挤压、拉伸和拔丝等加工，聚合物内部晶区会择优取向，与此同时，非晶区的分子链趋于向拉伸方向排列，导致非晶向结晶转变，使取向的晶区量进一步增大，造成取向"诱导结晶"。图 3.38(a)、(b)为 X 射线衍射极图仪测定的无择优取向及有择优取向高分子材料典型曲线。从图中可以明显看出，当试样有择优取向时，β 扫描的衍射曲线不再是水平线，而是在某些位置出现强度较大的峰，这些峰的高低、位置及数目与试样的择优取向类型及取向度有关。

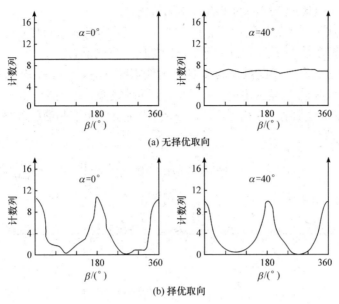

(a) 无择优取向

(b) 择优取向

图 3.38　聚丙烯膜 $\alpha = 0°$ 和 $\alpha = 40°$ 时的 β 扫描

　　聚乙烯的稳定相为正交相，即 a、b、c 轴相互垂直，(100)、(020)、(001)面互相垂直，(110)面与(001)面垂直。图 3.39 的聚乙烯拉伸膜的(200)面极图中，(200)极密度以拉伸方向为左右对称，与垂直于拉伸方向为上下对称分布，极密度最高的"等高线"并不在垂直拉伸方向，而是如图中给出的 1.4 等高线，以垂直拉伸方向为对称，也与拉伸方向呈对称分布。这说明拉伸聚乙烯膜的多晶中，a 轴取向不是以垂直拉伸方向出现概率最大，而是以此方向为对称向上和向下形成两个带，即晶粒的 a 轴平行拉伸方向的少，垂直拉伸方向的也少。

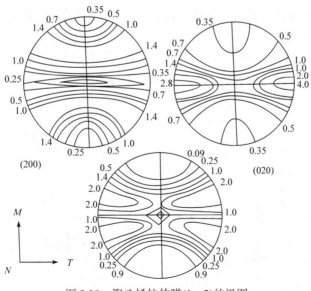

图 3.39　聚乙烯拉伸膜($\lambda = 2$)的极图

(020)极图显示聚乙烯拉伸膜的多晶中，b 轴取向分布在垂直拉伸方向出现概率大，而垂直拉伸方向中又以接近于样品面平行方向为最大。

(110)极图形成了 4 个高极密度区，而且在平行于拉伸方向，(110)极密度几乎等于零，说明拉伸聚乙烯膜多晶中几乎无(110)面与拉伸方向垂直的晶粒。

图 3.40 给出了几种常见高聚物的典型 X 射线衍射图谱。一般情况下，有机材料晶胞较大，衍射线条大多在低衍射角区出现，由于晶体对称性较低，且可能是晶态与非晶态共存，图谱中往往会出现非晶漫散射的锐衍射峰，而强衍射峰总是邻近非晶漫散射极大强度处附近。

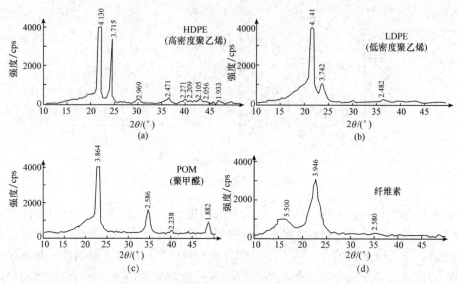

图 3.40　四种典型聚合物的 X 射线衍射曲线

4. X 射线粉末衍射在土木工程建设中的应用

大型盾构基础混凝土，要求基础混凝土具有能够承载盾构自重的强度，但要能够在盾构刀头切削过程中同泥土一起被切削掉，混凝土在后期的强度不能随着时间的延长而提高，强度应该有所下降，满足施工要求。

图 3.41 为盾构底板用混凝土粉末材料样品的 X 射线粉末衍射图谱。通过 X 射线粉末衍射谱中可以清楚地看出，样品中包含晶体和非晶体两部分物质，经过软件处理，可以将晶体和非晶体分离，其中非晶体部分为混凝土中水泥水化产物水化硅酸钙凝胶(CSH)。

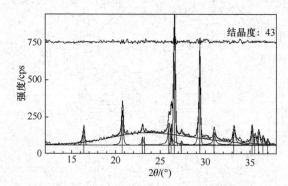

图 3.41　混凝土材料多晶粉末衍射谱及拟合图

　　对不同水化时间混凝土样品的测试，通过归一化计算，可以得到混凝土在不同水化时间非晶体(CSH)的含量，见表3.8。根据 X 射线粉末多晶衍射测试所给出的数据，确定相对含量，给出 CSH 量，帮助设计工程所用混凝土配比，达到施工要求。

表 3.8　不同水化时间混凝土中 CSH 含量

水化时间/d	7	28	60	90
非晶体 CSH/%	50.21	54.28	48.54	55.71

思考题与习题

1. 试述 X 射线的定义、性质，连续 X 射线和特征 X 射线的产生和特点。
2. 试述 X 射线与物质的相互作用。
3. 试述 X 射线衍射原理、布拉格方程和劳厄方程的物理意义。
4. 试述粉末多晶衍射仪的工作方式和工作原理。
5. 试述粉末衍射法物相定性分析过程及所需注意的问题。
6. 试述粉末衍射法物相定量分析过程及所需注意的问题。
7. 简述 X 射线粉末衍射法在现代材料研究中的应用。
8. 试推导布拉格方程，并对方程中的各参数进行分析。
9. 试述粉末多晶衍射实验制样应注意的问题，并简述对实验结果的影响。
10. 简述 X 射线粉末多晶衍射在无机晶体材料和有机高分子材料中应用的差异。

参 考 文 献

胡家璁. 2003. 高分子 X 射线学. 北京：科学出版社
黄胜涛. 1985. 固体 X 射线学-1. 北京：高等教育出版社
黄胜涛. 1990. 固体 X 射线学-二. 北京：高等教育出版社
梁敬魁. 2011. 粉末衍射法测定晶体结构. 2 版. 北京：科学出版社
莫志深, 张宏放. 2003. 晶态聚合物结构和 X 射线衍射. 北京：科学出版社
株式会社理学. 2007. X 射线衍射手册(公司非正规出版)

第 4 章

电子显微分析

通常一个人的眼睛仅能分辨 100～200μm 的细节,光学显微镜的分辨率已达到 200nm,要显著提高显微镜的分辨能力,必须利用一种波长比可见光短得多的照明源(参见第 2 章)。随着电子的发现及电子波性的揭示,电子显微镜应运而生。

1897 年英国物理学家汤姆逊(J. J. Thomson)发现了电子,1923 年法国物理学家德布罗意(L. V. de Broglie)提出了高速运动的电子具有与光类似的波粒二象性(由此两人分别获得 1906 年和 1929 年诺贝尔奖),随后在 1926 年德国物理学家布什(H. Busch)揭示了电子的另一特性:电子的运动方向在电磁场中会发生偏转。

电子具有的上述两种特性使其作为照明源制备显微镜成为可能,20 世纪 30 年代德国学者鲁斯卡(E. A. F. Ruska)与其导师克诺尔(M. Knoll)将这种可能变为现实,发明了透射电子显微镜(前者因此获得 1986 年诺贝尔奖)。后来以电子束为照明源的电子光学分析仪器相继出现并不断得以完善,分辨率提高了 3 个数量级,为更精细地洞察微观世界提供了更有力的工具。电子光学分析仪器包括透射电子显微镜(transmission electron microscope,TEM,简称透射电镜)、扫描电子显微镜(scanning electron microscope,SEM,简称扫描电镜)、电子探针 X 射线显微分析仪(electron probe microanalyzer,EPMA,简称电子探针仪)等,它们的共同特点是将具有一定能量的电子汇聚成细小的入射束,通过与样品物质的相互作用激发具有物质微观结构特征的各种信息,收集并处理这些信息从而给出表征微区形貌、结构和(或)组分的资料。利用这些仪器的分析方法统称电子显微分析。

4.1　电子波长及电子透镜

运动电子的波长与其所处的电磁场电压有关,电子的波长 λ 为普朗克常量 h 与粒子动量 mv 的比,而初速度为零的自由电子从零电位到达电位为 U 的电场时电子获得的能量是 eU,注意到 $mv = 2eU$,且电子速度 v 可比于光速 c 时,电子波长需经相对论校正,则电子波长与电位(加速电压)的关系可简化为

$$\lambda = \frac{1.226}{\sqrt{U\left(1+0.9788\times10^{-6}U\right)}} \tag{4.1}$$

由此求得的电子波长见表 4.1。

表 4.1　不同加速电压下的电子波长

加速电压/kV	20	30	50	100	200	500	1000
电子波长/10^{-3}nm	8.59	6.98	5.36	3.70	2.51	1.42	0.687

当加速电压为 100kV 时，电子束的波长是 3.7×10^{-3}nm，约为可见光波长的十万分之一。若用电子束作照明源，显微镜的分辨率则高得多。

但是，透镜的实际分辨率除了与衍射效应(在高斯像平面上形成艾里斑，见图 2.29)有关外，还与透镜的像差，尤其球差有关。对于光学透镜，早已采用凸透镜和凹透镜的组合等办法来校正球差，使之对分辨率的影响远小于衍射效应的影响，但是电子透镜只有会聚透镜，没有发散透镜，因此球差的校正极其困难，直到进入 21 世纪，才在有限的透射电镜上得以实现。因此，像差对电子透镜分辨率的限制不能忽略。

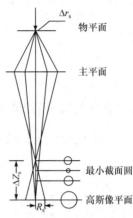

图 4.1　电子透镜的球差

像差分球差、像散、畸变、色差等，其中，球差是限制电子透镜分辨率的最主要因素。球差的大小可以用球差的散焦斑半径 R_s 和纵向球差 ΔZ_s 两个参量来衡量。前者是指在傍轴电子束形成的像平面(即高斯像平面)上的散焦斑的半径，后者是指傍轴电子束形成的像点和远轴电子束形成的像点间的纵向偏离距离。由图 4.1 可以看出，即使是轴线上的物点，也不可避免地产生球差，因而这种像差的影响最为严重。已有证明，在球差范围内距高斯像平面 $\frac{3}{4} \Delta Z_s$ 处的散焦斑的半径最小，只有 $R_s/4$。习惯上称它为最小截面圆。在样品上相应的两个物点间距为

$$\Delta r_s = \frac{1}{4} C_s \alpha^3 \tag{4.2}$$

式中，C_s 为电子透镜的球差系数；α 为电子透镜的孔径半角。

从上式可知 Δr_s 与球差系数 C_s 成正比，与孔径半角 α 的立方成正比。这和分辨率与 α 的关系[式(2.5)]恰恰相反。因此在考虑分辨率的高低时必须兼顾球差引起的散焦圆的这种规律，显然，在 $\Delta r_0 = \Delta r_s$ 时分辨率最佳，相对应的孔径半角称为最佳孔径半角 α_0。将式(2.5)和式(4.2)代入 $\Delta r_0 = \Delta r_s$，得

$$\frac{1}{4} C_s \alpha^3 = 0.61 \frac{\lambda}{\alpha} \tag{4.3}$$

从而可得(这时的 α 已为 α_0)：

$$\alpha_0 = 1.25 \left(\frac{\lambda}{C_s} \right)^{\frac{1}{4}} \tag{4.4}$$

$$\Delta r_0 = 0.49 C_s^{\frac{1}{4}} \lambda^{\frac{3}{4}} \tag{4.5}$$

这就是由球差和衍射决定的理论分辨率。在不同的理论假设下，式(4.4)和式(4.5)两式中的系数有所不同，因此可用更普遍的形式来表示两式：

$$\alpha_0 = B \left(\frac{\lambda}{C_s} \right)^{\frac{1}{4}} \tag{4.6}$$

$$\Delta r_0 = A C_s^{\frac{1}{4}} \lambda^{\frac{3}{4}} \tag{4.7}$$

当加速电压为 100kV 时，根据不同的假设求得的透射电镜理论分辨率为 0.2～0.3nm，目前未经球差校正的透射电镜的点分辨率就能接近这个理论值。经提高加速电压和校正球差，透射电镜的点分辨率已达到下一个数量级。

20 世纪 30 年代以来，一系列电子显微分析仪器相继出现并不断完善，这些仪器包括透射电镜、扫描电镜和电子探针仪等。利用这些仪器可以探测如形貌、成分和结构等材料微观尺度的各种信息，有力地推动了材料科学的发展。

4.2 透 射 电 镜

4.2.1 透射电镜的工作原理和特点

透射电镜是以波长极短的电子束作为照明源，用电子透镜聚焦成像的一种高分辨率、高放大倍数的电子光学仪器，图 4.2 为一透射电镜的外形。透射电镜主要由电子光学系统、

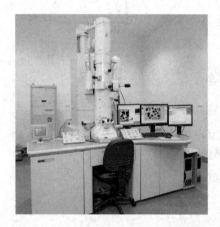

图 4.2 日本电子 JEOL2100F 透射电镜外形

电源系统和真空系统三部分组成。电子光学系统通常称为镜筒，一般由电子枪，聚光镜、物镜、中间镜和投影镜等电子透镜，样品室，以及荧光屏组成。图 4.3(a) 是透射电镜的光路图，以此图为例，叙述透射电镜的工作原理。透射电镜通常采用热阴极电子枪获得电子束作为照明源。热阴极发射的电子，在阳极加速电压的作用下，高速穿过阳极孔，然后被聚光镜会聚成具有一定直径的束斑照到样品上。这种具有一定能量的电子束与样品发生作用，产生反映样品微区的多种信息，经过物镜聚焦放大在其像平面上形成一幅反映这些信息的透射电子像，再经过中间镜和投影镜进一步放大，在荧光屏上得到三级放大的最终电子图像，可将其记录在电子感光胶片(卷)上，或以数码技术记录和储存。

透射电镜的照明系统和成像系统均用到了电子透镜。一般来说，电子透镜分为静电透镜和磁透镜两大类，磁透镜又分为恒磁透镜和电磁透镜，应用场合略有不同，透射电镜大多用电磁透镜。

实际上，图 4.3(a)显示的透射电镜的光路图，与透射光学显微镜的光路图[图 4.3(b)]基本相似。

电源系统主要用来为电子枪、透镜和控制线路提供电源，电子枪电源为高压电源，最常用的加速电压为 50～100kV，近年来超高电压电镜的加速电压已达数千千伏。真空系统用来维持镜筒(凡是电子运行的空间)的真空度一般优于 0.01Pa，以确保电子枪电极间绝缘，防止成像电子在镜筒内受气体分子碰撞而改变运动轨迹，减少样品污染等。

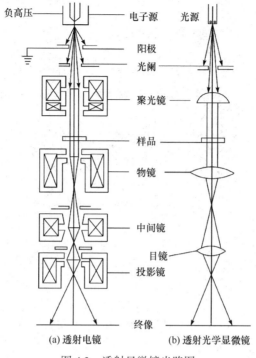

图 4.3　透射显微镜光路图

4.2.2　透射电镜成像系统的作用原理

4.2.1 节已经提到，透射电镜的镜筒中高速运动的电子束与样品发生作用会产生多种信息。实际上，这些信息的产生是因为电子束与样品发生作用时改变了束内电子的运动方向，这种改变与样品微区的厚度、平均原子序数、晶体结构或位向差别有关。改变了方向的电子透过样品后，经过物镜聚焦放大，在像平面上形成一幅反映这些信息的电子像，如果像前文所述，再经过中间镜和投影镜进一步放大(使中间镜的物平面与物镜的像平面重合)，则在荧光屏上得到三级放大的最终电子图像，这样的过程称为三级放大成像[图 4.4(a)]。但是，如果将物镜背焦平面上的"像"，仅经中间镜和投影镜放大(使中间镜的物平面与物镜的背焦平面重合)，则在荧光屏上得到二级放大的"最终电子图像"，这样的过程一般仅用于电子衍射，"最终电子图像"实为电子衍射花样(斑点或环线)，相对应地，物镜背焦平面上必为电子衍射花样[图 4.4(b)]。

物镜是透射电镜最关键的部分，它获得第一幅具有一定分辨率的放大电子像。以为这幅像的任何缺陷都将被其他透镜进一步放大，所以透射电镜的分辨率取决于物镜的分辨率。因此，要求物镜有尽可能高的分辨率、足够高的放大倍数和尽量小的像差。电磁透镜最大放大倍数为 200 倍，分辨率为 0.1nm。物镜的球差一般通过校正器或在物镜背焦面径向插入物镜光阑，物镜的像散通常通过采用机械消像散器、磁消像散器或静电消像散器来减小。中间镜和投影镜的构造与物镜一样，但它们的焦距比较长。其作用是将物镜形成的一次像再进行放大，最后显示到荧光屏上，从而得到高放大倍数的电子像。三级放大成像并不是绝对的，早期只有二级放大成像，近年来有四级放大成像(双中间镜)，以适应不同放大倍数下电子像和电子衍射花样的观察和记录。

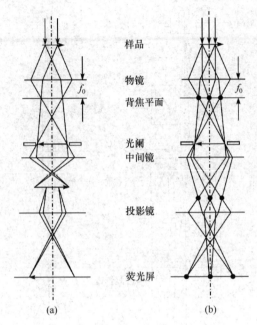

图 4.4　电子成像光路(a)和电子衍射光路(b)

4.2.3　透射电镜样品制备

　　能否充分发挥透射电镜的作用，样品的制备很关键。供透射电镜观察的样品必须根据不同仪器的要求和试样的特征选择适当的制备方法，以达到较好的效果。

　　在透射电镜中，电子束透过样品成像，而电子束的穿透能力不大，必须将试样制成很薄的薄膜。电子束穿透固体样品的能力，主要取决于加速电压(或电子能量)和样品物质的原子序数。一般来说，加速电压越高，样品原子序数越小，电子束可以穿透的样品厚度就越大。对于透射电镜常用的 50~100kV 电子束来说，样品的厚度控制在 200nm 以下为宜。这样薄的样品需用如图 4.5(a)所示的铜网(直径为 3mm 左右，孔径约有数十微米)承载，装入样品台中，再放入透射电镜的样品室中方可进行观察。

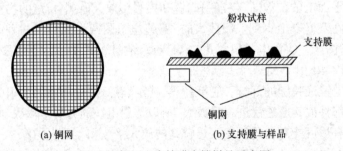

图 4.5　铜网和支持膜支撑样品示意图

　　制备这样薄的固体样品并不简单，自透射电镜问世以来，人们就致力于发展样品制备技术。到目前为止，透射电镜的样品制备方法已有很多，最常用的可分为粉末分散法、复型法、薄膜制备法和超薄切片法四种。有机高分子材料在必要时还需进行染色和刻蚀处理。

下面简单地讨论这几种方法的制样原理。

1. 粉末分散法

一般做法是将样品载在一层支持膜上(图 4.5)或包在薄膜中。支持膜厚约 20nm，其作用是防止粉末漏掉，下面还有铜网加强支撑。

支持膜材料必须具备下列条件：①本身没有结构，对电子束的吸收不大，以免影响对试样结构的观察；②本身颗粒度要小，以提高样品分辨率；③本身有一定的力学强度和刚度，能忍受电子束的照射而不致畸变或破裂。

常用的支持膜材料有：塑料、碳、氧化铝等。表 4.2 列出了几种常见的塑料支持膜材料。上述材料除了单独使用外，还可以做成复合支持膜(称为加强膜)，如在火棉胶塑料膜上镀一层碳膜，以提高其强度和耐热性。

表 4.2　常见的塑料支持膜材料

商业名称	化学名称	溶剂	质量分数/%
Collodion(火棉胶)	低氮硝酸纤维素	乙酸戊酯	0.5~4
Formvar	聚乙酸甲基乙烯酯	二氧六环(二噁烷)或氯仿	1~2
Parlodion(火棉胶片)	低氮硝酸纤维素	乙酸戊酯	0.5~4

粉末试样要求高度分散，因而不易制作，可根据不同情况选用如下分散方法。

(1) 包藏法：将适量的微粒试样加入制造支持膜的有机溶液中，使之分散，再制成支持膜，这样试样即包藏在支持膜中。

(2) 撒布法：干燥分散的微粒试样可以直接撒在支持膜表面，然后用手轻轻叩击，或用超声仪器进行处理，去掉多余的微粒，剩下的就分散在支持膜上。

(3) 悬浮法：未经干燥的微粒、悬浮液中的微粒可使用此法。一般以蒸馏水或有机溶剂作为悬浮剂，但不能使用对试样或支持膜有溶解性的溶剂。样品制成悬浮液后滴在支持膜上，干后即成。胶凝物质如石灰、水泥的水化浆体的样品制作也类似于此方法。

(4) 糊状法：干燥、湿润状态易结团的微粒试样、油脂物质内的固体成分可用此法。用少量的悬浮剂和分散剂与微粒试样调成糊状，涂在支持膜上，然后浸入悬浮液中或用悬浮液冲洗，使残留在支持膜上的试样均匀分散。用凡士林作微粒分散剂，用苯或萘溶去凡士林，也可得到良好的效果。凡是用悬浮法容易在干燥过程中产生再凝聚的试样，使用此法较好。

(5) 喷雾法：凡是用悬浮法在干燥过程中易产生凝聚的粉粒试样，也可使用特制的喷雾器将悬浮液喷成极细的雾粒，黏附在支持膜上。图 4.6 显示了用粉末分散法制作的白垩颗粒和聚苯乙烯塑料球透射电子显微图像。

2. 复型法

除萃取复型外，复型是利用薄膜(如碳、塑料、氧化物薄膜)将固体试样表面的浮雕复制下来的间接样品。因此，它只能用于试样形貌的观察，不能用来观察试样的晶体结构，但是适用于在电镜中易发生变化的样品和难以制成电子束可以透过的试样。复型所用材料和支持膜材料(表 4.2)完全相同。

(a) 白垩颗粒

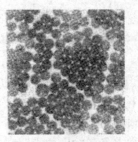
(b) 聚苯乙烯塑料球

图 4.6　粉末分散法制备试样的透射电子显微镜图像

在材料研究中常见的复型法有塑料一级复型、碳一级复型和塑料-碳二级复型。

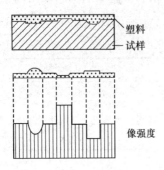

图 4.7　塑料一级复型(未经
投影)样品及电子强度示意图

(1) 塑料一级复型。制备程序如下，在经过表面处理(如腐蚀)的试样表面滴几滴乙酸甲酯溶液，然后滴一滴塑料溶液(常用火棉胶)，刮平，干后将塑料膜剥离下来即成。薄膜厚度70～100nm(图 4.7)。必要时进行投影，投影就是人为地在复型表面制造一层密度比较大的元素膜厚度差(数纳米厚)，以改善复型图像的衬度、判断凹凸情况和测定厚度差。投影材料常用 Cr、Ge、Au、Pt 等。具体的做法是将已经制成的复型放在真空镀膜装置的钟罩里(真空度约 $1.333×10^{-3}$Pa)，复型的表面向上，以倾斜的方向蒸发沉积重金属膜，如图 4.8(a)所示。投影倾斜角为 15°～45°不等。

(2) 碳一级复型。在真空镀膜装置中，将碳棒以垂直方向，向样品表面蒸镀厚度为 10～20nm 的碳膜(其厚度通过以洁白瓷片变为浅棕色来控制)，如图 4.8(b)所示；然后用针尖将碳膜划成略小于电镜铜网的小块，并将碳膜从试样上分离下来(图 4.9)，必要时投影。

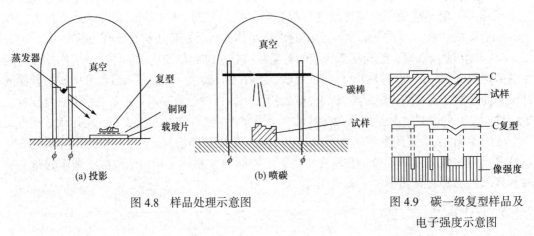

图 4.8　样品处理示意图　　　图 4.9　碳一级复型样品及
　　　　　　　　　　　　　　　　　　　　　电子强度示意图

(3) 塑料-碳二级复型。在由醋酸纤维膜(一般称为 AC 纸)制得的复型正面上再投影、镀碳，然后溶去 AC 纸所得到的复型(图 4.10)称为塑料-碳二级复型。

在上述三种方法中，碳一级复型分辨率最高，可达 2nm(直接取决于复型本身的颗粒度)，但剥离较难；塑料一级复型操作最简单，但其分辨率和像的反差均比较低，且在电子束轰击下易发生分解和烧蚀；塑料-碳二级复型操作复杂一些，其分辨率与塑料一级复型基本相同，但其剥离容易，不破坏原有试样，尤其适用于断口类试样。采用哪种复型视具体情况决定。

萃取复型，也称为抽取复型，是在上述三种复型的基础上发展起来的唯一能提供试样本身信息的复型。它是利用一种薄膜(现多用碳薄膜)，将经过深浸蚀的试样表面上的第二相粒子黏附下来，如图 4.11 所示。由于这些第二相粒子在复型膜上的分布仍保持不变，因此可以观察分析它们的形状、大小、分布和所属物相(后者利用电子衍射)。

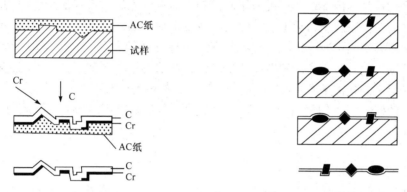

图 4.10　塑料-碳二级复型样品制备示意图　　　图 4.11　萃取复型样品制备示意图

还有一种复型法是氧化物复型。铝及其合金利用其表面经阳极氧化后生成致密的三氧化二铝膜来制备复型。这种复型的分辨率与塑料复型差不多，也能达到 10nm。

3. 薄膜制备法

为了克服复型法的缺点，人们发展了将试样本身制成薄膜的制备方法。

薄膜样品制备方法要求：①制备过程中不引起材料组织的变化；②薄膜应做得足够薄，否则将引起薄膜内不同层次图像的重叠，干扰分析；③薄膜应具有一定的强度，且有较大面积的透明区域；④制备过程应易于控制，有一定的重复性、可靠性。

薄膜样品制备有许多方法，如沉淀法、塑性变形法和分解法等，现仅简单介绍分解法。分解法又分下列三种。

(1) 化学腐蚀法。在合适的浸蚀剂下均匀薄化晶体获得晶体薄膜，这只适用于单相晶体。对于多相晶体，化学腐蚀优先在母相或沉淀相处产生，造成表面不光滑和出现凹坑，且控制困难。

(2) 喷射电解抛光法。选择合适的电解液及相应的抛光制度均匀减薄，这个方法是薄化金属的常用方法。

(3) 离子轰击法。这种方法是利用适当能量的离子束轰击晶体，均匀地打出晶体原子而得到薄膜。离子轰击装置仪器复杂，薄化时间长，但是薄化无机非金属材料唯一有效的方法。

在上述三种制备薄膜的方法中，无论哪一种，都要先将试样预先减薄，常需经历以下两个步骤：第一步，从大块试样上切取厚度小于 0.5mm 的"薄块"，一般用砂轮片、金属丝锯(以酸液或磨料液体循环浸润)或电火花切割等方法；第二步，利用机械研磨、化学抛光或电解抛光将"薄块"减薄成 0.1mm 的"薄片"。最后才用上述的电解抛光和离子轰击等技术将"薄片"制成厚度小于 500nm 的薄膜。可见，薄膜样品的制备比粉末分散法和复型法复杂且困难得多。采用如此繁杂的制备过程，目的在于尽量避免或减少减薄过程引起的组织结构变化，因此，应力求不用或少用机械方法，只有确保在最终减薄时能够完全去除这种损伤层的条件下才可使用(研究表明，即使是最细致的机械研磨，应变损伤层的深度也达数十微米)。

4. 超薄切片法

有机高分子材料(聚合物)用超薄切片机可获得 50nm 左右的薄样品。如果要用透射电镜研究大块聚合物样品的内部结构，可采用此法制样。这一方法用于制备聚合物试样时的困难在于将切好的超薄小片从刀刃上取下时会发生变形或弯曲。为克服这一困难，可以先将样品在液氮或液态空气中冷冻；或将样品包埋在一种可以固化的介质中。选择不同的配方调节介质的硬度，使之与样品的硬度相匹配。经包埋后再切片，就不会在切削过程中使超微结构发生变形。也有人在研究聚合物的银纹时，先将液态硫浸入样品，然后淬火、切片，最后在真空下使硫升华。为研究高分子树脂颗粒的形态及其分布，有时也可以采用先包埋、再行超薄切片的办法制样。

5. 染色和刻蚀

聚合物通常由轻元素组成，在用质厚衬度成像时图像的反差很弱，因此由超薄切片得到的试样还不能直接用来进行透射电镜观察，需要通过染色或蚀刻来改善衬度，但不宜采用投影的方法，以防切片的表面刀痕引入假象。

染色实质上就是用一种含重金属的试剂对试样中的某一相或某一组分进行选择性的化学处理，使其结合上或吸附上重金属，从而导致其对电子的散射能力有明显的变化。图 4.31 所示丁腈橡胶改性 PVC 的超薄切片的质厚衬度图像可以说明这一点，丁腈橡胶相经过染色呈暗色，可清楚地看出丁腈橡胶和 PVC 两相的互容情况。

蚀刻的目的在于通过选择性的化学作用、物理作用或物化作用，加大上述聚合物试样表面的起伏程度。蚀刻的方法有好几种，常用的有化学试剂蚀刻和离子蚀刻。

用作蚀刻的化学试剂有氧化剂和溶剂两类。所用的氧化剂有发烟硝酸和高锰酸盐试剂等。它们的蚀刻作用是使试样表面某一类微区容易发生氧化降解作用，使反应生成的小分子物更容易被清洗掉，从而显露出聚合物体系的多相结构。蚀刻条件选择要适当，以免引入新的缺陷或伴生应力诱导结晶等结构假象。溶剂蚀刻是利用不同组分或不同相在溶解能力上的差异。例如，乙胺、氯代苯酚等溶剂使聚对苯二甲酸乙二醇酯中的非晶区更容易溶解。有时会出现在非晶区被溶解的同时，晶区被溶胀甚至少量溶解的现象，还会出现溶剂诱导和应力诱导作用使样品表面形成新的结晶。应充分认识到，在用化学试剂蚀刻法改善半结晶聚合物试样的衬度时，化学试剂对于同一种聚合物的晶区和非晶区的作用差异是作用速率不同，而不是能作用与不能作用。

离子蚀刻是利用半晶聚合物中晶区和非晶区或利用聚合物多相体系中不同相之间耐离子轰击的程度上的差异。具体做法是在低真空系统中通过辉光放电产生的气体离子轰击样品表面，使其中一类微区被蚀刻掉的程度远大于另一类微区，从而造成凹凸起伏的表面结构。

由于蚀刻一般是对较厚和较大的样品进行的一种表面处理，这种样品不能直接放入透射电镜中观察。因此往往采用上述复型法进一步制样。在对蚀刻样品的图像进行解释时，务必格外小心，这是因为试样很容易在蚀刻时或随后的处理阶段发生变形。因此，根据这种电子显微图像推测得到的蚀刻前的试样结构，应该用其他研究技术加以旁证。

4.2.4　透射电镜像衬度形成

质厚衬度是透射电镜最早应用的成像衬度，对应于形貌观察。透射电镜还有两种成像衬度，衍射衬度和位相衬度，分别对应于晶体缺陷和晶体点阵分析，将在 4.5.1 小节和 4.5.2 小节讨论。另外，用透射电镜能对晶体样品进行选区电子衍射，可用来分析微区内的晶体结构和相对应的物相形貌，将在 4.2.5 小节讨论。下面讨论质厚衬度。

1. 原子核和核外电子对入射电子的散射

经典理论认为散射是入射电子在靶物质粒子场中受力而发生偏转。这里采用散射截面的模型处理散射问题，设想在靶物质中每一个散射元(原子核或一个核外电子)周围有一个面积为 σ 的圆盘，圆盘面垂直于入射电子束，并且每个入射电子射中一个圆盘就发生偏转而离开原入射方向；未射中圆盘的电子不受影响直接通过，σ 盘称为散射截面。下面讨论散射截面的大小。按照卢瑟福模型，当入射电子经过原子核附近时，其受到核电场的库仑力 $-\dfrac{e^2 Z}{r_{\mathrm{n}}^2}$ 作用而发生偏转，其轨迹是双曲线形。散射角 α_{n} 的大小取决于入射电子和原子核的距离 r_{n}(图 4.12)：

$$\alpha_{\mathrm{n}} = \frac{eZ}{r_{\mathrm{n}} U} \tag{4.8}$$

或

$$r_{\mathrm{n}} = \frac{eZ}{\alpha_{\mathrm{n}} U} \tag{4.9}$$

式中，e 为电子电荷；Z 为原子序数；U 为电子加速电压。

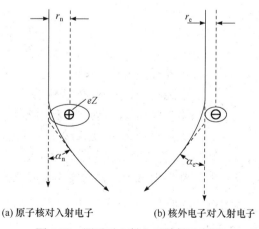

(a) 原子核对入射电子　　　　　　(b) 核外电子对入射电子

图 4.12　原子对入射电子散射示意图

一个孤立原子核的散射截面为

$$\sigma_{n} = \pi r_{n}^{2} = \frac{\pi e^{2} Z^{2}}{\alpha_{n}^{2} U^{2}} \qquad (4.10)$$

同理，当一个入射电子与一个孤立的核外电子作用时，也发生类似的偏转，散射角由下式决定：

$$\alpha_{e} = \frac{e}{r_{e} U} \qquad (4.11)$$

或

$$r_{e} = \frac{e}{\alpha_{e} U} \qquad (4.12)$$

r_{e} 的意义如图 4.12(b) 所示。一个核外电子的散射截面为

$$\sigma_{e} = \pi r_{e}^{2} = \frac{\pi e^{2}}{\alpha_{e}^{2} U^{2}} \qquad (4.13)$$

定义单个原子的散射截面为

$$\sigma_{0} = \sigma_{n} + Z\sigma_{e} = \frac{\pi e^{2} Z^{2}}{\alpha_{n}^{2} U^{2}} + \frac{\pi e^{2} Z}{\alpha_{e}^{2} U^{2}} \qquad (4.14)$$

原子核对入射电子的散射是弹性散射，而核外电子对入射电子的散射是非弹性散射。透射电镜主要是利用前者进行成像，后者则构成图像背景，从而降低了图像衬度，对图像分析不利，可用电子过滤器将其除去。

2. 透射电镜小孔径角成像

由 4.1 节可以理解知，为了确保透射电镜的分辨率，物镜的孔径半角必须很小，即采用小孔径角成像。一般是在物镜的背焦平面上放一称为物镜光阑的小孔径光阑来达到这个目的。由于物镜放大倍数较大，其物平面接近焦点，若物镜光阑的直径为 D，则物镜孔径半角 α 可用式 (4.15) 表示：

$$\alpha = \frac{D}{2f} \qquad (4.15)$$

小孔径角成像意味着只允许样品散射角小于 α 的散射电子通过物镜光阑成像，所有大于 α 的都被物镜光阑挡掉，不参与成像(图 4.13)。利用散射截面这一概念，且定义其为散射角大于 α 的散射区。显然，若使 $\alpha_{n} = \alpha_{e} = \alpha$，则表示凡落入散射截面以内的入射电子不参与成像，只有落在散射截面以外的才参与成像。

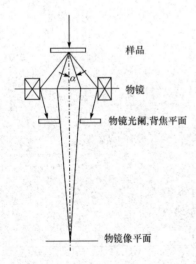

图 4.13　小孔径角成像

3. 质厚衬度原理

假设电子束射到一个原子量为 M、密度为 ρ 和厚度为 t 的样品上，若入射电子数为 n，

通过厚度为 $\mathrm{d}t$ 后不参与成像的电子数为 $\mathrm{d}n$，则入射电子散射率为

$$\frac{\mathrm{d}n}{n} = -\frac{\rho N_\mathrm{A} \sigma_0}{M} \mathrm{d}t \tag{4.16}$$

式中，N_A 为阿伏伽德罗常量；σ_0 为单个原子的散射截面。

实际上，$\dfrac{\rho N_\mathrm{A} \sigma_0}{M} \mathrm{d}t$ 是单位面积上厚度为 $\mathrm{d}t$ 的样品总散射截面。将式(4.16)积分得

$$N = N_0 \exp\left(-\frac{\rho N_\mathrm{A} \sigma_0 t}{M}\right) \tag{4.17}$$

式中，N_0 为入射电子总数(即 $t = 0$ 时的 n 值)；N 为最后参与成像的电子数。

当其他条件相同时，像的质量取决于衬度(像中各部分的亮度差异)。而现在讨论的这种差异是由于相邻部位原子对入射电子散射能力不同，而通过物镜光阑使参与成像的电子数不同而形成的。下面以此推导质厚衬度表达式。

令 N_1 为 A 区样品单位面积参与成像的电子数(图 4.14)，N_2 为 B 区样品单位面积参与成像的电子数，则 A、B 两区的电子衬度 G 为

$$G = \frac{N_1 - N_2}{N_1} = 1 - \exp\left[N_\mathrm{A}\left(\frac{\sigma_{02}\rho_2 t_2}{M_2} - \frac{\sigma_{01}\rho_1 t_1}{M_1}\right)\right] \tag{4.18}$$

将上式展成级数，略去二级及其以后的各项，得

$$G = N_\mathrm{A}\left(\frac{\sigma_{02}\rho_2 t_2}{M_2} - \frac{\sigma_{01}\rho_1 t_1}{M_1}\right) \tag{4.19}$$

一般将 ρt 称为质量厚度。对于大多数复型来说，因其是用同一种材料制作，式(4.19)可写为

$$G = \frac{N_\mathrm{A}\sigma_0\rho}{M}(t_2 - t_1) \tag{4.20}$$

即衬度 G 取决于质量厚度 ρt，这就是质量厚度衬度(简称质厚衬度)的来源。实际上，这里 G 仅与厚度有关，即

$$G \propto \rho \Delta t \tag{4.21}$$

当 A、B 两区不是由同一种物质组成时，由式(4.19)可知，衬度不仅取决于样品的厚度差，还取决于样品的原子序数差。

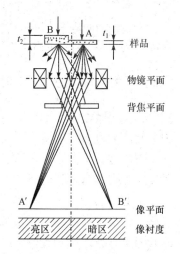

图 4.14　质厚衬度形成原理

由此不难想象，由上述理论成像的萃取复型和用投影技术或粉末分散法制得的样品的图像衬度要高得多。

4. 质厚衬度图像分析

对于萃取复型和粉末分散法制得的样品来说，质厚衬度图像比较直观，分析并不困难。但对其他复型来说，需在图像分析时注意以下几点。

(1) 复型表面浮雕与试样表面浮雕的关系必须确定。目前常用的塑料一级复型和塑料-

碳二级复型皆属于"负复型"，即塑料一级复型表面浮雕的凹凸特征正好与试样相反：在原来试样凸起的，在塑料一级复型上凹进去；反之亦然。由于塑料-碳二级复型投影是在负复型上进行的，因此图像上"影子"所反映的凹凸情况恰与原来试样表面相反，如图 4.15 所示。

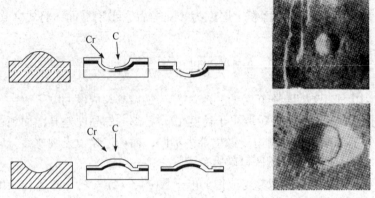

图 4.15　复型与试样表面形貌的关系

(2) 要想根据表面形貌确定物相，必须熟悉各种物相在样品表面的浮雕特征。样品表面浮雕主要取决于试样的成分、样品制备制度、浸蚀剂和浸蚀规范等。必须对这些资料详尽分析，甚至需要配合其他分析手段进行综合分析。

(3) 判定浮雕凹凸也是正确分析图像的重要一步。一般是先从图像上辨认出投影方向，然后根据"影子"特点来确定。

4.2.5　透射电镜中的电子衍射

就目前而言，电子衍射可以分为两大类：高能电子衍射和低能电子衍射。后者将在第 10.5 节给予简单的介绍，下面讨论高能电子衍射（以下简称电子衍射）。

晶体物质是由原子、离子或原子基团在三维空间内周期性地规则排列而成的，这些规则排列的质点对具有适当波长的辐射波的弹性相干散射，将产生衍射现象，即在某些确定的方向上，散射波因位相相同而彼此加强，而在其他方向上散射波的强度很弱或等于零。本章一开始就提到，高速运动的电子具有波粒二象性。运动电子的波性使它与 X 射线一样，可被用于对晶体物质进行衍射分析。电子衍射能给出晶体样品内部结构信息。人们根据它确定样品某一微区的点阵类型、点阵常数和晶向关系等晶体学性质，有时还能进一步确定物相。如果在透射电镜中进行选区电子衍射，更使其具有目前其他显微分析尚难以实现的特殊手段，既可以在高倍下观察晶体样品微区组织形态，又能对相应微区进行原位晶体结构分析。

1. 电子衍射条件和基本公式

晶体对电子波的衍射现象与 X 射线衍射一样，一般简单用布拉格定律加以描述。相应的布拉格方程 $2d_{hkl}\sin\theta = n\lambda$ 及其简式 $2d\sin\theta = \lambda$[式(3.29)]的推导，详见 3.3.2 小节。

因为 $\sin\theta\leqslant1$，所以

$$\lambda \leqslant 2d \tag{4.22}$$

在透射电镜中，对于常用的电子枪加速电压来说，入射电子波长 λ 位于 10^{-3} nm 数量级 (表 4.1)，而常见晶体的晶面间距 d 为 10^{-1} 数量级，则 $\lambda\ll2d$，甚至 $\sin\theta=\dfrac{\lambda}{2d}\ll1$ rad，表明电子衍射的衍射角非常小，与 X 射线衍射的情况不同。

下面以普通电子衍射装置中的电子衍射为例导出电子衍射的基本公式。

在普通电子衍射装置(图 4.16)中，入射方向平行于光轴的入射电子束照射到晶体样品上，若该晶体样品内 O 处 (hkl) 晶面组满足布拉格方程，则在与入射束相交成 2θ 角的方向上将有此晶面组的衍射束。在与样品相距为 L 的荧光屏(或照相装置)上，将得到透射束和衍射束形成的斑点 O' 和 P'。前者是衍射花样的中心斑点，后者是 (hkl) 晶面组的衍射斑点。

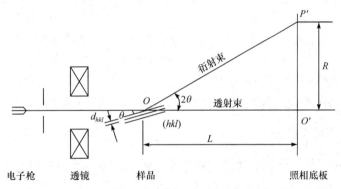

图 4.16　普通电子衍射装置示意图

由图 4.16 的几何关系可知，衍射斑点 P' 与中心斑点 O' 之间的距离 R 可由式(4.23)确定：

$$R = L\tan2\theta \tag{4.23}$$

对于高能电子衍射来说，θ 角很小，足以使

$$\tan2\theta \approx 2\sin\theta \tag{4.24}$$

将式(4.23)代入式(4.24)，并且与式(3.29)比较，得

$$Rd = \lambda L \tag{4.25}$$

这就是电子衍射基本公式，也可以认为是近似的布拉格方程。式中，λL 称为电子衍射相机常数或仪器常数，其单位为 nm·mm。一般情况下 λL 为一常数，记作 K。因此

$$R \propto \frac{1}{d} \tag{4.26}$$

或

$$d \propto \frac{1}{R} \tag{4.27}$$

　　这是电子衍射中的一个很重要的关系。显然,它比 X 射线衍射中相应的关系简单得多,这给电子衍射花样指数化带来很大方便。

　　2. 透射电镜中电子衍射的特点

　　透射电镜的照明系统提供了电子衍射所需的单色平面电子波,当它照射晶体样品时,晶体内满足布拉格条件的晶面组将在与入射束成 2θ 角的方向上产生衍射束。根据透镜的基本性质,平行光束将被会聚于其背焦面上一点。因此,样品上不同部位朝同一方向散射的同位相电子波(这里是同一晶面组的衍射波)将在物镜背焦平面上被会聚而得到相应的衍射斑点(图 4.4)。这样,就在物镜的背焦平面上形成了样品晶体的衍射花样。使中间镜的物平面与物镜的背焦平面重合,这幅衍射花样经中间镜和投影镜进一步放大,可以在荧光屏或照相装置上观察和记录。

　　利用透射电镜进行电子衍射,比普通电子衍射装置有下列特点。

　　(1) 透射电镜常用双聚光镜照明系统,束斑直径为 $1\sim2\mu m$,经过双聚光镜的照明束相干性较好。

　　(2) 透射电镜有三级以上透镜组成的成像系统,借助它可提高电子衍射相机长度。普通电子衍射装置相机长度一般为 500mm 左右,而透射电镜相机长度可达 $1000\sim5000mm$。

　　(3) 可以通过物镜和中间镜的密切配合,进行选区电子衍射,使成像区域和电子衍射区域统一起来,达到样品微区形貌分析和原位晶体学性质测定的目的。

　　3. 有效相机常数及其标定

　　从图 4.4(b)中可见,样品产生的衍射束不再像在普通电子衍射装置中那样从样品直线到达照相底板,而是经过透镜的多次折射。这样,样品、中心斑点和衍射斑点并不构成一个简单的直角三角形(图 4.16 中的 $\triangle OO'P'$)。所以,衍射斑点到中心斑点的距离 R 和晶面间距 d 之间并不存在如式(4.25)所示的简单关系。但是,可以定义一个有效相机长度 L',则仍可得到一个简单的关系式,

$$Rd = \lambda L' \qquad\qquad (4.28)$$

式中,$\lambda L'$ 为有效相机常数。这里 L' 并不表示样品和底板之间的实际距离,实际上它由下列关系式来确定:

$$L' = f_O M_I M_P \qquad\qquad (4.29)$$

式中,f_O 为物镜焦距;M_I 为中间镜放大倍数;M_P 为投影镜放大倍数。

　　下面将有效相机长度 L' 和有效相机常数 $\lambda L'$ 仍分别称为相机长度和相机常数,且仍记作 L 和 λL,这样式(4.28)仍可用式(4.25)表示。

　　因为在透射电镜中,f_O、M_I 和 M_P 分别取决于物镜、中间镜和投影镜的激磁电流,因而相机常数 λL 也将随之变化。因此,必须在三个透镜的电流都固定的条件下,标定它的相机常数,使 R 与 $\dfrac{1}{d}$ 保持确定的比例关系。

　　通常利用某些标准样品如金(面心立方,$a = 0.4070nm$)、铝(面心立方,$a = 0.4041nm$)和氯化铊(简单立方,$a = 0.3842nm$)的蒸发多晶膜的衍射花样来标定相机常数。具体做法是,

先测出已知晶体的各个衍射环半径 R，然后将整个衍射花样指数化，最后将各个衍射环半径 R 与相应的晶面间距 d 相乘得到相机常数 K。如果分析要求的精度不高，一般可取平均值 $\bar{K}$ 作为标定的相机常数，如图 4.17 所示，这是由金蒸发膜多晶电子衍射花样(图 4.18)所得到的结果。

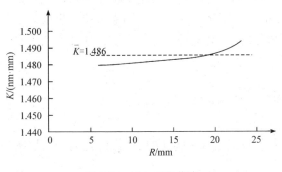

图 4.17 K-R 标定曲线   图 4.18 金蒸发膜多晶电子衍射花样

更好的做法是在分析单晶未知样品时将上述标准样品蒸发沉积在样品膜上作为"内标准"；而在分析多晶样品时用某些单晶颗粒作标准。"内标准"方法达到了 K 值的完全一致。

4. 选区电子衍射

1) 基本原理

选区电子衍射是指在物镜像平面上放置一个光阑(选区光阑)限定产生衍射花样的样品区域，从而分析此微区范围内样品的晶体结构特性，其基本原理如图 4.19 所示。当电镜以成像方式操作时，中间镜物平面与物镜像平面重合，荧光屏上显示样品的放大图像。此时，在物镜像平面内插入一个孔径可变的选区光阑，光阑孔套住想要分析的微区。因为在物镜适焦的条件下，物平面上同一物点所散射的电子将会聚于像平面上一点，所以对应于像平

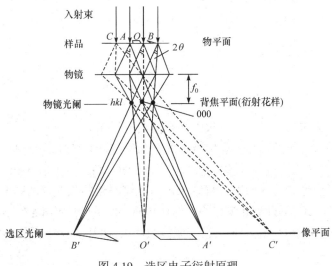

图 4.19 选区电子衍射原理

面上光阑孔的选择范围 $A'B'$，只有样品上 AB 微区以内物点的散射波可以穿过光阑孔进入中间镜和投影镜参与成像，选区以外的物点如 C 产生的散射波则全被挡掉。当调节中间镜的激磁电流使电镜转变为衍射方式操作时，中间镜以上的光路不受影响，只是中间镜物平面与物镜背焦面相重合。尽管物镜背焦平面上第一幅花样是由受到入射束辐照的全部样品区域内晶体的衍射所产生的，但是其中只有 AB 微区以内物点散射的电子波可以通过选区光阑进入下面的透镜系统，因此荧屏上显示的将只限于选区范围以内晶体所产生的衍射花样，从而实现了选区形貌观察与晶体结构分析的微区对应性。一般来说，这种方法可对样品上 $0.5 \sim 1\mu m$ 的微区进行电子衍射分析。

2) 标准操作步骤

为了尽可能地减小选区误差，并且使相机常数和磁转角保持恒定，在进行选区电子衍射时应遵循下述标准操作步骤。

(1) 调节中间镜和投影镜电流，在荧光屏上显示选区光阑孔的清晰像，这时中间镜物平面与选区光阑平面重合。

(2) 调节物镜电流，在荧光屏上显示选区光阑孔范围内样品形貌的清晰像，这时物镜像平面与选区光阑平面重合。移动样品，使待分析区域落入选区光阑中央。

(3) 将物镜光阑推出，缩小中间镜电流并调节至在荧光屏上出现清晰的衍射花样，这时中间镜的物平面与物镜的背焦平面重合。

在具有四透镜成像系统的透射电镜中，可以在广泛的选区成像倍率范围内进行选区电子衍射分析，然而这时的相机常数和磁转角也随之发生变化，应分别加以标定。

3) 选区电子衍射花样与选区成像相对磁转角标定

如上所述，选区成像时中间镜物平面与物镜像平面重合，选区衍射时中间镜物平面则与物镜背焦平面重合。这样，两者使用的中间镜激磁电流 I 不一样，因而磁转角 φ 也不一样：$\varphi \propto IN$(一般 N 是固定的)，即选区成像相对于选区衍射花样转动了一定的角度 φ_0，φ_0 称为相对磁转角(以下简称磁转角)。因为

$$I_i > I_d \tag{4.30}$$

(脚注 i 表示成像，d 表示衍射)，所以

$$\varphi_i > \varphi_d \tag{4.31}$$

则

$$\varphi_0 = \varphi_i - \varphi_d \tag{4.32}$$

有时，为了使选区成像与选区衍射一致，必须测出磁转角 φ_0。

通常用一个外形上能显示晶体几何特征的样品测定磁转角 φ_0。例如，MoO_3 晶片外形呈梭子状，与晶向有确定关系，长边是[001]，短边是[100]，法线是[010]。将 MoO_3 标样放到电镜中进行选区成像和选区衍射，将结果记录在同一幅照相装置的图像上，会得到如图 4.20 所示的图像。MoO_3 晶片属正交晶系($a = 0.3966nm$，$b = 1.3848nm$，$c = 0.3696nm$)，将其衍射花样指数化，定出$[100]_d$方向，它与成像得到的$[100]_i$方向之间的夹角 φ_0 就是磁转角(图 4.21)。

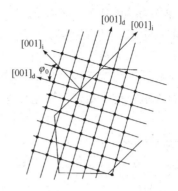

图 4.20　MoO₃晶片的像和电子衍射花样　　　图 4.21　由图 4.20 绘制的示意图

5. 简单电子衍射花样分析

单晶电子衍射花样是一系列排列得十分规则的斑点，如图 4.25 所示。这种花样的产生及其特点，可用图 4.22 解释。由于通常电子束的波矢量 k 比倒易矢量 g 大得多，衍射角 2θ 极小，只有落在倒易截面上原点 O^* 附近的倒易阵点所代表的晶面组满足布拉格条件才产生衍射束。电子衍射花样就是满足衍射条件 $F_{hkl} \neq 0$（F_{hkl} 为结构因子），因此单晶电子衍射的斑点花样就是倒易截面上 $F_{hkl} \neq 0$ 的阵点排列规则性的直接反映。关于倒易阵点与衍射的关系参见相关文献。

若入射电子束方向 B（规定 B 与电子束的实际入射方向相反）平行于样品晶体的 r 方向，则得到的电子衍射花样就应该是由以 $[uvw]$ 为轴的晶带内满足衍射条件的晶面组产生的衍射斑点所组成。前已指出，这幅花样就是倒易截面 $(uvw)_0^*$ 上阵点排列图形的放大像，而斑点的指数即为相应衍射晶面的指数或倒易阵点的指数（图 4.22）。对应于零层倒易截面的电子

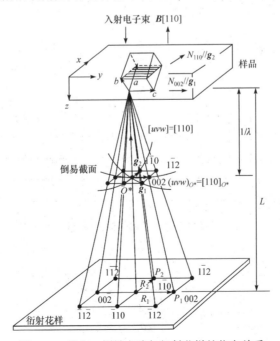

图 4.22　晶向、倒易点阵与衍射花样的位向关系

衍射花样称为简单花样。若使入射电子束平行于另一晶带轴$[u'v'w']$，则衍射花样将由另外一套斑点所组成，其排列情况相似于$(u'v'w')_0^*$倒易截面上阵点的图形。

简单花样的分析，其目的有两方面：一是当物质的结构为已知时，确定其位向；二是当被鉴定物质的结构未知时，确定其晶体结构和点阵常数，或进一步确定物相和位向。这些必须首先进行电子衍射花样指数化，即确定衍射花样中斑点的指数及其晶带轴方向。

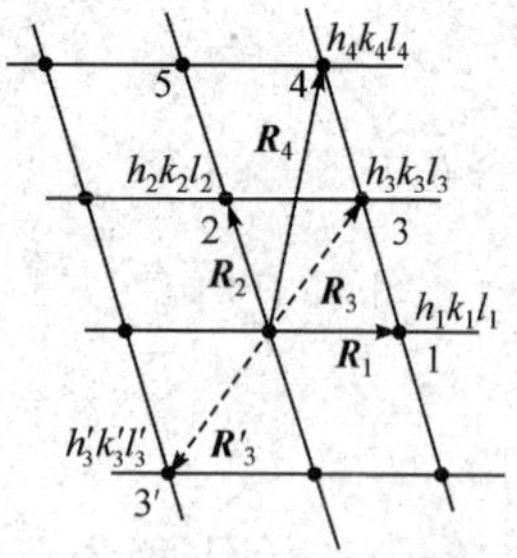

简单花样的指数化，一般采用以下两种方法。

1) 尝试-校核法

尝试-校核法一般有以下几个步骤。

(1) 选择靠近中心但不在同一直线上的几个斑点，测量它们的R(图 4.23)，并计算R^2值，利用R^2比值的递增规律确定点阵类型和这几个斑点所属的晶面族指数$\{hkl\}$。

图 4.23　简单花样指数化示意图

由式(4.26)可以推断：

$$R_1 : R_2 : R_3 : \cdots : R_i : \cdots = \frac{1}{d_1} : \frac{1}{d_2} : \frac{1}{d_3} : \cdots : \frac{1}{d_i} : \cdots \tag{4.33}$$

对于立方晶体，晶面间距d与晶体常数a的关系如下：

$$d = \frac{a}{\sqrt{N}} \tag{4.34}$$

式中，

$$N = h^2 + k^2 + l^2 \tag{4.35}$$

从而

$$R_1 : R_2 : R_3 : \cdots : R_i : \cdots = \sqrt{N_1} : \sqrt{N_2} : \sqrt{N_3} : \cdots : \sqrt{N_i} : \cdots \tag{4.36}$$

或

$$R_1^2 : R_2^2 : R_3^2 : \cdots : R_i^2 : \cdots = N_1 : N_2 : N_3 : \cdots : N_i : \cdots \tag{4.37}$$

可能的N值见图 4.24。

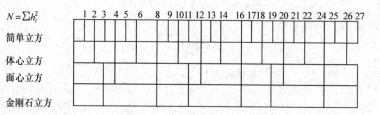

图 4.24　立方晶体中谱线位置图

对于四方晶体：

$$d = \frac{1}{\sqrt{\dfrac{h^2 + k^2}{a^2} + \dfrac{l^2}{c^2}}} \tag{4.38}$$

或

$$\frac{1}{d^2} = \frac{h^2 + k^2}{a^2} + \frac{l^2}{c^2} = \frac{M}{a^2} + \frac{l^2}{c^2} \tag{4.39}$$

表明四方晶体的衍射斑点 R^2 不可能全部满足整数比值的关系。但是，当 $l = 0$ 时，即对于 $\{hk0\}$ 类型的晶面族，可能的 M 值为

$$1，2，4，5，8，9，10，13，16，17，18，20，\cdots$$

其特征是在 R^2 比值递增系列中常出现 1：2 的情况。

对于六方晶体：

$$d = \sqrt{\frac{4}{3} \cdot \frac{\left(h^2 + hk + k^2\right)}{a^2} + \frac{l^2}{c^2}} \tag{4.40}$$

或

$$\frac{1}{d^2} = \frac{4}{3}\frac{\left(h^2 + hk + k^2\right)}{a^2} + \frac{l^2}{c^2} = \frac{4}{3}\frac{P}{a^2} + \frac{l^2}{c_2} \tag{4.41}$$

可能的 P 值为

$$1，3，4，7，9，12，13，16，19，21，\cdots$$

其特征是在 R^2 比值递增系列中常出现 1：3 的情况。

(2) 进一步确定产生这些斑点的晶面组指数(hkl)，即根据斑点所属的 $\{hkl\}$，首先任意假定其中一个斑点的指数，如 $h_1k_1l_1$；而第二个斑点的指数 $h_2k_2l_2$ 应根据 k_1 与 R_2 之间的夹角来确定。晶面之间的夹角可由计算或查表得到。晶面夹角公式举例如下：

立方晶体：

$$\cos\phi = \frac{h_1h_2 + k_1k_2 + l_1l_2}{\sqrt{N_1N_2}} \tag{4.42}$$

六方晶体：

$$\cos\phi = \frac{\dfrac{4}{3a^2}\left[h_1h_2 + k_1k_2 + \dfrac{1}{2}\left(h_1k_2 + k_1h_2\right)\right] + \dfrac{l_1l_2}{c_2}}{\sqrt{\dfrac{4}{3a_2}N_1 + \dfrac{l_1^2}{c_2}}\sqrt{\dfrac{4}{3a^2}N_2 + \dfrac{l_2}{c^2}}} \tag{4.43}$$

四方晶体：

$$\cos\phi = \frac{\dfrac{h_1h_2 + k_1k_2}{a_2} + \dfrac{l_1l_2}{c_2}}{\sqrt{\dfrac{h_1^2 + k_1^2}{b^2} + \dfrac{l_1^2}{c^2}}\sqrt{\dfrac{h_2^2 + k_2^2}{a^2} + \dfrac{l_2^2}{c^2}}} \tag{4.44}$$

(3) 其余斑点的指数，可由 R 的矢量运算得到。例如，因为 $\boldsymbol{R}_3 = \boldsymbol{R}_1 + \boldsymbol{R}_2$，所以

$$h_3 = h_1 + h_2，k_3 = k_1 + k_2，l_3 = l_1 + l_2 \tag{4.45}$$

因为

$$\boldsymbol{R}_3' = -\boldsymbol{R}_3 \tag{4.46}$$

所以

$$h_3' = -h_3, \quad k_3' = -k_3, \quad l_3' = l_3 \tag{4.47}$$

假设

$$\boldsymbol{R}_5 = 2\boldsymbol{R}_2 \tag{4.48}$$

则

$$h_5 = 2h_2, \quad k_5 = 2k_2, \quad l_5 = 2l_2 \tag{4.49}$$

(4) 任取不在同一直线上的两个斑点(如 $h_1k_1l_1$ 和 $h_2k_2l_2$)，根据式(4.50)确定晶带轴指数 $[uvw]$：

$$u = k_1l_2 - k_2l_1, \quad v = l_1h_2 - l_2h_1, \quad w = h_1k_2 - h_2k_1 \tag{4.50}$$

举例：图 4.25 是由某低碳合金钢薄膜样品的基体区域记录的简单花样，图 4.26 是通过其底板背面照明用透明纸描制下来的斑点示意图，现将此花样进行分析。

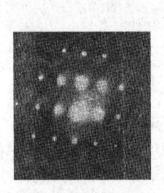

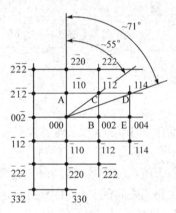

图 4.25　某低碳合金钢薄膜样品中 α-Fe 区
简单花样

图 4.26　由图 4.25 绘制的花样示意图

(K=1.41nm·mm)

选取中心附近 A、B、C、D 四个斑点，测得 $R_A = 7.1\text{mm}$，$R_B = 10.0\text{mm}$，$R_C = 12.3\text{mm}$，$R_D = 21.5\text{mm}$，计算 R^2 值并求得 R^2 比值为

$$R_A^2 : R_B^2 : R_C^2 : R_D^2 = 2 : 4 : 6 : 18 \tag{4.51}$$

根据图 4.24 判断，该微区晶体属体心立方点阵。同时，写出对应于各个 N 值的晶面族指数 $\{hkl\}$(表 4.3)。用量角器测得

$$\langle \boldsymbol{R}_A, \boldsymbol{R}_B \rangle \approx 90°, \quad \langle \boldsymbol{R}_A, \boldsymbol{R}_C \rangle \approx 55°, \quad \langle \boldsymbol{R}_A, \boldsymbol{R}_D \rangle \approx 71° \tag{4.52}$$

表 4.3　图 4.26 的花样分析计算

斑点	R/mm	R^2	N	$\{hkl\}$	hkl	$d_{计算}$/Å	$d_{标准}$ (α-Fe)/Å
A	7.1	50.6	2	110	$1\bar{1}0$	1.90	2.027
B	10.0	100.0	4	200	002	1.41	1.433
C	12.3	151.5	6	211	$1\bar{1}2$	1.15	1.170
D	21.5	463.0	18	411	$1\bar{1}4$	0.665	0.676

假定 A 斑点指数为 $1\bar{1}0$，并设定 B 斑点的指数为 200，代入式(4.42)，得

$$\cos\phi = \frac{\sqrt{2}}{2} \tag{4.53}$$

$$\phi = 45° \tag{4.54}$$

显然，这与实际测得的 $\langle R_A, R_B \rangle \approx 90°$ 不符，应予以否定。若将 B 斑点的指数选为 002，则夹角与实测相符。

C 斑点由矢量 $R_C = R_A + R_B$ 来确定：

$$\left.\begin{array}{l} h_C = h_A + h_B = 1+0 = 1 \\ k_C = k_A + k_B = (-1)+0 = -1 \\ l_C = l_A + l_B = 0+2 = 2 \end{array}\right\} \tag{4.55}$$

所以 C 斑点为 $1\bar{1}2$，$N_C = 1^2 + (-1)^2 + 2^2 = 6$，与实测的 R^2 比值所得的 N 值也一致。查表或计算得到 $(1\bar{1}0)$ 和 $(1\bar{1}2)$ 晶面之间的夹角为 54.74°，也与实测的 55° 相符。同理确定 D 斑点为 $1\bar{1}4$。依此类推，就可写出全部斑点的指数。

然后根据已知的相机常数 $K = 1.41\text{nm·mm}$，计算相应的晶面间距。结果与 α-Fe 的标准 d 值符合得很好。由此可以确定样品上该微区为铁素体。

最后取 A、B 两斑点的指数求 $[uvw]$。注意到矢量积的方向性，

$$\left.\begin{array}{l} u = 0\times0 - (-1)\times2 = 2 \\ v = 2\times1 - 0\times0 = 2 \\ w = 0\times(-1) - 1\times0 = 0 \end{array}\right\} \tag{4.56}$$

由此得 B 为[220]或[110]。

2) 标准花样对照法

此方法是将实验得到的衍射花样与标准花样进行对照，写出斑点指数并确定晶带轴方向。用标准花样对照法分析单晶花样时，必须保证花样在几何上的真正相似，即斑点的 R 比例和夹角均应相符。特别是对于点阵类型未知的样品，在用对照法初步确定斑点的指数后，仍必须做认真的测量和验算。

在电子衍射花样分析中常会遇到 180° 不唯一性的问题，即由于倒易点阵平面或电子衍射花样显示二次旋转对称，无法区别 hkl 和 $\overline{hkl}$ 倒易阵点或衍射斑点，特别是在 $[uvw]$ 不是二次旋转轴的情况下，hkl 和 $\overline{hkl}$ 这两套指数是有区别的，表示两种不同取向。两种标法的电子衍射花样旋转后可以重合，但晶体不能重合。一般这种不唯一性不能从一个晶带的电子衍射花样得到解决，但常可从两个晶带的电子衍射花样或由倾动样品前后的两张电子衍射花样来解决。

6. 多晶衍射花样的分析

多晶体样品的电子衍射花样与 X 射线粉末照相法所得到花样的几何特征非常相似，由一系列不同半径的同心圆环组成（图 4.27 显示了一个圆环）。这种环形花样的产生，是由于受到入射束辐照的样品区域内存在大量取向杂乱的细小晶体颗粒，d 值相同的同一 $\{hkl\}$ 晶

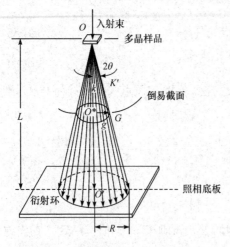

图 4.27　多晶样品电子衍射花样的产生

面族内符合衍射条件的晶面组所产生的衍射束，构成以入射束为轴、2θ 为半顶角的圆锥面，它与照相底板的交线即为半径 $R = \dfrac{\lambda L}{d}$ 的圆环(图 4.27)。

多晶衍射花样的分析，其目的也有两方面：一是利用已知晶体样品标定相机常数；二是鉴定大量弥散的抽取复型粒子或其他多晶粒子的物相。

多晶花样的分析，一般采用以下步骤：

(1) 测量每个衍射环的半径 R_1、R_2、R_3、$\cdots$。为减少测量误差，通常测量衍射环的直径 $2R$，然后计算得 R。

(2) 计算 R^2，并分析 R^2 比值的递增规律，确定各衍射环的 N 值，并写出衍射环的指数 $\{hkl\}$。

(3) 对于已知物质，也可根据 $d = \dfrac{\lambda L}{R}$ 计算各衍射环的晶面间距，对照 ASTM 卡片写出环的指数；对于未知物质，如果已知相机常数，可计算晶面间距 d 值，估计衍射环的相对强度，根据三强线的 d 值查 ASTM 索引，找出数据接近的几张卡片，仔细核对所有的 d 值和相对强度，并参考已经掌握的其他资料，确定样品的物相。

7. 复杂花样的分析

除了简单花样的规则斑点以外，在单晶电子衍射花样中常出现一些"额外的斑点"或其他图案，构成复杂花样。

复杂花样的种类较多，常见的有下列几种：

(1) 可能有不止一个晶带的晶面组参与衍射而出现的高阶劳厄带斑点；

(2) 因晶体结构的变化(如有序化)，固溶体产生的超点阵衍射斑点；

(3) 因入射电子在样品晶体内受到多次散射而导致的双衍射和菊池衍射花样；

(4) 孪晶花样；

(5) 由晶体的形状、尺寸、位向及缺陷所引起的衍射斑点的变形和位移。

一般地，简单花样所提供的晶体学信息是最重要的，花样中出现额外的斑点或图案常干扰对简单花样的正确分析。但复杂花样可以给出简单花样所不能提供的一些额外信息，利用这些信息有时可提高分析结果的精确性。关于复杂花样的几何特征和分析方法可参阅有关书籍。

4.2.6　透射电镜应用举例

1. 水泥

透射电镜问世不久，就被应用于水泥方面的研究。人们用它先后研究了 CaO、C_3S、β-C_2S、C_3A、C_4AF 等熟料矿物以及普通水泥和特种水泥的水化产物及其结晶习性，结合 X

射线衍射分析方法确定了普通水泥和其他水硬性胶凝物质的水化反应。电子衍射的作用是确定晶体结构、点阵常数和晶体位向，选区电子衍射特别适用于分析难以分离的微区物相的形貌结构和晶体结构。采用粉末分散法和复型法可以观察水泥及其原料颗粒的表面及聚集体的状况、揭示水泥熟料的微细结构、研究水泥浆体的断面结构、观察其水化产物、未水化产物及孔的大小、形状和分布，从而解释其水化速率、密实程度和强度变化规律。同时人们还可以分析各种外加剂和次要组成对水泥石微观结构的影响等。水泥水化产物的粒子大多非常细小(特别是在水化初期)，很多属于高度无序结构，用光学显微镜或 X 射线衍射分析方法往往难以检测。透射电镜具有直观和分辨率高等特点，用它观察水泥水化产物的形态及其随各种因素变化的规律，有独到之处。

例如，从透射电镜中可以观察到 C_3A 单矿物的初始水化产物呈六角板状，包括 C_4AH_{19}、C_2AH_8 及其混合物，C_4AH_{19} 脱水后变成 C_4AH_{13}，仍呈六角板状[图 4.28(a)]。硅酸盐水泥中 C_3A 的水化过程与 C_3A 单矿物水化不同，水泥水化开始时，C_3A 和石膏反应形成棒状钙矾石型水化物[图 4.28(b)]，石膏消耗完毕后转变为六角板状单硫型水化物[图 4.28(c)、(d)]。经选区电子衍射分析，后者属于六方晶体。

(a) C_4AH_{13}六角板状晶体　　(b) 钙矾石棒状晶体　　(c) 单硫型水化硫铝酸钙晶体　　(d) 单硫型水化硫铝酸钙电子衍射花样

图 4.28　水泥悬浮液(粉末分散法)

2. 陶瓷

黏土是陶瓷工业的重要原料，原料的组成和特性是影响陶瓷产品质量的内在因素。因此，在陶瓷工业方面，黏土矿物的形态和结晶习性的研究起着重要的作用。但是，黏土矿物颗粒很细，一般在 $2\mu m$ 以下。用光学显微镜不能清楚地观察到它们的形态和结晶习性，用 X 射线衍射和电子衍射也难以得到令人满意的结果。而透射电镜被认为是这方面研究比较合适的手段。借助透射电镜，人们对黏土矿物进行了形态研究，得出了所测矿物颗粒的立体形态及结晶程度等形态学概念。研究结果表明，黏土原料的工艺性质不仅取决于其化学组成，而且还与其矿物组成和颗粒组成有密切的关系。例如，江苏祖堂山泥主要是蒙脱石矿物，黏性强，成型水分和液限值特别高，收缩大，在室温下阴干会开裂。这些特点与它的矿物类型及细颗粒含量较多($<1\mu m$ 颗粒达 51.49%)是有关系的。四川叙永土是软质黏土。因其有管状与杆状结构[图 4.29(a)]，所以它的可塑性指数很高，干燥及烧成收缩大，易变形开裂。它的 Al_2O_3 含量高，杂质少，1300℃尚不能烧结。此外，由于地质形成条件的不同，结晶程度和矿物外形的差异等原因，不同产物的黏土所呈现的工艺性能也并不相同。例如苏州高岭土是含有大量杆状结构外形的高岭石[图 4.29(b)]，因而可塑性低，干燥气孔率高，干燥强度低，烧成收缩大，泥浆流动时的含水量多，且呈强烈触变性。陕西上店土

是二次沉积的硬质黏土。由于水化不良，比表面积小，因此可塑性和干后强度均为中等。它含一定量的可溶性盐类，所以对电解质的反应不太灵敏，要加较多电解质才能使泥浆流动。由于其主要矿物为高岭石，故过滤时脱水迅速。唐山紫木节土[图 4.29(c)]结晶程度较差，颗粒细，含有机物质较多，因此可塑性及泥浆性质良好。

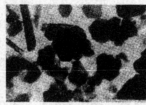

(a) 四川叙永埃洛石　　　　(b) 苏州阳西高岭石　　　　(c) 河北唐山木节土

图 4.29　高岭石(粉末分散法)

除了原料以外，陶瓷产品的性质与它的显微结构也有直接关系。多年来人们借助透射电镜用复型样品进行了这方面的大量研究工作。近年来随着高压电镜的出现以及样品制备方法的完善，人们可以直接将陶瓷薄膜样品放入透射电镜中观察其显微结构、点阵缺陷和畸变等。这里不再赘述。

3. 金属

透射电镜在金相分析和金属断口分析方面得到了广泛的应用。在金属断口分析方面，人们借助透射电镜比用肉眼和放大镜更深刻地认识断口的特征、性质，揭示断裂机制，研究影响断裂的各种因素，对失效分析非常有效。而在金相分析方面，利用透射电镜的高放大倍数，可以显示光学显微镜无法分辨的显微组织细节，下面就以识别钢中珠光体组织为例来说明这个问题。

钢经过奥氏体之后，冷却到 C 轴线"鼻子"上部区域等温分解，即可得到珠光体型的共析转变产物，包括粗片状珠光体、细珠光体、索氏体和屈氏体(又称托氏体)。它们是铁素体和渗碳体两相层片状混合物，但细密程度不同。等温温度越高，层片及其间距越大，硬度越低；等温温度越低(即过冷度越大)，层片及其间距越小，硬度越高，如表 4.4 所示。利用光学显微镜，即使在最佳分辨率情况下，也只能看到由许多大致平行的线条所组成的粗、细珠光体组织。依此推断它是由片状的渗碳体和介于其间的铁素体两相混合而成的，如图 4.30(a)所示。在透射电镜下，其层片特征显示得十分清晰，甚至可以精确地测量渗碳体片及其间距的宽度，如图 4.30(b)所示。

表 4.4　共析碳钢珠光体类转变的大致范围

组织名称	形成温度范围/℃	片间距大致范围/μm	硬度 HRC
粗片状珠光体	725~700	>0.7	5~22
细珠光体	700~670	0.6~0.8	22~27
索氏体	670~600	约 0.25	25~33
屈氏体	600~550	约 0.1	33~43

(a) 光镜下，1000倍　　　　　　(b) 透射电镜下，8000倍

图 4.30　共析碳钢的珠光体组织

4. 高分子材料

多相高分子共聚物材料常因互容性较差而出现分相现象。分相不仅表现在界面区的厚度不同，还表现在相的大小和形状有差异。硬质聚合物和弹性相的共聚尤为明显。图 4.31 显示了丁腈橡胶(弹性相)改性 PVC 的形貌。随着丁腈橡胶中丙烯腈含量的增加，互容性提高。在互容性低的情况下，丁腈橡胶粒子大多孤立地分散在 PVC 基体中[图 4.31(a)]；在互容性较高的情况下，丁腈橡胶粒子大多互相连接，形成网络[图 4.31(b)]。

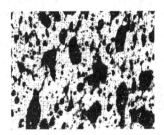
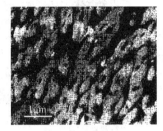

(a) 互容性低　　　　　　(b) 互容性高

图 4.31　丁腈橡胶改性 PVC 的形貌(经染色，丁腈橡胶相呈暗色)

5. 复合材料

在高分子材料基复合材料领域中，经常利用无机填料增强基体或赋予基体某些特殊性能，填料在基体中的分散情况对性能的影响很大。透射电镜是观察填料分散情况的重要手段。以聚合物/层状硅酸盐纳米复合材料为例，将聚丙烯直接与钠基蒙脱土熔融共混，透射电镜下蒙脱土分散不良，有大块的凝聚现象，如图 4.32(a)所示。而将聚丙烯与有机化处理过的蒙脱土熔融共混，蒙脱土在聚丙烯基体中不再出现大块凝聚，其片层之间也发生了剥离，形成了高分散剥离型复合材料，如图 4.32(b)所示。

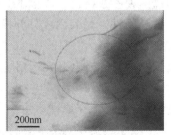

(a) 蒙脱土有机化处理前　　　　　　(b) 蒙脱土有机化处理后

图 4.32　熔融共混聚丙烯/蒙脱土复合材料透射电镜照片(冷冻切片)

如果采用原位聚合方法制备聚合物/蒙脱土复合材料,也能得到高分散剥离型结构,如图 4.33 所示。可以看出,蒙脱土片层发生了明显的取向,这是因为试样在加工过程中受到双螺杆的强烈剪切作用,使蒙脱土片层大部分都沿着外加剪切应力的方向发生了有规则的排列。

Fe_3O_4 纳米粒子具有磁性,添加到聚合物中可以赋予聚合物磁热性,图 4.34 为 Fe_3O_4 纳米粒子及溶液共混的方法制得的 Fe_3O_4/聚乳酸纳米复合材料,由图可知,Fe_3O_4 纳米粒子能够很好地在聚合物基体中分散。

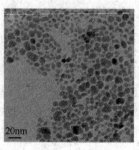

(a) 原始Fe_3O_4粒子

(b) 聚乳酸基体中Fe_3O_4粒子的分布

图 4.33　原位聚合聚酰胺 6/蒙脱土复合材料的透射电镜照片

图 4.34　Fe_3O_4 纳米粒子及其在聚乳酸基体中分散的透射电镜照片

4.3　扫描电镜

4.3.1　扫描电镜的特点和工作原理

英国剑桥大学工程学院的奥特雷(C. Oatley)课题组自 20 世纪 40 年代末开始的研究推动了扫描电镜的商业化。商用扫描电镜 1965 年在剑桥仪器公司问世后,随即得到迅速发展。扫描电镜虽然在某些功能上不能替代透射电镜,但弥补了透射电镜的某些缺点,是一种比较理想的表面分析工具。尽管透射电镜具有优异性能,如分辨率大多达到 0.2nm 左右,微区形貌观察和晶体结构分析能够一体化等,但也有缺点,其中最大的一个缺点是对样品要求高,制备比较麻烦。此外,样品被支撑它的铜网遮住一部分,不能进行样品所测区域的连续观察。而扫描电镜可直接观察大块试样,样品制备尤为方便。加之扫描电镜的景深大、放大倍数连续调节范围大等特点,使它成为固体材料样品表面分析的有效工具,尤其适合于观察比较粗糙的表面如材料断口和显微组织三维形态。扫描电镜不仅能做表面形貌分析,而且能配置各种附件,做表面成分分析及表层晶体学位向分析等。图 4.35 为蔡司 Sigma300VP 型扫描电镜外形。

扫描电镜的成像原理与透射电镜大不相同,它不用透镜进行放大成像,而是逐点逐行扫描成像。

图 4.36 是传统扫描电镜工作原理示意图。由三极电子枪发射的电子束,在加速电压作用下,经过 2~3 个电子透镜聚焦后,在样品表面按顺序逐行进行扫描,激发样品产生各种物理信号,如二次电子、背散射电子、吸收电子等。这些物理信号的强度随样品表面特征而变。它们分别被相应的收集器接收,经放大器按顺序、成比例地放大后,送到显像

管的栅极上，用来同步调制显像管的电子束强度，即显像管荧光屏上的亮度。供给电子光学系统使电子束偏向的扫描线圈的电源也就是供给阴极射线显像管的扫描线圈的电源，此电源发出的锯齿波信号同时控制两束电子束做同步扫描，因此样品上电子束的位置与显像管荧光屏上电子束的位置是一一对应的。在长余辉荧光屏上形成一幅与样品表面特征相对应的画面——某种信息图，如二次电子像、背散射电子像等。画面上各点亮度的高低程度表示信息的强弱分布。现代扫描电镜的阴极射线显像管已被电子计算机和液晶显示器取代。

图 4.35　蔡司 Sigma300VP 型扫描电镜外形

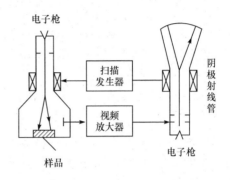

图 4.36　传统扫描电镜工作原理示意图

4.3.2　扫描电镜成像的物理信号

扫描电镜成像所用的物理信号是电子束轰击固体样品而激发产生的。当具有一定能量的电子入射固体样品时，与样品内原子核和核外电子发生弹性和非弹性散射过程，激发固体样品产生多种物理信号，其中常用的几种电子信号如图 4.37 所示(俄歇电子详见第 10 章)。

1. 背散射电子

背散射电子是被固体样品中原子反射回来的一部分入射电子，又称反射电子或初级背散射电子。其又分弹性背散射电子和非弹性背散射电子，前者指只受到原子核单次或很少几次大角度弹性散射后即被反射回来的入射电子，能量没有发生变化；后者主要指受样品原子核外电子多次非弹性散射而反射回来的初级电子。

2. 二次电子

二次电子是被入射电子轰击出来的样品中原子核外电子，又称次级电子。

如果在样品上方装一个电子检测器检测不同能量的电子，结果如图 4.38 所示。材料不同的电子能谱具有相似的形式。图 4.38 所示的电子能谱说明，二次电子的能量比较低，一般小于 50eV；背散射电子的能量比较高，约等于入射电子能量 E_0；在二次电子峰和弹性背散射电子峰之间存在由非弹性背散射电子组成的背景，在背景上可看到一些微弱的俄歇电子峰和特征能量损失电子峰。

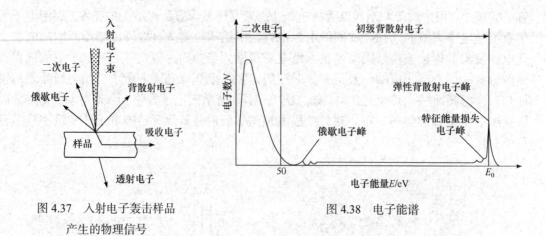

图 4.37　入射电子轰击样品
　　　　产生的物理信号

图 4.38　电子能谱

3. 吸收电子

吸收电子是随着与样品中原子核或核外电子发生非弹性散射次数的增多，其能量和活动能力不断降低以致最后被样品所吸收的入射电子。在样品与地之间接一灵敏度高的电流计，可观察到样品所吸收的电子强度，因此吸收电子又称样品电流。

4. 透射电子

透射电子是入射束的电子透过样品而得到的电子。它仅取决于样品微区的成分、厚度、晶体结构及位向等。

4.3.3　扫描电镜的构造

扫描电镜的构造示意如图 4.39 所示，除了真空系统和电源系统没有显示以外，所有组件归于四个系统，各系统的主要作用简介如下。

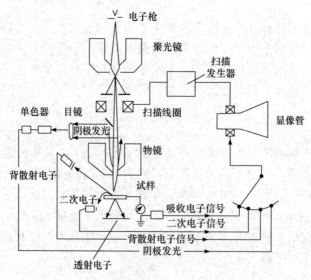

图 4.39　扫描电镜构造示意图

1. 电子光学系统

电子光学系统即镜筒，由电子枪、聚光镜、物镜和样品室等部件组成。它的作用是将来自电子枪的电子束聚焦成亮度高、直径小的入射束(直径一般为 10nm 或更小)来轰击样品，使样品产生各种物理信号。

2. 扫描系统

扫描系统是扫描电镜的特殊部件，它由扫描发生器和扫描线圈组成。它的作用是：①使入射电子束在样品表面扫描，并使阴极射线显像管电子束在荧光屏上做同步扫描；②改变入射束在样品表面的扫描振幅，从而改变扫描像的放大倍数。

3. 信号收集系统

扫描电镜应用的电子信号包括二次电子、背散射电子、透射电子和吸收电子。吸收电子可直接用电流计检出，其他电子信号用电子收集器收集。常见的电子收集器是由闪烁体、光导管和光电倍增管组成的部件，其作用是将电子信号收集起来，然后成比例地转换成光信号，经放大后再转换成电信号输出(增益达 10^6)，这种信号就用来作为扫描像的调制信号。

当收集背散射电子时，由于背散射电子能量比较高，离开样品后，受栅网上偏压的影响比较小，仍沿出射直线方向运动。收集器只能收集直接沿直线到达栅网的电子。同时，为了挡住二次电子进入收集器，在栅网上加−250V 的偏压。通过改变栅网上的偏压实现用同一部收集器收集二次电子和背散射电子。为了获取更佳的图像效果，新型电子收集器不断出现。例如，有的电子收集器以成组或环形形式围绕入射电子束为中心安置，从多方位收集电子信息，甚至能在低电压成像条件下进行成像。

将收集器装在样品的下方，就可以收集透射电子。

4. 图像显示和记录系统

这一系统的作用是将信号收集器输出的信号成比例地转换为阴极射线显像管电子束强度的变化，这样就在阴极射线显像管的荧光屏上得到一幅与样品扫描点产生的某一种物理信号呈正比例的亮度变化的扫描像，或者用照相的方式记录下来。现代扫描电镜的阴极射线显像管已被电子计算机和液晶显示器取代，记录也由计算机以数字图像储存完成，使图像处理及编辑更加方便。

4.3.4　扫描电镜的主要性能

1. 放大倍数

扫描电镜的放大倍数是显示屏上图像的边长与电子束在样品上的扫描振幅的比值。目前大多数商品扫描电镜放大倍数为 10～100000 倍，介于光学显微镜和透射电镜之间。这就使扫描电镜在某种程度上弥补了光学显微镜和透射电镜的不足。

2. 分辨率

扫描电镜的分辨率主要与以下因素有关。

1) 入射电子束束斑直径

入射电子束束斑直径是扫描电镜分辨率的极限。若束斑为 10nm，则分辨率最高也是 10nm。一般配备热阴极电子枪的扫描电镜的最小束斑直径可缩小到 6nm，相应的仪器最高分辨率也在 6nm 左右。利用场发射电子枪可使束斑直径接近 1nm，相应的仪器最高分辨率也就接近 1nm。

2) 入射束在样品中的扩展效应

电子束打到样品上，会发生散射而扩展，扩展范围如同梨状或半球状(图 4.40，图 4.54)。扩展程度取决于入射束电子能量和样品原子序数的高低，入射束能量越大，样品原子序数越小，电子束作用体积越大(图 4.54)。由图 4.40 可以看出，背散射电子可在离样品表面较深(约为电子有效作用深度的 30%)的区域逸出样品表面，二次电子信号只能在 5～10nm 深处逸出，吸收电子信号则来自整个电子散射区域，即不同的物理信号来自不同的深度和广度。入射束有效束斑直径也就随物理信号不同而异，分别等于或大于入射束的尺寸。因此，用不同的物理信号调制的扫描像有不同的分辨率。二次电子扫描像的分辨率最高，约等于入射电子束直径，为 1～10nm，背散射电子为 50～200nm，吸收电子为 100～1000nm。

影响分辨率的因素还有信噪比、杂散电磁场和机械振动等。

3. 景深

扫描电镜以景深大而著名。它的景深取决于分辨率 Δr_0 和电子束入射半角 α_c。由图 4.41 可知，扫描电镜的景深 F 为

$$F = \frac{\Delta r_0}{\tan \alpha_c} \tag{4.57}$$

因为 α_c 很小，所以式(4.57)可写作

$$F = \frac{\Delta r_0}{\alpha_c} \tag{4.58}$$

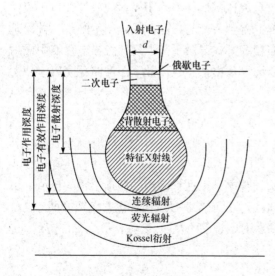

图 4.40　入射电子在样品中的扩展

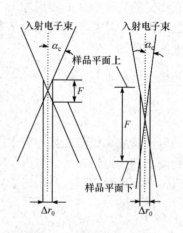

图 4.41　景深的依赖关系

表 4.5 给出了在不同放大倍数下，扫描电镜的分辨率和相应的景深。

表 4.5　扫描电镜和光学显微镜的分辨率和景深($\alpha_c = 10^{-3}$ rad)

放大倍数 M	分辨率 $\Delta r_0/\mu$m	景深 F/μm	
		扫描电镜	光学显微镜
20	5	5000	5
100	1	1000	2
1000	0.1	100	0.7
5000	0.02	20	—
10000	0.01	10	—

4.3.5　扫描电镜样品制备

扫描电镜的固体材料样品制备一般非常方便，只要样品尺寸适合，就可以直接放置到仪器中观察。样品直径和厚度一般从几毫米到几厘米，视样品的性质和电镜的样品室空间而定。对于绝缘体或导电性差的材料来说，需要预先在分析表面上蒸镀一层厚度为 10～20nm 的导电层。否则，在电子束照射到样品上时会形成电子堆积，阻挡入射电子束进入和样品内电子射出样品表面。导电层一般是二次电子发射系数比较高的金、银、碳和铝等真空蒸镀层，对在真空中有失水、放气、收缩变形等现象的样品以及在对生物样品或有机样品做观察时，为了获得具有良好衬度的图像，均需适当处理。在某些情况下，扫描电镜也可采用复型样品。

近期发展起来的具有低真空样品室的扫描电镜(包括环境扫描电镜)可直接观察绝缘体或导电性差的样品，即使非金属材料样品也能省去蒸镀导电层这一环节，还能避免所测的形貌失真(参见 4.5.6 小节)。最近问世的冷冻扫描电镜，样品制备更具特点，详见 4.5.7 小节。

4.3.6　扫描电镜像衬度形成

扫描电镜像衬度的形成主要基于样品微区的表面形貌、原子序数、晶体结构、表面电场和磁场等方面存在差异。入射电子与之相互作用，产生各种特征信号，其强度存在差异，最后反映到显像管荧光屏上的图像具有一定的衬度。下面主要讨论表面形貌和原子序数这两个重要的像衬度原理。

1. 表面形貌衬度

利用与样品表面形貌比较敏感的物理信号作为显像管的调制信号，所得到的像衬度称为表面形貌衬度。二次电子信号与样品表面变化比较敏感，但与原子序数没有明确的关系，其像分辨率也较高，所以通常用它来获得表面形貌图像。

二次电子的形貌衬度主要基于二次电子发射系数 δ 与电子束入射角度具有密切关系。实验证明，若设 α 为入射电子束与试样表面法线之间的夹角(图 4.42)，当试样表面光滑、入射电子束能量大于 1kV 且固定不变时，二次电子发射系数 δ 与 α 的关系为

$$\delta \propto \frac{1}{\cos\alpha} \tag{4.59}$$

图 4.42(b)表示了 δ-α 关系曲线。

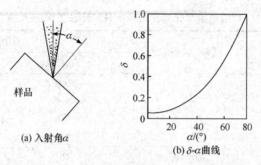

(a) 入射角 α

(b) δ-α曲线

图 4.42　二次电子发射系数 δ 与入射角 α 的关系

　　实际样品的形状是复杂的,但都可以被看作是由许多位向不同的小平面组成。虽然入射电子束的方向是固定的,但由于试样表面凹凸不平,对试样表面不同处的入射角则不同。又由于电子收集器的位置对一台仪器来说是固定的,试样表面不同取向的小平面相对于电子收集器的收集角不同。根据前面介绍的实验结果, α 越大, δ 越高,反映到显像管荧光屏上越亮。以图 4.43 所示样品上 A 区和 B 区为例:A 区中由于 α 大,发射的二次电子多;而 B 区由于 α 小,发射的二次电子少。按二次电子发射的余弦分布律,检测器相对于 A 区方位较 B 区有利,所以 A 区的信号强度较 B 区的信号大,故在图像上 A 区较 B 区亮。

　　由于作用体积的存在,在断口峰、台阶、突出的第二相粒子处的图像特别亮。

　　在电子收集器的栅压上加+250V 的偏压,可以使低能二次电子走弯曲轨道到达电子收集器,不仅增大了有效收集立体角,提高了二次电子信号强度,而且使背向收集器的区域产生的二次电子,仍有相当一部分可以通过弯曲的轨道到达收集器,有利于显示背向收集器的样品区域细节,不至于形成阴影。

　　背散射电子信号也可以用来显示样品表面形貌,但它对表面形貌的变化不敏感(图 4.44),背散射电子像分辨率不如二次电子像高,有效收集立体角小,信号强度低,尤其是对于传统扫描电镜来说,背向收集器的区域产生的背散射电子不能到达收集器,在图像上形成阴影,掩盖了那里的细节。

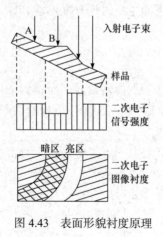

图 4.43　表面形貌衬度原理

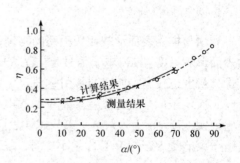

图 4.44　背散射系数 η 随入射角 α 的变化

2. 原子序数衬度

原子序数衬度又称化学成分衬度，是利用对样品微区原子序数或化学成分变化敏感的物理信号作为调制信号得到的一种显示微区化学成分差别的像衬度。这些信号主要有背散射电子、吸收电子和特征 X 射线等(关于特征 X 射线参见 4.4.3 小节)。

1) 背散射电子像衬度

背散射系数 η 随原子序数 Z 的变化如图 4.45 所示(δ 为二次电子发射系数)。可见，背散射电子信号强度随原子序数 Z 增大而增大，样品表面上平均原子序数较高的区域，产生较强的信号，在背散射电子像上显示较亮的衬度。因此，可以根据背散射电子像衬度来判断相应区域原子序数的相对高低。

2) 吸收电子像衬度

吸收电子信号强度与二次电子及背散射电子的发射有关，即吸收电子像的衬度是与背散射电子像和二次电子像互补的。因此可以认为，样品表面平均原子序数大的微区，背散射电子信号强度较高，而吸收电子信号强度较低，两者衬度正好相反(图 4.46)。

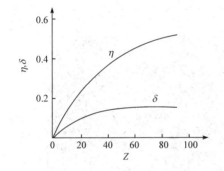

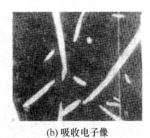

(a) 背散射电子像　　　　　　　(b) 吸收电子像

图 4.45　背散射系数 η 和二次电子发射系数 δ 随原子序数 Z 的变化

图 4.46　奥氏体铸铁的显微组织

4.3.7　扫描电镜应用举例

1. 水泥

利用扫描电镜成像比较直观、立体感强的特点，有利于观察水泥熟料、水泥浆体和混凝土中各晶体或胶凝体的空间位置、相互关系及结构特点等，图 4.47 为一养护 28d 水泥浆体的断面的扫描电镜图片。此外，扫描电镜样品制备比较方便，使其在上述方面的研究有更宽广的前景。但如果样品在真空中发生形状或晶体变化(主要是由脱水造成的)，则宜用环境扫描电镜(详见 4.5.6 小节)或冷冻扫描电镜(见 4.5.7 小节)。

2. 金属

扫描电镜因其景深大，特别适用于断口分析。新鲜金属断口可直接放入电镜进行观察，既简单又不致在制备过程中引入假象；扫描电镜允许在很宽的倍率范围内连续观察，可以对断口进行低倍(约 10 倍)大视域观察，并在此基础上确定感兴趣的区域(如裂纹源)进行高倍观察分析，显示断口形貌的细节特征，揭示断裂机理。

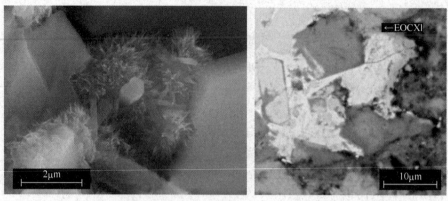

（a）二次电子像   （b）背散射电子像(抛光后)

图 4.47　养护 28d 水泥浆体断面的扫描电镜图片

　　金属断口种类很多，图 4.48 列出四种不同的断口形式。现仅以疲劳断口为例来说明扫描电镜在这方面的应用。如图 4.48(d)所示，从宏观上看，疲劳断口分成三个区域，即疲劳核心区、疲劳裂纹扩展区和瞬时破断区。疲劳核心区是疲劳裂纹最初形成的地方，一般起

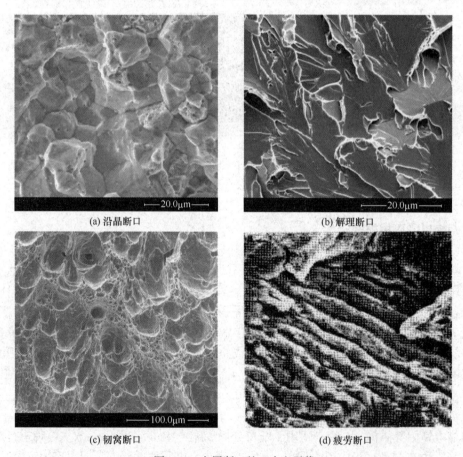

（a）沿晶断口   （b）解理断口

（c）韧窝断口   （d）疲劳断口

图 4.48　金属断口的二次电子像

(a) 脆性断裂，无塑性变形迹象；(b) 穿晶脆性断裂，河流花样，解理台阶；(c) 穿晶韧性断裂，明显的塑性变形；
(d) 韧性断裂，平行的连续疲劳纹

源于零件表面应力集中或表面缺陷的位置，如表面槽、孔、过渡小圆角、刀痕，以及材料内部缺陷，如夹杂、白点、气孔等。疲劳裂纹扩展区是疲劳断口的最重要特征区域。它一般分为两个阶段。第一阶段，裂纹只有几个晶粒尺寸，且与主应力成45°角；第二阶段垂直于主应力，它是疲劳裂纹扩展的主要阶段。扩展区断口的主要特征是存在疲劳纹，即一系列基本相互平行的、略带弯曲的、呈波浪形的条纹，一般每一条条纹为一次载荷循环所产生，但一个载荷循环不一定都能产生一条条纹；疲劳纹间距的宽度随应力强度因子的大小而变。通常断口上由许多大小、高低不同的小断面组成，每块小断面上疲劳纹是连续的、平行的，但相邻断面的疲劳纹是不连续的、不平行的。

一般来说，面心立方的金属，如铝及其合金、不锈钢的疲劳纹比较清晰、明显；体心立方金属及密排六方金属中疲劳纹不及前者明显；超高强度钢的疲劳纹短而不连续，轮廓不明显；中、低强度钢可见明显规则的条纹。形成疲劳纹的条件之一是至少有 1000 次以上的循环寿命。

3. 高分子材料

高分子材料可由单相和多相组成。即使单相材料的显微结构在微米级层次上也并不是均匀的。用电镜可以观察到粒子的形状和大小及分布。从图 4.49(a)显示的断面形貌可以看出，粒界是力学上的薄弱环节，断裂是在粒界上发生的。粒界也是外加剂和助剂的富集区，这也使在单相样品制备时进行染色成为可能。图 4.49(b)显示了超薄切片染色后聚氯乙烯(PVC)的显微结构(透射电镜质厚衬度像，参见 4.2.7 小节)，粒子尺寸从小于一微米到数十微米不等。图 4.49(a)是自然断面的二次电子像(扫描电镜)，从图中可以看出，二次电子像立体感强，适于界面的纵深观察，而质厚衬度像更适于观察粒界的确定。

(a) 扫描电镜自然断面二次电子像　　(b) 透射电镜超薄切片经氯磺酸和 OsO_4 染色后的透射电镜质厚衬度像

图 4.49　PVC 粒子的界面

4. 复合材料

在观察和分析复合材料的显微组织时，采用深浸的方法将基本相溶到一定的深度，使待观察的增强相暴露于基体之上，充分利用扫描电镜景深大的特点，可获得其他显微镜无法解决的三维立体形态的显示，为进一步分析组成相形成机理及其三维立体形态特征提供了一种有效的方法，如图 4.50 所示。

(a) 氧化铀基钨纤维复合   (b) 水泥基丁苯共聚物复合

图 4.50   深蚀后复合材料形貌的二次电子像

4.4   电子探针仪

4.4.1   电子探针仪的特点和工作原理

电子探针仪的出现归功于法国人卡斯坦(R. Kastaing)的研究工作。第一台商品电子探针仪于 1956 年制成。它是一种微区成分分析仪器，是利用被聚焦成小于 1μm 的高速电子束轰击样品表面，由 X 射线波谱仪或能谱仪检测从试样表面有限深度和侧向扩展的微区体积内产生的特征 X 射线的波长和强度，从而得到体积约为 1μm^3 微区的定性或定量的化学成分。

目前的电子探针仪的镜筒构造和扫描电镜大致相似。后来人们制造了扫描电镜-电子探针组合型仪器，其具有扫描放大成像和微区成分分析两方面的功能。但是，每台仪器总是以其中的一种功能为主，这是因为这两种仪器对电子束的入射角和电子枪电子束流强度的要求不同。对于电子探针仪来说，电子束相对样品表面的入射角需固定，入射电子束流强度要高，一般为 $10^{-6}\sim10^{-8}$A；对于扫描电镜则完全相反，如入射电子束束流一般为 $10^{-9}\sim$ 10^{-12}A，这样才能使入射电子束斑直径小于 100nm，以保证形貌图像有较高的分辨率。组合仪电子束流通常为 $10^{-5}\sim10^{-13}$A。

当高速电子轰击样品时，有可能产生 X 射线光子(详见 3.1 节)。由莫塞莱(Moseley)定律

$$\lambda = \frac{K}{(Z-\sigma)^2} \tag{4.60}$$

可知，X 射线特征谱线的波长和产生此射线的样品材料的原子序数 Z 有一确定的关系(K 为常数，σ 为屏蔽系数)。只要测出特征 X 射线的波长，就可以确定相应元素的原子序数。又因为某种元素的特征 X 射线强度与该元素在样品中的含量成比例，所以只要测出这种特征 X 射线的强度，就可以计算出该元素的相对含量。这就是利用电子探针仪做定性、定量分析的理论依据。

4.4.2　特征 X 射线的检测

检测特征 X 射线的波长和强度是由 X 射线谱仪完成的。X 射线谱仪主要有两类：波长分散谱仪(简称波谱仪或光谱仪)和能量分散谱仪(简称能谱仪)。

1. 波长分散谱仪

入射电子束激发样品产生的特征 X 射线是多波长的。波谱仪利用某些晶体对 X 射线的衍射作用达到使不同波长分散的目的。若有一束包括不同波长的 X 射线照射到一个晶体表面上，平行于晶体表面的晶面(hkl)的间距为 d，入射 X 射线与晶面的夹角为 θ_1，其中只有满足布拉格方程 $\lambda_1 = 2d\sin\theta_1$ 的波长的 X 射线发生衍射。若在与入射 X 射线方向成 $2\theta_1$ 角度的方向上放置 X 射线检测器(图 4.51)，就可以检测到这个特定波长的 X 射线及其强度。若电子束位置不变，改变晶体的位置，使(hkl)晶面与入射 X 射线交角为 θ_2，并相应地改变检测器的位置，就可以检测到波长为 $\lambda_2 = 2d\sin\theta_2$ 的 X 射线。连续操作即可进行该定点的元素全分析。若将发生某一元素特征 X 射线的入射角 θ 固定，对样品进行微区扫描，即可得到某一元素的线分布或面分布图像。

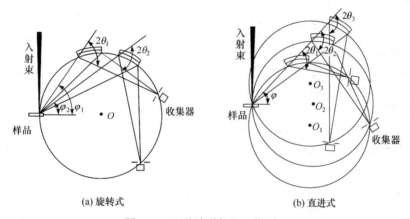

图 4.51　两种波谱仪的工作原理

在电子探针中，供分析 X 射线谱仪用的波谱仪有多种不同结构，下面简单介绍两种反射式波谱仪，旋转式波谱仪和直进式波谱仪。

1) 旋转式波谱仪

如图 4.51(a)所示，它用磨制的弯晶(分光晶体)，将光源(电子束在样品上的照射点)发射出的射线束会聚在 X 射线探测器的接收狭缝处，通过将弯晶沿聚焦圆转动来改变 θ 角的大小，探测器也随之在聚焦圆上做同步运动。光源、弯晶反射面和接收狭缝始终都落在聚焦圆的圆周上。

旋转式波谱仪虽然结构简单，但有三个缺点：①其出射角 φ 是变化的，若 $\varphi_2 < \varphi_1$，则出射角为 φ_2 的 X 射线穿透路程比较长，其强度就低，计算时须增加修正系数，比较烦琐；②X 射线出射线出射窗口需设计得很大；③出射角 φ 越小，X 射线接收效率越低。

2) 直进式波谱仪

它的特点是 X 射线出射角 φ 固定不变，弥补了旋转式波谱仪的缺点。因此，虽然在结构上比较复杂，但它是目前最常用的一种谱仪。如图 4.51(b)所示，弯晶在某一方向上做直线运动并转动，探测器也随之运动。聚焦圆半径不变，圆心在以光源为中心的圆周上运动，光源、弯晶和接收狭缝也都始终落在聚焦圆的圆周上。

由光源至晶体的距离 L(称为谱仪长度)与聚焦圆的半径有下列关系：

$$L = 2R\sin\theta = \frac{R\lambda}{d} \tag{4.61}$$

对于给定的分光晶体，L 与 λ 存在简单的线性关系，因此只要读出谱仪上的 L 值，就可直接得到 λ 值。

在波谱仪中，是用弯晶将 X 射线进行分谱的，因此恰当地选用弯晶很重要。晶体展谱遵循布拉格方程 $2d\sin\theta = \lambda$。对于不同波长的特征 X 射线需要选用与其波长相当的分光晶体。对波长为 0.05～10nm 的 X 射线，需要使用几块晶体展谱。选择晶体的其他条件是晶体的完整性、波长分辨率、衍射效率、衍射峰强度和峰背比都要高，以提高分析的灵敏度和准确度。常用的分光晶体列于表 4.6。

表 4.6   常用分光晶体表

晶体名称	衍射晶面	晶面间距 $2d$/nm	检测波长范围 /nm	分析元素范围(原子序数)		
				K 系	L 系	M 系
氟化锂 (LiF)	200	0.402	0.087～0.35	20～36	51～92	—
季戊四醇 (PET)	002	0.875	0.189～0.76	14～25	37～65	72～83 90～92
邻苯二甲酸氢钾 (KAP)	$10\bar{1}0$	2.66	0.69～2.3	9～14	24～37	47～74
邻苯二甲酸氢铊 (TAP)	$10\bar{1}0$	2.595	0.581～2.33	9～15	24～40	57～78
硬脂酸铅 (STE)	皂膜	9.8	2.2～8.5	5～8	20～23	
廿六烷酸铅 (CEE)	皂膜	13.7	3.5～11.9	4～7	20～22	

2. 能量分散谱仪

如上所说，波谱仪是用分光晶体将 X 射线波长分散开来分别加以检测，每一个检测位置只能检测一种波长的 X 射线。而能谱仪是按 X 射线光子能量展谱的，关键的部件是硅(锂)漂移检测器[也称为锂漂移硅检测器，常写作 Si(Li)检测器]。如图 4.52 所示，能谱仪通过 Si(Li)检测器将所有能量的 X 射线光子几乎同时接收进来，每一个能量为 E 的 X 光子相应地引起 $n = \dfrac{E}{\varepsilon}$($\varepsilon$ 为产生一对电子-空穴对需要消耗的能量，对于 Si 在 77K 条件下 $\varepsilon = 3.8\text{eV}$)对电子-空穴对，不同的 X 射线光子能量产生的电子-空穴对数不同。Si(Li)检测器将它们接收后经过积分，输出一种相应的积分电流信号，再经放大整形后送入多道脉冲高度分析器。

按脉冲高度也就是能量大小分别进入不同的记数道，然后在 *X-Y* 记录仪或荧光屏上将脉冲数-脉冲高度曲线显示出来，就是 X 射线能谱曲线。

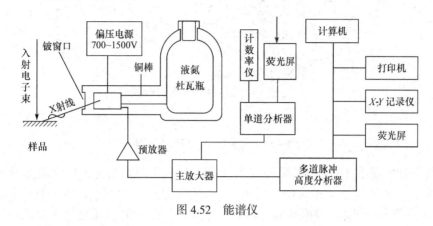

图 4.52　能谱仪

3. 能谱仪的特点

(1) 能谱仪所用的探测器尺寸小，可以装在靠近样品的区域。这样，X 射线出射角 φ 大，接收 X 射线的立体角大，X 射线利用率高，在低束流情况下($10^{-10} \sim 10^{-12}$A)工作，仍能达到适当的计数率；电子束流小，束斑尺寸小、采样的体积也较小，体积最少可达 $0.1 \mu m^3$，而波谱仪大于 $1 \mu m^3$。

(2) 分析速度快，可在 2~3min 完成元素定性全分析。

(3) 能谱仪工作时，不需要像波谱仪那样聚焦，因而不受聚焦圆的限制，样品的位置可起伏 2~3mm，适用于粗糙表面成分分析。

(4) 工作束流小，对样品的污染作用小。

(5) 能进行低倍 X 射线扫描成像，得到大视域的元素分布图。

(6) 能量分辨率比较低，只有 130eV，波谱仪可达 10eV。

(7) 峰背比小，一般为 100，波谱仪可达 1000。

(8) 传统的硅(锂)漂移检测器必须在液氮温度(–196℃)下保存和使用，维护费用高。新型的硅漂移探测器(SDD)已解决了这个问题，保存温度为 20~30℃，使用温度–60℃，可用电冷却，操作简便。此外，其他性能如信息采集速率、能量分辨率也有不同程度的提高。

4.4.3　电子探针仪的实验方法

1. 电子探针仪的操作特点

总的来说，除了与检测 X 射线信号有关的部件以外，电子探针仪的总体结构(图 4.53)与扫描电镜十分相似。现将电子探针仪的操作特点和对一些部件的特殊要求简单讨论如下。

(1) 加速电压的选择。入射电子的能量 E_0 取决于电子枪加速电压，后者一般为 3~50kV，即 $E_0 = 3 \sim 50$keV。因为由样品内激发产生的某一特定谱线强度随过电压比 E_0/E_c (E_c 为临界电离激发能)的增高而增大，所以分析过程中加速电压的具体选择，因待分析元素及

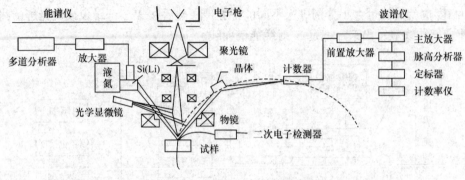

图 4.53   电子探针仪结构示意图

其谱线的类别(K 系或 L 系、M 系)而异。当同时分析几个元素时，E_0 必须大于所有元素的 E_c，对其中 E_c 最高的元素来说，采用 $U_0 \approx 2$。考虑到 X 射线谱仪的波长检测范围，特别是在 $0.07 \sim 1nm$ 范围以内检测效果最好，为防止某些元素谱线之间因波长差异不大而相互干扰，有时必须选用特定的谱系。E_0 应是相应跃迁始态的临界电离激发能，如 $E_c(K)$ 或 $E_c(L)$ 等。

(2) 入射电子束流的选择。为了提高 X 射线信号强度，电子探针仪必须采用较大的入射电子束流。但在一般情况下，由于电子流高度密集条件的空间电荷效应，束流 i 的增大势必造成最终束斑尺寸 d_p 的扩大，从而影响分析的空间分辨率

$$d_x = d_p + D_s \tag{4.62}$$

式中，D_s 为电子在样品内的侧向扩展，它随加速电压和样品被测区域的平均原子序数而异(图 4.54)。若无限制地减少束斑直径 d_p，由式(4.62)知，其意义不大，例如将 d_p 缩小到 $0.25\mu m$ 以下对改善 d_x 没有明显影响。所以，采用尽可能低的电压操作(当然至少满足 $E_0 > E_c$)才是降低 d_x 的有效措施。在确保有限的 d_p 尺寸条件下尽可能提高束流 i，不仅为提高信号强度所必需的，也是完全可能的。通常选用 $d_p = 0.5\mu m$ 的束斑，这时束流 i 远较扫描电镜高，在 $10^{-9} \sim 10^{-7}A$ 范围。

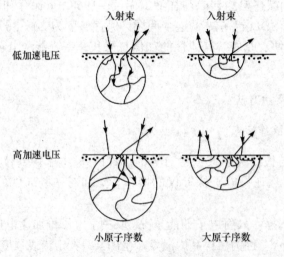

图 4.54   电子束扩展效应随加速电压和原子序数的变化

(3) 光学显微镜的作用。为了便于选择和确定分析点，电子探针仪的镜筒内装有与电子束同轴的光学显微镜观察系统(100～400 倍)，确保光学显微镜图像中由垂直交叉线所标记的样品位置恰与电子束轰击点精确重合。此外，在波谱仪中，电子束轰击样品的位置必须严格地控制在聚焦圆上，这时，调节样品台沿 z 轴方向移动，通过光学显微镜有限的景深(<3μm)使样品在 z 方向上正确定位。

(4) 样品室的特殊要求。电子探针定量分析要求在完全相同的条件下，对未知样品和待分析元素的标样测定特定谱线的强度，样品台常可同时容纳多个样品座，分别装置样品和标样，后者可有十几个。一般情况下，电子探针分析要求样品平面与入射电子束垂直，即保持电子束垂直入射的方向。所以，样品台可做 x、y 轴方向的平移运动，一般不做倾斜运动，对于定量分析更是如此。电子探针仪样品台的倾斜调节一般仅用于扫描成像方式。绕样品中心的 360°回转运动有特殊作用，它能使样品平面内某一方向对准电子束的行扫方向，以便进行线扫描分析。

(5) 定量分析的数据处理。利用电子探针仪进行微区成分的定量分析，即将某元素的特征 X 射线测量强度换算成含量时，涉及 X 射线信号发生和发射过程中的许多物理现象，十分敏感地受到样品本身化学成分的影响，需要一整套复杂的校正计算。自 1963 年以来，已经发展了许多成熟的定量分析电子计算机校正程序，使原来十分冗长、繁复而费时的计算大为简化。对于原子序数大于 10、质量分数高于 10%的元素来说，定量分析的相对精度大概为±(1%～5%)。但对于原子序数小于 10 的一些轻元素或超轻元素来说，无论从定性还是定量分析的角度来看，都尚有许多方面需要改善和提高。

2. 电子探针仪的样品制备

电子探针仪的样品制备相对于扫描电镜来说稍显麻烦。样品质量的好坏，对分析结果影响很大。因此，对用于电子探针分析的样品应满足下列三点要求。

(1) 必须严格保证样品表面的清洁和平整。对于元素的定性和半定量分析，传统的金相或岩相表面制备方法均可使用；但对于定量分析的样品，表面必须仔细抛光，以保证其平整光滑。即使为了便于光学观察而必须进行浸蚀时，也应尽量控制在浅浸蚀的程度。保证样品表面清洁的措施是在样品制备时尽量防止以下污染：①机械抛光过程中磨料粒子的嵌入；②化学试剂的残迹或腐蚀产物；③表面氧化膜和碳化产物；④真空室内残存的尘埃或油蒸汽污染；⑤样品制备过程中遗留的或在电子束轰击下发生的动态偏析等。

(2) 样品尺寸适宜放入电子探针仪样品室。原试样很大的，可直接加工成规定的尺寸大小(仪器不同，要求不同)；一般小的或微粒样品均需镶嵌。镶嵌材料应有良好的黏结性、导电性、热塑冷硬性、可磨性和稳定性，以及对样品的特殊 X 射线不发生或很少产生吸收效应和干扰作用。常用镶嵌材料有纯铝、塑料、导电胶木和导电胶等。

(3) 样品表面应具有良好的导电性。导电不良的样品，需经处理。通常是在真空镀膜仪中蒸镀一层碳膜或金属(如铝、金等)膜。这种金属膜应该是在样品中没有的，且其厚度不应大于 10nm。用低真空扫描电镜可不用镀导电层，参见 4.3.5 小节。

3. 电子探针仪的分析方法

电子探针分析基本有下列三种工作方式。

1) 定点元素全分析(定性或定量)

首先用同轴光学显微镜进行观察，将待分析的样品微区移到视野中心，然后使聚焦电子束固定照射到该点上。以波谱仪为例，这时驱动谱仪的晶体和检测器连续地改变 L 值，记录 X 射线信号强度 I 随波长的变化曲线，如图 4.55(a)所示。检查谱线强度峰值位置的波长可获得所测微区内含有元素的定性结果。通过测量对应某元素的适当谱线的 X 射线强度可以得到这种元素的定量结果。图 4.55(b)是用能谱仪得到的定点元素谱线，与图 4.55(a)所示谱线在形状上有明显的差别。

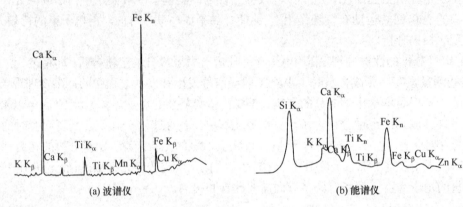

(a) 波谱仪   (b) 能谱仪

图 4.55   角闪石定点元素全分析 I-λ 记录曲线

2) 线扫描分析

在光学显微镜的监视下，将样品要检测的方向调至 x 方向或 y 方向，使聚焦电子束在试样扫描区域内沿一条直线进行慢扫描,同时用计数率仪检测某一特征 X 射线的瞬时强度。若显像管射线束的横向扫描与试样上的线扫描同步，用计数率仪的输出控制显像管射线束的纵向位置，这样就可以得到某特征 X 射线强度沿试样扫描线的分布，图 4.56 为一例(W、Mo 元素进行固溶强化的 Ni-Cr 基板材合金)。

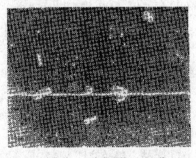

(a) 线定位，二次电子像，1800倍   (b) Cr、Mo、C、W元素线分布

图 4.56   Ni-Cr 基板材合金

3) 面扫描分析

与线扫描相似，聚焦电子束在试样表面进行面扫描，将 X 射线谱仪调到只检测某一元

素的特征 X 射线位置，用 X 射线检测器的输出脉冲信号控制同步扫描的显像管扫描线亮度，在荧光屏上得到由许多亮点组成的图像。亮点就是该元素的所在处。根据图像上亮点的疏密程度可以确定某元素在试样表面上的分布情况。将 X 射线谱仪调整到测定另一元素特征 X 射线位置时可得到那一成分的面分布图像(图 4.57)。

(a) 背散射电子像　　　　　　　　　　　(b) Al元素面分布

图 4.57　硅酸盐水泥熟料

4.5　电镜的近期发展

　　电镜自 20 世纪 30 年代问世以来，经过近一个世纪的发展，不但作为显微镜主要指标的分辨率已由 10nm(1939 年第一台商用透射电镜)提高到优于 0.1nm，可以直接分辨原子，并且能进行纳米尺度的晶体结构及化学组成的分析，成为全面评价固体微观特征的综合性仪器。其中透射电镜在材料科学中的应用经历了三个高潮，首先是 20 世纪五六十年代的薄晶体中位错等晶体缺陷的衍衬像的观察；然后是 70 年代将高分辨电镜用于极薄晶体的高分辨结构像及原子像的观察；最后是 20 世纪 80 年代以来兴起的分析电镜对几纳米区域的固体材料，用 X 射线能谱或电子能量损失谱进行成分分析及用微束电子衍射进行结构分析。

　　在此期间，人们还致力于发展超高压电镜、扫描透射电镜、低真空扫描电镜、冷冻电镜、多维扫描电镜以及电镜的部件和附件等，以扩大电子显微分析的应用范围和提高其综合分析能力。以下对几种电镜的发展进行简述。

4.5.1　衍衬像

　　透射电镜中，入射电子被薄晶体样品衍射产生的电子束(衍射束或透射束)所形成的显微图像，其衬度因来源于衍射波振幅的变化，称为衍射衬度，简称衍衬(透射电镜的像衬度之二)，对应的图像称为衍衬像。利用透射电镜对晶体薄膜样品进行直接观察，与复型技术相比，其优势明显：不仅可以分析晶体样品中物相的形状、大小和分布等形貌方面的特征，而且能直接提供各组分晶体结构和组分之间晶体学关系等信息，特别是衍衬的运用，为晶体缺陷(如位错、层错等)的直接观察创造了条件。

　　衍衬也可以说是晶体中各部分因满足衍射条件(布拉格方程)的程度不同而引起的衬度，下面以图 4.58 为例说明衍衬的产生。假设薄晶样品由两颗粒 A、B 组成，以强度为 I_0 的入射电子束打到样品上，其中 B 样品(hkl)面与入射束符合布拉格方程，产生衍射束 I_{hkl}，若忽略其他效应，

其透射束为 $I_B = I_0 - I_{hkl}$；A 晶粒与入射束不符合布拉格方程，衍射束 $I = 0$，透射束 $I_A = I_0$。若在物镜背焦面上插进一只足够小的光阑，把 B 晶粒的(hkl)面衍射束挡掉，只让透射束通过，即只让透射束参与成像，可以得到明场像，如图 4.58(a)所示。因为 $I_B < I_A$，对应于 B 晶粒的像强度比 A 晶粒的像强度低，B 晶粒表现为暗的衬度[图 4.59(a)和图 4.60(a)中的黑色线条]。

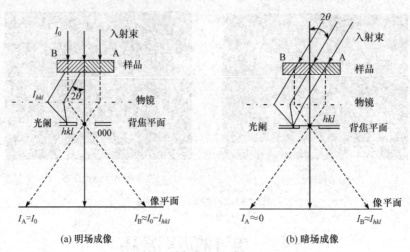

(a) 明场成像   (b) 暗场成像

图 4.58   衍衬效应光路原理

若将未发生衍射的 A 晶粒的像强度 I_A 作为像的背景像强度 I，B 晶粒的像衬度为

$$\frac{\Delta I}{I} = \frac{I_A - I_B}{I_A} = \frac{I_{hkl}}{I_0} \tag{4.63}$$

这就是衍射衬度明场成像原理的最简单表达式。

若将那个足够小的光阑在物镜背焦平面上将某一个衍射斑点套住，只允许与此斑点相对应的衍射束通过物镜参与成像，而将透射束挡掉[通过移动光阑或倾斜入射束，图 4.58(b)为后者]，这种成像方式称为暗场衍衬成像，它的像衬度正好与明场像相反。

若仍以 A 晶粒的像强度为背景强度，暗场衍射像衬度为

$$\frac{\Delta I}{I} = \frac{I_A - I_B}{I_A} \tag{4.64}$$

这里，$I_A \approx 0$，暗场成像比明场成像衬度大得多(图 4.59，图 4.60)。

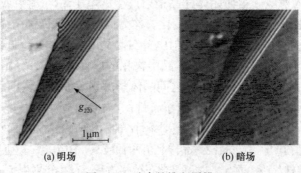

(a) 明场   (b) 暗场

图 4.59   硅中的堆积层错

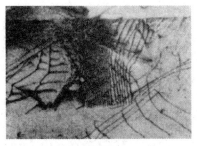

(a) 明场

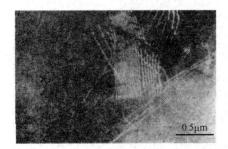

0.5μm

(b) 暗场

图 4.60 不锈钢中的位错线

利用衍衬成像原理，可分析晶界(倾斜晶界、孪晶界等)、相界、晶体缺陷(堆积层错、位错、二相粒子)等，图 4.59 和图 4.60 分别反映了硅中的堆积层错和不锈钢中的位错线。两者条纹的曲直规律与样品晶体缺陷种类有关，而条纹的明暗规律与成像技术有关。

晶体样品的衍射成像原理不如质厚像衬度那样简单和直观。为了正确解释和分析衍衬图像，必须借助电子衍射的运动学和动力学理论，读者可参阅相关文献。

4.5.2 高分辨像

高分辨像是指用高分辨透射电镜(high resolution electron microscope，HREM)观察晶体的点阵像或单原子像。这种高分辨像直接给出晶体结构在电子束方向上的投影，因此又称为结构像(图 4.61)。

加速电压为 100kV 或高于 100kV 的透射电镜(或扫描透射电镜)，只要其分辨率足够高，在适当的条件下，就可以得到结构像或单原子像。用 100kV、500kV 和 1000kV 电镜所观察到的原子排列很接近理论预言的情况，也和 X 射线、电子衍射分析结果相近。

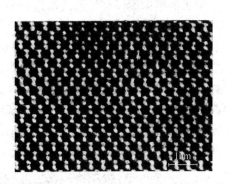

1nm

图 4.61 硅[110]晶向的结构像

下面简单讨论高分辨像的衬度——位相衬度(透射电镜的像衬度之三)。由 4.2.4 小节已知，在透射电镜中进行质厚衬度成像时，一般是用物镜光阑挡掉散射光束，使透射束产生衬度。但在极薄(如 60nm)样品条件下或观察单个原子时，它们不同部位的散射差别很小，或者说样品各点散射后的电子差不多都通过所设计的光阑，这时就看不到样品各部位电子透过的数目差别，即看不到质厚衬度。然而，散射后的电子能量会有 10~20eV 的变化，相当于光束波长的改变，从而产生位相差别。图 4.62 是一个行波图，本应为 T 波，现在变成了 I 波，两者的振幅应相当或近似相等，只是差一个散射波 S，它和 I 波有一位相差。在无像差的理想透镜中，S 波和 I 波在像平面上可以无像差地再叠加成像，所得结果振幅和 T 一样，不会看到振幅的差别，如图 4.63(a)所示。但如果使 S 波改变位相，如图 4.63(b)所示，就会看到振幅 $I+S$ 与 T 的不同，这样形成的衬度就称为位相衬度。在透射电镜中，球差和欠焦都可以使 S 波的位相改变，从而形成位相衬度。

实际上，透射电镜的像衬度是质厚衬度和位相衬度综合的结果。对于厚样品来说，质厚衬度是主要的；对于薄样品来说，位相衬度占主导地位。

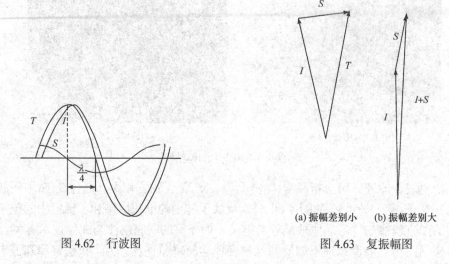

图 4.62　行波图　　　　　　　　　　　　(a) 振幅差别小　　(b) 振幅差别大

　　　　　　　　　　　　　　　　　　　　　　图 4.63　复振幅图

　　以位相衬度形成的高分辨像的观测标志着电镜已得到重大发展。在大分子中有意识地引进重原子，用高分辨电镜直接观察和拍摄照片，根据重原子所占据的位置就可以对判断大分子的结构提供有价值的信息；另外，观察晶体的原子结构及其缺陷，就能将材料的宏观性质与其微观结构直接联系起来，从而使人们的视野扩展到分子和原子水平。高分辨像在金属、无机非金属材料不很复杂的晶体结构及其缺陷的研究方兴未艾，日益显示出其重要意义；在有机化合物方面，高分辨像也开始发挥作用。总之，高分辨像的研究将在包括材料在内的固体科学领域广泛展开并能结出丰硕成果。图 4.64 为应用一例，其显示了利用高分辨像观察碲锌铋重金属氧化物玻璃中纳米晶的分布情况，其中区域(a)呈现玻璃相的无定形结构，区域(b)呈现金属银纳米晶的(111)晶面的晶格相，区域(c)呈现了 Zn_3TeO_6 纳米晶体(112)晶面的晶格相。由此可见，金属银纳米晶、Zn_3TeO_6 纳米晶体均匀分散在玻璃相中。

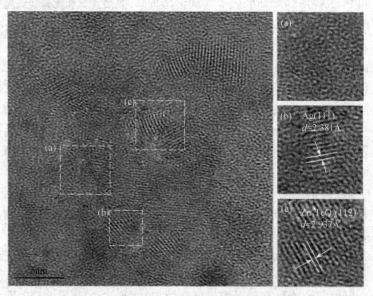

图 4.64　碲锌铋重金属氧化物玻璃的高分辨像

4.5.3　超高压电镜

一般将加速电压大于 500kV 的透射电镜称为超高压电镜(high voltage electron microscope，HVEM)。目前已出现 3000kV 的超高压电镜。

超高压电镜有以下优点：

(1) 可观察较厚的样品。提高加速电压，即提高了电子的穿透能力，可以在观察较厚样品时达到很高的分辨率(超高压电镜的分辨率目前已达到甚至超过了 100kV 电镜的水平)。这使利用透射电镜观察"较厚"的无机非金属材料样品成为可能。图 4.65 显示了 1MV 超高压电镜下观察到的玻璃纤维(直径约 5μm)的暗场像。

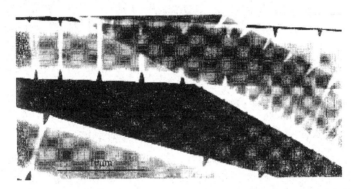

图 4.65　1MV 超高压电镜下观察到的玻璃纤维(直径约 5μm)的暗场像

(2) 可观察"活"样品或含水样品。这不仅是生物工作者，也是材料工作者追求的目标。例如，超高压电镜可用来观察胶凝材料的水化过程。具体做法是用一个环境室代替普通样品台。前者是一个薄壁容器，一侧可通大气。将用水泥、石膏等无机胶凝材料做成的悬浮液样品置于环境室中，任其水化。超高压电镜的电子束能量大，因此能穿透环境室的两道薄壁和样品而成像。人们可以随时观察该样品的水化情况。

(3) 可提高暗场像的质量。超高压电镜中衍射束和光轴的夹角很小，当移动物镜光阑使衍射束通过以获得暗场像时，成像束的像差比在 100kV 的情况下要小得多，因此能改善暗场像的质量。

总之，对材料工作者特别是无机非金属材料工作者来说，超高压电镜已显示出很大的优越性，只是其体积庞大、结构复杂、价格高昂。

4.5.4　扫描透射电镜

扫描透射电镜(scanning transmission electron microscope，STEM)是综合了扫描电镜和透射电镜的原理和特点而出现的一种新型电镜。图 4.66 表示装有场发射电子枪和能量分析器的扫描透射装置。它能够分别检测弹性散射、非弹性散射和未经散射的电子。弹性散射电子是大角度散射，大部分将被能量分析器入口处光阑(或弹性散射电子检测器)所截获，经放大送入显像管栅极；非弹性散射电子是小角度散射，但有能量损失(约 50eV)，进入环形能量分析器(静电式或磁式)后，沿较小的曲率半径运动；未经散射电子能量较高，进入环形能量分析器后，沿较大的曲率半径运动。上述三种信号可以同时分别记录和显示。如果利用弹性散射和非弹性散射电子的强度差，形成一幅组合图像可以直接显示单个重原子或原子排列(即高分辨像)。

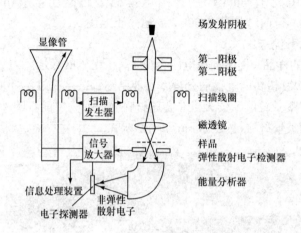

图 4.66　扫描透射能量分析装置

大量的实验证明，就同一个样品来说，利用扫描透射电镜和透射电镜成像方式将获得类似的衬度效应。两者都取决于样品的厚度、成分、晶体位向和结构差别。在透射电镜中所讨论的像衬度原理，如质厚衬度、衍射衬度甚至位相衬度原理等，原则上都可用来解释扫描透射图像。

虽然目前商用扫描透射电镜成像分辨率比普通透射电镜的差，但有以下特点：

(1) 入射电子与样品原子的非弹性散射作用将导致能量损失。这在普通成像时，由于成像透镜在样品之后，不同能量的透射电子通过透镜后将产生色差。样品厚度越大，透射电子的能量变化范围越大，色差也越大，图像质量下降。在扫描透射成像时，透镜在样品之前不参与成像，不同能量的透射电子直接被检测器所接收，不存在色差问题。在同样的加速电压条件下，扫描透射成像方式可用来分析比普通透射成像厚的样品。

(2) 在扫描透射成像过程中，光电倍增管实际上起增强器的作用，检测到的透射电子信号还可以用电子学线路进一步处理，提高图像的衬度和亮度，缩短照相曝光时间。衬度较差的样品用扫描透射成像比较合适。

(3) 在样品下装有一套能量分析器，扫描透射电镜可以获得更多电子束与样品相互作用的信息。

4.5.5　分析电镜

任何一种电镜加上能做元素分析的附件即为分析电镜(analytical electron microscope, AEM)，如透射电镜或扫描透射电镜加 X 射线能谱仪或能量损失谱仪，甚至带有波谱仪或能谱仪的扫描电镜都称之为分析电镜。

目前的分析电镜大多指透射电镜加 X 射线能谱仪，用这样的电镜既可得到分辨率高的形貌像，又能利用透射电子的衍射及其效应进行晶体结构分析，还能同时进行成分分析。如果再加上电子能量损失谱(主要用于分析轻元素)，与 X 射线能谱仪相辅相成，两者适用于几到几十纳米的微区成分分析。显然，分析电镜对于材料工作者来说是一个强有力的工具。日本电子公司生产的 JEOL 2100F 型透射电镜(图 4.2)就是分析电镜,加速电压为 200kV,以 X 射线能谱仪作为成分分析附件,还带有扫描透射附件。其透射电子像晶格分辨率可达0.10nm,点分辨率为 0.19nm,扫描透射像点分辨率保证 0.20nm,能谱的元素测定范围是4Be～92U。

4.5.6　低真空扫描电镜

用扫描电镜观察非导体的表面形貌,需将试样先进行干燥处理,然后在其表面喷镀导电层,以消除样品上的堆积电子;否则样品会产生充电现象而干扰图像。虽然导电层很薄,不致于使样品表面的形貌细节受到很大损伤,但导电层改变了样品表面的化学组成和晶体结构,使这两种信息的反差减弱。另外,干燥过程常引起脆弱材料微观结构的变化,更为严重的是会终止含水材料的正常反应,使反应动力学观察不能连续进行。

为了克服这些缺点,低真空扫描电镜(low vacuum scanning electron microscope)应运而生。低真空扫描电镜中最成熟的是环境扫描电镜(enviromental scanning electron microscope,ESEM)。环境扫描电镜是指其样品室处于低真空状态下,气压可接近 3000Pa(普通扫描电镜在 0.0133Pa 以下)。它的成像原理基本与普通扫描电镜一样,只是普通扫描电镜样品上的电子由导电层引走,而环境扫描电镜样品上的电子被样品室内的残余气体离子中和,即使样品不导电也不会出现充放电现象。

环境扫描电镜的机械构造除样品室的真空系统和光阑外,与普通扫描电镜基本是一样的。它的工作原理除样品室内的电离平衡外,也和普通扫描电镜相差无几。其外形和普通扫描电镜更没什么差异。

环境扫描电镜既可以在低真空下工作,也可以在高真空下工作。带有场离子发射电子枪的环境扫描电镜在低真空下的分辨率已达到普通扫描电镜高真空下操作时的水平。

环境扫描电镜在材料研究中的应用主要有两大特点。

(1) 可在气相或液相存在的环境中观察样品,避免样品干燥损伤和真空损伤。

无机非金属材料和高分子材料都是绝缘体。有些材料须在气相中反应,但在高真空度下反应无法进行;有些材料须在液相中反应,反应产物及其聚集体本身是潮湿的,含有物理吸附水和化学结合水,这两种水在干燥和抽真空过程中会全部或部分失去,造成干燥收缩或晶体转变。用普通扫描电镜观察非金属材料时须在样品上喷镀导电层,既改变了样品表面的化学成分,也使样品在高真空下喷镀处理过程中受到上述干燥收缩、晶体转变等损伤。例如,最常用的胶凝材料——水泥,只有和水发生化学反应后才能形成水化产物,这些水化产物相互凝聚、交错生长,形成具有一定强度的硬化体,经过相当长的时间水化过程才结束。即使水化结束,硬化体仍含有一部分水。水泥水化所需的水和硬化体所含的水在干燥和抽真空过程中会转移,使脆弱部位的微观结构发生变化。以裂缝为例,用普通扫描电镜难以判断所观察到的裂缝是样品本征裂纹还是样品在干燥、镀膜处理和电镜高真空下观察形成的。

另外,纤维状水化产物粒子非常细,常具尖端[图 4.67(a)],这些纤细的尖端在普通扫描电镜的大电子束流的轰击下会收缩变钝[图 4.67(b)]。有些纤维状水化产物聚集成束[图 11.9(c)],经喷镀导电层后会变成棒状物,失去原来的形状[图 11.9(b)]。这些水化产物的"真实面貌"只有在环境扫描电镜下才能显示出来。

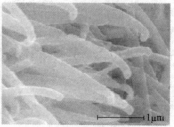

(a) 环境扫描电镜成像   (b) 普通扫描电镜成像

图 4.67   托勃莫莱石晶体形状的二次电子像

(2) 可连续观察材料反应动力学过程。

图 4.68 显示了用环境扫描电镜观察到的 NaCl 晶体在不同气压下的溶解-结晶连续过程。

(a) 3.6Torr   (b) 5.8Torr

(c) 5.9Torr   (d) 5.6Torr

图 4.68   用环境扫描电镜观察到的 NaCl 晶体的溶解-结晶连续过程

有些材料即使在室温和正常气压下也会发生化学反应,如胶凝材料水化就是一个常温常压化学反应过程。如果处于真空下,这种反应就会停止。若用普通扫描电镜观察这类材料的反应动力学过程,要用同一材料在同样的条件(终止反应的时间除外)下做一系列样品,在不同的时间间隔终止反应后分别进行观察,从这些不同时间间隔的单个反应信息获得反应过程,这样获得的反应过程不但不连续,而且样品制备误差会导致错误的结果。用环境扫描电镜就可以解决这个问题,它仅使样品经受 1000Pa 以上的压力,在此压力下,有些材料中的水稳定地保持液态。以水泥为例,处于这种环境中,还可继续水化,水泥水化动力学过程得以进行连续观察。环境扫描电镜的问世为材料科学特别是非金属材料科学增添了一种新型检测工具,合理的选用会使某些理论获得新的突破。

其他的低真空方式与环境扫描电镜的气体中和原理不同,有的是采用低加速电压(如1.5kV)和高效率二次电子收集器,能得到比环境扫描电镜更优的图像;有的是采用背散射电子进行成像,但背散射电子像分辨率不如二次电子像高,这样的成像方式会使图像分辨率低。

4.5.7　冷冻电镜

透射电镜和扫描电镜均有冷冻型,统称为冷冻电镜[cryo-electron microscopy (cryo-EM)]。瑞士洛桑大学迪波什(J. Dubochet)、美国哥伦比亚大学弗兰克(J. Frank)、英国剑桥大学亨德森(R. Henderson)因发展冷冻电镜技术分享了 2017 年诺贝尔奖。这里仅简要介绍冷冻扫描电镜(cyro-SEM)。它是基于扫描电镜的超低温冷冻制样及传输技术发展而来,与同样可以观察含水样品的环境扫描电镜相比,冷冻扫描电镜具有能在高真空状态下观察液体和流体等含水样品、分辨率较高、可对样品进行断裂刻蚀等优点。

在常规扫描电镜上加载低温冷冻制备传输系统和冷冻样品台就可以改造升级为冷冻扫描电镜。超低温快速冷冻制样技术可使水在低温状态下呈玻璃态,以减少冰晶的产生,从而不影响样品本身结构;冷冻传输系统能保证在低温状态下将样品转移至电镜腔室并进行观察。其制样过程简单快速,无需对样品进行脱水、干燥,也无需使用锇酸等有毒试剂,只需利用超低温快速冷冻完成样品的固态化后,通过冷冻传输系统在低温状态下将样品转移至电镜样品舱中的冷台上即可进行形貌观察。此外,冷冻扫描电镜样品制备舱的冷冻台上配有冷刀、加热器和喷镀装置,可简单快速地对预冷过的样品进行断裂、升华、镀金,暴露其内部结构以供进一步观察。图 4.69 显示一例流体样品的形貌。

图 4.69　纤维素醚-砂-水混合系统形貌

冷冻扫描电镜的工作流程如下:①将样品用冷冻胶水固定在样品托上;②将样品插入温度低于-143℃的过冷液氮雪泥中快速冷冻固定,在低于-143℃时,水分子的移动性非常慢,以至于不能形成有害的冰晶;③在真空条件下,将样品转移到安装在扫描电镜样品舱端口上的制样舱中的冷台上,根据需要进行冷冻断裂、冷冻升华刻蚀和溅射镀膜等处理;④在真空条件下,将样品转移至扫描电镜样品舱中的冷台上进行观察。

冷冻扫描电镜与常规扫描电镜相比,具有下列两大不同点。

(1) 对于常规扫描电镜而言,用于观察的样品必须是经过彻底干燥处理、无水且无其他易挥发性溶剂，含水量高的样品在扫描电镜真空的镜筒中将造成诸多不良后果。冷冻扫描电镜可以不经过干燥直接观察含水样品(水溶液、流体等)。分辨率可达到 1nm。

(2) 常规扫描电镜一般只能观察组织器官的游离面和细胞的表面形态结构，不能观察其内部结构；若想观察组织和细胞的内部结构，需在制样时采用特殊方法割断组织块，以暴露内部结构。而冷冻扫描电镜可以在其样品制备舱内简单快速地对样品进行处理。

由于仪器的价格昂贵，冷冻扫描电镜的应用还不广泛。

4.5.8 多维电镜

1. 三维电镜

三维电镜(3D-EM)或称为三维电子显微成像技术，包括电子断层成像技术(electron tomography，ET)、自动收集超薄切片显微技术(automated tape collection ultra-microtomy，ATUM)、连续切片透射电镜(serial section transmission electron microscopy，ssTEM)、连续切片扫描电镜(serial block-face scanning electron microscopy，SBFSEM) 和聚焦离子束-扫描电镜(focused ion beam-scanning electron microscopy，FIB-SEM)。聚焦离子束-扫描电镜也称为双束电镜(dual-beam electron microscopy)。

电子断层成像技术，其工作原理与 X 射线 CT 工作原理(详见第 10 章)类似，一般在透射电镜内实现。其使用高能电子束(一般不小于 30kV)照射极薄的样品，然后转动样品并采集不同角度下透过样品的透射电子显微投影图，然后通过 CT 重构算法，将一系列不同角度下的样品电子显微投影图重构为三维透射电子显微图。

另外 4 种三维电镜都是基于连续物理切片-成像原理实现的。其中 ssTEM 和 ATUM 都是通过在电镜外使用超薄切片机连续切片并同时半自动手工收集所得连续的样品切片，然后对每个独立的切片进行单独的透射电镜或扫描电镜成像，再将所得连续切片的电子显微图像叠加生成样品的三维显微结构图；SBFSEM 和 FIB-SEM 是全自动的连续切片三维显微成像系统，在测试过程中，样品在电镜样品室内被高精超薄切片机的钻石刀(SBFSEM 系统内)或者高能聚焦离子束(FIB-SEM 系统内)连续切片，在每次切片生成新鲜样品表面后，对样品使用电子束进行成像(FIB-SEM 系统中也可以使用离子束进行成像)，并获得样品的二维电子显微图像，然后将连续获得的一系列二维电子显微图像叠加起来生成三维显微图像，实现对样品三维空间结构的纳微米级测试表征。

2. 四维电镜

四维电镜(4D-EM)能够用来观察原子尺度物质结构和形状在极短时间内所发生的变化。实际上，它比三维电镜增加了一个时间维度。

四维透射电镜技术结合了透射电镜的超高空间分辨和飞秒激光技术的超快时间分辨能力，是国际超快结构动力学和电子显微学的前沿领域。世界上第一台四维透射电镜由泽维尔(A. H. Zewail，1999 年诺贝尔化学奖得主)领导的小组于 2008 年在美国加州理工学院建立，时间分辨能力达到飞秒(10^{-5}s)量级，空间分辨能力达到原子层次(0.1nm)。四维电镜问世至今，其超高的时空分辨能力在揭示基础物体运动、物理与化学变化的瞬态中间过程方面大显身手，已经成为材料学科研究的重要工具。

4.5.9　电镜附件

另外，在电镜的发展过程中，人们还致力于发展电镜的各种附件，仅样品台一项就近十种，如拉伸、高温、压缩、弯曲、压痕及切削等样品台。将这些样品台装在电镜中，就可以将材料表面结构的显微研究与在加载、变温条件下材料的宏观性能测试结合起来，为材料强度与断裂的基本理论和应用研究展现出令人鼓舞的前景。

思考题与习题

1. 电子透镜的分辨率受哪些条件限制?
2. 透射电镜的成像原理是什么? 为什么必须小孔径成像?
3. 选区成像的目的是什么? 是如何实现的?
4. 用透射电镜进行电子衍射有什么优势? 试描述单晶电子衍射花样分析的步骤和依据。
5. 复型样品对材料研究有哪些局限性?
6. 扫描电镜的工作原理是什么?
7. 透射电镜和扫描电镜各有哪些优点?
8. 电子探针 X 射线显微分析仪有哪些工作模式? 波谱仪和能谱仪的特点是什么?
9. 为什么透射电镜的样品要求非常薄, 而扫描电镜无此要求?
10. 高分辨电镜是否指分辨率高的电镜?
11. 环境扫描电镜中的"环境"指什么?
12. 冷冻电镜的应用特点是什么?
13. 选用电子显微分析仪器时应从哪几方面考虑?
14. 哪些样品不镀导电层就可以用电镜进行观察?

参 考 文 献

陈世朴, 王永瑞. 1982. 金属电子显微分析. 北京：机械工业出版社

高尚, 杨振英, 马清, 等. 2021. 扫描电镜与显微分析的原理、技术及进展. 广州：华南理工大学出版社

王培铭, 许乾慰. 2005. 材料研究方法. 北京：科学出版社

张天乐, 王宗良. 1978. 中国黏土矿物的电子显微镜研究. 北京：地质出版社

赵伯麟. 1980. 薄晶体电子显微象的衬度理论. 上海：上海科学技术出版社

周玉. 2011. 材料分析方法. 3 版. 北京：机械工业出版社

Bethge H, Heydenreich J. 1982. Elektronenmikroskopie in der Festkörperphysik. Berlin: VEB Deutscher Verlag der Wissenschaften

Picht J, Gain R. 1955. Das Elektronenmikroskop. Leipzig: Fachbuchverlag

Reimer L, Pfefferkorn G. 1977. Rasterelektronenmikroskopie. Berlin: Springer-Verlag

Stark J, Wicht B. 2013. Dauerhaftigkeit von Beton. 2. Auflage. Berlin: Springer-Verlag

Taylor H F W. 1964. The Chemistry of Cements. New York: Academic Press

Zewail A H, Thomas J M. 2010. 4D Electron Microscopy. London: Imperial College Press

Ul-Hamid A. 2018. A Beginners'Guide to Scanning Electron Microscopy. Cham: Springer Nature Switzerland AG

第 5 章

热 分 析

　　物质在温度变化过程中，往往伴随微观结构和宏观物理、化学等性质的变化，宏观上的物理、化学性质的变化通常与物质的组成和微观结构相关联。通过测量和分析物质在加热或冷却过程中的物理、化学性质的变化，可以对物质进行定性、定量分析，便于进行物质鉴定，为新材料研究和开发提供热性能数据和结构信息。

　　热分析方法是利用热学原理对物质物理性能或成分进行分析的总称。根据国际热分析协会(International Confederation for Thermal Analysis，ICTA)对热分析法的定义：热分析是在程序控制温度下，测量物质的物理性质随温度变化的一类技术。程序控制温度是指用固定的速率加热或冷却，物理性质包括物质的质量、温度、热焓、尺寸、机械、声学、电学及磁学性质等。

　　热分析的发展历史可追溯到两百多年前。1780 年英国的希金斯(Higgins)在研究石灰黏结剂和生石灰的过程中第一次使用天平测量了实验受热时所产生的质量变化，1786 年英国的韦奇伍德(Edgwood)也注意到加热陶瓷黏土后的失重变化。1887 年法国的勒夏特列(H. L. Le Chatelier)使用热电偶获得了黏土样品的加热和冷却曲线。1899 年，英国的罗伯茨-奥斯汀(W. C. Roberts-Austen)将两个热电偶反相连接，采用差热分析的方法直接记录样品和参比物之间的温差随时间变化的规律。1915 年日本的本多光太郎提出了"热天平"概念并设计了世界上第一台热天平。至第二次世界大战以后，热分析技术得到飞快的发展，20 世纪 40年代末商业化电子管式差热分析仪问世，60 年代实现了微量化。1964 年，沃特森(E. S. Wattson)和奥尼尔(M. J. O'Neill)等提出差示扫描量热的概念，进而发展为差示扫描量热分析技术，使得热分析技术不断发展和壮大。

　　经过数十年快速发展，热分析已经形成一类拥有多种检测手段的仪器分析方法，它可用于检测物质因受热而引起的各种物理、化学变化，参与各学科领域中的热力学和动力学问题研究，使其成为各学科领域的通用技术，并在各学科间占据特殊的重要地位。

5.1　热分析技术的分类

　　热分析是在程序控制温度下，测量物质的物理性质随温度变化的一类技术。ICTA 根据所测定的物理性质，将现有的热分析技术划分为 9 类 17 种，如表 5.1 所示，并且对每种分析技术的含义也做了严格的规定。

表 5.1　热分析技术分类

物理性质	分析技术名称	简称	物理性质	分析技术名称	简称
质量	热重	TG	尺寸	热膨胀法	
	等压质量变化测定		力学特性	热机械分析	TMA
	逸出气体检测	EGD		动态热机械分析	DMA
	逸出气体分析	EGA	声学特性	热发声法	
温度	放射热分析			热声学法	
	热微粒分析		光学特性	热光学法	
	加热曲线测定		电学特性	热电学法	
	差热分析	DTA	磁学特性	热磁学法	
焓	差示扫描量热	DSC			

这些热分析技术不仅能独立完成某一方面的定性、定量测定，而且能与其他方法互相印证和补充，已成为研究物质的物理性质、化学性质及其变化过程的重要手段，在基础科学和应用科学的各个领域都有极其广泛的应用。

差热分析、差示扫描量热分析、热重分析和热机械分析是热分析的四大支柱，用于研究物质的晶型转变、熔化、升华、吸附等物理现象以及脱水、分解、氧化、还原等化学现象。它们能快速提供被研究物质的热稳定性、热分解产物、热变化过程的焓变、各种类型的相变点、玻璃化转变温度、软化点、比热、纯度、爆破温度等数据，以及高聚物的表征及结构性能研究，也是进行相平衡研究和化学动力学过程研究的常用手段。

5.2　差　热　分　析

差热分析(differential thermal analysis，DTA)是在程序控制温度下测定物质和参比物之间的温度差和温度关系的一种技术。物质在加热或冷却过程中的某一特定温度下，往往会发生伴随吸热或放热效应的物理、化学变化，如晶型转变、沸腾、升华、蒸发、熔融等物理变化，以及氧化还原、分解、脱水和离解等化学变化。另有一些物理变化如玻璃化转变，虽无热效应发生，但比热容等某些物理性质也会发生改变。此时物质的质量不一定改变，但温度是必定会变化的。差热分析就是在物质这类性质基础上建立的一种技术。

5.2.1　差热分析原理

由物理学可知，具有不同自由电子束和逸出功的两种金属相接触时会产生接触电动势。如图 5.1 所示，当金属丝 A 和金属丝 B 焊接后组成闭合回路，如果两焊点的温度 t_1 和 t_2 不同会产生接触热电势，闭合回路有电流流动，检流计指针偏转。接触电动势大小与 t_1、t_2 的差成正比。若将两根不同金属丝 A 和 B 以一端相焊接(称为热端)，置于需测温部位；另一端(称为冷端)处于冰水混合液环境中，并以导线与检流计相连，此时所得热电势近似与热端温度成正比，构成用于测温的热电偶。若将两个相同的热电偶反向串联，构成可用于测定两个热源之间温度差的温差热电偶。将温差热电偶的一个热端插在被测试样中，另一个热端插在待测温度区间不发生热效应的参比物中，试样和参比物同时升温，测定升温过程中两者的温度差，就构成差热分析的基本原理。

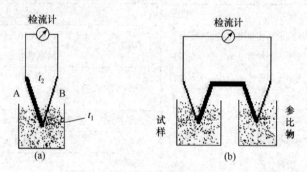

图 5.1   热电偶(a)和温差热电偶(b)

1. 差热分析仪

差热分析仪一般由加热炉、试样容器、热电偶、温度控制系统以及信号放大系统、数据采集与处理系统等部分组成，装置示意图见图 5.2。

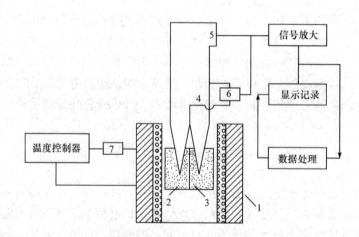

图 5.2   差热分析装置示意图
1. 加热炉；2. 试样；3. 参比物；4. 测温热电偶；5. 温差热电偶；6. 测温元件；7. 温控元件

加热炉是加热试样的装置。作为差热分析用的电炉需满足以下要求：炉内应有一均匀温度区，以使试样均匀受热；程序控温下能以一定速率均匀升(降)温，控制精度要高；电炉的热容量要小，以便于调节升、降温速度；炉子的线圈应无感应现象，以防对热电偶产生电流干扰；炉子的体积要小、质量要轻，以便于操作和维修。

根据发热体的不同可将加热炉分为电热丝炉、红外加热炉和高频感应加热炉等。按炉腔的形式可分为箱式炉、球形炉和管状炉，其中管状炉使用最广泛。按炉子放置的形式可分为直立和水平两种。作为炉管的材料和发热体的材料应根据使用温度不同进行选择，常用的有镍铬丝、铁铬铝丝、铂丝、铂铑丝、钼丝、碳化硅、钨丝等，使用温度范围从 900℃ 到 2000℃ 以上。

为提高仪器的抗腐蚀能力，或试样需要在一定的气氛下观察其反应情况，可在炉内抽真空或通保护气氛及反应气氛。

用于差热分析的试样通常是粉末状。一般将待测试样和参比物先装入样品坩埚内后置于样品支架上。样品坩埚可用陶瓷质、石英玻璃质、刚玉质和钼、铂、钨等材料。作为样品支架材料，在耐高温的条件下，以选择传导性能好的材料为宜。在使用温度不超过 1300℃时可采用金属镍或一般耐火材料作为样品支架。超过 1300℃时以刚玉质材料为宜。

热电偶是差热分析中的关键元件。要求热电偶材料能产生较高的温差电动势并与温度呈线性关系，测温范围广，且在高温下不被氧化及腐蚀；电阻随温度变化小、导电率高、物理稳定性好，能长期使用；便于制造、机械强度高、价格便宜。

热电偶材料有铜-康铜、铁-康铜、镍铬-镍铝、铂-铂铑和铱-铱铑等。一般中低温(500～1000℃)差热分析多采用镍铬-镍铝热电偶，高温(>1000℃)时用铂-铂铑热电偶。

热电偶冷端的温度变化将影响测试结果，可采用一定的冷端补偿法或将其固定在一个零点，如置于冰水混合物中，以保证准确测温。

温度控制系统主要由加热器、冷却器、温控元件和程序温度控制器组成。由于程序温度控制器发出的毫伏数和时间呈线性增大或减小的关系，可使炉子的温度按给定程序均匀地升高或降低。升温速率要求在 $1\sim100℃\cdot min^{-1}$ 范围内改变，常用为 $1\sim20℃\cdot min^{-1}$。该系统要求保证能使炉温按给定速率均匀地升温或降温。

信号放大系统的作用是将温差热电偶产生的微弱温差电势放大，增幅后输送到显示记录系统。

数据采集与处理系统是将信号放大系统检测到的数据信号采集输入专门的数据记录设备，通过数据处理给出试样温度、温差与时间之间的关系曲线，并给出相应热力学数据。

在差热分析中温度的测定至关重要。由于各种 DTA 仪器的设计、所使用的结构材料和测温方法各有差别，测量结果会相差很大。为此国际热分析协会所设立的标准化委员会确定了 4 种低温标准物质和 10 种温度范围为 125～940℃的标准物质用于温度校正。

2. 差热分析曲线

根据国际热分析协会的规定，差热分析 DTA 是将试样和参比物置于同一环境中以一定速率加热或冷却，将两者间的温差对时间或温度做记录的方法。从 DTA 获得的曲线实验数据是这样表示的：纵坐标代表温差 ΔT，吸热过程显示一个向下的峰，放热过程显示一个向上的峰。横坐标代表时间或温度，从左到右表示增加。如图 5.3 所示，图中：

基线：指 DTA 曲线上 ΔT 近似等于 0 的区段，如 oa、de、gh。若试样和参比物的热容相差较大，则易导致基线倾斜。

峰：指 DTA 曲线离开基线又回到基线的部分。包括放热峰和吸热峰，如 abd、efg。

峰宽：指 DTA 曲线偏离基线又返回基线两点间的距离或温度间距，如 ad 或 $T_d - T_a$。

峰高：表示试样和参比物之间的最大温差，指峰顶至内插基线间的垂直距离，如 bi。

峰面积：指峰和内插基线包围的面积。

外推起始温度(temperature of the extrapolated onset)：指峰的起始边陡峭部分的切线与外延基线的交点，如 J 点。

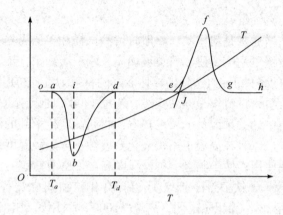

图 5.3　差热曲线形态特征

在 DTA 曲线中，峰的出现是连续渐变的。由于在测试过程中试样表面温度高于中心温度，因此放热过程由小变大，形成一条曲线。在 DTA 曲线的 a 点，吸热反应主要在试样表面进行，但 a 点温度并不代表反应开始的真正温度，而仅是仪器检测到的温度，这与仪器灵敏度有关。

峰温无严格的物理意义，一般来说峰顶温度并不代表反应的终止温度，反应的终止温度应在 bd 线上的某一点。最大的反应速率也不发生在峰顶而是在峰顶之前。峰顶温度仅表示试样和参比物温差最大的一点，而该点的位置受试样条件影响较大，所以峰温一般不能作为鉴定物质的特征温度，仅在试样条件相同时可做相对比较。

国际热分析协会对大量试样测定结果表明，外推起始温度与其他实验测得的反应起始温度最为接近，因此国际热分析协会决定用外推起始温度表示反应的起始温度。

5.2.2　差热曲线的影响因素

差热分析是一种热动态技术，在测试过程中体系的温度不断变化，引起物质的热性能变化，许多因素都会影响 DTA 曲线的基线、峰形和温度，主要因素有：

仪器因素：包括加热炉的形状和尺寸、坩埚材料及大小形状、热电偶性能及其位置、显示、数据采集记录系统精度等。

试样因素：包括试样的热容量、热导率和试样的纯度、结晶度或离子取代以及试样的颗粒度、用量及装填密度、参比物的影响等。

实验条件：包括加热速度、气氛和压力等。

1. 仪器因素

仪器通常是固定的，只在如坩埚或热电偶等方面有所选择，但是在分析由不同仪器所获得的实验结果或考虑仪器更新时，仪器因素不容忽视。

1) 炉子的结构和尺寸

炉子的均温区与炉子的结构和尺寸有关，DTA 曲线基线与均温区的好坏有关，因此炉子的结构尺寸合理、均温区好，DTA 曲线基线平，检测性能稳定。炉子的炉膛直径越小，长度越长，均温区越大，且均温区内的温度梯度越小。

2) 坩埚材料和形状

坩埚材料包括铝、不锈钢、铂金等金属材料和石英、氧化铝、氧化铍等非金属材料两类，其传热性能各不相同。金属材料坩埚的导热性能好，基线偏离小，但灵敏度较低，峰谷较小。非金属材料坩埚的热传导性能较差，容易引起基线偏移，但灵敏度较高，较少的样品就可获得较大的差热峰谷。坩埚的直径大，高度矮，试样容易反应，灵敏度高，峰形尖锐。

3) 热电偶性能与位置

热电偶的性能影响差热分析的结果。热电偶的接点位置、类型和大小等因素对 DTA 曲线的峰形、峰面积及峰温等产生影响。此外，热电偶在试样中的位置不同，使热峰产生的温度和热峰面积有所改变。物料本身具有一定的厚度，表面的物料其物理化学过程进行得较早，中心部分较迟，使试样出现温度梯度。实验表明，将热电偶热端置于坩埚内物料的中心点时可获得最大的热效应。热电偶插入试样和参比物时，应具有相同的深度。但是当热电偶置于试样中时易被试样及其分解产生的气体所污染而老化，因此现代商品化差热分析仪一般采用将热电偶与坩埚底部接触的方法。

2. 试样因素

1) 热容量和热导率变化

试样的热容量和热导率的变化会引起 DTA 曲线的基线变化。一台性能良好的差热仪的基线应是一条水平直线，但试样 DTA 曲线的基线在热反应的前后往往不会停留在同一水平上，因为试样在热反应前后热容或热导率变化。如图 5.4(a)所示为反应前基线低于反应后基线，表明反应后热容减小。图 5.4(b)所示为反应前基线高于反应后基线，表明反应后试样热容增大。反应前后热导率的变化也会引起基线类似的变化。

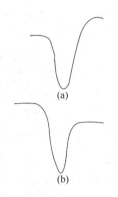

图 5.4 热反应前后基线变化

当试样在加热过程中热容和热导率都发生变化，而且在加热速度较大、灵敏度较高的情况下，DTA 曲线的基线随温度的升高可能会有较大的偏离。

2) 试样的颗粒度、用量及装填密度

试样的颗粒度、用量及装填密度与试样的热传导和热扩散性能有密切关系，还与研究对象的化学过程有关。

对于表面反应和受扩散控制的反应来说，颗粒的大小会对 DTA 曲线有显著的影响。对于有气相参加的反应，都要经过试样颗粒表面进行，因此粒度越小其比表面积越大，反应速率加快，峰温向低温方向移动；另一方面，又因细粒度装填妨碍了气体扩散，使粒间分压变化，峰形扩张，峰温又向高温方向移动；可见粒度对峰形和峰温都有影响，在测试中应尽量采用粒度一样的试样。对于一些存在多重反应的样品，过粗或过细的粒度引起的峰温偏移还有可能掩盖附近的某些小反应，因此应该选用合适的粒度范围。

试样用量的多少对 DTA 曲线有类似的影响，试样用量多，热效应大，峰顶温度滞后，容易掩盖邻近小峰谷。特别是反应过程中有气体放出的热分解反应，试样用量影响气体到达试样表面的速度。

试样的装填疏密即试样的堆积方式，决定等量试样体积的大小。在试样用量、颗粒度相同的情况下，装填疏密不同也影响产物的扩散速度和试样的传热快慢，进而影响 DTA 曲线的形态。通常在坩埚中的装填方式以薄而均匀为宜。

对几个试样进行对比分析时应保持相同的粒度、用量和装填疏密，并与参比物的粒度、用量和装填疏密及其热性能尽可能保持一致。一般在测试时，试样的粒度均通过 $100 \sim 300$ 目筛，聚合物应切成小片，纤维状试样应切成小段或制成球粒状，金属试样应加工成小圆片或小块等。

3) 试样的结晶度、纯度

试样的结晶度对 DTA 曲线会产生影响，结晶度不同的高岭土样品吸热脱水峰面积随样品结晶度的减小而减小，随结晶度的增大，峰形更尖锐。结晶良好的矿物，其结构水的脱出温度相应高，如结晶良好的高岭土在 600℃ 脱出结构水，结晶差的高岭土在 560℃ 就可脱出结构水。

天然矿物都含有杂质，含有杂质的矿物与纯矿物比较，其 DTA 曲线形态、温度都可能不相同。在研究杂质对二水石膏的差热曲线的影响时发现，混入二水石膏中的晶态 SiO_2、非晶态 SiO_2、$CaCO_3$、Al_2O_3 和高岭土等杂质会改变二水石膏的热性能。降低二水石膏的脱水温度，加快脱水速度，使二水石膏的起始脱水温度由 112℃ 依次降为 102.8℃、102.2℃、98.7℃、105℃、93.8℃。

4) 参比物

参比物是在一定温度下不发生分解、相变、破坏的物质，是在热分析过程中用于与被测物质相比较的标准物质。从差热分析原理可以看出，只有当参比物和试样的热性质、质量、密度等完全相同时才能在试样无任何类型能量变化的相应温度区内保持温差为零，得到水平的基线，实际上是不可能的。与试样一样，参比物的导热系数也受许多因素影响，如比热容、密度、粒度、温度和装填方式等，这些因素的变化均能引起 DTA 曲线基线的偏移。因此，为了获得尽可能与零线接近的基线，需要选择与试样导热系数尽可能相近的参比物。常用的参比物有 α-Al_2O_3、石英、硅油等。对于黏土类或一般硅酸盐物质，可选用 α-Al_2O_3(经 1450℃ 以上煅烧 $2 \sim 3h$)。使用石英作参比物时，测量温度不能高于 570℃。测试金属试样时可以用不锈钢、铜、金、铂等作为参比物。测试有机物时一般用硅烷、硅酮等作为参比物。

因此，要得到一条好的被测物质的 DTA 曲线，必须注意选择热传导和热容与试样尽量接近的物质作参比物，为使试样的导热性能与参比物相近，可在试样中添加适量的参比物使试样稀释，试样和参比物均应控制相同的粒度，装入坩埚的致密程度、热电偶插入深度也应一致。

3. 实验条件

1) 升温速率

在差热分析中，升温速率的快慢对 DTA 曲线的基线、峰形和温度都有明显影响。升温越快，更多的反应将发生在相同的时间间隔内，峰的高度、峰顶或温差将变大，因此出现尖锐而狭窄的峰。同时，不同的升温速率还会明显影响峰顶温度。图 5.5 显示了不同加热速度下高岭土脱水反应的 DTA 曲线形态和温度。由图可见，随着升温速率提高，峰形变得尖而窄、形态拉长，峰温增高。升温速率较低时，峰谷宽、矮，形态偏平，峰温降低。升温速率不同还会影响相邻峰的分辨率，较低的升温速率使相邻峰易于分开，而升温速率太快容易使相邻峰谷合并。一般常用的升温速率为 $1\sim10\mathrm{K\cdot min^{-1}}$。

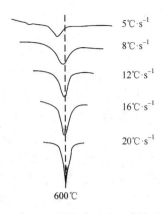

图 5.5 不同加热速度下高岭土
的 DTA 曲线

2) 炉内压力和气氛

压力对差热分析中体积变化很小的试样影响不大，对体积变化明显的试样影响显著。外界压力增大时，试样的热反应温度向高温方向移动。外界压力降低或抽真空时，热反应的温度向低温方向移动。

炉内气氛对碳酸盐、硫化物、硫酸盐等矿物加热过程中的行为有很大影响，某些矿物试样在不同的气氛控制下，得到完全不同的差热分析曲线。实验表明，炉内气氛的气体与试样的热分解产物一致时，分解反应产生的起始、终止和峰顶温度趋向增高。

气氛控制通常有两种形式：一种是静态气氛，一般为封闭系统。随着反应的进行，样品上空逐渐被分解出的气体包围，将导致反应速率减慢，反应温度向高温方向偏移。另一种是动态气氛，气氛流经试样和参比物，分解产物产生的气体不断被动态气氛带走。控制好气体的流量能获得重现性好的实验结果。

5.3 差示扫描量热分析法

差示扫描量热(differential scanning calorimetry，DSC)分析是在程序控制温度下，测量输入到试样和参比物的能量差随温度或时间变化的一种技术。

在差热分析中当试样发生热效应时，试样本身的升温速率是非线性的。以吸热反应为例，试样开始反应后的升温速率大幅度落后于程序控制的升温速率，甚至发生不升温或降温的现象；待反应结束时，试样升温速率又会高于程序控制的升温速率，逐渐跟上程序控制温度；升温速率始终处于变化中。在发生热效应时，试样与参比物及试样周围的环境有较大温差，它们之间会进行热传递，降低热效应测量的灵敏度和精确度。因此，到目前为止的大部分差热分析技术还不能进行定量分析工作，只能进行定性或半定量分析工作，难以获得变化过程中的试样温度和反应动力学的数据。

差示扫描量热分析法就是为克服差热分析在定量分析上存在的不足而发展的一种新的热分析技术。该法通过对试样因发生热效应而发生的能量变化进行及时的应有补偿，保持试样与参比物之间温度始终保持相同，无温差、无热传递，使热损失小，检测信号大。因此在灵敏度和精度方面都大有提升，可进行热量的定量分析。

5.3.1 差示扫描量热分析的原理

差示扫描量热法按测量方式不同分为功率补偿型差示扫描量热法和热流型差示扫描量

热法。

1. 功率补偿型差示扫描量热法

功率补偿型差示扫描量热法是采用零点平衡原理。该类仪器包括外加热功率补偿差示扫描量热计和内加热功率补偿差示扫描量热计两种。

外加热功率补偿差示扫描量热计的主要特点是试样和参比物仍放在外加热炉内加热的同时，都附加有具有独立的小加热器和传感器，即在试样和参比物容器下各装有一组补偿加热丝。其结构如图5.6所示，整个仪器由两个控制系统进行监控，其中一个控制温度，使试样和参比物在预定速率下升温或降温，另一个控制系统用于补偿试样和参比物之间所产生的温差，即当试样由于热反应而出现温差时，通过补偿控制系统使流入补偿加热丝的电流发生变化。例如，当试样吸热时，补偿系统流入试样侧加热丝的电流增大；试样放热时，补偿系统流入参比物侧加热丝的电流增大，直至试样和参比物两者的温度相等，温差消失。这就是零点平衡原理。这种DSC仪经常与DTA仪组装在一起，通过更换样品支架和增加功率补偿单元达到既可作为差热分析又可作为差示扫描量热法分析的目的。

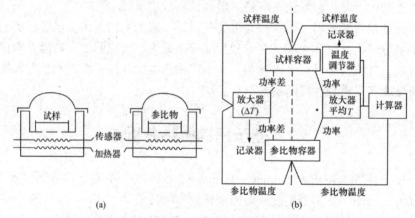

图5.6　功率补偿型差示扫描量热仪示意图(a)和控制线路图(b)

内加热功率补偿差示扫描量热计无外加热炉，直接用两个小加热器进行加热，同时进行功率补偿。由于不使用大的外加热炉，因此仪器的热惯性小、功率小、升降温速度很快。但这种仪器随着试样温度的增加，样品与周围环境之间的温度梯度越来越大，造成大量热量的流失，大大降低了仪器的检测灵敏度和精度，因此这种DSC仪的使用温度较低。

2. 热流型差示扫描量热法

热流型差示扫描量热法主要通过测量加热过程中试样吸收或放出热量的流量来达到DSC分析的目的，有热反应时试样和参比物仍存在温度差。该法包括热流式和热通量式，两者都是采用差热分析的原理进行量热分析。

热流式差示扫描量热仪的构造与差热分析仪相近，如图5.7所示。不同之处是在试样与参比物的托架下设置康铜电热片，在程序控制温度下对试样和参比物进行加热。加热时康铜电热片兼作试样和参比物支架底盘和测温热电偶，其在将热量传输到试样和参比物的同时，康铜盘还作为测量温度的热电偶结点的一部分，传输到试样和参比物的热流差利用试样和参比物平台下的镍铬板与康铜盘的结点所构成的镍铬-康铜热电偶进行监控。在给予试样和参比物相同的功率下，测量两者间的温度差，进而根据热流方程将温度差转为热量差作为信号输出。热流式差示扫描量热仪的优点是基线稳定和高灵敏度。

热通量式差示扫描量热法的检测系统如图 5.8 所示。该类仪器的主要特点是检测器由许多热电偶串联成热电堆式的热流量计，两个热流量计反向连接并分别安装在试样容器和参比容器与炉体加热块之间，如同温差热电偶一样检测试样和参比物之间的温度差。由于热电堆中热电偶很多，热端均匀分布在试样与参比物容器壁上，检测信号大，检测的试样温度是试样各点温度的平均值，所以测量的 DSC 曲线重复性好、灵敏度和精确度都很高，常用于精密的热量测定。

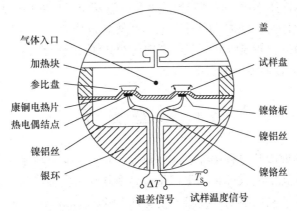

图 5.7 热流式差示扫描量热仪示意图

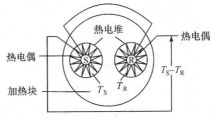

图 5.8 热通量式差示扫描量热仪示意图

无论哪一种差示扫描量热法，随着试样温度的升高，试样与周围环境温度偏差越大，造成量热损失，都会使测量精度下降。差示扫描量热法的测温范围通常低于 $800℃$，而一些新型高温型差示扫描量热仪采用石墨炉作为炉体时测温范围可高达 $2000℃$。

差示扫描量热法是一种动态量热技术，可在程序温度下进行样品热流率随温度变化的定量分析。定量分析前需对 DSC 仪器进行温度校正和量热校正。

5.3.2 差示扫描量热曲线及其影响因素

差示扫描量热曲线(DSC 曲线)是在差示扫描量热测量中记录的以热流率 dH/dt 为纵坐标、以温度或时间为横坐标的关系曲线。与差热分析一样，它也是基于物质在加热过程中发生物理、化学变化的同时伴随吸热、放热现象出现。因此，差示扫描量热曲线的形态外貌与差热曲线完全一样，峰谷的定义及形态特征已在差热分析中做过描述。

DTA 和 DSC 都是以测量试样焓变为基础，而且两者在仪器原理和结构上有许多相同或相近之处，因此影响 DTA 的因素也会以相同或相近的规律对 DSC 产生影响。由于 DSC 试样用量少，试样内的温度梯度较小且气体的扩散阻力下降，对于功率补偿型 DSC 还有热阻影响小的特点，因而某些因素对 DSC 的影响与对 DTA 的影响程度不同。

影响 DSC 的因素主要有样品、实验条件和仪器因素。样品因素中主要是试样的性质、粒度及参比物的性质。有些试样如聚合物和液晶的热历史对 DSC 曲线也有较大影响。在实验条件因素中，主要是升温速率，它影响 DSC 曲线的峰温和峰形。升温速率越大，一般峰温越高，峰面积越大、峰形越尖锐；但这种影响在很大程度上还与试样种类和受热转变的类型密切相关；升温速率对有些试样相变焓的测定值也有影响。其次的影响为炉内气氛类型和气体性质，气体性质不同，峰的起始温度和峰温甚至过程的焓变都会不同；使用氮气、氩气、氦气等惰性气体时，DSC 曲线中不会产生氧化反应峰，在空气中测定时需注意氧化作用的影响；可以通过比较氮气和氧气气氛中的 DSC 曲线解释一些氧化反应。另外，试样用量和稀释情况对 DSC 曲线也有影响。

5.4　热重分析

许多物质在加热或冷却过程中除了产生热效应外，往往有质量变化，其变化的大小及出现的温度与物质的化学组成和结构密切相关。因此利用在加热和冷却过程中物质质量变化的特点，可以区别和鉴定不同的物质。热重分析(thermogravimetry，TG)就是在程序控制温度下测量获得物质的质量与温度关系的一种技术。其特点是定量性强，能准确测量物质的质量变化及其变化速率。目前，热重分析法广泛应用在化学以及与化学有关的各领域中，在冶金学、漆料及油墨科学、陶瓷学、食品工艺学、无机化学、有机化学、聚合物科学、生物化学及地球化学等学科中都发挥重要的作用。

热重分析法包括静态法和动态法两种类型。

静态法又分等压质量变化测定和等温质量变化测定。等压质量变化测定又称自发气氛热重分析，是在程序控制温度下，测量物质在恒定挥发物分压下平衡质量与温度关系的一种方法。该方法利用试样分解的挥发产物所形成的气体作为气氛，并控制在恒定的大气压下测量质量随温度的变化，其特点是可减少热分解过程中氧化过程的干扰。等温质量变化测定是指在恒温条件下测量物质质量与温度关系的一种方法。该方法每隔一定温度间隔将物质恒温至恒重，记录恒温恒重关系曲线。该方法准确度高，能记录微小失重，但比较费时。

动态法又称非等温热重法，分为热重分析和微商热重分析。热重和微商热重分析都是在程序升温的情况下，测定物质质量变化与温度的关系。微商热重分析又称导数热重分析(derivative thermogravimetry，DTG)，它是记录热重曲线对温度或时间的一阶导数的一种技术。由于动态非等温热重分析和微商热重分析简便实用，又便于与 DTA、DSC 等技术联用，因此广泛应用在热分析技术中。本节主要讨论动态热重分析法。

5.4.1 热重分析仪

热重分析仪主要由天平、加热炉、程序控温系统、记录系统等部分组成。

热重分析仪的天平与常规分析天平一样，都是称量仪器，但因其结构特殊，与一般天平在称量功能上有显著差别。它能自动、连续地进行动态称量与记录，并能在称量过程中按一定的温度程序改变试样的温度；试样周围的气氛也是可以控制或调节的。

热重分析仪由精密天平和线性程序控温加热炉组成。如图 5.9 所示。天平在加热过程中试样无质量变化时能保持初始平衡状态；有质量变化时，天平失去平衡，并立即由传感器检测并输出天平失衡信号。这一信号经测重系统放大用以自动改变平衡复位器中的电流，使天平重又回到初始平衡状态即所谓的零位。通过平衡复位器中的线圈电流与试样质量变化成正比。因此，记录电流的变化能得到加热过程中

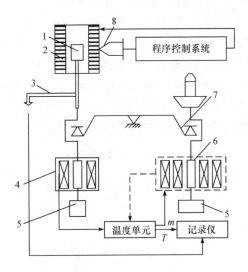

图 5.9 热天平结构图

1. 试样支持器；2. 炉子；3. 测温热电偶；4. 传感器 (差动变压器)；5. 平衡锤；6. 阻尼及天平复位器；7. 天平；8. 阻尼信号

试样质量连续变化的信息。试样温度同时由测温热电偶测定并记录。于是得到试样质量与温度(或时间)关系的曲线。热天平中阻尼器的作用是维持天平的稳定。天平摆动时，有阻尼信号产生，这个信号经测重系统中的阻尼放大器放大后再反馈到阻尼器中，使天平摆动停止。

5.4.2 热重曲线

热重分析得到的是程序控制温度下物质质量与温度关系的曲线,即热重曲线(TG 曲线),横坐标为温度或时间,纵坐标为质量,也可用失重百分数等其他形式表示。

试样质量变化的实际过程不是在某一温度下同时发生并瞬间完成的,因此热重曲线的形状不呈直角台阶状,而是形成带有过渡和倾斜区段的曲线。曲线的水平部分(即平台)表示质量是恒定的,曲线斜率发生变化的部分表示质量的变化。从热重曲线还可求算出微商热重曲线(DTG),热重分析仪若附带微分线路可同时记录热重和微商热重曲线。

微商热重曲线的纵坐标为质量随时间的变化率 $\mathrm{d}W/\mathrm{d}t$,横坐标为温度或时间。DTG 曲线在形貌上与 DTA 曲线或 DSC 曲线相似,但 DTG 曲线表明的是质量变化速率,峰的起止点对应 TG 曲线台阶的起止点,峰的数目和 TG 曲线的台阶数相等,峰位为失重(或增重)速率的最大值,即 $\mathrm{d}^2W/\mathrm{d}t^2 = 0$,它与 TG 曲线的拐点相应。峰面积与失重量成正比,因此可从 DTG 的峰面积算出失重量。虽然微商热重曲线与热重曲线所能提供的信息是相同的,但微商热重曲线能清楚地反映起始反应温度、达到最大反应速率的温度和反应终止温度,且提高了分辨两个或多个相继发生的质量变化过程的能力。由于在某一温度下微商热重曲线的峰高直接等于该温度下的反应速率,因此这些值可方便地用于化学反应动力学的计算。

图 5.10 是 $CuSO_4 \cdot 5H_2O$ 在空气中并以约 $4\text{℃} \cdot \text{min}^{-1}$ 的升温速率测得的 TG 曲线和微商热

重曲线。其中曲线(a)由三个单步过程和四个平台组成。每个单步过程表示试样经历伴有质量变化的过程，质量不变的平台与某种稳定化合物相对应。图中 A 点前 100℃附近的初始失重是脱去吸附水和天平内空气动力学因素形成的。A 点至 B 点，质量没有变化，试样是稳定的；B 点至 C 点是一个失重过程，失重量是 $m_0 - m_1$；D 点和 C 点之间，试样质量又是稳定的；由 D 点开始试样进一步失重，直到 E 点为止，这一阶段的失重是 $m_1 - m_2$；E 点和 F 点之间，新的稳定物质形成；最后的失重发生在 F 点和 G 点之间，失重量是 $m_2 - m_3$；G 点和 H 点区间代表试样的最终形式，它在实验温度范围内是稳定的。通过失重量的计算，表明该化合物的失水过程经历了以下三个步骤：

$$CuSO_4 \cdot 5H_2O \xrightarrow{\triangle} CuSO_4 \cdot 3H_2O + 2H_2O \uparrow$$

$$CuSO_4 \cdot 3H_2O \xrightarrow{\triangle} CuSO_4 \cdot H_2O + 2H_2O \uparrow$$

$$CuSO_4 \cdot H_2O \xrightarrow{\triangle} CuSO_4 + H_2O \uparrow$$

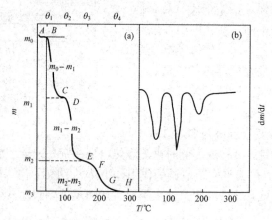

图 5.10   五水硫酸铜的热重(a)和微商热重(b)曲线

$CuSO_4 \cdot 5H_2O$ 的失水之所以分为三步进行，是因为这些结晶水在晶体中的结合力不同。

从上述例子看出，当原始试样及其可能生成的中间体在加热过程中因物理或化学变化有挥发性产物释出时，从热重曲线中可以得到它们的组成、热稳定性、热分解及生成的产物等与质量相联系的信息。

5.4.3 影响热重曲线的因素

热重分析和差热分析一样，是一种动态技术，其实验条件、仪器的结构与性能、试样本身的物理、化学性质以及热反应特点等多种因素都会对热重曲线产生明显的影响。来自仪器的影响因素主要有基线、试样支持器和测温热电偶等；来自试样的影响因素有质量、粒度、物化性质和装填方式等；来自实验条件的影响因素有升温速率、气氛和走纸速率等。为了获得准确并能重复和再现的实验结果，研究并在实践中控制这些因素十分重要。

1. 热重曲线的基线漂移

热重曲线的基线漂移是指试样没有变化而记录曲线却指示出有质量变化的现象，它造成试样失重或增重的假象。这种漂移主要与加热炉内气体的浮力效应和对流影响、克努森

(Knudsen)力及温度与静电对天平机构等的作用有关。

气体密度随温度变化。例如, 室温空气的密度是 $1.18kg \cdot m^{-3}$, $1000℃$时仅为 $0.28kg \cdot m^{-3}$。随着温度升高, 试样周围的气体密度下降, 气体对试样支持器及试样的浮力变小, 于是出现表观增重现象。与浮力效应同时存在的还有对流影响, 试样周围的气体受热变轻形成一股向上的热气流, 这一气流作用在天平上便引起试样的表观失重; 气体外逸受阻时, 上升的气流将置换上部温度较低的气体, 下降的气流势必冲击试样支持器, 引起表观增重。不同仪器、不同气氛和升温速率, 气体的浮力与对流的总效应不一样。

克努森力是由热分子流或热滑流形式的热气流造成的。温度梯度、炉子位置、试样、气体种类、温度和压力范围, 对克努森力引起的表观质量变化都有影响。

温度对天平性能的影响非常大。数百摄氏度乃至上千摄氏度的高温直接对热天平部件加热, 极易通过热天平臂的热膨胀效应而引起天平零点的漂移, 并影响传感器和复位器的零点与电器系统的性能, 造成基线偏移。

当热天平中采用石英之类的保护管时, 加热时管壁吸附水急剧减少, 表面导电性变坏, 致使电荷滞留于管筒, 形成静电干扰力, 将严重干扰热天平的正常工作, 并在热重曲线上出现相应的异常现象。

此外, 外界磁场的改变也会影响热天平复位器的复位力, 从而影响热重基线。

为了减小热重曲线的漂移, 理想的方法是采用对称加热的方式, 即在加热过程中热天平两臂的支承(或悬挂)系统处于非常接近的温度, 使得两侧的浮力、对流、克努森力及温度影响均可基本抵消。采用水平式热天平不易引起对流及垂直克努森力, 减小天平的支承杆、样品支持器及坩埚体积和迎风面积、在天平室和试样反应室之间增加热屏蔽装置、对天平室进行恒温等措施可以减小基线的漂移。通过空白热重基线的校正可减少来自仪器方面的影响。

2. 升温速率

升温速率对热重曲线有明显影响。升温速率直接影响炉壁与试样、外层试样与内部试样间的传热和温度梯度。升温速率一般并不影响失重量。对于单步吸热反应, 升温速率慢, 起始分解温度和终止温度通常均向低温移动, 且反应区间缩小, 但失重率一般并不改变。

试样在加热过程中生成中间产物, 当其他条件固定时, 升温速率较慢, 通常容易形成与中间产物对应的平台即稳定区。对于含结晶水的试样, 如 $NiSO_4 \cdot 7H_2O$, 当升温速率为 $0.6℃ \cdot min^{-1}$ 时, 能检测出六、四、二和一水合物的失水平台; 当升温速率为 $2.5℃ \cdot min^{-1}$ 时, 仅测得一水合物的失水平台。对含有大量结晶水的试样, 升温速率不宜太快。

3. 炉内气氛

炉内气氛对热重分析影响与试样的反应类型、分解产物的性质和装填方式等许多因素有关。在热重分析中, 常见反应之一是

$$A(固) \Longrightarrow B(固) + C(气)$$

这一反应只有在气体产物的分压低于分解压时才能发生, 且气体产物增加, 分解速率下降。

在静态气氛中，若气氛气体是惰性的，则反应不受惰性气氛影响，只与试样周围自身分解出的产物气体的瞬间浓度有关。当气氛气体含有与产物相同的气体组分时，加入的气体产物会抑制反应的进行，将使分解温度升高。例如，$CaCO_3$ 在真空、空气和 CO_2 中的分解：

$$CaCO_3(\text{固}) \rightleftharpoons CaO(\text{固}) + CO_2(\text{气})$$

其起始分解温度随气氛中的二氧化碳分压的升高而增高，$CaCO_3$ 在三种气氛中的分解温差可达数百摄氏度。气氛中含有与产物相同的气体组分后，分解速率下降，反应时间延长。

静态气氛中，试样周围气体的对流、气体产物的逸出与扩散，都影响热重分析的结果。气体的逸出与扩散、试样量、试样粒度、装填的紧密程度及坩埚的密闭程度等许多因素有关，使它们产生附加影响。

在动态气氛中，惰性气体能将气体分解产物带走而使分解反应进行得较快，并使反应产物增加。当通入含有与产物气体相同的气氛时，将使起始分解温度升高并改变反应速率和产物量。所含产物气体的浓度越高，起始分解温度越高、逆反应的速率越大。随着逆反应速率增加，试样完成分解的时间延长。动态气氛的流速、气温以及是否稳定，对热重曲线有影响。大流速有利于传热和气体的逸出与扩散，使分解温度降低。

在热重法中还会遇到下面两类不可逆反应：

(1) A(固) $\longrightarrow$ B(固) + C(气)

(2) A(固) + B(气) $\longrightarrow$ C(固) + D(气)

反应(1)是不可逆过程，无论是静态还是动态，惰性还是含有产物气体 C 的气氛，对反应速率、反应方向和分解温度原则上均没有影响。在反应(2)中，气氛组分 B 是反应成分。它的浓度与反应速率和产物的量有直接关系。B(气)的种类不同，影响情况不同。气氛组分 B 有时是为了研究需要加入的，有时是作为一种气体杂质而存在的。作为杂质存在时，无论与原始试样还是与产物反应均使热重曲线复杂化。例如，在空气中温度为 150~180℃时，聚丙烯质量明显增加，这是聚丙烯氧化的结果，而在氮气中就没有这一现象。

提高气氛压力，无论是静态还是动态气氛，常使起始分解温度向高温区移动和使分解速率有所减慢，相应地，反应区间增大。

4. 坩埚形式

热重分析所用的坩埚形式多种多样，其结构及几何形状都会影响热重分析的结果。图 5.11 为热天平常用的几种坩埚的示意图，其中(a)、(b)为无盖浅盘式，(c)、(d)为深坩埚，(e)为多层板式坩埚，(f)为带密封盖的坩埚，(g)为带有球阀密封盖的坩埚，(h)为迷

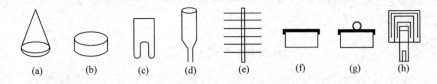

(a)   (b)   (c)   (d)   (e)   (f)   (g)   (h)

图 5.11   热天平常用坩埚示意图

宫式坩埚。

热重分析时气相产物的逸出必然要通过试样与外界空间的交界面，深而大的坩埚或者试样充填过于紧密会妨碍气相产物外逸，因此反应受气体扩散速度制约，使热重曲线向高温侧偏移。当试样量太多时，外层试样温度可能比试样中心温度高得多，尤其是升温速率较快时相差更大，使反应区间增大。

当使用浅坩埚，尤其是多层板式坩埚时，试样受热均匀，试样与气氛之间有较大的接触面积，得到的热重分析结果比较准确。迷宫式坩埚由于气体外逸困难，热重曲线向高温侧偏移较严重。

浅盘式坩埚不适用于加热时发生爆裂或发泡外溢的试样，这种试样可用深的圆柱形或圆锥形坩埚，也可采用带盖坩埚。带球阀封密盖的坩埚可将试样气氛与炉子气氛隔离，当坩埚内气体压力达到一定值时，气体可通过上面的小孔逸出。如果采用流动气氛，不宜采用迎风面很大的坩埚，以免流动气体作用于坩埚造成基线严重偏移。

5. 热电偶位置

热重分析中，热点偶的位置不与试样接触，试样的真实温度与测量温度之间存在差别，升温和反应所产生的热效应往往使试样周围的温度分布紊乱，引起较大的温度测量误差。要获得准确的温度数据，需采用标准物质校核热重分析仪的测量温度。通常利用一些高纯化合物的特征分解温度标定，也可利用强磁性物质在居里点发生的表观失重确定真实温度。

6. 试样因素

在影响热重曲线的试样因素中，主要有试样量、试样粒度和热性质以及试样装填方式等。

试样量对热重曲线的影响不可忽视，且从两个方面影响热重曲线：一方面，试样的吸热或放热反应会引起试样温度发生偏差，用量越大，偏差越大；另一方面，试样用量对逸出气体扩散和传热梯度都有影响，用量大不利于热扩散和热传递。图 5.12 为不同用量 $CuSO_4 \cdot 5H_2O$ 的热重曲线，从图中可以看出，用量少时得到的结果较好，热重曲线上反应热分解中间过程的平台很明显，试样用量较多时中间过程模糊不清，因此要提高检测中间产物的灵敏度，应采用少量试样以获得较好的检测结果。

试样粒度对热传导和气体的扩散同样有较大的影响。试样粒度越细，反应速率越快，将导致热重曲线上的反应起始温度和终止温度降低，反应区间变窄。粗颗粒的试样反应较慢。例如，石棉细粉在 50～850℃连续失重，600～700℃热分解反应进行得较快，粗颗粒石棉到 600℃才开始快速分解，分解起始和终止温度都比较高。

试样装填方式对热重曲线的影响是，装填越紧密，试样颗粒间接触越好，越利于热传导，但不利于

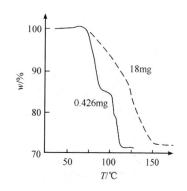

图 5.12　不同用量 $CuSO_4 \cdot 5H_2O$ 的热重曲线

气氛气体向试样内的扩散或分解气体产物的扩散和逸出。试样装填得薄而均匀，可以得到重复性好的实验结果。

　　试样的反应热、导热性和比热容对热重曲线也有影响，而且彼此互相联系。放热反应总是使试样温度升高，吸热反应总是使试样温度降低。前者使试样温度高于炉温，后者使试样温度低于炉温。试样温度和炉温间的差别取决于热效应的类型和大小、导热能力和比热容。未反应试样只有在达到一定的临界反应温度后才能进行反应，温度将影响试样反应。例如，吸热反应易使反应温度区扩展，表观反应温度总比理论反应温度高。

　　此外，试样的热反应性、历史和前处理、杂质、气体产物性质、生成速率及质量、固体试样对气体产物有无吸附作用等试样因素也会对热重曲线产生影响。

5.5　热机械分析

　　热机械分析是在程序控制温度下测量物质的力学性质随温度变化的关系。它是研究与物质物理形态相联系的体积、形状、长度和其他力学性质与温度关系的方法，通常包括热膨胀分析法、静态热机械分析和动态热机械分析等 3 种。

5.5.1　热膨胀分析

　　物质在温度变化过程中会在一定方向发生尺寸(长度或体积)膨胀或收缩。大多物质会热胀冷缩，个别物质则相反。热膨胀分析法(thermodilatometry)是在程序控制温度下，测量物质在可忽视负荷下的尺寸随温度变化的一种技术。通过热膨胀分析仪可以测定物质的线膨胀系数和体膨胀系数。

　　线膨胀系数α为温度升高 1℃时，沿试样某一方向上的相对伸长(或收缩)量，即

$$\alpha = \Delta l / (l_0 \Delta t) \tag{5.1}$$

式中，l_0为试样原始长度(mm)；Δl 为试样在温度差为 Δt 的情况下长度的变化量。若长度随温度升高而增长，则α为正值；若长度随温度升高而收缩，则为负。α值在不同的温度区内可能发生变化。例如，物质在发生相转变时，α 值即发生变化。

　　体膨胀系数γ为温度升高 1℃时试样体积膨胀(或收缩)的相对量，即

$$\gamma = \Delta V / (V_0 \Delta t) \tag{5.2}$$

式中，V_0 为试样原始体积；ΔV 为 Δt 时温度的体积变化量。

　　经典的线膨胀系数测定仪如图 5.13 所示。为了使仪器本身的热膨胀系数尽可能减小，一般采用熔融石英材料(线膨胀系数为 0.5×10^{-6})。测定试样变化的装置可用机械千分表、光学测微计进行测定。

　　体膨胀系数测定仪如图 5.14 所示。这是一种毛细管式膨胀计。将试样放入样品容器并抽真空，随后注入水银、甘油或硅油等液体，使之充满样品管和部分带刻度的毛细管。当样品管温度变化后，试样的体积变化通过毛细管内液体的升降，由刻度管读出变化量。但是这种测定必须使液体充满容器和浸透试样，不能裹存气泡，否则将产生很大的误差。充

填液体的操作需十分仔细，通常需要多次反复才能得到可靠的数据。

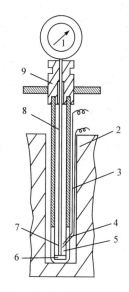

图 5.13 立式石英膨胀计

1. 千分表；2. 程序控制加热炉；3. 石英外套管；4. 测温
热电偶；5. 窗口；6. 石英底座；7. 试样；8. 石英棒；
9. 导向管

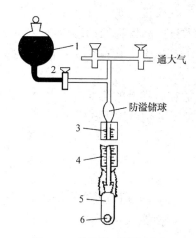

图 5.14 体膨胀系数测定仪

1. 汞及容器；2. 接真空管；3. 毛细管；4. 刻度板；
5. 样品池；6. 试样

5.5.2 静态热机械分析

静态热机械分析(thermomechanic analysis，TMA)是指在程序控温的条件下，分析物质承受拉、压、弯、剪、针入等力的作用发生的形变与温度的函数关系。试样通过施加某种形式的载荷，随着升温时间的进行不断测量试样的变形，以此变形对温度作图即可得到各种温度形变曲线。这种热分析方法对高聚物物质特别重要。

拉伸(收缩)热变形实验是在程序控温条件下，对试样施加一定的拉力并测定试样的形变。通过这种实验可以观察许多高聚物由于结构的不同而表现出的不同行为。

压缩式温度形变曲线是一种比较常用的静态热机械性质测定方法。它是在圆柱式试样上施加一定的压缩载荷。随着温度的升高不断测量试样的形变。压缩式温度形变曲线可以反映出结晶、非晶线型、交联等各种结构的高聚物。

弯曲式温度形变测定(或称热畸变温度测定)是工业上常用的测定方法。在矩形样品条的中心处施加一定负荷，在加热过程中用三点弯曲法测定试样的形变。

针入式软化温度测定是研究软质高聚物和油脂类物质的一种重要方法。维卡测定法常用来测定高聚物的软化温度，它是用截面为 $1mm^2$ 的圆柱平头针在 1000g 载荷的压力下，在一定升温速率下刺入试样表面，并以针头刺入试样 1mm 时的温度值定义为软化温度。对于分子量较低的线型高聚物而言，针入是由于试样在 T_g 温度以上发生黏性流动引起的。由于针头深入试样 1mm，材料必须相当软，维卡式软化温度的测定结果比其他方法的测定值高得多，这种方法不适用于软化温度较宽的高聚物(如乙基纤维素等)。

5.5.3 动态热机械分析

动态热机械分析(dynamic thermomechanic analysis，DMA)是在程序控制温度下，测量物质在振荡负荷下的动态模量或阻尼随温度变化的一种技术。高聚物是一种黏弹性物质，在交变力的作用下其弹性部分及黏性部分均有各自的反应。这种反应随温度的变化而改变。高聚物的动态力学行为研究能模拟实际使用情况，对玻璃化转变、结晶、交联、相分离以及分子链各层次的运动都十分敏感，是研究高聚物分子运动行为极为有用的方法。

施加在试样上的交变应力为 σ，产生应变为 ε。高聚物由于黏弹性，其应变滞后于应力，ε、σ 分别可用下式表示：

$$\varepsilon = \varepsilon_0 \exp(\mathrm{i}\omega t) \tag{5.3}$$

$$\sigma = \sigma_0 \exp[\mathrm{i}(\omega t + \delta)] \tag{5.4}$$

式中，ε_0、σ_0 分别为最大振幅的应变和应力；ω 为交变力的角频率；δ 为滞后相位角。

$I = 1$ 时复数模量为

$$E^* = \sigma / \varepsilon = \sigma_0 \exp(\mathrm{i}\delta) / \varepsilon_0 = \sigma_0(\cos\delta + \mathrm{i}\sin\delta) / \varepsilon_0 = E' + \mathrm{i}E'' \tag{5.5}$$

式中，$E' = \sigma_0 \cos\delta / \varepsilon_0$ 为实数模量，即模量的储能部分；E'' 为

$$E'' = \sigma_0 \sin\delta / \varepsilon_0 \tag{5.6}$$

表示与应变相差 π/2 的虚数模量，是能量的损耗部分。另外还可用内耗因子 Q^{-1} 或损失角正切 $\tan\delta$ 表示损耗，

$$Q^{-1} = \tan\delta = E'' / E' \tag{5.7}$$

图 5.15 为黏弹性物质在正弦交变载荷下的应力、应变关系示意图。在程序控温条件下不断测定高聚物 E'、E'' 和 $\tan\delta$ 值，可得到如图 5.16 所示的动态力学-温度谱。从图中可以看到，实数模量 E' 呈阶梯状下降，在与阶梯下降相对应的温度区，E'' 和 $\tan\delta$ 出现高峰。表明在这些温度区内高聚物分子运动发生某种转变，即某种运动的解冻。对于非晶态高聚物，最主要的转变是玻璃化转变，模量明显下降，同时分子链段克服环境黏性运动消耗能量，出现与损耗有关的 E'' 和 $\tan\delta$ 高峰。

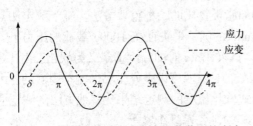

图 5.15 黏弹性物质在正弦交变载荷下的应力
应变关系图

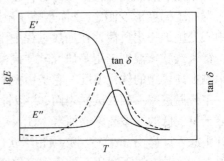

图 5.16 典型的高聚物动态力学-温度谱

1. 扭转分析及扭辫分析

扭转分析是利用扭摆原理构成的一种较简单的动态热机分析方法。它是一种自由振动，其频率为 $10^{-1}\sim 10$Hz。装置的结构原理如图 5.17 所示。试样的一端被固定夹具夹住，另一端与一惯性体(杆或圆盘)相连，将此惯性体连同试样扭转一定角度并突然松开时，此惯性体将做如图中所示的固定周期的衰减运动。高聚物的黏性产生力学内耗，逐步将振动的能量转变为热能而消耗。

扭辫分析法是从扭转分析法中演变而来的，在扭辫分析中，不直接扭转试样，而是扭转涂有试样的扭辫。这里的扭辫实际上是一种载体，它用玻璃纤维或其他惰性纤维编织成辫子，并以此为基底，将高聚物试样的溶液或熔体涂覆在辫子上，阴干或加微热烘干后进行实验。扭辫分析法的试样用量少(100mg 以下)，可以用液态、固态各种高聚物试样，灵敏度很高，应用较广。

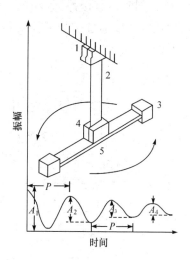

图 5.17　扭摆式 DMA 示意图及
自由衰减振动的振幅-时间曲线
1. 上夹具(固定)；2. 试样；3. 摆锤；
4. 下夹具；5. 惯性摆杆

2. 强迫共振法——振簧法

强迫共振法有很多形式，如振簧法、悬臂梁法等，振簧法试样用量较少且操作方便，应用较多。该法将纤维状或片状试样的一端夹持在一特制的电磁换能器上，并由一个正弦波音频振荡电源使电磁换能器产生振动。驱动振动的音频信号源的频率可以连续调节，此振动将带动试样发生同频率的振动。振动幅度可以用低倍显微镜观察，也可用电容拾振器检测。所得结果经计算可得各种动态力学参数。

3. 强迫非共振法——黏弹谱仪

动态黏弹性分析是在程序控温下测量物质模量随温度变化的一种技术。这种分析方法的分辨率不及扭辫分析高，但重复性好，能直接测出绝对模量，是目前最好的动态热机械测定法。

黏弹谱仪属于强迫非共振型动态热机械分析，其温度和频率是两个独立可变的参数，可得到不同频率下的 DMA 曲线，同时可得到不同温度条件下的频率与动态力学参数的谱图。黏弹谱仪如图 5.18 所示。试样 5 在夹具间用直流伺服电机 10 预先施加一个拉应力，是为了使试样在振动时永远处于受拉的状态(因为振动的往复是拉压的形式)。同时随温度程序升高，试样发生膨胀时还要不断用伺服电机调节预应力以保持原设定值。振动源是由电磁振动头 1 提供，它由可调超低频音频发生器通过功率放大器驱动。这样即可按音频发生器的频率强迫试样拉-压振动。在振动头与样品夹具之间串联一个应力测定计，另一个夹具与位移计并联以测量应变。应力和应变的正弦电信号分别通过各自的电路和数字显示器给出试样应力和应变的最大振幅 σ_0 和 ε_0，同时还通过另一个电路比较应力、应变两个正

弦信号的相位差 δ。这样由 σ_0 和 ε_0 可以通过式(5.8)、式(5.9)计算出复数杨式模量 E^*、E' 和 E''，同时可直接得到 $\tan\delta$。在程序控温过程中，需记录三个数据，作图时数据计算比较烦琐，可以通过黏弹谱仪配备的计算机系统实时计算并给出 E'、E'' 和 $\tan\delta$ 三条曲线的温度谱。

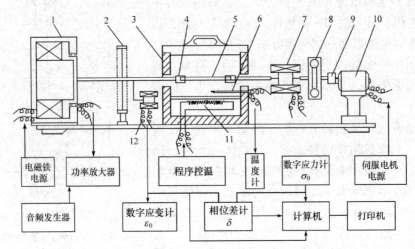

图 5.18　黏弹谱仪示意图

1. 电磁振动头；2. 支持簧；3. 控温箱；4. 夹头；5. 试样；6. 热电偶；7. 测力差动变压器；8. 测力臂；9. 齿轮；
10. 直流伺服电机；11. 电热丝；12. 测应变差动变压器

5.6　热分析技术的应用

5.6.1　差热分析及差示扫描量热分析法的应用

差热分析(DTA)曲线以温差为纵坐标，以时间或温度为横坐标。差示扫描量热分析(DSC)曲线以热流量为纵坐标，以时间或温度为纵坐标。DTA 曲线和 DSC 曲线的共同特点是峰在温度或时间轴上的相应位置、形状和数目等信息与物质的性质有关，因此可用来定性地表征和鉴定物质。峰的面积与反应热熔有关，可用来定量或半定量估计参与反应的物质的量或测定热化学参数。DSC 分析不仅可定量测定物质的熔化热、转变热和反应热，还可以计算物质的纯度和杂质量。

1. 物质的放热和吸热

利用 DTA 曲线或 DSC 曲线研究物质的变化，首先要对 DTA 曲线上的每一个放热峰或吸热峰的产生原因进行分析。每一种矿物都有其特定的 DTA 曲线，像"指纹"一样表征该物质的特征。复杂的矿物往往具有复杂的 DTA 曲线，在进行分析时只要结合试样的来源，考虑影响 DTA 曲线形态的因素，与可能存在的每种物质的"DTA"指纹进行对比，就能够解释 DTA 曲线中峰谷的产生原因。

1) 含水矿物的脱水

几乎所有的矿物都有脱水现象，脱水时会产生吸热效应，在 DTA 曲线上表现为吸热峰。物质中水的存在状态可以分为吸附水、结晶水和结构水。DTA 曲线上的吸热峰温度和形状因水的存在形态和量不同而不同。

普通吸附水的脱水温度一般为 100～110℃。存在于层状硅酸盐结构中的层间水或胶体矿物中的胶体水多数在 200～300℃以内脱出，个别在 400℃以内脱出；在架状硅酸盐结构中的水要在 400℃左右才大量脱出。结晶水在不同结构中的矿物中结合强度不同，其脱水温度也不同。结构水是矿物中结合最牢的水，脱水温度较高，一般在 450℃以上才能脱出。

2) 矿物分解放出气体

碳酸盐、硫酸盐、硝酸盐、硫化物等物质在加热过程中，分解放出 CO_2、NO_2、SO_2 等气体，产生吸热效应。不同结构的矿物，分解温度和 DTA 曲线的形态不同，可用差热分析法对这类矿物进行区分、鉴定。

3) 氧化反应

试样或分解产物中含有变价元素，加热到一定温度时会发生由低价元素变为高价元素的氧化反应，同时放出热量，在 DTA 曲线上表现为放热峰。例如，FeO、Co、Ni 等低价元素化合物在高温下均会发生氧化而放热。C 或 CO 的氧化在 DTA 曲线上有大而明显的放热峰。

4) 非晶态物质转变为晶态物质

非晶态物质在加热过程中伴随析晶或不同物质在加热过程中相互化合成新物质时均会放出热量。例如，高岭土加热到 1000℃左右会产生 γ-Al_2O_3 析晶，钙镁铝硅玻璃加热到 1100℃以上时会析晶，水泥生料加热到 1300℃以上时会相互化合形成水泥熟料矿物而呈现出各种不同的放热峰。

5) 晶型转变

有些矿物在加热过程中发生晶体结构变化，并伴随热效应。加热过程中晶体会由低温变体向高温变体转化，如低温型石英晶体加热到 573℃时转化为高温型石英，C_2S 在加热到 670℃时由 β 型转变为 α 型、830℃时由 γ 型转变为 α 型、1440℃时由 α 型转变为 α 型，这时都会产生吸热效应。若在加热过程中矿物由非平衡态晶体转变为平衡态晶体，则产生放热效应。

此外，固体物质的熔化、升华，液体的气化、玻璃化转变等在加热过程中都会产生吸热，在 DTA 曲线上表现为吸热峰。

DTA 分析和 DSC 分析都是利用物质在加热过程中产生物理化学变化的同时产生吸热或放热效应。它们的共同特点是吸放热峰位置、形状和数目与物质性质有关，可用来定性表征和鉴定物质。DSC 曲线的峰面积与反应热焓有关，可用来定量估计参与反应物质的量或测定热化学参数。

表 5.2 总结了一些物理化学变化与吸热或放热曲线峰的对应关系。DTA 和 DSC 都可检测出热焓或热容量变化的现象，这些现象主要是由物质的化学组分和状态改变引起的。峰的形状、峰的最大温差所在温度虽然受到样品装填方式、几何参数、升温速率、炉子气氛、参比物温度等的影响，但主要还是受反应动力学所控制。基线的改变与样品的热量变化有关，这对检测玻璃化转变温度极为重要。峰的面积取决于热焓的改变，但也会受到样品尺寸、热传导率和比热的影响。

表 5.2　DTA 和 DSC 曲线的物理、化学解释

物理现象	峰谷面积		化学现象	峰谷面积	
	吸热	放热		吸热	放热
结晶转变	√	√	化学吸附		√
熔融	√		脱溶剂化	√	
蒸发	√		脱水	√	
升华	√		分解	√	√
吸附		√	氧化降解		√
脱附	√		在气氛中氧化		√
吸收	√		在气氛中还原	√	
固化点转变	√		氧化还原反应	√	√
玻璃转变	基线改变，无峰		固相反应	√	√
液晶转变	√		燃烧		√
热容转变	基线改变，无峰		聚合		
			预固化(树脂)		√
			催化反应		√

2. DTA 与 DSC 分析在成分和物性分析中的应用

1) 成分分析

每种物质在加热过程中都有自己独特的 DTA 或 DSC 曲线，根据这些曲线可以将其从未知多种物质的混合物中定性地识别出来。

图 5.19(a)是两种物质的混合物的 DTA 曲线，在 120℃ 和 190℃ 的两个吸热峰与图 5.19(b) 中 $CaSO_4 \cdot 2H_2O$ 的两脱水峰一样，而 240℃ 的吸热峰与图 5.19(c)中 Na_2SO_4 的吸热峰形一样，说明图 5.19(a)的混合物是由无水 Na_2SO_4 和 $CaSO_4 \cdot 2H_2O$ 两种物质组成。

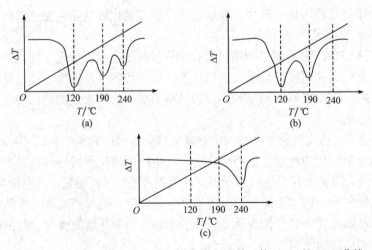

图 5.19　Na_2SO_4 和 $CaSO_4 \cdot 2H_2O$ 混合物(a)及单一物(b，c)的 DTA 曲线

目前，国内外的科学工作者已先后收集了多种物质的大量 DTA 曲线，并编制成册及索引，为未知矿物的成分定性分析提供方便。

但在进行矿物成分定性分析时，应注意以下几点：

(1) 加热过程中混合物中的单一物质之间不能有任何化学反应和变化。

(2) 加热过程中物质的热效应不能过于简单，否则不易识别。

(3) 在实验温度区不允许个别物质形成固熔体，否则影响定性分析结果。

(4) 实验条件必须严格控制，最好在同一台仪器上进行以便于比较。

(5) 不适于无定形物质的成分定性分析。

2) 定量分析

DSC 分析技术通过对试样在发生热效应时及时进行能量补偿，使试样与参比物之间温度始终保持相同，无温差、无热传递，最大限度地减少热损失，其在热量的定量分析方面有极大的应用前景。

DTA 分析法在大多数情况下只做定性分析，但在分析微量样品时，尤其是以热电堆式差热电偶作检测器时也可进行半定量或定量分析。为了提高 DTA 定量分析的精度，克服测试条件变化对定量分析精度的影响，在测试时可采用内标法进行标定。

同一 DTA 曲线上的两种物质的峰面积比与含量有关，可在未知物中加入已知反应热量的物质作为内标来测定未知物质的热量变化及含量。该法的峰面积是在同一曲线上读取的，不受测试条件影响，定量分析的精度可以提高。

3) 纯度测定

在化学分析中，纯度分析是很重要的一项内容。DSC 法在纯度分析中具有快速、精确、试样用量少及能测定物质的绝对纯度等优点，近年来已广泛应用于无机物、有机物和药物的纯度分析。

DSC 法测定纯度是根据熔点或凝固点下降确定杂质总含量。基本原理以范特霍夫方程为依据，熔点降低与杂质含量可由下式表示：

$$T_S = T_0 - \frac{RT_0^2 x}{\Delta H_f} \frac{1}{F} \tag{5.8}$$

式中，T_S 为样品瞬时温度(K)；T_0 为纯样品的熔点(K)；R 为摩尔气体常量；ΔH_f 为样品的熔融热；x 为杂质物质的量；F 为总样品在 T_S 熔化的分数。

由式(5.8)可知，T_S 是 $1/F$ 的函数。T_S 可以从 DSC 曲线中测得，$1/F$ 是曲线到达 T_S 的部分面积除以总面积的倒数。以 T_S 对 $1/F$ 作图为一直线，斜率为 $RT_0^2 x / \Delta H_f$，截距为 T_0。ΔH_f 可从积分峰面积求得。由直线的斜率可求出杂质含量 x，如图 5.20 所示。

应用式(5.8)测定物质的纯度，需要修正两个参量。

(1) 样品的熔融热要用标准物质(如铟)来校正，以弥补没有被检测到的熔化。

(2) 样品瞬时温度 T_S 的测量，应将在相同条件下测得的标样(如铟)峰前沿斜率的切线平移通过样品曲线上需读取温度的那一点并外推与实际基线相交。交点对应的温度即为 T_S 对应温度。如图 5.20(a)中 E 点对应温度为 $T_{S(E)}$。对应峰面积为 AED，$F = AED/ABC$。作出 T_S-$1/F$ 关系图，经修正后为一直线，如图 5.20(b)所示。

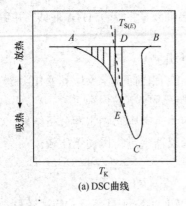

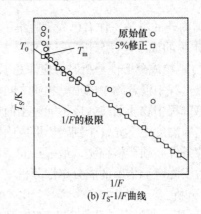

(a) DSC曲线   (b) T_S-$1/F$曲线

图 5.20   纯度测定

4) 比热测定

比热是物质的一个重要物理常数。利用 DSC 法测量比热是一种新发展起来的仪器分析方法。在 DSC 法中,热流速率正比于样品的瞬时比热容:

$$\mathrm{d}H/\mathrm{d}t = mC_\mathrm{p}\mathrm{d}T/\mathrm{d}t \tag{5.9}$$

式中,$\mathrm{d}H/\mathrm{d}t$ 为热流速率($\mathrm{J \cdot s^{-1}}$);m 为样品质量(g);C_p 为比热($\mathrm{J \cdot g^{-1} \cdot {}^{\circ}C^{-1}}$);$\mathrm{d}T/\mathrm{d}t$ 为程序升温速率($\mathrm{{}^{\circ}C \cdot s^{-1}}$)。

为了解决 $\mathrm{d}H/\mathrm{d}t$ 的校正工作,可采用已知比热容的标准物质如蓝宝石作标准,为测定进行校正。实验时首先将空坩埚加热到比试样所需测量比热容的温度 T 低的温度 T_1 恒温,然后以一定速率(一般 8~10℃·min⁻¹)升到比 T 高的温度 T_2 恒温,作 DSC 空白曲线,如图 5.21 所示;再将已知比热容和质量的参比物放在坩埚内,按同样条件进行操作,作出参比物的 DSC 曲线;然后将已知质量的试样放入坩埚,按同样条件作 DSC 曲线。此时可从图中量得欲测温度 T 时的 y' 和 y 值。

对于标准参比物(蓝宝石),

$$\left(\frac{\mathrm{d}H}{\mathrm{d}t}\right)_\mathrm{B} = m_\mathrm{B}C_\mathrm{pB}\frac{\mathrm{d}T}{\mathrm{d}t} \tag{5.10}$$

将式(5.10)除以式(5.9)得

$$C_\mathrm{p} = \frac{m_\mathrm{B}C_\mathrm{pB}}{m}\frac{\mathrm{d}H}{\mathrm{d}t}\bigg/\left(\frac{\mathrm{d}H}{\mathrm{d}t}\right)_\mathrm{B} = C_\mathrm{pB}\frac{m_\mathrm{B}}{m}\frac{y}{y'} \tag{5.11}$$

采用 DSC 法测定物质比热容时,精度可到 0.3%,与热量计的测量精度接近,但试样用量要小 4 个数量级。

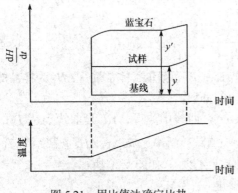

图 5.21   用比值法确定比热

3. DTA 与 DSC 分析在无机材料中的应用

热分析在材料科学,包括无机材料科学和高分子材料科学方面也有相当广泛的应用。在无机材料方面的应用主要是在硅酸盐材料和金属材料方面的应用。

硅酸盐材料通常指水泥、玻璃、陶瓷、耐火材料和建筑材料等,其中最常见的是硅酸盐水泥和玻璃。

硅酸盐水泥与水混合发生反应后，会凝固硬化，经一定时间能达到应有的最高机械强度。一般 DTA 在硅酸盐水泥化学中的应用有：

(1) 焙烧前的原料分析，如确定原料中所含碳酸钙和碳酸镁的含量。

(2) 研究精细研磨的原料逐渐加温到 1500℃ 形成水泥熟料的物理化学过程。

(3) 研究水泥凝固后不同时间内水合产物的组成及生成速率。

(4) 研究促进剂和阻滞剂对水泥凝固特性的影响。

图 5.22 是典型的普通硅酸盐水泥水合的 DTA 曲线。图 5.22 中曲线 1 是硅酸盐水泥混合原料即石灰石和黏土混合物的 DTA 曲线；$100 \sim 150℃$ 的吸热峰为黏土原料吸附水的释放所产生，$900 \sim 1000℃$ 的大吸热峰为碳酸钙的分解所产生，$1200 \sim 1400℃$ 的放热和吸热峰是原料物质的反应和 $2CaO \cdot SiO_2(C_2S)$、$3CaO \cdot SiO_2(C_3S)$ 等产物的吸热峰。

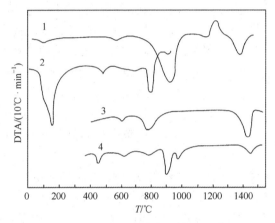

图 5.22 水泥原料及其产物的 DTA 曲线

1. 水泥原料、水泥水合物；2. 硅酸盐水泥(水合 7 天)；3. C_2S；4. C_3S

曲线 2 是硅酸盐水泥水合 7 天后的 DTA 曲线。从图上可发现，$100 \sim 200℃$ 时存在水合硅酸钙凝聚物的脱水吸热峰；500℃ 附近出现的第二个吸热峰是氢氧化钙分解造成的；第三个吸热过程在 $800 \sim 900℃$，可能是碳酸钙分解形成的，同时也有可能与固-固相转变有关。

曲线 3 是水泥的一个重要成分 $2CaO \cdot SiO_2$ 的 DTA 曲线，在 $780 \sim 830℃$ 以及 1447℃ 的吸热峰是由 γ 型转变为 α 型和由 α' 型转变为 α 型形成的。

曲线 4 是水泥的主要组分 $3CaO \cdot SiO_2$ 的 DTA 曲线，其在 464℃ 的吸热峰为 $Ca(OH)_2$ 的脱水峰，622℃ 和 755℃ 时产生的峰是 $2CaO \cdot SiO_2$ 由 γ 型转变为 α 型和由 α' 型转变为 α 型形成的，923℃ 和 980℃ 两个峰是 $3CaO \cdot SiO_2$ 发生转变形成的。

玻璃是一种远程无序结构的固体材料，随着温度的升高可逐渐成为流体。在对玻璃的研究中，热分析主要应用于：①研究玻璃形成的化学反应和过程；②测定玻璃的玻璃化转变温度与熔融行为；③研究高温下玻璃组分的挥发；④研究玻璃的结晶过程和测定晶体生长活化能；⑤制作相图；⑥研究玻璃工艺中遇到的技术问题；⑦微晶玻璃的研究。

玻璃化转变是一种类似于二级转变的转变，它与具有相变的如结晶、熔融类的一级转变不同，其临界温度是自由焓的一次导数连续，二次导数不连续。玻璃在转变温度 T_g 处比热容会产生一个跳跃式的增大，在 DTA 曲线上表现为吸热峰。玻璃析晶时会释放能量，DTA 曲线上表现为一个强大的放热峰。图 5.23 为 80TeO$_2$-18Nb$_2$O$_5$-2CeO$_2$ 系统玻璃的 DTA 曲线。80TeO$_2$-20Nb$_2$O$_5$ 玻璃的转变温度 T_g 和析晶温度、熔融温度区间分别对应 386℃、500℃ 及 710℃ 附近，随着少量 CeO$_2$ 的引入，玻璃化转变温度 T_g 和析晶温度、熔融温度均有所上升，预示着玻璃网络结构和析晶性能有所变化。

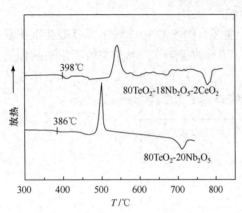

图 5.23　TeO$_2$-Nb$_2$O$_5$-CeO$_2$ 玻璃的 DTA 谱

玻璃发生分相时，从 DTA 曲线上可见两个吸热峰，对应于两相玻璃的 T_g 温度。DTA 曲线可用于检验玻璃是否分相，还可根据吸热峰的面积估计两相的相对含量。

微晶玻璃是通过控制晶化得到的多晶材料，在强度、耐温度急变性和耐腐蚀性等方面较原始玻璃都有大幅度提高。微晶玻璃在晶化过程中释放出大量的结晶潜热，产生明显的热效应，DTA 分析在微晶玻璃研究中具有重要作用。微晶玻璃的制备过程分核化和晶化两个阶段，核化温度取接近 T_g 温度而低于膨胀软化点的温度范围，晶化温度取放热峰的上升点至峰顶温度范围。

金属的热稳定性直接影响金属材料的实际使用，热稳定性能好的金属材料常被用作耐高温涂层、耐火材料及热电材料等。利用热分析技术研究金属材料在加工、应用和回收过程中的热稳定性能十分重要，同时其在金属材料相变、高温诱导化学反应、热传输特性、反应动力学等研究领域也有广泛应用。在金属与合金材料上，DTA 与 DSC 分析的主要应用领域有：①研究金属或合金的相变，用以测定熔点(或凝固点)、制作合金的相图以及测定相变热等；②研究合金的析出过程，用于低温时效现象的解释；③研究过冷的亚稳态非晶金属的形成及其稳定性；④研究磁学性质(居里温度)的变化；⑤研究化学反应性，如化学热处理条件、金属或合金的氧化及抗腐蚀性等；⑥测定比热容。

4. DTA 与 DSC 曲线在高分子材料方面的应用

DTA 和 DSC 技术在高分子材料方面的应用发展极为迅速，目前已成为高聚物材料常规的测试和基本研究手段。

1) 物性测定

可用 DTA 和 DSC 技术测定的高聚物的物性有：玻璃化转变温度、熔融温度、结晶转变温度、结晶度、结晶速率、添加剂含量、热化学数据(如比热容、熔化热、分解热、蒸发热、结晶热、溶解热、吸附与解吸热、反应热等)以及分子量等。图 5.24 为高分子材料的 DTA 和 DSC 模式曲线，由图中可以看出高聚物的一些物性数据。

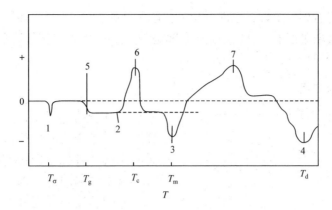

图 5.24　高分子材料的 DTA 和 DSC 模式曲线

1. 固-固一级转变；2. 偏移的基线；3. 熔融转变；4. 降解或气化；5. 二级转变或玻璃化转变；6. 结晶；
7. 固化、氧化、化学反应或交联

2) 高聚物玻璃化转变温度 T_g 的测定

高聚物的 T_g 是一个非常重要的物性数据，在玻璃化转变时高聚物由于热容的改变导致 DTA 或 DSC 曲线的基线偏移，如图 5.25 所示。根据 ICTA 的规定，以转折线的延线与基线延线的交点 B 作为 T_g 点。又以基本开始转折处 A 和转折回复到基线处 C 为转变区。有时在高聚物玻璃化转变的热谱图上，会出现类似一级转变的小峰，常称为反常比热容峰[图 5.25(b)]，这时 C 点定在反常比热峰的峰顶上。

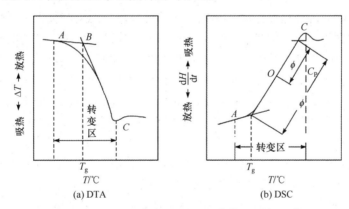

图 5.25　用 DTA 曲线(a)和 DSC 曲线(b)测定 T_g 值

3) 热固性树脂固化过程的研究

用 DSC 法测定热固性树脂的固化过程有不少优点，如试样用量小、测量精度较高(其相对误差在 10%以内)、适用于各种固化体系。从测定中可以得到固化反应的起始温度、峰值温度和终止温度，还可得到单位质量的反应热以及固化后树脂的玻璃化转变温度。这些数据对于树脂加工条件的确定、评价固化剂的配方(包括促进剂等)都很有意义。

图 5.26 示出一种典型的环氧树脂固化的 DSC 曲线，可以看出首先出现一个吸热峰，这是树脂由固态熔化，然后出现一个很明显的放热峰，即固化峰。可以用基线与之相切得到固化起始温度 T_a 和终止温度 T_c，从曲线峰顶得到 T_b，由图还可看到下面一条曲线，这是经过第一次实验后，对原试样再进行第二次实验。这时试样已经过热处理而固化，不再出

现固化峰，而仅可看到一个转折，即固化后树脂体系的玻璃化转变。但是若树脂固化不完全，则仍可看出有较平坦的固化峰痕迹，同时玻璃化转变出现在较低的温度上，完全固化或经后固化处理的样品测出的 T_g 温度最高。

5.6.2   热重分析的应用

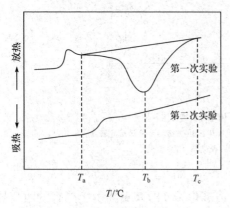

图 5.26   典型的环氧树脂固化的 DSC 曲线

热重分析的应用非常广泛，凡是在加热过程中有质量变化的物质都可应用。它可用于研究无机和有机化合物的热分解、不同温度及气氛中金属的抗腐蚀性能、固体状态的变化、矿物的冶炼和焙烧、液体的蒸发和蒸馏、煤和石油及木材的热解、挥发灰分的含量测定、蒸发和升华速度的测定、吸水和脱水、聚合物的氧化降解、气化热测定、催化剂和添加剂评定、化合物组分的定性和定量分析、老化和寿命评定、反应动力学研究等领域。其特点是定量性强。

1. 热重分析在无机材料中的应用

热重分析在无机材料领域有广泛的应用。它可以用于研究含水矿物的结构及热反应过程、测定强磁性物质的居里点温度、测定计算热分解反应的反应级数和活化能等。在测定玻璃、陶瓷和水泥等材料方面也有较好的应用价值。在玻璃工艺和结构的研究中，热重分析可用来研究高温下玻璃组分的挥发、验证伴有失重现象的玻璃化学反应等。在水泥化学研究中，热重分析可用于研究水合硅酸钙的水合作用动力学过程，它可以精确测定加热过程中水合硅酸钙中游离氢氧化钙和碳酸钙的含量变化。在采用热重分析结合逸气分析研究硬化混凝土中的水含量时，可以发现在 500℃ 以前发生脱水反应，而在 700℃ 以上发生的是脱碳过程。

物质热重曲线的每一个平台都代表该物质确定的质量，能精确地分析出二元或三元混合物各组分的含量。在研究白云石的热重曲线时，如图 5.27 所示，可求出白云石中 CaO 和 MgO 的含量，并推算白云石的纯度。图中 $W_1 - W_0$ 为白云石中 $MgCO_3$ 分解出 CO_2 的失重，以此可算出 MgO 的含量。$W_2 - W_1$ 为白云石中 $CaCO_3$ 分解放出 CO_2 的失重，以此可算出 CaO 的质量。由白云石中的 CaO 和 MgO 的质量可算出白云石的纯度。

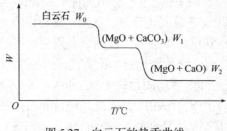

图 5.27   白云石的热重曲线

2. 热重分析在高分子材料中的应用

在高分子材料研究中，热重分析可用于测定高聚物材料中的添加剂含量、挥发分含量和水分含量、鉴定和分析共混合共聚的高聚物、研究高聚物裂解反应动力学和测定活化能、估算高聚物化学老化寿命和评价老化性能等。

5.6.3 热膨胀分析的应用

热膨胀法在材料研究中具有重要意义，研究和掌握陶瓷材料的各种原料的热膨胀特性对确定陶瓷材料合理的配方和烧成制度至关重要。

图 5.28 示出了三种硬质黏土的热膨胀曲线。图中曲线 a 为以水铝石为主并含微量高岭石的黏土，在 1000℃ 以前收缩甚小(仅 1%)。1000℃ 以后才开始形成剧烈的收缩。曲线 b 为含高岭石和水铝石的黏土，在 1000℃ 时总收缩为 2%。曲线 c 为以高岭石为主体的黏土，自 500℃ 开始出现较大收缩，1000℃ 时收缩达 4.7%，至 1420℃ 收缩达 7.7%。以上现象意味着试样 a 的烧结温度最高(即在相同温度下收缩最小)，试样 c 的烧结温度最低。可见试样烧结温度的高低与具有耐火性较高的水铝石含量有关。

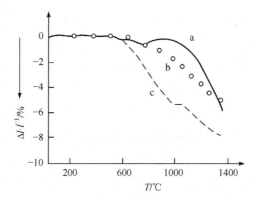

图 5.28　三种硬质黏土的热膨胀曲线
a. 水铝石+微量高岭石；b. 高岭石+水铝石；c. 高岭石为主

玻璃化转变温度是控制材料质量的重要参数。玻璃化转变通常伴随膨胀系数变大，可以通过测定膨胀系数的变化过程确定玻璃化转变温度。

5.6.4 热机械分析的应用

热机械分析在高分子材料中的应用发展极为迅速，应用也非常广泛，其最大优势在于能够准确分析出塑料类高分子材料的机械性能、应力松弛和软化点，目前已成为高分子材料测试与研究的一种重要手段。它可以用来测定高聚物的 T_g、研究高聚物的松弛运动、固化过程、分析增塑剂含量、表征高聚物合金组分的相容性等。

用 TMA 法测定 T_g 是一种最简便的方法。一般采用压缩式温度-形变曲线，以基线和转折线的切线的交点来确定 T_g，如图 5.29 所示的聚甲基丙烯酸甲酯的压缩式温度-形变曲线。从图中可以看出，压缩载荷的大小只能影响曲线形状，并不影响 T_g。但是升温速率对 T_g 值有影响，升温速率快，T_g 偏高。

扭摆法、扭辫法、振簧法及黏弹谱仪等方法均可用来测定 T_g 值，其中扭摆法和振簧法设备比较简单。可以从得到的温度和动态力学参数谱确定 T_g 值。

高聚物的宏观物性是分子松弛运动的反映。几种热机械分析方法都可以研究高聚物的分子松弛运动，特别是在玻璃化转变温度以下的各种机制的运动，如曲柄运动、侧基或侧链运动以及含杂原子的杂链高聚物中杂原子部分的运动等。

曲柄运动是指高聚物主链上包含三个(或四个)以上的亚甲基(—CH₂—)基团时，能形成曲柄状沿一个轴做旋转运动，这将在 DMA 谱上的-120℃附近出现一个内耗峰，一般称为 γ 松弛。图 5.30 示出尼龙 3～尼龙 11 五种尼龙的曲柄运动松弛，可以看出随着—CH₂—基团增多，内耗峰增高。

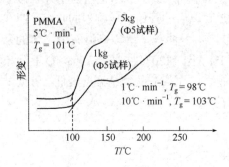

图 5.29   聚甲基丙烯酸甲酯的压缩式温度-形变   图 5.30   五种尼龙的曲柄运动所显示的 DMA
　　　　　曲线　　　　　　　　　　　　　　　　　　　　　　内耗峰

5.7   热分析技术的近期发展

热分析技术作为一类科学的分析测试技术，在无机、有机、化工、冶金、医药、食品、塑料、橡胶、能源、建筑、生物及空间技术等领域广泛应用。热分析技术方法的种类不断发展，在材料科学研究中始终占据重要地位。

5.7.1   调制温度式差示扫描量热分析

DSC 分析可以对物质吸放热效应进行定量分析，但对于存在于相同温度范围内的多重转变过程难以给出准确的判断和解释，无法同时获得高灵敏度和高分辨率。对于微弱转变的表征很大程度上还受到基线斜率和稳定性影响。传统 DSC 技术无法测量材料在恒温下的比热变化，限制了该技术的应用。20 世纪 90 年代，由 M. Reading 等发展起来的调制温度式差示扫描量热法(modulated differential scanning calorimetry，MDSC)可以很好地解决这些问题。MDSC 技术是在线性加热的基础上叠加一个正弦振荡的加热方式，如图 5.31 所示。这种复杂的升温模式相当于在被测样品上同时进行两种测试：一种是传统的线性速率基础升温，一种是使用交变正弦速率的瞬间升温。较为缓慢的线性基础升温可以保证较高的分辨率，正弦振荡的瞬间升温模式形成瞬间剧烈的温度变化，又可获得较高的灵敏度，弥补了传统 DSC 技术不能同时兼顾高灵敏度和高分辨率的不足。再运用傅里叶变换可将总热流分解成与热容相关的可逆成分和与动力学相关的不可逆成分，进而将许多重叠的转变分开，据此可对材料的结构和特性做进一步分析。

一些高聚物(热固性、半结晶性)的相态转变包含复杂热过程，如玻璃化转变中焓的弛豫、熔融前无定形部分的结晶、亚稳态晶体在熔融中的结晶过程，因而较难准确分析。玻璃化转变中焓的弛豫是一个与材料热历史有关的吸热过程，在特定条件下会使玻璃化转变像一个熔融过程。而调制式 DSC 通过其特有的方式可以将与热容相关的可逆热流和与动

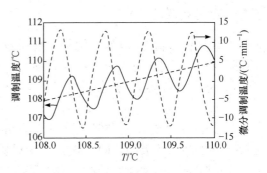

图 5.31　线性叠加正弦波的升温曲线

力学相关的不可逆热流分离开，可区分可逆的聚合物结晶熔融和玻璃化转变过程以及不可逆的热焓松弛现象，从而解释了许多以前无法解释的现象。

5.7.2　其他热分析技术

放射性热分析(emanation thermal analysis，ETA)技术是在程序控温条件下测量从物质中释放出的放射性物质与温度的关系的一种技术。它先将放射性惰性气体吸附到固态试样中，随后在程序控温下通过测量从试样中释放出的放射性气体，研究在动态条件下化合物的结构变化、固体样品与周围介质的相互作用以及固体中的化学平衡。包括：沉淀物或凝胶状材料的老化、重结晶、结构缺陷的退火；晶体和非晶体固体的缺陷状态的变化、烧结、相变；伴随着固体的热分解而发生的表面和形态的变化；固体及其表面的化学反应，包括固-气、固-液和固-固相间相互作用等。

热发声法(thermosonimetry，TS)是在程序控制温度和一定气氛下，测量试样发出的声波与温度关系的一种技术。固体中的声发射来自固体中释放弹性能量的过程，这些过程主要包括位错运动、裂纹的产生和增长、新相成核、松弛过程等。在物理性质发生不连续的变化时会产生弹性波，从而引起声波效应，这些物理变化主要包括玻璃化转变、不连续的自由体积的变化等过程。上述这些转变过程中伴随很低的能量变化，通常很难由常规的热分析技术检测到。热发声法可以通过测量样品发出声波的变化信息评估材料的辐射损伤、缺陷的含量和样品的退火程度等。它是一种灵敏度很高的技术，还可以用来开展与脱水、分解、熔化等过程相关的机理研究。

热传声法(thermoacoustimetry)是在程序控制温度和一定气氛下，测量通过试样后的声波特性与温度关系的技术。在热传声法中，可以通过相应的设备测量样品在特定的气氛和程序控制温度下，声波在穿过样品后随温度或时间的变化关系曲线。

介电热分析(dielectric thermal analysis，DETA)技术通常被用来测量材料在周期性变化的电场作用下的性质变化。它用来测量样品在程序控制温度和一定气氛作用下，在一定频率的交变电场下的性质变化。通过介电热分析可以直接获得材料的电学性质(即复介电常数、介电常数、损耗因子、电导率、玻璃化转变温度、活化能等)信息。介电响应与分子偶极子的数量和强度有关，可用于研究聚合物体系中的分子弛豫过程。此外，介电信息还与在聚合过程中的固化程度和流变学变化相关。

5.7.3 热分析联用技术

每种热分析技术只能了解物质性质及其变化的某些方面，而一种热分析手段与别的热分析手段或其他分析手段联合使用，会收到互相补充、互相验证的效果，获得更全面更可靠的信息。在热分析技术中，各种单功能的仪器倾向于形成联用的综合热分析技术。

热分析联用技术是指在程序控制温度和一定气氛下，对一个试样采用两种或多种热分析方法的技术，主要包括同时联用、串接联用和间歇联用技术三种形式。

同时联用技术是指在程序控制温度和一定气氛下，对一个试样采用两种或多种热分析技术，常见的有 DTA-TG、DSC-TG、DTA-TMA、DTA-TG-TMA、DSC 与光学显微镜联用(显微 DSC 技术)等技术。

串接联用技术是指对一个试样采用两种或多种热分析技术，其后一种分析仪器通过接口与前一种分析仪器相串接的技术。将热分析仪与可分析气体的技术串接起来分析由热分析仪逸出的气体产物是最常见的串接联用技术，如 TG-DSC/FTIR(傅里叶变换红外光谱)、TG-DSC/MS(质谱)等技术。

间歇联用技术在对试样进行两种或多种分析时，仪器的连接形式与串接联用相同，但后一种分析技术是不连续地从前一种分析仪采样，常见的有热分析仪与气相色谱(gas chromatogram，GC)或 GC/MS 技术的联用。为更好地获取热处理过程中的物理、化学和结构信息，一些生产厂商相继推出了如热分析、红外光谱、气质联用仪等分析技术多级联用技术。

热分析联用技术除了拥有各种单一热分析仪器的分析手段外，可对物质的各种热效应进行综合判断，从而更为准确地判断物质的热过程。若物质产生吸热效应并伴有质量损失，一般是物质脱水或分解；若产生放热效应并伴有质量增加，则为氧化过程。若产生吸热效应而无质量变化，为晶型转变；若产生放热效应并伴有体积收缩，一般为重结晶或有新物质生成。无明显的热效应而有收缩，表示烧结开始；收缩越大，烧结进行得越剧烈。综合热分析技术能在相同的实验条件下获得尽可能多的表征材料特性的多种信息，在科研和生产中获得了广泛的应用。

采用 FTIR 对多组分共混、共聚或复合成的材料及制品进行研究时，经常会遇到这些材料中混合组分的红外光谱谱带位置靠近，甚至重叠、相互干扰，很难判定。采用 DSC 法测定混合物时，不需要分离即可将混合物中几种组分的熔点按高低分辨出来。采用 IR-DSC 联用技术，可根据红外光谱提供的特征吸收谱带初步判断几种基团的种类，再由 DSC 法提供的熔点和曲线，可准确地鉴定共混物的组成。这种方法对于共混物、多组分混合物和难以分离的复合材料的分析和鉴定来说，准确而快捷，是一种行之有效的方法。

热分析与质谱联用，同步测量样品在热处理中质量热焓和析出气体组分的变化，对剖析物质的组成、结构以及研究热分析或热合成机理来说，都是极为有用的一种联用技术。

随着现代电子学的兴起和计算机技术的广泛应用，热分析技术已逐渐走向成熟，自动化、智能化、多功能、高精度以及优良的可操作性是现代热分析技术的发展方向。

思考题与习题

1. 简述差热分析的原理，并画出 DTA 装置示意图。
2. 为什么用外推起始温度作为 DTA 曲线的反应起始温度？
3. 热分析用的参比物有什么性能要求？
4. 影响差热分析的仪器、试样、操作因素是什么？
5. 为什么 DTA 仅能进行定性和半定量分析？DSC 是如何实现定量分析的？
6. 简述 DTA、DSC 分析样品要求和结果分析方法。
7. 简述热重分析的特点和影响因素。
8. 举例说明热分析技术在玻璃和微晶玻璃材料研究中的应用。
9. 如何利用热分析技术鉴别物质的氧化、析晶、晶型转变、热分解和烧结等过程？
10. 简述热机械分析技术在高分子材料研究中的应用。

参 考 文 献

蔡正千. 1993. 热分析. 北京：高等教育出版社

丁延伟. 2020. 热分析基础. 合肥：中国科学技术大学出版社

金祖权, 张苹. 2018. 材料科学研究方法. 哈尔滨：哈尔滨工业大学出版社

陆昌伟, 奚同庚. 2002. 热分析质谱法. 上海：上海科学技术文献出版社

邵国有. 1991. 硅酸盐岩相学. 武汉：武汉工业大学出版社

吴刚. 2002. 材料结构表征及应用. 北京：化学工业出版社

吴人洁. 1987. 现代分析技术——在高聚物中的应用. 上海：上海科学技术出版社

武汉工业大学, 东南大学, 同济大学, 等. 1994. 物相分析. 武汉：武汉工业大学出版社

朱和国, 尤泽升, 刘吉梓. 2016. 材料科学研究与测试方法. 南京：东南大学出版社

第6章

分子与原子光谱分析

　　1905 年，爱因斯坦在解释光电效应时提出：光的某些性质(如光和物质的相互作用)用粒子说来理解比波动说更容易。光是第一种被人类认识到具有波粒二象性的客体。量子力学从理论上阐明了光谱信号和物质结构之间的关系，人们通过理论和实验相结合，逐渐建立了许多探测物质微观结构的实验方法，特别是光谱分析技术。20 世纪以来，随着计算机科学和电子技术的迅速发展，光谱技术在定性定量分析上得到了很大的发展。矿物学家用光谱检测矿物质的元素组成，有机化学家用光谱研究分子结构，分析化学家用光谱确定样品的成分，生物学家将光谱分析应用到生物分子的结构和动力学的研究中，在动力学研究中，光谱被用于检测样品的浓度随时间的变化和探测反应的中间产物。光谱分析技术已经渗透到各门学科的科学研究、各行各业的生产、产品质量和环境控制等领域。

6.1 光谱分析技术分类及基本原理

　　光谱分析技术依赖于样品对电磁辐射的吸收或发射。根据电磁辐射的方式，一般分为发射光谱分析、吸收光谱分析和散射光谱分析三种类型。其中，吸收光谱指物质对不同波长辐射的吸收程度不同而产生的光谱，包括原子吸收光谱、紫外-可见光谱、红外光谱和核磁共振波谱；发射光谱是由物质分子或原子吸收外来的能量后发生分子或原子间的能级跃迁而产生的光谱，包括原子发射光谱、原子荧光光谱、分子荧光光谱、X 射线荧光光谱和化学发光光谱；散射光谱是指辐射照射到物质上发生弹性散射和非弹性散射，对其中非弹性散射(拉曼效应)进行分析，得到有关分子振动、转动方面信息的分析技术，如拉曼散射光谱。本章只介绍紫外-可见光谱分析、红外光谱分析、拉曼散射光谱分析、原子吸收光谱分析、原子发射光谱分析。光谱分析中通常测定两个参数：样品所吸收或发射的电磁辐射的频率和强度。

　　由于分子和原子吸收辐射光的能量是量子化的，只有当光子的能量恰好等于两个能级之间的能量差或其整数倍时，才能被分子或原子吸收。对某一分子或原子来说，它只能吸收某一特定频率辐射的能量。紫外光的波长较短，一般指 100~400nm，能量较高，当它照射到分子上时，会引起分子中价电子能级的跃迁，这种引起分子中价电子跃迁而产生的吸收光谱称为紫外光谱；紫外光的辐射还能引起气态原子或离子的量子状态从基态跃迁到激发态，产生的吸收光谱称为原子吸收光谱；同样，处于激发态的原子回到基态或较低激发态时也会释放出相应波长的辐射，得到原子发射光谱；红外光的波长较长，一般指 2.5~25μm，能量稍低，它只能引起分子中成键原子的振动和转动能级的跃迁，得到红外光谱；核磁共振波的能量更低，波长约 10cm，能够激发原子核自旋能级的跃迁，得到核磁共振波谱。

6.2　紫外光谱分析

紫外光谱是分子吸收光谱，通常所说的紫外光谱的波长范围是 200～400nm，常用的紫外光谱仪的测试范围可扩展到可见光区域，包括 400～800nm 的波长区域。当样品分子吸收光子后，外层电子由基态跃迁到激发态，不同结构的样品分子，其电子的跃迁方式不同，而且吸收光的波长范围不同，吸光的概率也不同，从而可根据波长范围、吸光度鉴别不同物质结构方面的差异。

6.2.1　紫外光谱的产生

紫外光谱是由分子中价电子能级跃迁产生的。在化合物分子中，价电子有三种类型，即 σ 键电子、π 键电子和未成对孤对电子(n 电子)。价电子吸收一定的能量后，从基态跃迁到激发态，成为反键电子(π^*电子和σ^*电子)。按分子轨道理论，各类分子轨道的能量有很大差异，它们的能量高低次序为 $\sigma < \pi < n < \pi^* < \sigma^*$。当分子吸收一定能量的电磁辐射时，会发生 $\sigma \to \sigma^*$、$n \to \sigma^*$、$\pi \to \pi^*$ 和 $n \to \pi^*$ 四种类型的跃迁，如图 6.1 所示。这些跃迁所需要能量顺序如下：

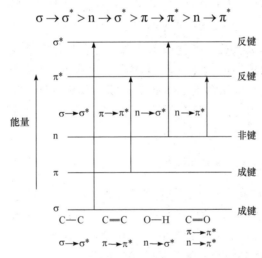

图 6.1　不同类型分子结构的电子跃迁

1. $\sigma \to \sigma^*$ 跃迁

产生 $\sigma \to \sigma^*$ 跃迁所需能量大，饱和烃中的 C—C 键会发生这种跃迁，吸收波长小于 150nm 的光子，在真空紫外光谱区有吸收。空气在 185nm 以下有很强的吸收，常规的紫外光谱仪观察不到 $\sigma \to \sigma^*$ 跃迁，但这种跃迁是客观存在的。紫外光引起的 σ 键的断裂是有机物光降解、老化的主要机理。例如，CH_4 和 C_2H_6 的吸收峰分别为 125nm 和 135nm。

2. n→σ* 跃迁

含有非键合电子(即 n 电子)的杂原子(如 O、N、S、卤素等)的饱和烃衍生物都可以发生跃迁。它的能量小于 σ→σ* 跃迁。吸收波长在 150～250nm 区域，只有一部分在紫外区域，吸收系数 ε 小，通常 $\varepsilon<100$，所以也不易在紫外区观察到。例如，CH_3OH 和 CH_3Cl 的吸收峰分别为 180nm 和 173nm。

3. π→π* 跃迁

不饱和烃、共轭烯烃和芳香烃类可发生此类跃迁，所需能量较小，吸收波长大多在紫外区，孤立双键的最大吸收波长小于 200nm，吸收系数 ε 很高，$\varepsilon_{max}>10000$。例如，$CH_2{=}CH_2$ 和 $CH_2{=}CH{-}CH{=}CH_2$ 的吸收峰分别为 171nm 和 210～250nm。

4. n→π* 跃迁

在分子中有孤对电子和 π 键同时存在时，会发生 n→π* 跃迁，所需能量小，吸收波长大于 200nm，但吸收峰的吸收系数 ε 很小，一般为 10～100。例如，—COOH 和—N=O 的吸收峰分别为 204nm 和 300nm。

不同类型分子结构的价电子跃迁方式不同，在紫外光谱区有吸收的是 π→π* 和 n→π*，如图 6.1 所示。

除了以上价电子能级跃迁会产生紫外吸收外，在过渡金属络合物溶液中，电子容易从分裂后的低能量 d 轨道向高能量 d 轨道迁移，这种 d→d 跃迁吸收波长一般在可见光区域；在同时具备电子给体和电子受体的离子间、离子与分子间以及分子内可以发生电荷转移，电荷转移的吸收波长一般在紫外-可见光区域，谱带的强度大，吸收系数 ε 一般大于 10000。

6.2.2　发色基团、助色基团和吸收带

凡是能导致化合物在紫外及可见光区产生吸收的基团，无论是否显色都称为发色基团。例如，分子中含有 π 键的 C=C、C≡C、苯环以及 C=O、—N=N—、S=O 等不饱和基团都是发色基团。若化合物中有几个发色基团互相共轭，则各个发色基团所产生的吸收带将消失，取而代之出现新的共轭吸收带，其波长将比单个发色基团的吸收波长长，吸收强度也将显著增强。

助色基团是指本身不会使化合物分子产生颜色或者在紫外-可见光区不产生吸收的基团，但这些基团与发色基团相连时能使发色基团的吸收带波长移向长波，同时使吸收强度增强。助色基团是由含有孤对电子的元素所组成的，如—NH₂、—NR₂、—OH、—OR、—Cl 等。这些基团借助 p-π 共轭使发色基团共轭程度增加，从而使电子跃迁的能量下降。

由于有机化合物分子中引入了助色基团或其他发色基团而产生结构的改变，或者由于溶剂的影响使其紫外吸收带的最大吸收波长向长波方向移动的现象称为红移。与此相反，吸收带的最大吸收波长向短波方向移动，称为蓝移。

与吸收带波长红移及蓝移相似，由于有机化合物分子结构中引入了取代基或受溶剂的

影响，使吸收带的强度(即摩尔吸光系数)增大或减小的现象称为增色效应或减色效应。

吸收带是指吸收峰在紫外光谱中的位置，与化合物的结构密切相关，根据大量实验数据归纳及电子跃迁和分子轨道种类，通常将紫外-可见光吸收带分成四种类型，即 R 吸收带、K 吸收带、B 吸收带和 E 吸收带。

1. R 吸收带

含有 C=O、C=S、—N=O、C=C—O— 等基团的化合物可产生 R 吸收带。杂原子上的孤对电子与碳原子上的 π 电子形成 p-π 共轭，产生 $n \rightarrow \pi^*$ 跃迁形成的吸收带，由于 ε 很小，吸收谱带较弱，易被强吸收谱带掩盖，并且易受极性溶剂的影响而发生偏移，要观察这类吸收峰往往需要配制浓溶液。

2. K 吸收带

共轭烯烃、取代芳香化合物可产生这类谱带。它是 $\pi \rightarrow \pi^*$ 跃迁形成的吸收带，$\varepsilon_{max} > 10000$，吸收谱带较强。K 吸收带的吸收峰波长随共轭长度的增加而增加。

3. B 吸收带

B 吸收带是芳香化合物及杂芳香化合物的特征谱带。在这个吸收带中，有些化合物容易反映出精细结构。溶剂的极性、酸碱性等对精细结构的影响较大。苯和甲苯在环己烷溶剂中的 B 吸收带精细结构在 230～270nm，如图 6.2 所示。苯酚在非极性溶剂庚烷中的 B 吸收带呈精细结构，在极性溶剂乙醇中观察不到精细结构，如图 6.3 所示。

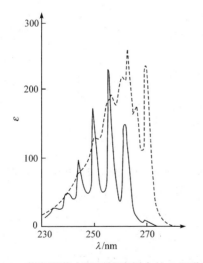

图 6.2　苯和甲苯在环己烷溶剂中的 B 吸收带
实线为苯；虚线为甲苯

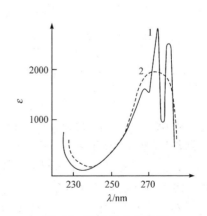

图 6.3　苯酚的 B 吸收带
1. 庚烷溶液；2. 乙醇溶液

4. E 吸收带

它也是芳香族化合物的特征谱带之一，由处于环状共轭的三个乙烯键的苯型体系中 $\pi \rightarrow \pi^*$ 跃迁产生。E 带又可分为 E_1 带和 E_2 带，如图 6.4 所示。E_1 吸收带在 185nm 左右，

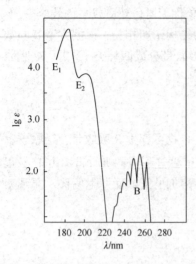

图 6.4　苯在异辛烷中的紫外光谱

吸收特别强，$\varepsilon > 10000$，是由苯环内乙烯键上的 π 电子被激发所致，在远紫外区。E_2 带在 204nm 左右，中等吸收强度，$\varepsilon > 1000$，是由苯环的共轭二烯所引起的。当苯环上有发色基团取代并与苯环共轭时，E 带和 B 带均发生红移，此时的 E_2 带又称为 K 带。

　　不同类型分子结构的紫外吸收谱带不同，有的分子可有几种吸收谱带。例如，乙酰苯在正庚烷溶液中的紫外光谱，可以观察到 K、B、R 三种谱带分别为 240nm（$\varepsilon_{max} > 10000$）、278nm（$\varepsilon_{max} = 1000$）和 319nm（$\varepsilon_{max} = 50$），它们的强度是依次下降的，如图 6.5 所示。其中 B 吸收带和 R 吸收带分别为苯环和羰基的吸收带，而苯环和羰基的共轭效应导致产生很强的 K 吸收带。又如，甲基α-丙烯基酮在甲醇中的紫外光谱存在两种跃迁：$\pi \rightarrow \pi^*$ 跃迁在低波长区是烯基与羰基共轭效应所致，属 K 吸收带，$\varepsilon_{max} > 10000$；在高波长区的跃迁是羰基的电子跃迁，为 R 吸收带，$\varepsilon_{max} < 100$，如图 6.6 所示。

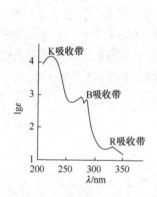

图 6.5　乙酰苯在正庚烷溶液中的 K 吸收带、B 吸收带和 R 吸收带

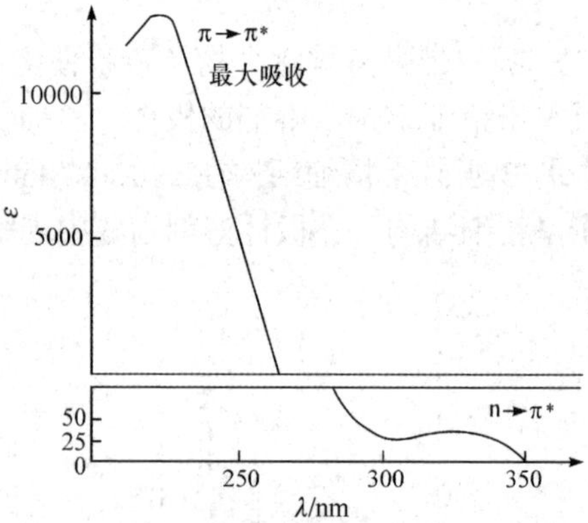

图 6.6　甲基α-丙烯基酮在甲醇中的 K 吸收带、R 吸收带

　　综上可知，紫外吸收光谱分析中，R 吸收带、K 吸收带、B 吸收带、E 吸收带的分类不仅考虑到各基团的跃迁方式，还考虑到分子结构中各基团相互作用的效应。

　　紫外吸收光谱常以吸收带最大吸收处波长 λ_{max} 和该波长下的摩尔吸光系数 ε_{max} 来表征化合物的吸收特征。吸收带的形状、λ_{max} 和 ε_{max} 与吸光分子的结构有密切关系。各种化合物的 λ_{max} 和 ε_{max} 都有定值，同类化合物的 ε_{max} 比较接近，处于一定的范围。

6.2.3　紫外光谱仪

1. 结构

　　紫外光谱仪有单光束和双光束两种。以下简单介绍双光束型紫外光谱仪，其结构如图 6.7 所示。

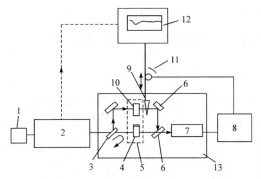

图 6.7　双光束型紫外光谱仪示意图

1. 光源；2. 单色器；3. 斩波器；4. 试样液槽；5. 试样室；6. 平面反射镜；7. 检测器；

8. 放大器；9. 衰减器；10. 参比液槽；11. 伺服马达；12. X-Y 记录仪；13. 光度计

2. 测试原理

为测定试样的吸收值，试样光束和参考光束的强度必须进行比较，经斩波器 3 分割而得到的两束光分别通过试样液槽和参比液槽后交替地落在检测器 7 上，并经放大器 8 放大。若两束光强有差别(即试样室 5 光束被试样部分吸收)，则衰减器 9 可移动调节两光束相等，衰减器的位移是试样的相对吸收量度，通过数字机构，将参考光束和试样光束的强度比(I_0/I)和波长关系输入记录仪中，即得紫外光谱图。

3. 谱图的表示方法

紫外光谱的纵坐标可选用不同的表示方法，可以用吸收率、透过率、吸收系数 ε 或 $\lg\varepsilon$ 表示。图 6.8 为在同样条件下测得的同一化合物的不同形状的紫外光谱图。

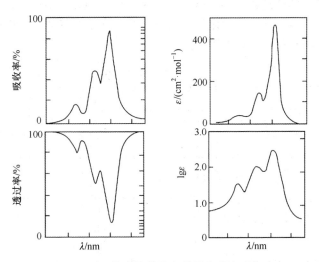

图 6.8　同一化合物紫外光谱的各种表示方法

图 6.8 中纵坐标的各种参数可由下列各公式计算得到：

$$\varepsilon = \frac{A}{cL} \tag{6.1}$$

或取对数

$$\lg \varepsilon = \lg A - \lg cL \tag{6.2}$$

式中，A 为吸光度；c 为溶液的质量浓度；L 为样品槽厚度。

6.2.4 谱图解析步骤

紫外光谱是分子中价电子吸收特定辐射后从低能级跃迁到高能级产生的，共轭体系中的 π 电子可吸收紫外光发生跃迁，意味着紫外光谱可提供化合物中多重键和芳香共轭性方面的有关信息，包括能使化合物分子中某些多重键体系共轭性得以扩展的氧、氮、硫原子上非键合电子的信息。另外，紫外区的吸收率高，可以分析材料中的微量化合物。

价电子跃迁过程中伴随分子、原子的振动和转动能级的跃迁，与电子跃迁叠加在一起，使得紫外吸收谱带一般比较宽，在分析紫外光谱时，除需注意谱带的数目、波长及强度外，还需注意其形状、最大值和最小值。一般单靠紫外吸收光谱，无法推定官能团，但对测定共轭结构还是很有利的。它与其他仪器配合使用能发挥很大的作用。

在解析谱图时可以从以下方面加以判别：①从谱带的分类、电子跃迁方式判别，注意吸收带的波长范围、吸收系数以及是否有精细结构等；②从溶剂极性大小引起谱带移动的方向判别；③从溶剂酸碱性的变化引起谱带移动的方向判别。

6.2.5 紫外光谱的应用

紫外光谱分析可用来进行在紫外区范围有吸收峰的材料的检测及结构分析，其中主要是有机化合物的分析和鉴定、同分异构体的鉴别、材料结构的测定等。但是，只有包含 π 电子且可能含有未成键电子的化合物会吸收 200～800nm 波段的光。另外，如果材料组成的变化不影响生色团及助色团，就不会显著影响其吸收光谱，如甲苯和乙苯的紫外吸收光谱实际上是相同的。只根据紫外光谱不能完全决定材料的分子结构，还必须与红外吸收光谱、核磁共振波谱、质谱以及其他化学和物理化学方法配合使用，才能得出可靠的结论。表 6.1 列出了一些常见发色团的吸收特性。

表 6.1 一些常见发色团的吸收特性

发色团	举例	λ_{max}/nm	跃迁类型
$>C=C<$	$C_6H_{13}CH=CH_2$	177	$\pi \to \pi^*$
$-C\equiv C-$	$C_5H_{11}C\equiv C-CH_3$	178	$\pi \to \pi^*$
$>C=O$	CH_3COCH_3	186 280	$n \to \sigma^*$ $n \to \pi^*$
	CH_3CHO	180 293	$n \to \sigma^*$ $n \to \pi^*$
$-COOH$	CH_3COOH	204	$n \to \pi^*$
$-CONH_2$	CH_3CONH_2	214	$n \to \pi^*$
$-N=N-$	$CH_3N=NCH_3$	339	$n \to \pi^*$
$-NO_2$	CH_3NO_2	280	$n \to \pi^*$
$-N=O$	C_4H_9NO	300	$n \to \pi^*$

尽管紫外光谱的定性分析有一定的局限性，但也有其特有的优点。首先，具有 π 电子及共轭双键的化合物，在紫外区有强烈的 K 吸收带，其摩尔吸光系数 ε 可达 $10^4 \sim 10^5$，检测灵敏度很高，紫外光谱的 λ_{max} 和 ε_{max} 也能像其他物理常数，如熔点、旋光度等一样，提供一些有价值的定性数据。其次，紫外光谱分析所用的仪器比较简单，操作方便，准确度也较高，因此它的应用广泛。

1. 定性分析

以紫外光谱鉴定有机化合物时，通常是在相同的测定条件下，比较未知物与已知标准物的紫外光谱图，若两者的谱图相同，则可认为待测样品与已知化合物具有相同的生色团。如果没有标准物，也可借助标准谱图或有关电子光谱数据表进行比较。

但应注意，紫外光谱相同，两种化合物有时不一定相同，因为紫外光谱通常只有 2~3 个较宽的吸收峰，具有相同生色团的不同分子结构有时在较大分子中不影响生色团的紫外吸收峰，导致不同分子结构产生相同的紫外吸收光谱，但它们的吸光系数是有差别的。所以在比较 λ_{max} 的同时，还要比较它们的 ε_{max}。若待测物和标准物的吸收波长相同，吸光系数也相同，则可认为两者是同一物质。

在做定性分析时，如果没有相应化合物的标准谱图可供对照，也可以根据以下有机化合物中发色团的出峰规律进行分析。例如，一个化合物在 200~800nm 无明显吸收，可能是脂肪族碳氢化合物，如胺、腈、醇、醚、羧酸的二缔体、氯代烃和氟代烃，不含直链或环状的共轭体系，没有醛基、酮基、Br 或 I；如果在 210~250nm 具有强吸收带（ $\varepsilon = 10000$ ），可能是含有 2 个不饱和单位的共轭体系；如果类似的强吸收带分别落在 260nm、300nm 或 330nm 左右，可能相应地具有 3 个、4 个或 5 个不饱和单位的共轭体系；如果在 210~300nm 之间存在中等吸收峰（ $\varepsilon \approx 200 \sim 1000$ ）并有精细结构，表示有苯环存在；在 250~300nm 有弱吸收（ $\varepsilon \approx 20 \sim 100$ ），表示存在羰基；如果化合物有颜色，分子中所含共轭的发色团和助色团的总数将大于 5。

2. 纯度检查

如果一个化合物在紫外区没有吸收峰，其中的杂质有较强吸收，可方便地检出该化合物中的痕量杂质。例如，要检定甲醇中的杂质苯，可利用苯在 256nm 处的 B 吸收带，而甲醇在此波长处几乎没有吸收(图 6.9)。又如，四氯化碳中有无二硫化碳杂质，只要观察在 318nm 处有无二硫化碳的吸收峰即可。

3. 定量测定

紫外光谱的灵敏度为 $10^{-4} \sim 10^{-5}$，测量准确度高，仪器简单，操作方便。紫外光谱法在定量分析上有一定优势。

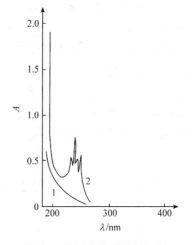

图 6.9 甲醇中杂质苯的鉴定
1. 纯甲醇；2. 被苯污染的甲醇

紫外光谱法很适合测定多组分材料中某些组分的含量，研究共聚物的组成、微量物质(单体中的杂质、聚合物中的残留单体或少量添加剂等)和聚合反应动力学。对于多组分混合物含量的测定，若混合物中各种组分的吸收相互重叠，则往往需预先进行分离。

6.3　红外光谱分析

红外光谱又称为分子振动、转动光谱。在化学领域中的应用可分为两个方面：分子结构的基础研究和化学组成的分析。前者是应用红外光谱测定分子的键长、键角，以此推断出分子的立体构型；根据所得的力常数推测化学键的强弱；由简振频率计算热力学函数等。红外光谱最广泛的应用是对物质的化学组成的分析，可以根据光谱中吸收峰的位置和形状推断未知物结构，依照特征吸收峰的强度测定混合物中各组分的含量，并且红外光谱法具有快速、高灵敏度、试样用量少、能分析各种状态的试样等特点。红外光谱法已成为现代结构化学、分析化学最常用和不可缺少的工具。

6.3.1　红外光谱的产生条件

红外光谱是由分子振动能级的跃迁(同时伴随转动能级跃迁)而产生的。物质能吸收电磁辐射引起分子振动或转动能级跃迁应满足两个条件：①辐射具有刚好能满足物质跃迁时所需的能量；②辐射与物质之间有相互作用，使偶极矩发生变化。

当一定频率的红外光照射分子时，如果分子中某个基团的振动频率和红外辐射的频率一致，就满足了第一个条件。为满足第二个条件，分子必须有偶极矩的改变。任何分子就其整个分子而言，是呈电中性的，但由于构成分子的各原子因价电子得失的难易表现出不同的电负性，分子也因此显示不同的极性。通常可用分子的偶极矩 μ 描述分子极性的大小。设正负电中心的电荷分别为 $+q$ 和 $-q$，正负电荷中心距离为 d(图 6.10)，则

$$\mu = qd \tag{6.3}$$

分子内原子在其平衡位置不断地振动，在振动过程中，d 的瞬时值不断发生变化，分子的 μ 也发生相应的改变。分子具有确定的偶极矩变化频率，对称分子由于其正负电荷中心重叠，$d = 0$，故分子中原子的对称振动并不引起 μ 的变化。上述物质吸收辐射的第二个条件，实质上是辐射的能量转移到分子中去，这种能量的转移是通过偶极矩的变化实现的，可用图 6.11 说明。当偶极子处在电磁辐射的电场中时，此电场做周期性反转，偶极子将经受交替的作用力使偶极矩增加和减小。偶极子的振动具有一定的固有振动频率，只有当辐射频率与偶极子振动频率相匹配时，分子才与辐射发生相互作用(振动耦合)而增加它的振

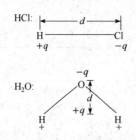

图 6.10　HCl、H₂O 的偶极矩

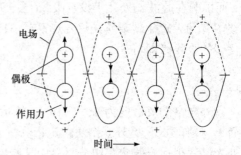

图 6.11　偶极子在交变电场中的作用示意图

动能，使振动加剧(振幅加大)，分子由原来的基态振动跃迁到较高的振动能级。并非所有的振动都会产生红外吸收，只有发生偶极矩变化的振动才能引起可观测的红外吸收谱带，称这种振动活性为红外活性，反之称非红外活性。

当一定频率的红外光照射分子时，如果分子中某个基团的振动频率和它一样，二者就会产生共振，此时光的能量通过分子偶极矩的变化传递给分子，这个基团就吸收该频率的红外光，产生振动跃迁；如果红外光的振动频率和分子中各基团的振动频率不一样，该部分的红外光就不会被吸收。若用连续改变频率的红外光照射某试样，由于该试样对不同频率的红外光的吸收不同，通过试样后的红外光在一些波长范围内变弱(被吸收)，在另一些范围内则较强(不吸收)。将分子吸收红外光的情况用仪器记录，得到该试样的红外吸收光谱，如图 6.12 所示。

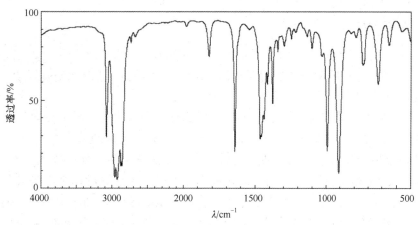

图 6.12 烯烃[1-己烯，$CH_3 \text{--} (CH_2)_3 \text{--} CH{=}CH_2$]的红外光谱

6.3.2 分子振动频率

分子中的原子以平衡点为中心，以非常小的振幅(与原子核之间的距离相比)做周期性振动，即简谐振动。这种分子振动的模型用经典方法可以看作是两端连着小球的体系。最简单的分子是双原子分子，可用一个弹簧两端连着两个小球模拟，如图 6.13 所示。m_A 和 m_B 分别代表两原子的质量，弹簧的长度 r 就是化学键的长度。用胡克定律可导出其振动频率公式(6.4)(以波数表示)。

$$\nu = \frac{1}{2\pi c}\sqrt{\frac{k}{m_A m_B / (m_A + m_B)}} \tag{6.4}$$

式中，k 为力常数；m_A、m_B 分别为 A、B 原子的质量，定义 $m = m_A m_B / (m_A + m_B)$ 为简化质量；c 为光速；ν 为振动频率。

从胡克定律可以看出频率与质量及力常数有如下关系。

(1) m 增大时，ν 减小，即重原子振动频率低。例如，C—H 的伸缩振动频率出现在 3300～2700cm^{-1}，C—O 的伸缩振动频率出现在 1300～1000cm^{-1}，弯曲振动也有类似的关系。

(2) k 值增大，ν 增大，即原子间的力常数越大，振动频率越高。各种碳碳键伸缩振动的吸收频率分别为：$\nu_{C-C}=1300\text{cm}^{-1}$，$\nu_{C=C}=1600\text{cm}^{-1}$，$\nu_{C\equiv C}=2200\text{cm}^{-1}$，这是由于双键比单键强，三键比双键强。

另外，伸缩振动力常数比弯曲振动的力常数大，伸缩振动的吸收出现在较高的频率区，弯曲振动的吸收出现在较低的频率区。

根据式(6.4)可以计算基团的振动频率，某些计算值与实测值很接近，如甲烷的 C—H 基频计算值为 2920cm^{-1}，实测值为 2915cm^{-1}，但这种计算只适用于双原子分子或多原子分子中影响因素小的谐振子。实际上，在一个分子中，基团与基团的化学键之间都相互影响，基本振动频率除取决于化学键两端的原子质量、化学键的力常数外，还与内部因素(结构因素)及外部因素(化学环境)有关。

6.3.3 分子振动的形式

上述双原子的振动是最简单的，它的振动只能发生在连接两个原子的直线方向上，并且只有一种振动形式，即两原子的相对伸缩振动。在多原子中情况就变得复杂了，但可以将其振动分解为许多简单的基本振动。

设分子由 n 个原子组成，每个原子在空间都有三个自由度，原子在空间的位置可以用直角坐标系中的三个坐标 x、y、z 表示，因此 n 个原子组成的分子总共应有 $3n$ 个自由度，即 $3n$ 种运动状态。但在这 $3n$ 种运动状态中，包括三个整个分子的质心沿 x、y、z 方向平移运动和三个整个分子绕 x、y、z 轴的转动运动。这六种运动都不是分子的振动，故振动形式应有 $(3n-6)$ 种。对于线形分子，若贯穿所有原子的轴在 x 方向，则整个分子只能绕 y、z 轴转动，因此直线形分子的振动形式为 $(3n-5)$ 种，如图 6.14 所示。下面举例说明。

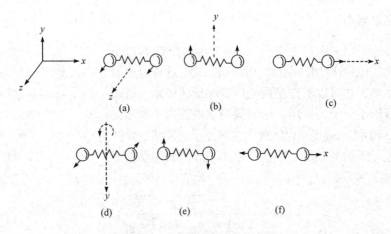

图 6.14　直线形分子的运动状态

(a)、(b)、(c) 平移运动；(d)、(e) 转动运动；(f) 在 x 轴上反方向运动，使分子变形，产生分子振动

水分子的基本振动数为 $3\times 3-6=3$，故水分子有三种振动形式，如图 6.15 所示。O—H 键长度改变的振动称为伸缩振动。伸缩振动可分为两种：对称伸缩振动(用符号 ν_s 表示)及反对称伸缩振动(用符号 ν_{as} 表示)。键角∠HOH 改变的振动称为弯曲或变形振动(用 δ 表示)。

通常，键长的改变比键角的改变需要更大的能量，因此伸缩振动出现在高频区，弯曲振动出现在低频区。

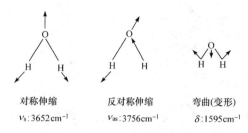

对称伸缩　　　　　反对称伸缩　　　弯曲(变形)
ν_s: 3652cm^{-1}　　　ν_{as}: 3756cm^{-1}　　δ: 1595cm^{-1}

图 6.15　水分子的振动及红外吸收

二氧化碳分子的振动可作为直线形分子振动的一个例子，其基本振动数为 $3 \times 3 - 5 = 4$，有四种基本振动形式。

(1) 对称伸缩振动：$\vec{O}=C=\overset{\leftarrow}{O}$。

在 CO_2 分子中，C 原子为 +、- 电荷的中心，$d = 0$，$\mu = 0$。

在这种振动形式中两个氧原子同时移向或离开碳原子，并不发生分子偶极矩的变化，是非红外活性的。

(2) 反对称伸缩振动：$\vec{O}=\overset{\leftarrow}{C}=\vec{O}$，$\nu_{as}$: 2349cm^{-1}。

(3) 面内弯曲振动：$\overset{\uparrow}{O}=\underset{\downarrow}{C}=\overset{\uparrow}{O}$，$\delta$: 667cm^{-1}。

(4) 面外弯曲振动：$\overset{\oplus}{O}=\overset{\odot}{C}=\overset{\oplus}{O}$，$\gamma$: 667cm^{-1}。

(4)中 $\oplus$ 表示垂直于纸面向内运动，$\odot$ 表示垂直于纸面向外运动。(3)和(4)两种振动的能量是一样的，故吸收产生简并，都出现在 667cm^{-1} 处，只观察到一个吸收峰。

亚甲基(—CH$_2$—)的几种基本振动形式及红外吸收如图 6.16 所示。

因此，分子的振动形式可分成两类。

(1) 伸缩振动：对称伸缩振动(ν_s)、反对称伸缩振动(ν_{as})。

(2) 变形或弯曲振动：面内变形振动(包括剪式振动 δ 和面内摇摆振动 ρ)、面外变形振动(包括面外摇摆振动 ω 和扭曲变形振动 τ)。

上述每种振动形式都具有其特定的振动频率，即有相应的红外吸收峰。有机化合物一般由多原子组成，因此红外光谱的谱峰一般较多。实际上，反映在红外光谱中的吸收峰有时会增多或减少，增减的原因主要有以下几种。

(1) 在红外吸收光谱上除基团由基态向第一振动能级跃迁所吸收的红外光的频率称为基频峰外，还有由基态跃迁至第二激发态、第三激发态等产生的吸收峰，这些峰称为倍频峰。

(2) 不是所有的分子振动形式都能在红外区中观察到。分子的振动能否在红外光谱中出现及其强度与偶极矩的变化有关。通常对称性强的振动不产生红外吸收，对称性越差，谱带的强度越大。

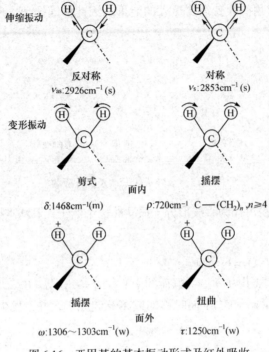

伸缩振动

反对称
ν_{as}:2926cm^{-1} (s)

对称
ν_{s}:2853cm^{-1} (s)

变形振动

剪式
δ:1468cm^{-1}(m)

面内

摇摆
ρ:720cm^{-1} C—(CH$_2$)$_n$,$n\geq4$

摇摆

扭曲

面外
ω:1306~1303cm^{-1}(w)　　　　τ:1250cm^{-1}(w)

图 6.16　亚甲基的基本振动形式及红外吸收

s：强吸收；m：中等强度吸收；w：弱吸收

（3）有的振动形式虽不同，但它们的振动频率相等，因而产生简并，如前述 CO_2 的面内及面外弯曲振动。

6.3.4　红外光谱的吸收强度和表示方法

分子振动时偶极矩的变化不仅决定该分子能否吸收红外光，还关系到吸收峰的强度。根据量子理论，红外光谱的吸收强度与分子振动时偶极矩变化的平方成正比。最典型的例子是 C=O 键和 C=C 键。C=O 键的吸收非常强，通常是红外谱图中最强的吸收带；而 C=C 键的吸收有时出现，有时不出现，即使出现，相对强度也很弱。这是因为 C=O 键在伸缩振动时偶极矩变化很大，因而 C=O 键的跃迁概率大，而 C=C 双键则在伸缩振动时偶极矩变化很小。

对于同一类型的化学键，偶极矩的变化与结构的对称性有关。例如，C=C 双键在三种结构中，吸收强度的差别就非常明显。①R—CH=CH$_2$，摩尔吸光系数为 40；②R—CH=CH—R′，顺式摩尔吸光系数为 10；③R—CH=CH—R′，反式摩尔吸光系数为 2。这是由于对 C=C 双键来说，结构①的对称性最差，因此吸收较强，而结构③的对称性相对最高，故吸收最弱。

此外，对于同一试样，在不同的溶剂中，或在同一溶剂不同浓度的试样中，由于氢键的影响以及氢键强弱的不同，偶极矩变化不同，吸收强度也不同。例如，醇类的—OH 在四氯化碳溶剂中伸缩振动的强度比在乙醚溶剂中弱得多。在不同浓度的四氯化碳溶液中，由于缔合状态的不同，强度也有很大差别。红外光谱的吸收强度常定性地用 s(强)、m(中等)、w(弱)、vw(极弱)表示。

如果用红外光照射样品，并将样品对每一种单色的吸收情况做记录，就得到红外光谱，如图 6.17 所示。纵坐标表示透过率或吸光度，横坐标表示波长或波数，波数是波长的倒数，即每厘米内的波数，$\nu(\mathrm{cm}^{-1}) = 1/\lambda\,(\mathrm{cm})$。

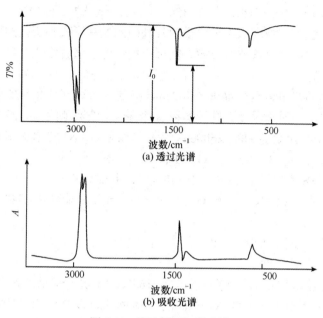

图 6.17　聚乙烯的红外光谱

1. 透过率

$$T = \frac{I}{I_0} \times 100\% \tag{6.5}$$

式中，I_0 为入射光强度；I 为入射光被样品吸收后透过的光强度。

2. 吸光度

$$A = \lg\frac{1}{T} = \lg\frac{I_0}{I} \tag{6.6}$$

式中，A 为吸光度。

6.3.5　红外光谱的特征性及基团频率

红外光谱的最大特点是具有特征性。复杂分子中存在许多原子基团，不同原子基团在分子被激发后，会产生特征的振动。分子的振动实质上可归结为化学键的振动，因此红外光谱的特征性与化学键振动的特征性是分不开的。有机化合物的种类很多，但大多数都由 C、H、O、N、S、卤素等元素构成，其中大部分由 C、H、O、N 四种元素组成。所以说大部分有机物质的红外光谱基本上是由这四种元素所形成的化学键的振动贡献的。研究大量化合物的红外光谱后发现，同一类型化学键的振动频率非常相近，总是出现在某一范围内。例如，CH_3CH_2Cl 中的—CH_3 基团具有一定的吸收峰($2800 \sim 3000\mathrm{cm}^{-1}$)，很多具有—$CH_3$ 基团的化合物，在这个频率附近也出现吸收峰，可以认为这个吸收峰的频率是—CH_3 基团的特征频率。这种与一定的结构单元相联系的振动频率称为基团频率。但是它们又有差别，因为同一类型的基团在不同物质中所处的环境各不相同，往往会引起振动频率的变化。例如，C=O 伸缩振动的频率范围为 1850~1600cm^{-1}，当与此基团相连接的原子是 C、O、N 时，C=O 谱带分别出现在 1715cm^{-1}、1735cm^{-1}、1680cm^{-1} 处，根据这一差别可区分酮、酯和酰胺。吸收峰的位置和强度取决于分子中各基团的振动形式和所处的化学环境。只要掌握了各种基团的振动频率及其位移规律，就可应用红外光谱鉴定化合物中存在的基团及其在分子中的相对位置。

常见化学基团的基团频率在 4000~400cm^{-1} 范围内，这个范围(中红外)是一般红外分光光度计的工作范围。为便于对光谱进行解释，常将这个波数范围分为四个区域。

(1) X—H 伸缩振动区，4000~2500cm^{-1}，X 可以是 O、N、C 和 S 等原子。这个区域内的基团振动主要包括 O—H、N—H、C—H 和 S—H 键的伸缩振动。

(2) 三键和累积双键区，2500~1900cm^{-1}，主要包括炔基—C≡C—、丙二烯基—C=C=C—、腈基—C≡N、烯酮基—C=C=O、异氰酸酯键基—N=C=O 等的反对称伸缩振动。

(3) 双键伸缩振动区，1900~1200cm^{-1}，主要包括 C=C、C=O、C=N、—NO$_2$ 等的伸缩振动、芳环的骨架振动等。

(4) X—Y 伸缩振动及 X—H 变形振动区，<1650cm^{-1}。这个区域的光谱比较复杂，主要包括 C—H、N—H 变形振动、C—O、C—X(卤素)等伸缩振动以及 C—C 单键骨架振动等。

表 6.2 总结了一些主要化学基团的红外吸收频率及其性质，从中可以看到基团的特征吸收大多集中在 4000~1350cm^{-1} 区域内，因而这一段频率范围称为特征频率区，而 1350~400cm^{-1} 的低频区称为指纹区。

表 6.2　红外光谱中一些基团的吸收区域

区域	基团	吸收频率/cm^{-1}	振动形式	吸收强度	说明
第一区域	—OH(游离)	3650~3580	伸缩	m, sh	是判断有无醇类、酚类和有机酸的重要依据
	—OH(缔合)	3400~3200	伸缩	s, b	是判断有无醇类、酚类和有机酸的重要依据
	—NH$_2$，—NH(游离)	3500~3300	伸缩	m	
	—NH$_2$，—NH(缔合)	3400~3100	伸缩	s, b	
	—SH	2600~2500	伸缩		
	C—H 伸缩振动				
	不饱和 C—H				不饱和 C—H 伸缩振动出现在 3000cm^{-1} 以上
	≡C—H(三键)	3100 附近	伸缩	s	
	=C—H(双键)	3010~3040	伸缩	s	末端=CH$_2$ 出现在 3085cm^{-1} 附近
	苯环中 C—H	3030 附近	伸缩	s	强度比饱和 C—H 稍弱，但谱带较尖锐
	饱和 C—H				饱和 C—H 伸缩振动出现在 3000~2800cm^{-1}，取代基影响小
	—CH$_3$	2960±5	反对称伸缩	s	
	—CH$_3$	2870±10	对称伸缩	s	
	—CH$_2$	2930±5	反对称伸缩	s	
	—CH$_2$	2850±10	对称伸缩	s	三元环中的—CH$_2$—出现在 3050cm^{-1}，叔氢出现在 2890cm^{-1}，很弱

续表

区域	基团	吸收频率/cm^{-1}	振动形式	吸收强度	说明
第二区域	—C≡N	2260~2220	伸缩	s 针状	干扰少
	—N≡N	2310~2135	伸缩	m	R—C≡C—H，2100~2140cm^{-1}，R—C≡C—R，2190~2260cm^{-1}；若 R′≡R，对称分子，无红外谱带
	—C≡C	2260~2100	伸缩	v	
	—N=C=O	2260~2242	伸缩	s	
	—C=C=C—	1950 附近	伸缩	v	
第三区域	C=C	1680~1620	伸缩	m, w	
	芳环中 C=C	1600, 1580	伸缩	v	苯环的骨架振动
		1500, 1450			
	—C=O	1850~1600	伸缩	s	位置变动大，是判断酮类、酯类、酸酐等的重要依据
	—NO$_2$	1600~1500	反对称伸缩	s	
	—NO$_2$	1300~1250	对称伸缩	s	
	S=O	1220~1040	伸缩	s	
第四区域	C—O	1300~1000	伸缩	s	—C—O(酯、醚、醇类)的极性很强，故强度大，常成为谱图中最强的吸收
	C—O—C	900~1150	伸缩	s	醚类中 C—O—C 的 ν_{as}=1100cm^{-1}±50cm^{-1} 是最强的吸收，C—O—C 对称伸缩在 900~1000cm^{-1}，较弱
	—CH$_3$，—CH$_2$	1460 ± 10	—CH$_3$，反对称变形 —CH$_2$变形	m	大部分有机化合物都含—CH$_3$、—CH$_2$，此峰经常出现
	—CH$_3$	1370~1380	对称变形	s	很少受取代基影响，且干扰少，是—CH$_3$基的特征吸收
	—NH$_2$	1650~1560	变形	m~s	
	C—F	1400~1000	伸缩	s	
	C—Cl	800~600	伸缩	s	
	C—Br	600~500	伸缩	s	
	C—I	500~200	伸缩	s	
	=CH$_2$	910~890	面外摇摆	s	
	C(CH$_2$)$_n$, n≥4	720±10	面内摇摆	v	n=1 时，吸收频率在 775cm^{-1} 处

注：s. 强吸收；m. 中等强度吸收；w. 弱吸收；sh. 尖锐吸收峰；v. 吸收强度可变；b. 吸收峰比较宽。

　　特征频率区可用于鉴定官能团，但在很多情况下，一个官能团有好几种振动形式，每一种红外活性振动一般相应产生一个吸收峰，有时还能观测到倍频峰。例如，CH$_3$(CH$_2$)$_3$CH=CH$_2$ 的红外光谱(图 6.12)中，由于有—CH=CH$_2$ 存在，可观察到 3080cm^{-1} 附近的不饱和=C—H 伸缩振动、1642cm^{-1} 处的 C=C 伸缩振动和 990cm^{-1} 及 910cm^{-1} 处的=C—H 及=CH$_2$ 面外摇摆振动四个特征峰，这一组特征峰是因—CH=CH$_2$ 存在而存在的相关峰。可见，用一组相关峰可更确定地鉴定官能团，这是应用红外光谱进行定性鉴定的一个重要原则。图 6.12 中 2960~2860cm^{-1} 处吸收峰是饱和 C—H 伸缩振动，1460cm^{-1} 处和 1468cm^{-1}处分别是—CH$_3$ 反对称变形振动和—CH$_2$ 剪式变形振动的重叠，1380cm^{-1} 处是—CH$_3$ 对称变形振动。注意：没有 720cm^{-1} 的面内摇摆振动峰，因为必须 4 个和/或 4 个以上的—CH$_2$—连在一起才会出现此峰。应该指出，并不是所有谱带都能与化学结构联系起来，特别是"指纹区"。指纹区的主要价值在于表示分子的特征，宜于用来与标准谱图(或已知物谱图)进行比较，从而得出未知物与已知物结构是否相同的确切结论。红外光谱解释在许多情况下往往需要从经验出发,因为化学键的振动频率与周围的化学环境有相当敏感的依赖关系,即使像羰基这样强而有特征的振动,其吸收峰位置变化范围也是相当宽的。

6.3.6 影响基团频率的因素

分子中化学键的振动并不是孤立的,要受分子中其他部分特别是相邻基团的影响,有时还会受到溶剂、测定条件等外部因素的影响。因此,在分析中不仅要知道红外特征谱带出现的频率和强度,而且应了解影响它们的因素,只有这样才能正确进行分析。特别是对结构的鉴别,往往可以根据基团频率的位移和强度的改变,推断产生这种影响的结构因素。

下面以羰基为例,分析影响基团频率的因素,引起基团频率位移的因素大致可分成两类,即外部因素和内部因素。

1. 外部因素

试样状态、测定条件的不同和溶剂极性等外部因素都会引起频率位移。一般气态时 C=O 伸缩振动频率最高,非极性溶剂的稀溶液中次之,而液态或固态的振动频率最低。同一化合物的气态、液态和固态光谱有较大的差异,因此在查阅标准图谱时,要注意试样状态及制样方法等。

2. 内部因素

1) 电效应
电效应包括诱导效应、共轭效应和偶极场效应,是由化学键的电子分布不均匀引起的。

(1) 诱导效应。由于取代基具有不同的电负性,通过静电诱导作用,引起分子中电子分布的变化,从而引起化学键力常数的变化,改变基团的特征频率,这种效应通常称为诱导效应。

可以从以下几个化合物来看诱导效应(直箭头表示)引起 C=O 频率升高的原因。

$$\begin{array}{cccc}
\overset{\delta^-}{\underset{\delta^+}{O}}\\
R-C-R' & R-C\rightarrow Cl & Cl\leftarrow C\rightarrow Cl & F\leftarrow C\rightarrow F
\end{array}$$

$\nu_{C=O}/cm^{-1}$ 1715   1800   1828   1928

一般电负性大的基团(或原子)吸电子能力强。在烷基酮的 C=O 上,由于 O 的电负性(3.5)比 C(2.5)大,因此电子云密度是不对称的,O 附近大些(用 δ^- 表示),C 附近小些(用 δ^+ 表示),其伸缩振动频率在 1715cm^{-1} 左右,以此作为基准。当 C=O 上的烷基被 Cl 原子取代形成酰氯时,由于 Cl 的吸电子作用(Cl 的电负性为 3.0),电子云由氧原子转向双键的中间,增加了 C=O 键中间的电子云密度,因而增加了 C=O 键的力常数。根据式(6.4),k 增大,振动频率也升高,所以 C=O 的振动频率升高至 1800cm^{-1}。随着 Cl 原子取代数目的增加或取代原子电负性的增大(如 F 的电负性为 4.0),这种静电的诱导效应也增大,使 C=O 的振动频率向更高频率移动。

(2) 共轭效应。形成多重键的 π 电子在一定程度上可以移动。例如,1,3-丁二烯的四个碳原子都在一个平面上,四个碳原子共有全部 π 电子,结果中间的单键具有一定的双键性质,而两个双键的性质有所减弱,这就是通常所指的共轭效应。

共轭效应使共轭体系中的电子云密度平均化，结果使原来的双键伸长(即电子云密度降低)，力常数减小，振动频率降低。例如，苯酮的 C=O 与苯环共轭而使 C=O 的力常数减小，频率降低。

$$1725\sim1710\text{cm}^{-1} \qquad 1695\sim1680\text{cm}^{-1} \qquad 1667\sim1661\text{cm}^{-1} \qquad 1667\sim1653\text{cm}^{-1}$$

此外，当含有孤对电子的原子接在具有多重键的原子上时，也可引起类似的共轭作用。例如，酰胺 $RCONH_2$ 中的 C=O 因氮原子的共轭作用，N 原子上孤对电子部分通过 C—N 键向氧原子转移，结果削弱了 C=O 双键，增强了碳氮键，使 C=O 力常数减小，振动频率降低到 1650cm^{-1} 左右。在该类化合物中，也存在由于氮原子的吸电子引起的诱导效应，但比共轭效应影响小，因此 C=O 的频率与饱和酮相比还是有所降低，这是诱导效应与共轭效应同时存在的例子之一。

2) 氢键

羰基和羟基之间容易形成氢键，氢键使电子云密度平均化，C=O 的双键性减小，使碳基的频率降低。例如，游离羧酸的 C=O 频率出现在 1760cm^{-1} 左右，而在液态或固态时，C=O 频率都在 1700cm^{-1} 左右，因为此时羧酸形成二聚体形式。

$$v_{C=O}/\text{cm}^{-1} \qquad\qquad 1760 \qquad\qquad\qquad\qquad 1700$$

此外，振动的耦合、费米共振和立体障碍等都可能在一定程度上影响基团频率，在此不一一举例说明。

6.3.7 红外光谱定性分析

红外光谱定性分析，大致可分为官能团定性分析和结构分析两个方面。官能团定性分析是根据化合物红外光谱的特征基团频率来鉴定物质含有哪些基团，从而确定有关化合物的类别。结构分析或称结构剖析，需要由化合物的红外光谱并结合其他实验资料(如分子量、物理常数、紫外光谱、核磁共振波谱和质谱等)来推断有关化合物的化学结构。

现简要叙述应用红外光谱进行定性分析的过程。

1. 试样的分离和精制

用各种分离手段(如分馏、萃取、重结晶、层析等)提纯试样，以得到单一的纯物质。混合试样不仅会给光谱的解析带来困难，还可能引起错误的鉴定结果。

2. 了解与试样性质有关的其他方面的资料

了解试样来源、元素种类、分子量、熔点、沸点、溶解度等有关的化学性质以及紫外光谱、核磁共振谱、质谱等，这对图谱的解析有很大的帮助。

根据试样的元素种类及分子量得出的分子式，可以计算不饱和度，从而可估计分子结构式中是否有双键、三键及芳香环，并可验证光谱解析结果的合理性，这对光谱解析很有利。

不饱和度表示有机分子中碳原子的饱和程度。计算分子式为 $C_mH_nO_qN_rX_s$ 的分子的不饱和度 U 的经验式为

$$U = \frac{2m+2-(n-r+s)}{2} \tag{6.7}$$

通常，规定双键(C=C、C=O 等)和饱和环状结构的不饱和度为 1，三键(C≡C、C≡N 等)的不饱和度为 2，苯环的不饱和度为 4(可理解为一个环加三个双键)。

3. 谱图的解析

测得试样的红外光谱后，对谱图进行解析。通常可先从各个区域的特征频率入手，发现某基团后，再根据指纹区进一步核实该基团及其与其他基团的结合方式。例如，若在试样光谱的 1740cm^{-1} 处出现强吸收，则表示有酯羰基存在，接着从指纹区的 1300～1000cm^{-1} 处发现有酯的 C—O 伸缩振动强吸收，从而进一步得到肯定。如果试样为液态，在 720cm^{-1} 附近又找到了由长链亚甲基引起的中等强度吸收峰，就可基本确定未知物大致是长链饱和酯，脂肪链的存在也可从 3000～1460cm^{-1} 和～1375cm^{-1} 等处的相关峰得到证明。由此再根据元素分析数据等就可鉴定出它的结构，最后用标准谱图进一步进行验证。

现再举一例说明如何根据前述思路鉴定未知物的结构。设某未知物分子式为 C_8H_8O，测得其红外光谱如图 6.18 所示，试推测其结构式。

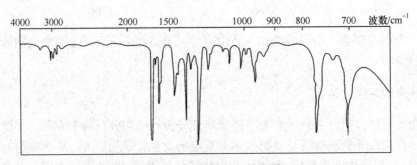

图 6.18　未知物的红外光谱

由图可见，在 3000cm^{-1} 附近有四个弱吸收峰，这可能是苯环或—C≡C 的 C—H 伸缩振动；1600～1500cm^{-1} 处有 2～3 个峰，为苯环的骨架振动；指纹区 760cm^{-1}、692cm^{-1} 处有 2 个峰，说明为单取代苯环；1681cm^{-1} 处强吸收峰为 C=O 的伸缩振动，因分子式中只含一个氧原子，不可能是酸或酯，而且从图上看有苯环，很可能是芳香酮；1363cm^{-1} 及 1430cm^{-1} 处的吸收峰分别为—CH$_3$ 的 C—H 对称及反对称变形振动。

根据上述解析，未知物的结构式可能是

$$\begin{array}{c} O \\ \parallel \\ \bigcirc\!\!-\!C\!-\!CH_3 \end{array}$$

由分子式计算其不饱和度 U：

$$U = \frac{2 \times 8 + 2 - 8}{2} = 5$$

该化合物含苯环及双键，上述推测是合理的。进一步核对标准光谱，也完全一致，因此推测的结构式是正确的。

4. 与标准谱图进行对照

在红外光谱定性分析中，无论是已知物的验证，还是未知物的鉴定，常需利用纯物质的谱图来校验。最方便还是查阅标准谱图集。在查阅时需注意：①被测物和标准谱图上的聚集态、制样方法应一致；②对指纹区的谱带要仔细对照，因为指纹区谱带对结构上的细微变化很敏感，结构上的细微变化都能导致指纹区谱带的不同。

6.3.8　红外光谱定量分析

与其他吸收光谱分析一样，红外光谱定量分析是根据物质组分的吸收峰强度来进行的，它的依据是朗伯-比尔(Lambert-Beer)定律[式(6.8)]。各种气体、液体和固态物质均可用红外光谱法进行定量分析。

$$A = \lg \frac{I_0}{I} = kcL \tag{6.8}$$

式中，A 为吸光度；I_0 和 I 分别为入射光和透射光的强度；k 为摩尔吸光系数；L 为样品槽厚度；c 为样品浓度。

假设分子键的相互作用对谱带的影响很小，由各种不同分子组成的混合物的光谱可以认为是各光谱的加和。例如，对简单的 1、2 组分的二元体系混合物的情况，设在某波数 v 的吸收率分别为 a_1 和 a_2，浓度分别为 c_1 和 c_2，总的谱带的吸光度(A_v)可写为

$$A_v = (a_1 c_1 + a_2 c_2)L \tag{6.9}$$

上式为吸光度加和定律。

用红外光谱做定量分析，其优点是有较多特征峰可供选择。对于物理和化学性质相近，用气相色谱法进行定量分析存在困难的试样，如沸点高或气化时要分解的试样，通常可采用红外光谱法定量。测量时，试样池的窗片对辐射的反射和吸收，以及试样的散射会引起辐射损失，因此必须对这种损失加以补偿，或者对测量值进行必要的校正。此外，必须设法消除仪器的杂散辐射和试样的不均匀性。另外，试样的透过率与试样的处理方法有关，必须在严格相同的条件下测定。

6.3.9　傅里叶变换红外光谱仪

红外光谱仪起始于棱镜式色散型红外光谱仪，分光器为 NaCl 晶体，对温度、湿度要求很高，波数范围为 4000～600cm^{-1}。20 世纪 60 年代出现光栅式色散型红外光谱仪，光栅代

替了棱镜，提高了分辨率，扩展了测量波段(4000~400cm⁻¹)，降低了对环境的要求，属于第二代红外光谱仪。

上述两种都是以色散元件进行分光，它把具有复合频率的入射光分成单色光后，经狭缝进入检测器，到达检测器的光强大大下降，时间响应也较长(以分计)，由于分辨率和灵敏度在整个波段是变化的，因此在研究跟踪反应过程中及色谱联用等方面受到限制。从20世纪60年代末开始发展了傅里叶变换红外(FTIR)光谱仪，它具有光通量大、速度快、灵敏度高等特点，为第三代红外光谱仪。

以下简单介绍傅里叶变换红外光谱仪的工作原理。傅里叶变换红外光谱仪的心脏部件是迈克耳孙干涉仪，其原理如图6.19所示。干涉仪由光源、动镜(M₁)、定镜(M₂)、分束器、检测器等主要部分组成。

当光源发出一束光后，首先到达分束器，将光分成两束；一束透射到定镜，随后反射回分束器，再反射入样品池后到检测器；另一束经过分束器，反射到动镜，再反射回分束器，透过分束器与定镜束的光合在一起，形成干涉光透过样品池进入检测器。动镜不断运动，两束光线的光程差随动镜移动距离的不同，呈周期性变化。在检测器上所接收到的信号是以λ/2为周期变化的，如图6.20(a)所示。

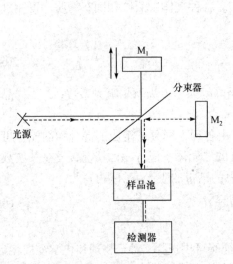

图 6.19　傅里叶变换红外光谱仪原理图

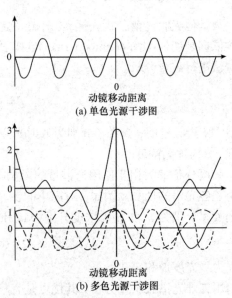

(a) 单色光源干涉图

(b) 多色光源干涉图

图 6.20　动镜移动距离

干涉光信号强度的变化可用余弦函数表示

$$I(x) = B(\nu)\cos(2\pi\nu x) \tag{6.10}$$

式中，$I(x)$为干涉光强度；I为光程差x的函数；$B(\nu)$为入射光强度；B为频率ν的函数。

干涉光的变化频率f_ν与两个因素即光源频率ν和动镜移动速度u有关，

$$f_\nu = 2u\nu \tag{6.11}$$

当光源发出的是多色光，干涉光强度应是各单色光的叠加，如图6.20(b)所示，可用式(6.12)的积分形式表示：

$$I(x) = \int_{-\infty}^{+\infty} B(\nu)\cos(2\pi\nu x)\mathrm{d}\nu \tag{6.12}$$

将样品放在检测器前，由于样品对某些频率的红外光吸收，使检测器接收到的干涉光强度发生变化，从而得到各种不同样品的干涉图。

上述干涉图是光强随动镜移动距离 x 的变化曲线，为了得到光强随频率变化的频域图，借助傅里叶变换函数，将式(6.12)转换成下式：

$$B(\nu) = \int_{-\infty}^{+\infty} I(x)\cos(2\pi\nu x)\mathrm{d}x \tag{6.13}$$

这个变化过程比较复杂，在仪器中是由计算机完成的，最后计算机控制终端打印出与经典红外光谱仪同样的光强随频率变化的红外光谱图。

6.3.10　试样的制备

在红外光谱实验中，制备试样时应注意以下事项。

(1) 试样的浓度和测试厚度应选择适当，以使光谱图中大多数吸收峰的透过率处于 15%～70% 范围内。浓度太小，厚度太薄，会使一些弱的吸收峰和光谱的细微部分不能显示；浓度过大，厚度过厚，会使强的吸收峰超越标尺刻度，无法确定它的真实位置和强度。

(2) 试样中不应含有游离水。水分的存在不仅会侵蚀吸收池的盐窗，而且水分本身在红外区有吸收，会使测得的光谱图变形。

(3) 试样应该是单一组分的纯物质。因此，在测定多组分样品前应尽量预先进行组分分离，否则各组分光谱相互重叠，以致对谱图无法进行正确的解释。

应根据试样的聚集状态，选择不同的制备方法。

1. 气态试样

使用气体吸收池，先将吸收池内空气抽去，然后吸入被测试样。

2. 液体和溶液试样

沸点较高的试样，直接滴在两块盐片之间形成液膜，即液膜法。沸点较低、挥发性较大的试样，可注入封闭液体池中，液层厚度一般为 0.01～1mm。

3. 固体试样

(1) 压片法。取试样 0.5～2mg，在玛瑙研钵中研细，再加入 100～200mg 磨细干燥的 KBr 或 KCl 粉末，混合均匀后，加入压模内，在压力机中边抽气边加压，制成一定直径及厚度的透明片，然后将此薄片放入仪器光路中进行测定。

(2) 石蜡糊法。试样(细粉状)与石蜡油(一种精制过的长链烷烃，不含芳烃、烯烃和其他杂质)混合成糊状，压在两盐片之间进行测谱。

(3) 薄膜法。对于熔点低，在熔融时不分解、升华或发生其他化学反应的物质，可直接加热熔融后涂制或压制成膜。对于大多数可溶解的材料，也可先将试样制成溶液，然后蒸干溶剂形成薄膜。

(4) 溶液法。将试样溶于适当的溶剂中，然后注入液体吸收池中。

6.3.11   红外光谱在材料分析中的应用

红外光谱在材料研究中是一种有力的分析工具，这里简单介绍其主要应用。

1. 红外光谱在有机高分子材料研究中的应用

1) 分析与鉴别材料

红外光谱仪器操作简单，谱图的特征性强，因此是鉴别材料很理想的方法。例如，用红外光谱不仅可区分不同类型的高聚物，还可以区分某些结构相近的高聚物。例如，图 6.21 为聚乙烯(PE)和等规聚丙烯(IPP)的红外光谱图，其主要吸收峰相近，但是 PP 在 850cm^{-1}、980cm^{-1}、1000cm^{-1} 和 1180cm^{-1} 处有吸收峰，而 PE 没有。

2) 定量测定高聚物的链结构

当进行高聚物链结构的定量分析时，总是先选择某一特征峰作为分子谱带，以此进行定量计算。以聚丁二烯为例，其在指纹区的各个吸收峰如图 6.22 所示。

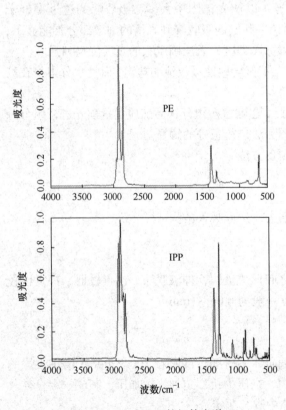

图 6.21   PE 和 IPP 的红外光谱

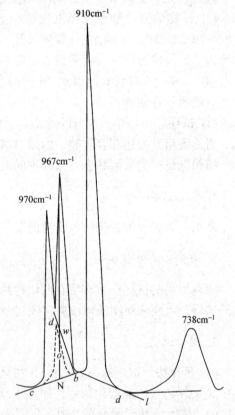

图 6.22   聚丁二烯指纹区吸收峰
顺-1,4-丁二烯：738cm^{-1}；反-1,4-丁二烯：967cm^{-1}；
1,2-丁二烯：910cm^{-1}

先根据纯物质测得摩尔吸光系数。聚丁二烯各微观结构的摩尔吸光系数不同，顺-1,4-丁二烯为 $\kappa_{738} = 31.4\mathrm{L} \cdot \mathrm{mol}^{-1} \cdot \mathrm{cm}^{-1}$，反-1,4-丁二烯为 $\kappa_{967} = 117\mathrm{L} \cdot \mathrm{mol}^{-1} \cdot \mathrm{cm}^{-1}$，1,2-丁二烯 $\kappa_{910} = 151\mathrm{L} \cdot \mathrm{mol}^{-1} \cdot \mathrm{cm}^{-1}$。根据朗伯-比尔定律，计算聚丁二烯中各微观结构的含量 c_c、c_v

和 c_t。它们的含量分别为 $c_c\% = \dfrac{c_c}{c_c + c_v + c_t} \times 100\%$，$c_v\% = \dfrac{c_v}{c_c + c_v + c_t} \times 100\%$，

$c_t\% = \dfrac{c_t}{c_c + c_v + c_t} \times 100\%$。

3) 高聚物取向的研究

在红外光谱仪的测量光路中加入偏振器形成偏振红外光谱是研究高分子链取向很好的手段，见图 6.23。当红外光通过偏振器后，变成了电矢量上只有一个方向的红外偏振光。偏振光通过取向的高聚物膜(如聚酯)时，若电矢量方向与 C＝O 振动的偶极矩方向平行时，C＝O 谱带具有最大的吸收强度；反之，当垂直时，这个振动几乎不产生吸收，这种现象称为红外二向色性。

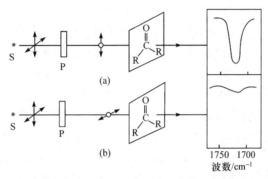

图 6.23　羰基伸缩振动红外二向色性示意图

测试方法：单向拉伸的膜沿拉伸方向部分取向，将样品放入测试光路，转动偏振器，使偏振光的电矢量方向先后与样品的拉伸方向平行和垂直，然后分别测出某谱带的这两个偏振光方向的吸光度，用 $A_{//}$ 和 $A_\perp$ 表示，二者比值称为该谱带的二向色性比，即 $R = A_{//}/A_\perp$。理论上，R 可以从 0 到 ∞，但样品不可能完全取向，R 值一般为 0.1～10。

2. 红外吸收光谱在无机非金属材料研究中的应用

与有机化合物比较，无机化合物的红外光谱图比有机化合物简单，谱带数较少，很大部分出现在低频区。

1) 无机化合物的基团振动频率

无机化合物在中红外区的吸收主要是由阴离子(团)的晶格振动引起的，在鉴别无机化合物的红外光谱图时，主要着重于阴离子团的振动频率。

(1) 水的红外光谱。在进行红外光谱实验时，由于窗口材料的要求，试样必须是干燥的，这里的水指的是化合物中以不同状态存在的水，它们的吸收谱带有差异，见表 6.3。

表 6.3　不同状态水的红外吸收频率(cm⁻¹)

水的不同状态	O—H 伸缩振动	弯曲振动
游离水	3756	1595
吸附水	3435	1630

水的不同状态	O—H 伸缩振动	弯曲振动
结晶水	3200~3250	1670~1685
结构水(羟基水)	约 3640	1350~1260

氢氧化物中,水主要以 OH^- 存在,无水的碱性氢氧化物中 OH^- 的伸缩振动频率在 $3250\sim3780cm^{-1}$ 范围内,如 KOH 为 $3778cm^{-1}$,NaOH 为 $3681cm^{-1}$,$Mg(OH)_2$ 为 $3637cm^{-1}$,$Ca(OH)_2$ 为 $3660cm^{-1}$,$Zn(OH)_2$ 和 $Al(OH)_3$ 分别为 $3260cm^{-1}$ 和 $3420cm^{-1}$。

(2) 碳酸盐(CO_3^{2-})的基团频率。碳酸盐离子 CO_3^{2-} 含力常数大的共价键,不同形式振动的红外吸收频率分别为:

对称伸缩振动	$1064cm^{-1}$	红外非活性(拉曼活性)
非对称伸缩振动	$1415cm^{-1}$	红外活性 + 拉曼活性
面内弯曲振动	$680cm^{-1}$	红外活性 + 拉曼活性
面外弯曲振动	$879cm^{-1}$	红外活性

碳酸盐离子总是以化合物存在,自由离子的频率很难测定。

(3) 无水氧化物。①MO 化合物,这类氧化物大部分具有 NaCl 结构,只有一个三重简并的红外活性振动模式,如 MgO、NiO 和 CoO 分别在 $400cm^{-1}$、$465cm^{-1}$ 和 $400cm^{-1}$ 处有吸收谱带;②M_2O_3 化合物,刚玉结构类的氧化物有 Al_2O_3、Cr_2O_3、Fe_2O_3 等,它们的振动频率低,谱带宽,在 $700\sim200cm^{-1}$,其中 Fe_2O_3 的振动频率低于相应的 Cr_2O_3。

(4) 硫酸盐化合物。硫酸盐化合物是以 SO_4^{2-} 孤立四面体的阴离子团与不同的阳离子结合而成的化合物。以二水石膏 $CaSO_4 \cdot 2H_2O$、半水石膏 $CaSO_4 \cdot 0.5H_2O$ 和硬石膏(无水)为代表。硬石膏在 $1140cm^{-1}$、$1126cm^{-1}$、$1095cm^{-1}$、$1013cm^{-1}$、$671cm^{-1}$、$667cm^{-1}$、$634cm^{-1}$、$612cm^{-1}$、$592cm^{-1}$、$515cm^{-1}$、$420cm^{-1}$ 处有吸收谱带;$CaSO_4 \cdot 0.5H_2O$ 在 $3625cm^{-1}$、$1629cm^{-1}$、$1156cm^{-1}$、$1120cm^{-1}$、$1012cm^{-1}$、$465cm^{-1}$ 处有吸收谱带;$CaSO_4 \cdot 2H_2O$ 在 $3555cm^{-1}$、$3500cm^{-1}$、$1690cm^{-1}$、$1629cm^{-1}$、$1142cm^{-1}$、$1138cm^{-1}$、$1131cm^{-1}$、$1116cm^{-1}$、$1006cm^{-1}$、$1000cm^{-1}$、$602\sim669cm^{-1}$、$492cm^{-1}$、$413cm^{-1}$ 处有吸收谱带。

(5) 硅酸盐矿物。以 SiO_4 四面体阴离子基团为结构单元的硅酸盐矿物,振动光谱着重研究其中 Si—O、Si—O—Si、O—Si—O 以及 M—O—Si 等各种振动的模式。硅酸盐结构通常可分成三类,即正硅酸盐、链状和层状硅酸盐、架状结构硅酸盐。各种硅酸盐中 SiO_4^{4-} 阴离子 Si—O 伸缩振动归纳为:孤立 SiO_4 四面体为 $800\sim1000cm^{-1}$;链状为 $800\sim1100cm^{-1}$;层状为 $900\sim1150cm^{-1}$;架状为 $950\sim1200cm^{-1}$;SiO_4 八面体为 $800\sim950cm^{-1}$。

2) 水泥的红外光谱研究

(1) 水泥熟料。水泥熟料由四种主要矿物组成:$3CaO \cdot SiO_2$、$2CaO \cdot SiO_2$、$3CaO \cdot Al_2O_3(C_3A)$ 和 $4CaO \cdot Al_2O_3 \cdot Fe_2O_3(C_4AF)$。它们的基本基团是 SiO_4 和 AlO_4,其他阳离子的影响,使基团振动有变化。C_3A 中 AlO_4^{5-} 基团中 Al—O 键的振动有对称伸缩振动 ν_1($740cm^{-1}$);不对称伸缩振动 ν_3($860cm^{-1}$、$895cm^{-1}$ 和 $840cm^{-1}$);面外弯曲振动 ν_2($516cm^{-1}$、$523cm^{-1}$ 和 $540cm^{-1}$)以及它的面内弯曲振动 ν_4($412cm^{-1}$)。

(2) 硅酸盐水泥水化产物。硅酸盐水化生成水化硅酸钙的组成比较复杂，但是有一点已经证明，硅酸钙在水化过程中的硅氧四面体 SiO_4 的孤立岛式结构将以一定的形式相连，聚合成 $Si_2O_7^{6-}$、$Si_3O_{10}^{8-}$、$Si_3O_9^{6-}$、$Si_4O_{13}^{10-}$ 等，在红外光谱图上将相应地发生 Si—O 振动向高波数漂移的情况，因此可以根据硅酸盐水泥中 $800\sim1000cm^{-1}$ 宽谱带位移到 $1080cm^{-1}$ 左右以及谱形变化判断它的水化情况。但是，由于谱带较宽，水化产物复杂，完全判断还比较困难。

6.3.12　红外光谱在材料表界面结构分析中的应用

红外光谱可提供材料表面分子结构、分子排列方式及取向信息。FTIR 已具备透射、发射、漫反射、内反射、反射吸收、光声等多种不同的表面分析技术，如图 6.24 所示。限于篇幅，本节仅介绍衰减全反射技术在材料表界面结构研究中的应用。

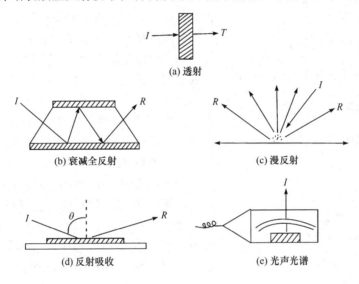

图 6.24　几种常用的 FTIR 表面分析技术示意图

衰减全反射(attenuated total reflection，ATR)光谱也被称为内反射光谱。当一个低折射率介质与一个高折射率介质接触时，在高折射率介质中传播的光可以发生全内反射。FTIR 有很高的信噪比和使用微机处理数据的灵活性，与 ATR 结合使用，在表面结构的定性及定量研究中发挥了重要作用。很多材料如交联聚合物、纤维、纺织品和涂层等，用一般透射法测量往往很困难，但使用 FTIR 及 ATR 技术可以很方便地测绘其红外光谱。

红外辐射经过棱镜投射到样品表面，当光线的入射角 θ 比临界角 θ_c 大时，光线完全被反射，产生全反射现象，棱镜材料的折射率 n_1 大于样品折射率 n_2。光线并不是在样品表面被直接反射回来，而是贯穿到样品表面内一定深度后，再返回表面。若样品在入射光的频率范围内有吸收，则反射光的强度在被吸收的频率位置减弱，产生和普通透射吸收相似的现象，所得光谱称为内反射光谱。

衰减全反射法由于操作简便、灵敏度高等优点，已在高聚物表面结构研究中得到广泛应用。此外，由于水的衰减系数很小，因而可用 ATR 测量表面含水的样品，这是在各种红外光谱技术中最为独特的优点。

6.4 激光拉曼光谱分析

6.4.1 拉曼散射光谱的产生

1. 拉曼散射及拉曼位移

拉曼(Raman)效应是能量为 $h\nu_0$ 的光子与分子碰撞产生的光散射效应,拉曼光谱是一种散射光谱。当一束频率为 ν_0 的入射光照射到气体、液体或透明晶体样品上时,大约有 0.1% 的入射光与样品分子之间发生非弹性碰撞,即在碰撞时有能量交换,这种光散射称为拉曼散射;若发生弹性碰撞,即两者之间没有能量交换,这种光散射称为瑞利散射。在拉曼散射中,若光子将一部分能量(ΔE)传递给样品分子,散射光能量减少,测量到的散射光谱线的频率为($\nu_0 - \Delta E/h$),称为斯托克斯线,如图 6.25 所示。若该分子具有红外活性,则测量值 $\Delta E/h$ 与激发该振动的红外频率一致。相反,若光子从样品分子中获得能量,则在大于入射光频率处检测到散射光线,称为反斯托克斯线。

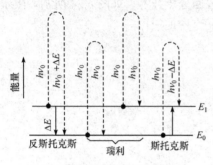

(a) 瑞利和拉曼散射的能级图

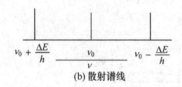

(b) 散射谱线

图 6.25 散射效应示意图

斯托克斯线或反斯托克斯线与入射光频率的差称为拉曼位移,拉曼位移的大小和分子的跃迁能级差相关。正常情况下,由于分子大多数处于基态,检测到的斯托克斯线强度比反斯托克斯线强度大得多,因此在一般拉曼光谱分析中,采用斯托克斯线研究拉曼位移。

拉曼位移的大小与入射光的频率无关,只与分子的能级结构有关,其范围为 25~4000cm^{-1}。拉曼光谱分析中,入射光的能量应大于分子振动能级跃迁所需能量,小于电子能级跃迁的能量。

在拉曼光谱中,分子振动要产生位移也要服从一定的选择定则,只有伴随分子极化度 α 发生变化的振动模式才具有拉曼活性,产生拉曼散射。极化度是指分子改变其电子云分布的难易程度,只有分子极化度发生变化的振动才能与入射光的电场 E 相互作用,产生诱导偶极矩 μ,拉曼散射谱线的强度与诱导偶极矩成正比。

$$\mu = \alpha E \tag{6.14}$$

式中,μ 为偶极矩;α 为极化度;E 为电场强度。

在多数吸收光谱中,只具有频率和强度两个基本参数。在激光拉曼光谱中还有一个重要的参数,即退偏振比,也可称为去偏振度。这是由于激光是线偏振光,大多数有机分子是各向异性的,在不同方向上的分子被入射光电场极化程度是不同的。在红外中只有单晶和取向的高聚物才能检测出偏振性,在激光拉曼光谱中,完全自由取向的分子所散射的光也可能是偏振的,因此一般在拉曼光谱中用退偏振比(或称去偏振度,ρ)表征分子对称性振动模式的高低。

$$\rho = \frac{I_\perp}{I_{//}} \tag{6.15}$$

式中，ρ 为退偏振比；$I_\perp$ 和 $I_{//}$ 分别为与激光电矢量相垂直和相平行的谱线的强度。

$\rho < 3/4$ 的谱带称为偏振谱带，表示分子有较高的对称振动模式；$\rho = 3/4$ 的谱带称为退偏振谱带，表示分子的对称振动模式较低。

2. 激光拉曼光谱与红外光谱比较

拉曼效应产生于入射光子与分子振动能级的能量交换。在许多情况下，拉曼频率位移的程度正好相当于红外吸收频率。因此红外检测能够得到的信息同样也出现在拉曼光谱中，红外光谱解析中的定性三要素(吸收频率、强度和峰形)对拉曼光谱解析也适用。但由于这两种光谱的分析机理不同，在提供信息上也是有差异的。在各种分子振动方式中，高强度吸收红外光的振动只能产生强度较弱的拉曼吸收峰；反之，能产生强的拉曼谱峰的分子振动产生较弱的红外吸收峰。拉曼光谱与红外光谱相互补充，才能得到分子振动光谱的完整数据，更好地解决分子结构的分析问题。分子的对称性越高，红外与拉曼光谱的区别越大，非极性官能团的拉曼散射谱带较为强烈，极性官能团的红外谱带较为强烈。例如，在许多情况下，C＝C 伸缩振动的拉曼谱带比相应的红外谱带较为强烈，而 C＝O 的伸缩振动的红外谱带比相应的拉曼谱带更为显著。对于链状聚合物，碳链上的取代基用红外光谱较易检测出来，碳链的振动用拉曼光谱表征更为方便。

红外与拉曼光谱在研究聚合物时的区别可以聚乙烯为例加以说明。图 6.26 为线型聚乙烯的红外及拉曼光谱。聚乙烯分子中具有对称中心，红外与拉曼光谱应当呈现完全不同的振动模式，事实上确实如此。在红外光谱中，CH_2 振动有最显著的谱带。拉曼光谱中，C—C 振动有明显的吸收。

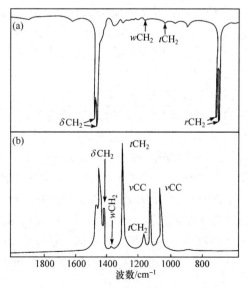

图 6.26　线型聚乙烯的红外(a)及拉曼(b)光谱

与红外光谱相比，拉曼散射光谱具有以下优点：

(1) 拉曼光谱是一个散射过程，任何尺寸、形状、透明度的样品，只要能被激光照射到，就可直接用来检测。激光束的直径较小，且可进一步聚焦，极微量样品都可检测。

(2) 水是极性很强的分子，其红外吸收非常强烈。但水的拉曼散射却极微弱，因而水溶液样品可直接进行检测，这对生物大分子的研究非常有利。玻璃的拉曼散射也较弱，因而玻璃可作为理想的窗口材料，如液体或粉末固体样品可放于玻璃毛细管中检测。

(3) 对于聚合物及其他分子，拉曼散射的选择定则的限制较小，可得到更为丰富的谱带。S—S、C—C、C=C、N=N 等红外较弱的官能团，在拉曼光谱中信号较为强烈。

拉曼光谱研究高分子样品的最大缺点是荧光散射，与样品中的杂质有关，采用傅里叶变换拉曼光谱仪，可以克服这一缺点。

6.4.2   实验设备和实验技术

激光拉曼光谱仪的基本组成有激光光源、样品室、单色器、检测记录系统和计算机五大部分。

与普通光源相比，激光是一种单色光，拉曼光谱仪中最常用的是 He-Ne 气体激光器，发出 6328Å 的红色光，频率宽度只有 9×10^{-2}Hz，有时也用 Ar^+激光器。

拉曼光谱实验用的样品主要是溶液(以水溶液为主)、固体(包括纤维)。为了使实验获得高的照度并有效地收集从小体积发出拉曼辐射，多采用 90°(较常用)或 180°的试样光学系统，从试样收集到的发射光进入单色仪的入射狭缝。

6.4.3   拉曼光谱在材料研究中的应用

1. 拉曼光谱在高分子材料研究中的应用

1) 拉曼光谱的选择定则与高分子构象

拉曼与红外光谱具有互补性，二者结合使用能够得到更丰富的信息。这种互补的特点是由它们的选择定则决定的。凡具有对称中心的分子，它们的红外光谱与拉曼光谱没有频率相同的谱带，这就是所谓的"互相排斥定则"。例如，聚乙烯具有对称中心，它的红外光谱与拉曼光谱没有一条谱带的频率是一样的。

2) 高分子的红外二向色性及拉曼去偏振度

图 6.27 为拉伸 250%的聚酰胺-6(PA6)薄膜的红外偏振光谱。图 6.28 为拉伸 400%的 PA6 薄膜的偏振拉曼散射光谱。在 PA6 的红外光谱中，某些谱带显示了明显的二向色性。它们是 NH 伸缩振动($3300cm^{-1}$)、CH_2 伸缩振动($3000\sim2800cm^{-1}$)、酰胺 I ($1640cm^{-1}$)及酰胺 II 吸收($1550cm^{-1}$)和酰胺 III 吸收($1260cm^{-1}$ 和 $1201cm^{-1}$)谱带。其中 NH 伸缩振动、CH_2 伸缩振动及酰胺 I 谱带的二向色性比较清楚地反映了这些振动的偶极矩在样品被拉伸后向垂直于拉伸方向取向。酰胺 II 及酰胺 III 谱带的二向色性显示了 C—N 伸缩振动沿拉伸方向取向。PA6 的拉曼光谱(图 6.28)的去偏振度研究结果与红外二向色性完全一致。拉曼光谱中 $1081cm^{-1}$ 谱带(C—N 伸缩振动)及 $1126cm^{-1}$ 谱带(C—C 伸缩振动)的偏振度显示了聚合物骨架经拉伸后的取向。

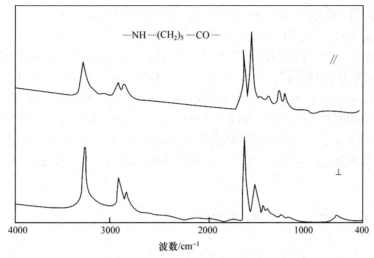

图 6.27　PA6 薄膜被拉伸 250%后得到的红外偏振光谱

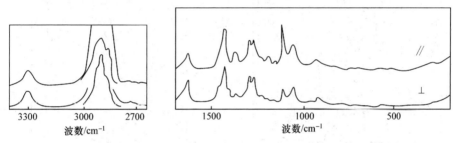

图 6.28　PA6 薄膜被拉伸 400%后得到的激光拉曼散射光谱

∥表示偏振激光电场矢量与拉伸方向平行；⊥表示偏振激光电场矢量与拉伸方向垂直

此外，纤维状聚合物在拉伸形变过程中，链段与链段之间的相对位置发生了移动，使拉曼谱带发生变化。可以利用拉曼光谱研究纤维的形变情况。拉曼光谱也可用来研究聚合物对金属表面的防蚀性能等。

2. 拉曼光谱在无机材料研究中的应用

对于无机材料，拉曼光谱比红外光谱优越得多，在振动过程中，水的极化度变化很小，其拉曼散射很弱，干扰很小。络合物中金属-配位体键的振动频率一般在 $100 \sim 700 cm^{-1}$ 范围内，用红外光谱研究比较困难。然而这些键的振动常具有拉曼活性，且在上述范围内的拉曼谱带易于测定，因此拉曼光谱适合于对络合物的组成、结构和稳定性等方面进行研究。

1) 各种高岭土的鉴别

拉曼光谱是陶瓷工业中快速而有效的检测技术。陶瓷工业中常用原料如高岭土、多水高岭土、地开石和珍珠陶土的拉曼光谱如图 6.29(a)所示。由图可知，它们都有各自的特征谱带，而且比红外光谱[图 6.29(b)]更具特征性。

2) 玻璃网络结构的研究

玻璃的骨架主要由硅氧四面体[SiO₄]连接而成，如果在玻璃中掺入其他金属氧化物，氧化物也会参与网络的形成，如掺入 Al_2O_3 的高铝硅酸盐，铝氧四面体[AlO₄]也参与成网。拉曼光谱可以研究各种玻璃的网络结构，高铝硅酸盐玻璃中一些常见的基团的振动频率分别为：Si—O$_h$—Si 的弯曲振动(420cm^{-1})、Al—O$_{nb}$ 的对称伸缩振动(500～700cm^{-1})、O—Si—O 的对称弯曲振动(800cm^{-1})、Si—O$_{nb}$ 的反对称伸缩振动(950cm^{-1})、Si—O$_b$—Si 的反对称伸缩振动(1080cm^{-1})、分子水或者和羟基有关的基团的振动(1640cm^{-1})。对不同 Al$_2$O$_3$ 添加量的高铝硅酸盐拉曼谱线进行分析，850～1200cm^{-1} 范围内的峰向高频方向移动，这个范围内的峰归属于玻璃网络中 Si—O$_{nb}$ 间非桥氧对称伸缩振动产生的，硅氧四面体[SiO$_4$]非桥氧振动频率会随着硅氧四面体[SiO$_4$]桥氧数目的增加而增大。700～850cm^{-1} 范围内出现的谱峰归属于 Al—O$_{nb}$ 间非桥氧引起的对称伸缩振动，随着 Al$_2$O$_3$ 的添加量的增加，桥氧的数目在增加，非桥氧的数目在减少。更多的铝氧四面体[AlO$_4$]参与了网络形成，玻璃结构更加致密。

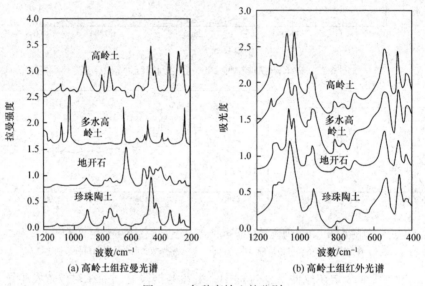

图 6.29　各种高岭土的鉴别

3) 金刚石薄膜质量的判定

用化学气相合成(CVD)金刚石薄膜是近年来获得广泛重视和迅速发展的新材料。它的禁带宽度为 5.5eV，从紫外到远红外的光学区域内都具有极好的光学透光性，具有极高的硬度和化学稳定性，是制备光学保护膜、增透膜的理想材料，且金刚石内电子和空穴的迁移率很高，可用来制造宽禁带高温半导体材料。CVD 方法制备的金刚石薄膜，除了 sp^3 金刚石相(拉曼特征峰是 1332cm^{-1})外，不同程度地存在 sp^2 键石墨相(在 1550cm^{-1} 处有一个拉曼特征宽峰)，利用拉曼光谱确定 sp^2/sp^3 键价比，是判定金刚石薄膜质量的一种有效方法。

6.5　原子吸收光谱分析

原子吸收光谱(atomic absorption spectroscopy，AAS)分析也称原子吸收分光光度法，所使用的仪器为原子吸收分光光度计。原子吸收光谱分析是基于气相中原子由基态跃迁至激发态时对辐射的吸收强度测定样品中相应元素含量的一种分析方法。

早在 1802 年，沃拉斯顿(W. H. Wollaston)在观察太阳光谱时，发现太阳光谱中存在许多暗线，首次发现了原子吸收现象。1815 年夫琅禾费(J. von Fraunhofer)进一步研究这种现象，发现太阳光谱中有 600 多条暗线，并且对主要的 8 条暗线以 A、B、C、…、H 符号标注，这就是我们知道的最早的吸收光谱线，被称为夫琅禾费线。1832 年布儒斯特(D. Brewster)对夫琅禾费线产生的原因做了解释，提出夫琅禾费暗线可能是由于太阳外围大气层对太阳光的吸收产生的，但是对此现象确切的解释归功于本生(R. W. Bunsen)和基尔霍夫(G. R. Kirchhoff)，他们发现由食盐火焰光谱发出的黄色谱线的波长和基尔霍夫线中的 D 线的波长完全一致，证明了太阳连续光谱中的暗线 D 线是太阳外围大气中的钠原子蒸气对太阳光的吸收所致，从而解释了太阳光谱中暗线产生的原因。基尔霍夫还指出，原子蒸气能吸收特征波长的光谱线，也能发射同样波长的光谱线，这就从原理上提出了原子吸收和发射光谱分析的基本理论基础，为光谱化学分析奠定了基础。直到 1955 年，澳大利亚物理学家瓦尔什(A.Walsh)发表了著名论文"原子吸收光谱法在分析化学中的应用"才促进了原子吸收光谱分析的快速发展。20 世纪 60 年代初出现了以火焰作为原子化装置的仪器，1970 年以石墨炉为原子化装置的仪器商品化。原子吸收光谱分析法具有高的灵敏度且快速发展，应用领域不断扩大，成为微量和痕量元素测定的有效方法之一。

6.5.1　原子吸收光谱分析的基本原理

原子吸收光谱分析是基于原子由基态跃迁到激发态时对辐射吸收的分析方法，当辐射光通过原子蒸气时，如果其能量与原子中电子由基态跃迁到激发态所需要的能量 ΔE 相匹配时，原子产生共振吸收，产生具有特征性的原子吸收光谱。原子吸收光谱通常位于光谱的紫外区和可见光区。

通常情况下，原子处于能量最低的基态，产生共振吸收后，基态的原子数减少，辐射吸收值与基态原子的数量有关，也就是说，由吸收前后辐射光强度的变化可确定待测元素的浓度。发生在基态与第一激发态能级之间的跃迁概率较大，即在热平衡条件下，基态原子和激发态原子的分布遵从玻尔兹曼公式：

$$N_j = N_0 \frac{g_j}{g_0} e^{-\frac{\Delta E}{k_B T}} \tag{6.16}$$

式中，N_0 为基态原子数；N_j 为激发态原子数；g_0 和 g_j 分别为基态和激发态的统计权重；ΔE 为激发能；k_B 为玻尔兹曼常量；T 为热平衡热力学温度。

激发态原子数随体系温度的升高而增加，但原子数正比于相应能级间激发能(ΔE)的幂指数，ΔE 增加时，对应激发态能级上的原子数将迅速减少，即如果维持原子化温度在 5000K 以下，绝大多数原子仍处于基态，辐射吸收正比于基态原子数。例如，在通常的火焰和石墨炉原子化器的原子化温度条件下，处于激发态的原子数 N_j 很少，钠原子和镁原子在 3000K 下处于第一激发态和基态的原子数比值分别为 5.83×10^{-4} 和 1.50×10^{-7}。这表明：基态原子的数目接近原子的总数，激发态原子数可以忽略不计。这也是 AAS 分析方法具有高灵敏度的原因之一。

在原子吸收光谱中，从基态到第一激发态的跃迁最容易发生，吸收线最强，该吸收称为元素的灵敏吸收线。在 AAS 法中原子的蒸发与激发过程分别由原子化器和辐射光源提供，AAS 分析法原理如图 6.30 所示。以空心阴极灯作光源产生辐射，经过原子化器，被气化的试样原子产生吸收后经分光系统、检测器检测，最后由数据处理系统进行数据处理，得到吸收光谱。

图 6.30   原子吸收光谱分析法原理示意图

6.5.2   原子吸收光谱谱线特征

1. 原子吸收光谱谱线的轮廓

原子结构较分子结构简单，理论上应产生线状的吸收线。但是，实际上光源发射的电磁辐射通过原子蒸气后，获得具有一定峰形的吸收峰，即具有一定宽度，但是在相当窄的波长或频率范围内。当一束不同频率、强度为 I_0 的平行光通过厚度为 L 的原子蒸气时，如图 6.31 所示，透过光的强度 I_ν 服从朗伯-比尔定律，即

$$I_\nu = I_0 e^{-K_\nu L} \tag{6.17}$$

式中，K_ν 为原子蒸气对频率 ν 的电磁辐射的吸收系数。由式(6.17)可知，透射光的强度随入射光的频率而改变，其变化规律如图 6.32 所示，当频率为 ν_0 时，透射光强度最小，吸收最大，即原子蒸气在 ν_0 处有吸收线。从图 6.32 还可看出，原子蒸气对不同频率的辐射的吸收系数不同，在 ν_0 处吸收系数最大，称为峰值吸收系数，若将吸收系数 K_ν 对频率 ν 作图，所得曲线为吸收线轮廓，如图 6.33 所示。表示吸收线轮廓特征的参数是吸收线中心频率 ν_0(或中心波长 λ_0)和吸收线的半高宽 $\Delta\nu$，中心频率和中心波长是指最大吸收系数所对应的频率和波长，最大吸收系数一半处的谱线轮廓上两点间的频率(或波长)差值 $\Delta\nu (\nu_2 - \nu_1)$(或 $\Delta\lambda$)称为吸收线的半高宽，如图 6.33 所示。

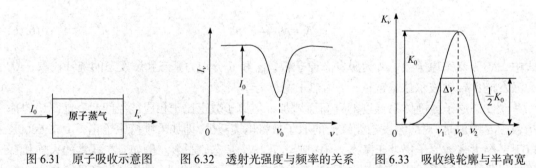

图 6.31   原子吸收示意图   图 6.32   透射光强度与频率的关系   图 6.33   吸收线轮廓与半高宽

2. 原子吸收光谱谱线轮廓的宽度

原子吸收光谱谱线的轮廓受到多种因素的影响而展宽。一类是由于原子本身的性质决定的，如自然宽度和同位素效应等；另一类是外界影响引起的，如温度变宽、压力变宽、自吸变宽和场致变宽等。

自然宽度取决于激发态原子的平均寿命。300nm 处的自然宽度约为 10^{-5}nm 数量级，可

以忽略不计。温度变宽是由原子的热运动引起的，也称多普勒变宽Δv_D，与元素的原子量、温度和谱线的频率有关，在火焰原子化器中，温度变宽是造成谱线变宽的主要因素，可以达到10^{-3}nm数量级。因此，在空心阴极灯发射的分析线强度足够的情况下，降低灯的电流有利于提高分析的灵敏度和准确性。温度变宽不引起中心频率偏移。压力变宽Δv_L又称碰撞变宽，是大量粒子相互碰撞而使各粒子能量发生稍微变化造成的，与气体压力有关。场致变宽包括磁场效应和电场效应引起的电子能级分裂所产生的谱线变宽现象，在通常的原子吸收光谱分析条件下影响较小，可以不予考虑。

空心阴极灯光源发射的共振线被灯内同种基态原子吸收，产生自吸收，导致谱线变宽，这种效应称为自吸变宽。随着空心阴极灯电流增大，发射线的自吸收效应也增大，导致校正曲线弯曲，降低空心阴极灯的电流可以减少自吸变宽现象。

实践表明，在原子吸收分析中，吸收线宽度主要受多普勒变宽和压力变宽影响，发射线宽度主要受多普勒变宽和自吸变宽影响。

3. 原子吸收光谱谱线的积分吸收和峰值吸收

任何一条谱线都有一定的宽度和形状，吸收系数K_v是频率v的函数，总的吸收度应将不同频率处吸收的光累加起来，可以用积分吸收系数表示，其数学表达式为$\int K_v dv$。

根据爱因斯坦理论，谱线的积分吸收系数与基态原子数N_0之间有如式(6.18)的关系：

$$\int K_v dv = kN_0 \tag{6.18}$$

式中，k为与原子特性相关的常数。在通常的原子吸收光谱分析条件下，大多数原子处于基态，可以忽略激发态原子数、电离原子数和受激发原子数对基态原子数的影响，基态原子数$N_0 \approx$总原子数N，因此式(6.18)可以改写为

$$\int K_v dv = kN \tag{6.19}$$

式(6.19)建立了谱线的积分吸收系数与原子浓度的关系，这是原子吸收光谱分析的定量理论依据。由式(6.19)可知，积分吸收系数与原子浓度之间是简单的线性关系，只要测定了积分吸收系数，就可以确定蒸气中原子的浓度，但是要准确测定积分吸收系数是非常困难的。例如，假定吸收中心波长为400nm，因为吸收线半宽度约为10^{-3}nm，相邻波长的$\Delta \lambda$至少应为0.0001nm，需要的单色器分辨率$R = 400/0.0001 = 4 \times 10^6$，目前的制造技术无法达到，这也是原子吸收法长期不能被应用的原因。

直到1955年，瓦尔什提出了以锐线光源作为激发光源，用测量峰值吸收系数代替积分吸收系数的方法，才解决了这一难题。锐线光源是指发射线半宽度比吸收线半宽度窄得多的光源，即发射线Δv_e小于Δv_a，并且发射线的中心频率与吸收线的中心频率一致的光源，如图6.34所示。空心阴极灯是一种理想的锐线光源，其发射的谱线相对于原子化器中基态原子的吸收线来说，是一种频率范围很窄的锐线光源。利用锐线光源可

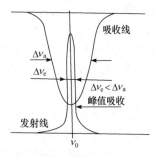

图6.34　锐线光源的发射线与吸收线

以测出原子的峰值吸收系数。

4. 原子吸收光谱谱线的定量分析理论基础

在原子吸收光谱分析条件下，设辐射强度为 I_0 的光束透过厚度为 L 的吸收层，根据光的吸收定律 $I_\nu = I_0 e^{-K_\nu L}$，吸光度 A 为

$$A = \lg \frac{I_0}{I} = \lg \frac{I_0}{I_0 e^{-K_\nu L}} = \lg e^{K_\nu L} = 0.4343 K_\nu L \tag{6.20}$$

对于中心频率与待测原子吸收线的中心频率相同的锐线光源，在 $\Delta\nu$ 很窄的范围内，可以认为 $K_\nu \approx K_0$，可用峰值吸收系数 K_0 代替积分吸收系数 K_ν，式(6.20)即为

$$A = 0.4343 K_0 L \tag{6.21}$$

式中，K_0 与热变宽、原子激发态寿命等有关，并与吸收层内分析原子数 N 成正比，在给定的实验条件下，对于某一共振吸收线，有

$$A = KNL \tag{6.22}$$

式中，K 为与热变宽、原子激发态寿命等相关的系数，在给定的实验条件下是常数；L 为定值，当原子化条件一定时，吸收层内分析原子数 N 正比于溶液中分析元素浓度 c，得到原子吸收光谱定量分析的关系式为

$$A = K'c \tag{6.23}$$

式(6.23)为原子吸收光谱分析的朗伯-比尔定律，即原子的吸光度与试样中被测元素浓度(含量)成正比，这是原子吸收光谱分析法做定量分析的理论依据。

6.5.3   原子吸收光谱仪的结构

原子吸收光谱仪有单光束和双光束之分，主要由光源、原子化器、分光系统(单色器)、检测与数据处理系统四个基本部分组成，图 6.35 和图 6.36 分别为单光束和双光束原子吸收光谱仪光路图。单光束分光光谱仪光路简单，结构紧凑，无需分束，光能量损失小，有利于减少光电倍增管的散粒噪声，提高仪器的信噪比，但存在光能量波动引起的仪器基线漂移。双光束仪器的光路将光源光束通过斩光器分为样品光束和参比光束，经调制后交替地进入分光系统，一束(参比光束)直接到检测器，一束(样品光束)通过火焰后再到检测器，检测器对两光束进行比较测量，输出两光束的强度差。

原子吸收光谱仪目前普遍使用的锐线光源主要有空心阴极灯、高强度空心阴极灯、无极放电灯、多元素空心阴极灯等，为了解决同时测多种元素，连续光源也已经被利用。最常用的原子化器有：火焰原子化器、石墨炉原子化器和氢化物发生石英管原子化器三种。在原子吸收光谱仪中，单色器是一种色散(分光)部件，所起的唯一作用是将待分析元素的共振线与光源中的其他发射线分开。原子吸收光谱仪最常用的检测器是光电倍增管、电荷耦合器件、互补型金属氧化物半导体等。

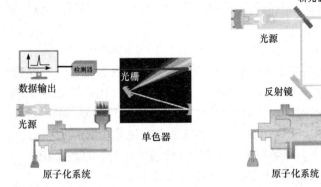

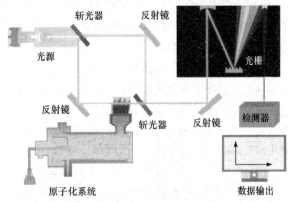

图 6.35　单光束原子吸收光谱仪光路示意图　　　图 6.36　双光束原子吸收光谱仪光路示意图

6.5.4　原子吸收光谱的实验技术

1. 测试条件的选择

如何选择原子吸收光谱分析的测试条件是获得可靠分析结果的关键。测试条件可分为两类：一类是仪器的工作参数，包括分析线、光谱通带、灯电流等；另一类是原子化条件，包括火焰原子化分光光谱仪的燃气和助燃气流量、测量高度、进样量等，以及石墨化炉升温方式、干燥、灰化和原子化条件、保护气和流量的选择等。

1) 分析线的选择

分析线的选择既要考虑测定灵敏度、精密度和校正曲线的线性范围，也要考虑谱线的干扰等。选择分析线应避免可能的谱线干扰，当最灵敏的分析线受到较大干扰，难以保证测定的准确度时，可以选用次灵敏线作为分析线。例如，用共振吸收线 Ni 232.00nm 作为分析线时，若单色器的分辨率不好，Ni 231.98nm、Ni 232.14nm 及离子线 Ni 231.6nm 就能产生干扰，为了避免谱线之间的干扰，选用次灵敏线 Ni 341.48nm 为分析线。同时，精密度和检出限也很重要，如共振吸收线 Pb 217.0nm，虽然测定灵敏度较高，但火焰背景吸收大，噪声大，重现性差，检出限远不如 Pb 283.3nm，因此一般选用次灵敏线 283.3nm 作为吸收线。但必须注意，选择不同的分析线，测定的稳定性有差别。

2) 光谱通带的选择

光谱通带宽度直接影响测定的灵敏度、标准曲线的线性范围和相邻谱线的干扰，是分析误差的主要来源之一。光谱通带是单色器的线色散率倒数 $d\lambda/dx(nm/mm)$ 与狭缝宽度 d(mm)的乘积。光谱带宽的选择原则是在保证干扰谱线和非吸收光不进入光谱带内的前提下，宜选用较宽的光谱通带。当火焰的连续背景较强时，应选择窄的光谱通带。

3) 灯的工作电流选择

在原子吸收光谱分析中，要得到较高的测定灵敏度和精密度，空心阴极灯和无极放电灯的工作电流的选择应综合考虑辐射光源输出的强度、放电的稳定性以及灯的使用寿命。从测定灵敏度方面考虑，灯电流小，谱线的多普勒变宽和自吸收效应小，灵敏度增高。灯电流稍大，有利于提高信噪比，改善测定精密度。灯电流的选择一般应在保证放电稳定与合适光强输出的条件下，尽量选用较低的工作电流。空心阴极灯一般需要预热 10～30min 才能达到稳定输出，通常以标明的最大电流的 1/3～1/2 作为工作电流。在具体的分析场合，最适宜的工作电流由实验确定。

4) 原子化条件的选择

(1) 火焰原子化吸收光谱。火焰原子化吸收光谱原子条件的选择包括燃气和助燃气流量(燃助比)、测量高度(燃烧器高度)和进样量。对于低、中温元素，使用空气-乙炔火焰，对于高温元素，选用氧化亚氮-乙炔高温火焰，对于分析线位于短波区(200nm 以下)的元素，使用空气-氢气火焰合适。一般来说，稍富燃的火焰(燃气量大于化学计量)是有利的。

(2) 石墨炉原子化吸收光谱。在石墨炉原子化法中，合理选择石墨炉的升温方式、干燥、灰化、原子化及净化温度和时间、保护气及其流量是十分重要的。

2. 干扰及其抑制

在原子吸收光谱中，试样转化为基态原子时，不可避免地受到各种因素的干扰，根据干扰产生的原因可以分为：物理干扰、化学干扰、电离干扰、光谱干扰、背景干扰等。

配制与被测试样组成相似的标准溶液作校正曲线是消除物理干扰最常用的方法。可以用化学方法将分析元素与干扰组分分离，提高火焰温度可以减少或消除化学干扰，可以通过在标准溶液和试液中加入某种光谱化学缓冲剂抑制或减少化学干扰。降低火焰温度或改变被测元素溶液浓度可以消除电离干扰，但往往受条件限制，效果不显著。消除电离干扰的主要方法是在试液中加入消电离剂。提高元素灯的纯度可以抑制或消除一部分光谱干扰。在一般过程中采用的空白溶液校正背景方法仅适合由化合物产生背景的理想溶液。目前在原子吸收仪器中，一般采用氘灯背景扣除法和自吸收背景扣除法以及塞曼(Zeeman)效应背景扣除法消除背景干扰。

3. 原子吸收光谱仪的性能指标

1) 分辨率

分辨率是反映仪器测定时分开两条相邻谱线的能力。光谱仪的分辨率可以用公式 $R = \lambda/\Delta\lambda$ 来表示，λ 为能够被分辨的两条谱线的平均波长，$\Delta\lambda$ 为两条谱线的波长差，R 为分辨率。

2) 灵敏度和特征浓度

在原子吸收光谱分析中，灵敏度 S 定义为校正曲线的斜率，其表达式为

$$S = \frac{\mathrm{d}A}{\mathrm{d}c} \text{ 或 } S = \frac{\mathrm{d}A}{\mathrm{d}m} \tag{6.24}$$

表示当待测元素的浓度 c 或质量 m 改变一个单位时，吸光度 A 的变化量。在火焰原子化法中常用特征浓度表征灵敏度，特征浓度是指能产生 1%吸收或 0.0044 吸光度值时溶液中待测元素的质量浓度($\mu g \cdot mL^{-1}/1\%$)或质量分数($\mu g \cdot g^{-1}/1\%$)。例如，$1\mu g \cdot g^{-1}$ 镁溶液，测得其吸光度为 0.55，则镁的特征浓度为

$$\frac{1}{0.55} \times 0.0044 = 8(\mathrm{ng} \cdot \mathrm{g}^{-1}/1\%) \tag{6.25}$$

对于石墨炉原子化法，测定的灵敏度取决于加到原子化器中试样的质量，此时采用特征质量(以 g/1%表示)更为适宜。特征浓度或特征质量越小，测定的灵敏度越高。

3) 检出限

检出限是指产生能够确认在试样中存在某元素的分析信号所需要的该元素的最小含量。检出限比灵敏度具有更明确的意义，降低噪声、提高测定精密度是改善检出限的有效途径。

4) 重复性

重复性反映的是仪器在短时间内测定同一个样品得到的测定结果的一致性程度。它通常用统计学上的相对标准偏差(RSD)表示。对于火焰原子吸收测定来说，一般用 $5mg \cdot L^{-1}$ 的 Cu 标准溶液作为考核代表。较好的仪器，其指标应在 RSD $\leqslant$ 0.5%，最好的可达 RSD $\leqslant$ 0.3%。

4. 原子吸收光谱谱线的定量分析方法

原子吸收光谱分析法是一种相对分析方法，可以用校正曲线进行定量分析。式(6.23)是定量分析的理论依据，常用的定量分析方法有：标准曲线法、标准加入法和内标法，其中标准曲线法是最基本的定量分析方法。具体的方法与其他技术相应的方法类似，这里不再详细叙述。

6.5.5　原子吸收光谱在材料分析中的应用

原子吸收光谱法作为微量和痕量元素测定的有效方法之一，在各学科领域、各行各业和国民经济的很多部门都得到了广泛的应用。其具有灵敏度高、抗干扰能力强、选择性好、样品用量小等特点，在制药、食品加工、环境保护、化工和材料类领域广泛应用。这里只讨论原子吸收光谱在材料研究领域的一些应用实例。

1. 原子吸收光谱在无机非金属材料中的应用

1) 试样分解

原子吸收光谱分析均需要将试样制成溶液后进行测定，无机非金属材料试样的分解方法通常分为酸分解法和熔融分解法两类。

酸分解法中常用的酸有氢氟酸、盐酸、硝酸、硫酸、高氯酸和混合酸。根据试样的性质和测定方法，氢氟酸常与硫酸或高氯酸一起使用，有时也与硝酸一起使用，如黏土、陶瓷和玻璃可用此法分解。

熔融分解所用的熔剂通常有碳酸钠、碳酸钾、碳酸钠和碳酸钾重盐或碳酸钾和碳酸钠混合物、过氧化钠、氢氧化钠和氢氧化钾、硼砂、偏硼酸锂、焦硫酸钾等。可根据具体的试样选择适当的熔剂。

2) 应用实例

用原子吸收分光光度计测定氮化硅陶瓷材料中的钙、镁和铁。选用氢氧化钠和过氧化钠混合熔剂，在 50～60℃下熔融样品，适当处理后，利用日立 170-50 型原子吸收光谱仪测定，钙、镁和铁空心阴极灯的元素谱线分别选择 422.7nm、285.2nm、248.3nm。在测试中，基体硅对钙、镁和铁产生严重的负干扰，主要原因是形成难熔难离解的化合物，可加入盐酸使硅沉淀分离，同时加入锶干扰剂消除硅的干扰。

2. 原子吸收光谱法测定微量金属元素

在高纯半导体硅中，铁作为主要的有害杂质元素，其含量是决定工业硅产品质量等级、价格的重要指标之一。利用原子吸收光谱仪，铁空心阴极灯，元素谱线 248.3nm、光谱带宽 0.2nm、灯电流 5mA；用氢氟酸、硝酸、高氯酸溶解待测工业硅，冷至室温；按仪器工作条件，在相同条件下，用空气-乙炔火焰，以试样空白溶液调零，测量铁的吸光度；配制铁的标准溶液，标定标准曲线；计算铁的含量。

原子吸收光谱法在微量金属元素的检测领域广泛应用，如可以用来检测儿童金属玩具中微量重金属的含量、金属锂中的钠含量等。

3. 原子吸收光谱法分析矿石中金属元素的含量

原子吸收光谱法在金属矿石的开采中广泛应用。利用原子吸收光谱仪，锑空心阴极灯，空气-乙炔火焰法测定锑含量，工作条件为：元素谱线 217.6nm、光谱带宽 0.1nm、灯电流 2mA、燃烧器高度 6.0nm、乙炔流量 1.60L·min^{-1}。盐酸和硝酸溶解试样，共存锡、铅、锌、铁离子对锑含量测定无影响，检出限 0.02μg·mL^{-1}，精密度 0.72%，准确度 0.004%。该方法简便、快捷、稳定可靠。使用该方法测定含锑量在 0.02%~2.0%范围内的锡多金属矿石中的锑含量比较合适。

4. 原子吸收光谱法分析食品、药品等包装材料中重金属元素的含量

食品、药品包装材料中重金属铅的污染是较受关注的问题，利用石墨炉原子吸收光谱法可测定试样经 4%乙酸溶液浸泡后萃取重金属铅的含量，仪器工作条件为波长 283.3nm，氘灯背景扣除。经过实验验证，石墨炉原子吸收法测定塑料食品包装材料中可迁移铅含量具有良好的精密度(RSD<5%)，检出限为 0.913μg·L^{-1}。此外，石墨炉原子吸收光谱法与 GB 31604.9—2016 标准中的比色法相比，具有准确度高和数据直观等优点。

6.5.6   原子吸收光谱技术的进展

1955 年澳大利亚物理学家瓦尔什发表了论文"原子吸收光谱分析法在分析化学中的应用"，开创了火焰原子吸收光谱法，原子吸收光谱经历了空心阴极灯和高强度空心阴极灯锐线光源、火焰原子吸收分光光度计、石墨炉电热原子吸收光谱、氢化物发生体系等阶段。到目前为止，原子吸收光谱仪的发展已经进入成熟时期，在原子化器的多样性、背景校正技术的进步和完善、气路一体化技术、自动进行系统、多元素分析和连续光谱分析等方面都在不断地完善和发展，不断推出新型号的光谱仪。例如，多元素的同时检测提高了工作效率；石墨炉横向加热技术极大地减少了基体效应，配合纵向塞曼效应背景校正技术，提供相对于其他塞曼系统两倍的光强度，可以获得最佳的检出限；石墨炉固体进样技术减少了环境污染，灵敏度高，所需样品少，分析过程简单，节省时间和成本。

总之，技术的进步和需求促使原子吸收光谱仪在检测的灵敏度、检测速度、可靠性等方面不断提高，应用领域不断渗透。

6.6　原子发射光谱分析

　　原子发射光谱(atomic emission spectrometry，AES)分析是根据处于激发态的待测元素原子回到基态时发出的特征光谱来研究物质结构和测定物质化学成分的方法，它是光谱分析法中产生与发展最早的一种方法。1859 年，本生和基尔霍夫研制了第一台用于光谱分析的分光镜，实现了光谱检测。1930 年以后，建立了光谱定量分析方法，原子发射光谱法对科学的发展做出过重要的贡献。在元素周期表中，有不少元素是利用发射光谱发现的或通过光谱法鉴定而被确认的，如铷、铯、镓、铟、铊、氦、氖、氩、氪、氙等。在近代各种材料的定性、定量分析中，原子发射光谱法发挥了重要作用，成为仪器分析中最重要的方法之一。

　　原子发射光谱技术的发展在很大程度上取决于激光光源技术的改进。原子发射光谱常用化学火焰、电火花、电弧、激光和各种等离子体光源激发而获得。20 世纪 50 年代广泛使用的电弧光源和火花光源重复性差，测量误差大，采用固体试样使样品处理和标样制备困难，这些原因使得原子发射光谱分析的应用在 20 世纪 60 年代至 70 年代初期遭受了一场剧烈的衰退，而原子吸收光谱等其他分析技术却得到了快速的发展。20 世纪 50 年代科学家们开始探讨用等离子体代替传统的电弧光源和火花光源，但由于等离子体的稳定性问题没有解决，所以一直没得到应用。直到 1961～1962 年，材料物理学家里德(R. C. Reed)在研究单晶体拉制时设计了切向气流稳定的三重同心炬管，使所形成的电感耦合等离子体(inductively coupled plasma，ICP)焰可长期稳定运行，并观察到物料进入等离子体后可产生鲜艳的颜色，他预言这种等离子体可以作为光谱分析光源。1971 年法赛尔(V. A. Fassel)在第 19 届国际光谱学会议上做了一个长达 74 页的专题报告，系统总结了各种等离子体光源的发展和技术现状，标志着原子发射光谱进入等离子体光源时代。

　　1978～1979 年，法赛尔研究组成功地研究出程序控制扫描型 ICP 单色器系统，在计算机控制下顺序测定多种元素，即顺序扫描 ICP 光谱仪，该仪器具有很好的灵活选择分析线及扣除光谱背景的优点，并且价格较低，促进了 ICP 光谱技术更广泛地应用，特别适用于分析样品类型变化较多的使用者。但顺序扫描 ICP 光谱仪分析速度较慢，特别是在多元素分析时，增加了分析时间，精密度也受到影响。目前最广泛应用的光源是等离子体，其中包括电感耦合等离子体、直流等离子体(direct current plasma，DCP)及微波等离子体(microwave plasma，MWP)。从广义上讲，电弧放电和火花放电也属于等离子体。本书重点介绍以目前主流光源-电感耦合等离子体为激发光源的原子发射光谱分析。

6.6.1　原子发射光谱分析的基本原理

　　原子发射光谱分析是根据原子发射的特征谱线来测定物质的化学组成的分析方法。组成物质的不同元素的原子在正常的情况下处于基态。当原子受到外部能量如热能、电能等作用时，原子与高速运动的气态粒子和电子相互碰撞获得能量，使原子中外层电子从基态跃迁到更高的能态，处在这种状态的原子称为激发态。处于激发态的原子十分不稳定，平均寿命为 $10^{-10}\sim10^{-9}$ s，会回到基态或其他较低能级上，同时释放出多余的能量，这种能量

以一定波长的电磁波形式释放，其能量为

$$\Delta E = E_2 - E_1 = h\nu = \frac{hc}{\lambda}$$

(6.26)

式中，E_2、E_1 分别为高、低能级的能量；h 为普朗克常量；ν 及 λ 分别为所发射电磁波的频率及波长；c 为真空中的光速。

原子发射光谱根据待测元素原子从激发态回到基态释放出的特征谱线的能量对待测元素进行分析。

6.6.2 原子发射光谱谱线特征

1. 谱线的宽度及变宽

原子的发射谱线和吸收谱线一样具有特征性，但都不会是绝对单色的，而是具有一定的波长范围，谱线强度按波长分布的形状，称为谱线的轮廓，发射谱线的轮廓类似，如图 6.34 所示。谱线的变宽也包括自然变宽、碰撞和压力变宽、热变宽(多普勒变宽)等。在氩气 ICP 光源中，由于 Ar 基态原子具有很高的密度，它是碰撞变宽或压力变宽的主要微扰物。多普勒变宽取决于等离子体光源的温度，ICP 光源中，多普勒变宽为 1~8pm，它是决定谱线物理宽度的主要因素之一。

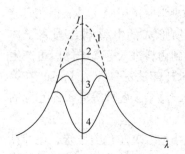

图 6.37　谱线的自吸
1. 无自吸; 2. 有自吸; 3. 自蚀;
4. 严重自蚀

2. 谱线的自吸

光谱分析用的光源均为有限体积的发光体，其温度的空间分布不均匀，原子或离子在等离子体的高温区域激发，发射某一波长的谱线，当光子通过等离子的低温区时，又可以被同一元素的原子或离子吸收，产生自吸。由于自吸收的产生，谱线强度和轮廓会发生变化，如图 6.37 所示。当没有自吸收时，谱线的轮廓如曲线 1 所示；有自吸收时，谱线的中心强度开始降低，轮廓发生变化；自吸的程度与等离子体中元素的浓度有关，元素浓度低时，一般不出现自吸，随着浓度的增加，自吸现象增强，谱线中心出现凹陷(曲线 3、曲线 4)，这种现象称为自蚀。

ICP 光源是中心通道进样，等离子体是光学薄层，自吸现象比较轻微，多数工作曲线线性范围可达 4~5 个数量级。然而，当元素浓度较高时(如超过 $1000\mu g \cdot mL^{-1}$)，通常会产生自吸，特别是碱土金属及碱金属元素，此时标准曲线的高浓度段会向下弯曲，所以在配制标准溶液时应考虑所用分析线的线性范围。

6.6.3 原子发射光谱仪的结构

ICP 发射光谱仪的分析过程主要分为三步，即激发、分光和检测。利用激发光源(ICP)使试样蒸发汽化、离解或分解为原子状态，原子可能进一步电离成离子状态，原子及离子在光源中激发发光。利用光电器件或 CCD 检测光谱，按测定得到的光谱波长对试样进行定性分析，按发射光强度进行定量分析。因此，ICP 发射光谱仪由 RF 发生器(光源)、进样系统、分光系统、检测系统和计算机系统五个部分组成，如图 6.38 所示。

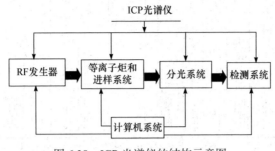

图 6.38　ICP 光谱仪的结构示意图

6.6.4　原子发射光谱的实验技术

1. 定性分析

1) 分析线

在光谱分析中用于鉴定元素存在及测定元素含量的谱线称为分析线。每种元素发射的特征谱线有多有少，多的可达几千条。当进行定性分析时，不需要将所有的谱线全部检出，只需检出几条合适的谱线即可。定性分析所依据的谱线一般有灵敏线、最后线和特征线组。灵敏线是指各元素谱线中最容易激发或激发电位较低的谱线，通常是该元素光谱中最强的谱线，多是共振线。最后线是指随着试样中某元素含量的逐渐减少，最后仍能观察到的几条谱线，它们常是该元素的第一共振线，也是理论上的最灵敏线。特征线组是指某种元素所特有的、容易辨认的多重线组。要确认试样中存在某个元素，需要在试样光谱中找到三条或三条以上该元素的灵敏线，并且谱线之间的强度关系是合理的。

2) 分析方法

(1) 铁光谱比较法。这是目前最通用的方法，它采用铁的光谱作为波长的标尺，来判断其他元素的谱线。铁的谱线多，在 210～660nm 范围内有几千条谱线，谱线间相距都很近，在上述波长范围内均匀分布，对每一条谱线波长，都已经进行了精确的测量，如图 6.39 所示，上面是元素的谱线，中间是铁光谱，下面是波长标尺。标准光谱图是在相同的条件下，在铁光谱上方准确地绘出 68 种元素的逐条谱线并放大 20 倍的图片。铁光谱比较法实际上是与标准光谱图进行比较，因此又称为标准光谱图比较法。在分析时，将试样与纯铁在完全相同的条件下并列且紧挨着摄谱，摄得的谱片置于映谱仪(放大仪)上，谱片也放大 20 倍，再与标准光谱图进行比较。比较时，首先需将谱片上的铁谱与标准光谱图上的铁谱对准，然后检查试样中的元素谱线。若试样中的元素谱线与标准图谱中标明的某一元素谱线出现的波长位置相同，即为该元素的谱线。判断某一元素是否存在，必须由其灵敏线来决定。铁光谱比较法可同时进行多元素定性鉴定。

(2) 标准试样光谱比较法。将要检出元素的纯物质或纯化合物与试样并列摄谱于同一感光板上，在映谱仪上检查试样光谱与纯物质光谱。若两者谱线出现在同一波长位置上，即可说明某一元素的某条谱线存在。此法多用于不经常遇到的元素分析。

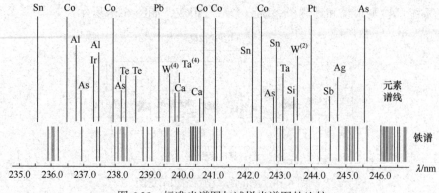

图 6.39　标准光谱图与试样光谱图的比较

此外，如果发现在标准光谱图与标准试样法都难以确定时，可以用谱长测量法。谱线的波长表已出版很多种，其中最详细和应用最广的是 1939 年出版的哈里森(E. Harrison)编辑的《波长表》，我国 1971 年出版的《光谱线波长表》应用也较广。

2. 定量分析

光谱定量分析主要依据谱线强度与被测元素浓度的关系。在原子发射光谱分析过程中，当温度一定时，谱线强度 I 与被测元素浓度 c 成正比，即

$$I = Ac \qquad (6.27)$$

如果考虑到谱线的自吸，式(6.27)将变为

$$I = Ac^b \qquad (6.28)$$

式中，b 为自吸系数，b 随浓度 c 的增加而减小，当浓度很小无自吸时，$b = 1$。式(6.28)即为光谱定量分析的基本关系式，称为赛伯-罗马金(Schiebe-Lomakin)公式。

在实际工作中，应用赛伯-罗马金公式测定谱线的绝对强度进行定量分析比较困难，ICP-AES 的定量分析常采用标准曲线法、内标法和标准加入法等。具体的方法与其他技术相应的方法类似，此处不再详述。

3. 样品处理

常规的 ICP 发射光谱分析是溶液进样方式，固体样品需要分解，气体样品需要选择合适的吸收液进行吸收，即使是液体样品，也需要根据具体的情况进行适当的稀释或浓缩等处理。对样品的处理，要求待测元素无损失地完全进入溶液，不能引入外来干扰组分，待测溶液要稳定，样品溶液清澈透明，无大于 $50\mu m$ 的固形物或胶体形态物，溶液中的固形物浓度小于 $10mg \cdot mL^{-1}$，可溶性盐类浓度不能过高，溶剂用量不能过大，以免造成喷雾不正常，影响谱线强度。溶液不能含有腐蚀性成分。有机物会影响等离子体的稳定性，影响谱线强度和光谱背景，所以溶液不宜含显著量的有机物质。分析过程中要根据样品的性状对样品进行恰当的处理。

ICP 发射光谱分析中，要配制多元素标准溶液，我国有很多经国家标准检验通过的标

准溶液的制备单位,可以购置单元素标准储备液。若需要自行制备,可以参考相应的标准配制方法。ICP 分析是多元素测定,要将单元素标准储备液按一定比例稀释,制备与测定试样被测元素含量相似的混合标准溶液。

6.6.5　原子发射光谱分析法在材料分析中的应用

原子发射光谱分析是通过测定每种化学元素的气态原子或离子受激后从激发态回到基态所发射的特征光谱的波长及强度来确定物质中元素的组成和含量。它具有多元素同时检出的能力,分析速度快,选择性好,检出限低,准确度高,基体效应较低,较易建立分析方法,具有良好的精密度和重复性,样品消耗少。在金属材料、非金属材料、矿产资源、水质及环境等众多领域实验室的检测工作中被广泛应用。

金属材料化学成分分析的工作内容主要有两个:一是指各种合金材料中元素分析(如 C、S、Si、Mn、Fe、As 等);二是对各种合金牌号(如工具钢、铜合金、铝合金等)鉴定。在采用 ICP-AES 法测定金属材料成分时,主要考虑样品前处理、干扰问题、分析谱线选择和仪器参数等因素。

原子发射光谱可以快捷地测定近 70 种元素的精确含量,溶解和 ICP 技术的飞速发展,使其在无机非金属材料领域内的应用也进一步拓展。例如,石墨烯材料中微量元素的测定。用 ICP-AES 可测定单层石墨烯材料和单层氧化石墨烯材料中 11 种微量元素。该测试中,光谱干扰是 ICP-AES 中的主要干扰,由于石墨烯材料的主要成分为碳,无法与基体匹配,选择用空白试剂作基体来选择分析谱线。根据线性回归方程及方法比对结果选择合适的分析谱线。方法快速简便,检出限低,精密度高,满足产品检测需求。

金属元素的定量测试对指导矿山勘查工作有积极的促进作用,随着科学技术的快速发展,原子发射光谱可以快速测定地质样品的各种金属元素、痕量元素和超痕量元素。

除了以上介绍的应用领域外,ICP-AES 在环境污染和治理、能源材料、食品卫生等领域都有广泛的应用,如利用 ICP-AES 测定废旧电池中钴等重金属元素的含量、废铅蓄电池中的硫含量、锂电池富锂锰基正极材料中锰含量、钠离子含量、铁离子含量等。

6.6.6　原子发射光谱技术的进展

自 1974 年第一台商品化仪器问世至今,国内外多家厂商不断推出不同型号的 ICP 光谱仪,ICP 光谱仪在软件和硬件性能方面都得到了全面的提升。近年来国内外各厂商最新型 ICP 光谱仪各具特点,总结起来具有一些共同的趋势。

(1) ICP 激发源已从电子管射频技术转变为以晶体管功率器件为基础的全固态高频发生器,结构小巧,频率稳定,宽功率范围连续可调。

(2) 仪器配置适合不同样品的多种进样系统,如标配的石英炬管、雾化器,不同管径的耐高盐、有机进样炬管雾化器,陶瓷中心管的耐氢氟酸炬管以及聚醚醚酮(PEEK)材质的雾室、雾化器等,配合高稳定性等离子体,可以方便地实现更多种类样品的检测。

(3) 双向观测模式与垂直炬管结合。双向观测模式可以有效扩展测试样品的含量范围,在最新款 iCAP Pro 系列中也更换为垂直炬管设置,因为垂直炬管有利于减缓基体对进样系统的污损速率、降低维护频率。自 2015 年安捷伦科技推出垂直炬管的双向观测 ICP 光谱仪后,更多新型号仪器广泛采用垂直炬管的设计。光谱仪采用独特的多视图结构,将负载线圈及炬管旋转 90°同样实现轴向与径向炬焰观测。

(4) 为减少光谱干扰，实现更多元素的准确检测，结合面阵检测器接收色散得到的二维光谱图像，成为 ICP 光谱仪的主流分光系统结构。

(5) 随着探测器元件制造技术的突破，ICP 光谱仪能够采用更大面积的面阵探测器件，感光面积达到 1 平方英寸(1 平方英寸 ＝0.0006452 平方米)以上，如 Prodigy7 光谱仪采用了 28mm × 28mm CMOS 探测器、iCAP Pro 系列采用 24.576mm × 24.576mm CID 探测器件，单次曝光即实现全谱测量，性能更优于早期型号。除了感光面积，面阵 CCD、CID、CMOS 等探测器件在灵敏度、噪声抑制等方面也有了更大提升，结合相机驱动采集和多级半导体制冷技术，完成高速降噪采集，保障 ICP 光谱仪提供最佳的测试性能。

(6) 在配套应用软件方面，借助大数据与物联网技术，软件可以为操作者提供仪器状态监控、故障诊断、方法开发、样品前处理、数据分析等全套解决方案，促进 ICP 光谱仪更好地服务于各应用领域。

综上所述，ICP 光谱仪在几十年的发展中性能不断提升，等离子体具有更好的稳定性，能够适应更多种类样品，激发更多元素的特征谱线，实现全波段谱线快速检测，也更加集成化、智能化。

思考题与习题

1. 什么是发色基团和助色基团？
2. 简述有机化合物在紫外光谱中吸收带的类型。
3. 产生红外吸收的条件是什么？
4. 什么是拉曼散射？什么是斯托克斯线和反斯托克斯线？什么是拉曼位移？
5. 试比较红外光谱和拉曼光谱的异同。
6. 简述原子吸收光谱法的基本原理。
7. ICP-AES 定量分析的依据是什么？
8. 什么是自吸收？它对光谱分析有什么影响？
9. 光源发射线宽度主要受哪几种谱线变宽的影响？吸收线宽度主要受哪些变宽的影响？
10. 化合物分子式为 C_8H_7N，红外光谱如下，试推测其结构。

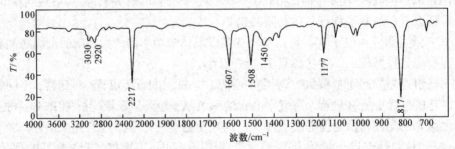

11. 化合物分子式为 C_7H_5NO，红外光谱如下，试推测其结构。

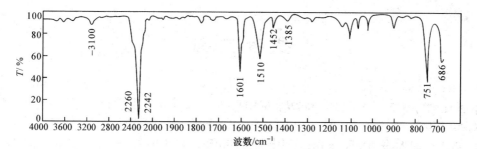

12. 化合物分子式为 C_6H_{14}，红外光谱如下，试推测其结构。

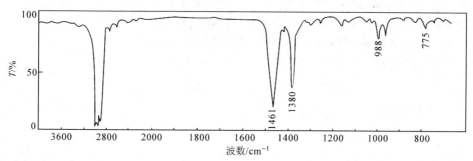

13. 化合物分子式为 $C_4H_6O_2$，红外光谱如下，试推测其结构。

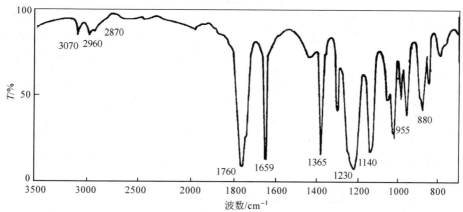

14. 化合物分子式为 $C_{10}H_{14}S$，红外光谱如下，试推测其结构。

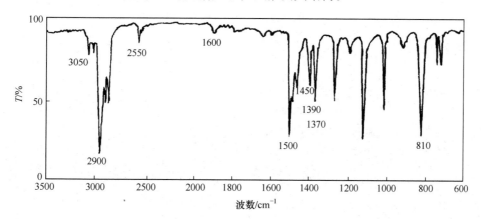

参 考 文 献

杜希文, 原续波. 2006. 材料分析方法. 天津：天津大学出版社

范康年. 2011. 谱学导论. 2 版. 北京：高等教育出版社

黄新民. 2017. 材料研究方法. 哈尔滨：哈尔滨工业大学出版社

李丽华, 杨红兵. 2008. 仪器分析. 武汉：华中科技大学出版社

陶少华, 刘国根. 2015. 现代谱学. 北京：科学出版社

汪正. 2015. 原子光谱分析基础与应用. 上海：上海科学技术出版社

魏福祥. 2015. 现代仪器分析技术及应用. 2 版. 北京：中国石化出版社

张扬祖. 2007. 原子吸收光谱分析应用基础. 上海：华东理工大学出版社

郑国经, 计子华, 余兴. 2010. 原子发射光谱分析技术及应用. 北京：化学工业出版社

第 7 章

核磁共振分析

核磁共振波谱(nuclear magnetic resonance，NMR)是材料表征中很有用的一种仪器测试方法。用一定频率的电磁波对样品进行照射，可使特定化学结构环境中的原子核实现共振跃迁。在照射扫描中记录发生共振时的信号位置和强度，就得到核磁共振波谱。核磁共振波谱上的共振信号位置反映样品分子小于 5Å 的近程结构(如官能团、分子构象等)；信号强度与相关原子核在样品中存在的量有关。

核磁共振现象是 1946 年由珀塞尔(E. M. Purcell)和布洛赫(F. Bloch)独立在各自的实验室中观测到水、石蜡质子的核磁共振信号时发现的，他们同时获得了 1952 年诺贝尔物理学奖。由此，核磁共振波谱在化学、物理学、生物医学和材料学等领域得到广泛应用。脉冲傅里叶变换核磁共振仪(pulse Fourier transform NMR)的问世，极大地推动了 NMR 技术，特别是使 ^{13}C、^{15}N、^{29}Si 等核磁共振及固体 NMR 得以广泛应用。发明者恩斯特(R. R. Ernst)获 1991 年诺贝尔化学奖。

核磁共振波谱在研究溶液及固体状态的材料结构中取得了巨大的进展。尤其是高分辨率固体核磁共振技术，综合利用魔角旋转、交叉极化及偶极去偶等措施，再加上适当的脉冲程序已经可以方便地用来研究固体材料的化学组成、形态、构型和构象及动力学等。核磁共振成像技术可以直接观察材料内部的缺陷，指导加工过程。因此，高分辨率固体 NMR 技术已发展成研究材料结构与性能的有力工具。

核磁共振波谱是由具有磁矩的原子核，受电磁波辐射而发生跃迁所形成的吸收光谱。电子能自旋，质子也能自旋。原子的质量数为奇数的原子核，如 ^{1}H、^{13}C、^{19}F、^{31}P 等，由于核中质子的自旋而沿着核轴方向产生磁矩，因此可以发生核磁共振。而 ^{12}C、^{16}O、^{32}S 等原子核不具有磁性，故不发生核磁共振。在材料结构与性能研究中，用得最多的是氢原子核的核磁共振波谱(^{1}H NMR)和碳十三原子核的核磁共振波谱(^{13}C NMR)，本章重点阐述 ^{1}H NMR 的原理及其在材料分子结构中的应用，同时简要介绍碳谱和硅谱在材料研究中的应用。

7.1 核磁共振的基本原理

在强磁场的激励下，一些具有某些磁性的原子核的能量可以裂分为 2 个或 2 个以上的能级。此时如果外加一个能量，使其恰好等于裂分后相邻 2 个能级之差，则该核就可能吸收能量(称为共振吸收)，从低能态跃迁至高能态。因此，核磁共振分析研究的是一定结构中的磁性原子核对射频能的吸收与材料分子结构的关系。

7.1.1　原子核的自旋

原子核是带电荷的粒子，若有自旋现象，则产生磁矩。物理学研究证明，各种不同的原子核，自旋情况不同。原子核自旋的情况可用自旋量子数 I 表征(表 7.1)。

表 7.1　各种原子核的自旋量子数

质量数	原子序数	自旋量子数 I
偶数	偶数	0
偶数	奇数	1, 2, 3, …
奇数	奇数或偶数	1/2, 3/2, 5/2, …

对于自旋量子数等于零的原子核有 ^{16}O、^{12}C、^{32}S、^{28}Si 等，实验证明，这些原子核没有自旋现象，因而没有磁矩，不产生共振吸收谱，不能用于核磁共振研究。自旋量子数等于或大于 1 的原子核：$I = 3/2$ 的有 ^{11}B、^{35}Cl、^{79}Br、^{81}Br 等；$I = 5/2$ 的有 ^{17}O、^{127}I；$I = 1$ 的有 ^{2}H、^{14}N 等。这类原子核电荷分布可看作是一个椭圆体，电荷分布不均匀。它们的共振吸收常会产生复杂的信号，导致谱图解析困难，目前在核磁共振研究上的应用很少。自旋量子数 I 等于 1/2 的原子核有 ^{1}H、^{19}F、^{31}P、^{13}C 等。这些核可以当作一个电荷均匀分布的球体，并像陀螺一样自旋，有磁矩形成。这些核特别适用于核磁共振实验。前面三种原子在自然界的丰度接近 100%，核磁共振容易测定。尤其是氢核(质子)，其不但易于测定，而且是组成有机化合物材料的主要元素之一，因此对于氢核核磁共振波谱的测定，在材料分析中占重要地位。一般有关讨论核磁共振原理的书籍，主要讨论的是氢核的核磁共振。对固体材料来说，^{13}C、^{19}F 和 ^{31}P 的核磁共振研究和应用，近年来有长足的发展。

7.1.2　核磁共振现象

自旋量子数 I 为 1/2 的原子核(如氢核)，可当作电荷均匀分布的球体。当氢核围绕自旋轴转动时产生磁场。由于氢核带正电荷，转动时产生的磁场方向可由右手螺旋定则确定，如图 7.1(a)、(b)所示，并可将旋转的核看作是一个小的磁铁棒[图 7.1(c)]。

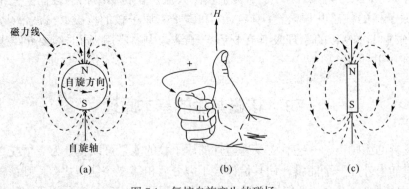

图 7.1　氢核自旋产生的磁场

将氢核置于外加磁场 H_0 中，它对于外加磁场可以有 $(2I + 1)$ 种取向。氢核的 $I = 1/2$，因此只能有两种取向：一种与外磁场平行，此时能量较低，以磁量子数 $m = +1/2$ 表征；一种与外磁场逆平行，此时氢核的能量稍高，以 $m = -1/2$ 表征，如图 7.2(a)所示。在低能态(或高能态)的氢核中，如果有些氢核的磁场与外磁场不完全平行，外磁场就要使它取向于外磁场的方向。也就是说，当具有磁矩的核置于外磁场中时，它在外磁场的作用下，核自旋产生的磁场与外磁场发生相互作用，因而原子核的运动状态除了自旋外，还要附加一个以外磁场方向为轴线的回旋，它一边自旋，一边围绕着磁场方向发生回旋，这种回旋运动称为进动或拉莫尔进动。它类似于陀螺的运动，陀螺旋转时旋转轴与重力的作用方向有偏差，会产生摇头运动，这就是进动。进动时有一定的频率，称为拉莫尔频率。自旋核的角速度 ω_0、进动频率 ν_0 与外加磁场强度 H_0 的关系可用拉莫尔公式表示：

$$\omega_0 = 2\pi\nu_0 = \gamma H_0 \tag{7.1}$$

式中，γ 为原子核的特征常数，称为磁旋比，每种核有其固定值。

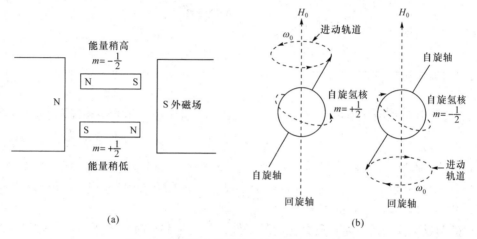

图 7.2   自旋核在外磁场中的两种取向示意图

图 7.2(b)表示了自旋核(氢核)在外磁场中的两种取向。图中斜箭头表示氢核自旋轴的取向。在这种情况下，$m = -1/2$ 的取向由于与外磁场方向相反，能量较 $m = +1/2$ 者为高。在磁场中核倾向于具有 $m = +1/2$ 的低能态。两种进动取向不同的氢核，其能量差 ΔE 为

$$\Delta E = \frac{\mu H_0}{I} \tag{7.2}$$

由于 $I = 1/2$，因此

$$\Delta E = 2\mu H_0 \tag{7.3}$$

式中，μ 为自旋核产生的磁矩。

在外磁场作用下，自旋核能级的裂分可用图 7.3 示意。由图 7.3 可见，当磁场不存在时，$I = 1/2$ 的原子核对两种可能的磁量子数并不优先选择任何一个，此时具有简并的能级；若置于外加磁场中，则能级发生裂分，其能量差与核磁矩 μ 有关(由核的性质决定)，也与外磁场强度有关[式(7.3)]。在磁场中，一个核要从低能态向高能态跃迁，必须吸收 $2\mu H_0$ 能量。核吸收 $2\mu H_0$ 的能量后，产生共振，此时核由 $m = +1/2$ 的取向跃迁至 $m = -1/2$ 的取向。

为了产生共振，可以用具有一定能量的电磁波照射核。当电磁波的能量符合

$$\Delta E = 2\mu H_0 = h\nu_0 \qquad (7.4)$$

时，进动核与辐射光子相互作用(共振)，体系吸收能量，核由低能态跃迁至高能态。式(7.4)中ν_0=光子频率=进动频率。在核磁共振中，此频率相当于射频范围。在与外磁场垂直的方向放置一个射频振荡线圈，产生射电频率的电磁波，使之照射原子核，当磁场强度为某一数值时，核进动频率与振荡器产生的旋转磁场频率相等，原子核与电磁波发生共振，此时将吸收电磁波的能量而使核跃迁到较高能态($m = -1/2$)，如图7.4所示。

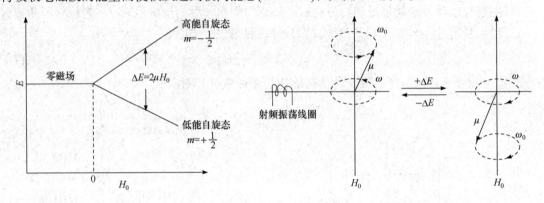

图 7.3　外磁场作用下核自旋能级的裂分示意图　　图 7.4　在外加磁场中电磁辐射(射频)与进动核的相互作用

改写式(7.1)可得

$$\nu_0 = \frac{\gamma H_0}{2\pi} \qquad (7.5)$$

式(7.5)或式(7.1)是发生核磁共振时的条件，即发生共振时射电频率ν_0与磁场强度H_0之间的关系。此式还说明以下两点：

(1) 对于不同的原子核，γ(磁旋比)不同，发生共振的条件不同，即发生共振时的ν_0与H_0相对值不同。表7.2列举了数种磁性核的磁旋比和它们发生共振时，ν_0和H_0的相对值。即在相同的磁场中，不同原子核发生共振时的频率各不相同，根据这一点可以鉴别各种元素及同位素。例如，用核磁共振方法测定重水中H_2O的含量，D_2O和H_2O的化学性质十分相似，但两者的核磁共振频率相差极大。因此核磁共振法是一种十分敏感而准确的方法。

表 7.2　数种磁性核的磁旋比及共振时ν_0和H_0的相对值

同位素	$\gamma(\omega_0/H_0)$ /$[\times10^8\,r\cdot(T\cdot s)^{-1}]$	ν_0/MHz	
		$H_0 = 1.409T$	$H_0 = 2.350T$
^1H	2.68	60.0	100
^2H	0.411	9.21	15.4
^{13}C	0.675	15.1	25.2
^{19}F	2.52	56.4	94.2
^{31}P	1.088	24.3	40.5
^{203}Tl	1.528	34.2	57.1

(2) 对于同一种核，γ 值一定。当外加磁场一定时，共振频率也一定；当磁场强度改变时，共振频率随之改变。例如，氢核在 1.409T 的磁场中，共振频率为 60MHz；在 2.350T 的磁场中，共振频率为 100MHz。

7.1.3 弛豫

当磁场不存在时，$I = 1/2$ 的原子核对两种可能的磁量子数并不优先选择任何一个。在这类核中，m 等于+1/2 及−1/2 的核的数目完全相等。在磁场中，核倾向于具有 $m = +1/2$，此种核的进动是与磁场定向有序排列的(图 7.2)，与指南针在地球磁场内定向排列的情况相似。在有磁场存在下，$m = +1/2$ 比 $m = -1/2$ 的能态更为有利，但核处于 $m = +1/2$ 的趋向，可被热运动破坏。根据玻尔兹曼分布定律可以计算，在室温(300K)及 1.409T 强度的磁场中，处于低能态的核仅比高能态的核稍多一些，约多百万分之十：

$$\frac{N_{(+1/2)}}{N_{(-1/2)}} = e^{\Delta E/kT} = e^{\gamma hH/2\pi kT} = 1.0000099 \tag{7.6}$$

因此，在射频电磁波的照射下(尤其是在强照射下)，氢核吸收能量发生跃迁，其结果是使处于低能态氢核的微弱多数(意指百万分之十的多数)趋于消失，能量的净吸收逐渐减少，共振吸收峰逐渐降低，甚至消失，使吸收值无法达到测量要求，这时发生"饱和"现象。如果较高能态的核能够及时回复到较低能态，就可以保持能量吸收和信号稳定。由于核磁共振中氢核发生共振时吸收的能量 ΔE 很小，因此跃迁到高能态的氢核不可能通过发射谱线的形式失去能量而返回到低能态(像发射光谱那样)，这种由高能态回复到低能态而不发射原来所吸收能量的过程称为弛豫过程。

弛豫过程有两种，自旋晶格弛豫和自旋-自旋弛豫。

自旋晶格弛豫：处于高能态的氢核，将能量转移给周围的分子(固体为晶格，液体为周围的溶剂分子或同类分子)变成热运动，氢核回到低能态。于是对于全体氢核而言，总的能量下降了，故又称纵向弛豫。原子核外围因有电子云包围着，氢核能量的转移不可能和分子一样由热运动的碰撞实现。自旋晶格弛豫的能量交换可以描述如下：当一群氢核处于外磁场中时，每个氢核不但受到外磁场的作用，也受到其余氢核产生的局部场的作用。局部场的强度及方向取决于核磁矩、核间距及相对于外磁场的取向。在液体中分子在快速运动，各个氢核对外磁场的取向一直在变动，于是引起局部场的快速波动，产生波动场。如果某个氢核的振动频率与某个波动场的频率刚好相符，那么这个自旋的氢核与波动场发生能量弛豫，高能态的自旋核将能量转移给波动场变成动能，即为自旋晶格弛豫。

在一群核的自旋体系中，经过共振吸收能量后，处于高能态的核增多，不同能级核的相对数目不符合玻尔兹曼分布定律。通过自旋晶格弛豫，高能态的自旋核逐渐减少，低能态的逐渐增多，直到符合玻尔兹曼分布定律(平衡态)。自旋晶格弛豫时间用 t_1 表示，气体、液体的 t_1 约为 1s，固体和高黏度的液体 t_1 较大，有的甚至可达数小时。

自旋-自旋弛豫：两个进动频率相同、进动取向不同的磁性核，即两个能态不同的相同核，在一定距离内时，它们互相交换能量，改变进动方向，就是自旋-自旋弛豫。通过自旋-自旋弛豫，磁性核的总能量未变，因而又称横向弛豫。自旋-自旋弛豫时间用 t_2 表示，一般气体、液体的 t_2 也是 1s 左右。固体及高黏度试样中各个核的相互位置比较固定，有利于相互间能量的转移，故 t_2 极小。即在固体中各个磁性核在单位时间内迅速往返于高能态与低能态之间，其结果是使共振吸收峰的宽度增大，分辨率降低，因此在通常进行的核磁共振实验分析中固体试样应先配成溶液。

7.2　质子的化学位移

7.2.1　屏蔽效应和化学位移

假如氢核 ^1H 只在同一频率下共振，那么核磁共振对结构分析就毫无用处了。然而在分子中，磁性核外有电子包围，电子在外部磁场垂直的平面上环流，产生与外部磁场方向相反的感应磁场，因此使氢核实际"感受"到的磁场强度比外加磁场的强度稍弱。为了发生核磁共振，必须提高外加磁场强度，抵消电子运动产生的对抗磁场的作用，结果吸收峰就出现在磁场强度较高的位置。核周围的电子对抗外加磁场强度所起的作用，称为屏蔽作用，如图 7.5 所示。同类核在分子内或分子间所处化学环境不同，核外电子云分布不同，因而质子所受到的屏蔽作用也不同。

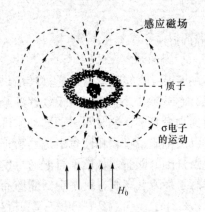

图 7.5　电子的屏蔽作用

质子周围的电子云密度越高，屏蔽效应越大，在较高的磁场强度处发生核磁共振；反之，屏蔽效应越小，则在较低的磁场强度处发生核磁共振。

$$\xleftarrow{\qquad} \text{低场} \qquad H_0 \qquad \text{高场} \xrightarrow{\qquad}$$

屏蔽效应小　　　　　　　　　屏蔽效应大

在甲醇分子中，氧原子的电负性比碳原子大，甲基(—CH₃)上的质子比羟基(—OH)上的质子有更大的电子云密度，—CH₃上的质子所受的屏蔽效应较大，—OH 上的质子所受的屏蔽效应较小，—CH₃吸收峰在高场出现，—OH 吸收峰在低场出现，如图 7.6 所示。

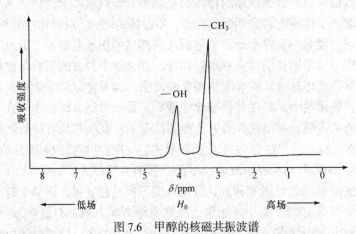

图 7.6　甲醇的核磁共振波谱

化合物分子中各种质子受到不同程度的屏蔽效应，在 NMR 谱的不同位置上出现吸收峰。这种屏蔽效应造成的位置上的差异很小，难以精确地测出其绝对值，需要用一个标准做对比，常用四甲基硅烷(CH₃)₄Si(TMS)作为标准物质，并人为将其吸收峰出现的位置定为零。某一质子吸收峰出现的位置与标准物质质子吸收峰出现的位置之间的差异称为该质子的化学位移，常用 δ 表示，单位为 ppm。

$$\delta = \frac{\nu_s - \nu_{TMS}}{\nu_0} \times 10^6 \tag{7.7}$$

式中，ν_s 为样品吸收峰的频率；ν_{TMS} 为四甲基硅烷吸收峰的频率；ν_0 为振荡器的工作频率。四甲基硅烷上的 H 核所受到的屏蔽作用最大，ν_{TMS} 实际上大于 ν_s，根据式(7.7)，δ 的数值应是负数，但在使用时，约定省略"–"。在各种化合物分子中，与同一类基团相连的质子，有大致相同的化学位移，表 7.3 列出了常见基团中质子的化学位移。

表 7.3　常见基团中质子的化学位移

质子类别	δ / ppm	质子类别	δ / ppm
R—CH₃	0.9	Ar—H	7.3±0.1
R₂—CH₂	1.2	RCH₂X	3~4
R₃—CH	1.5	O—CH₃	3.6±0.3
=CH—CH₃	1.7±00.1	—OH	0.5~5.5
≡C—CH₃	1.8±0.1	—COCH₃	2.2±0.2
Ar—CH₃	2.3±0.1	R—CHO	9.8±0.3
=CH₂	4.5~6	R—COOH	11±1
≡CH	2~3	—NH₂	0.5~4.5

化学位移是一个很重要的物理常数，是分析分子中各类氢原子所处位置的重要依据。δ 值越大，表示屏蔽作用越小，吸收峰出现在低场；δ 值越小，表示屏蔽作用越大，吸收峰出现在高场。

7.2.2　影响质子化学位移的因素

化学位移是由核外电子云密度决定的，影响核外电子云密度的各种因素都将影响化学位移值的大小。影响质子化学位移的因素主要有以下几方面。

1. 诱导效应与共轭效应

取代基的电负性直接影响与它相连的碳原子上的质子的化学位移，主要是因为电负性较高的基团或原子对相邻质子产生吸电子的诱导效应，使质子周围电子云密度降低，去屏蔽效应增强，使质子的化学位移向低场移动，δ 值增大。随卤素原子取代基电负性的增加，氢原子的化学位移向低场移动。例如，将 O—H 键与 C—H 键相比较，氧原子的电负性比碳原子大，O—H 的质子周围电子云密度比 C—H 键上的质子小，O—H 键上的质子峰在较低场，有较大的 δ 值。

取代基的诱导效应随碳链延伸而减弱。α-碳原子上氢的位移显著，β-碳原子上的氢有一定的位移，而影响 γ 位以后的碳原子上的氢的位移甚弱。

共轭效应中推电子基使质子周围电子云密度降低，去屏蔽效应增强，化学位移向低场移动。例如，下列三个化合物中，(1)中—OCH$_3$与烯键形成 p-π 共轭体系，使非键的 n 电子流向 π 键，使末端 H$_2$C＝上的质子的电子云密度增加，δ值向高场移动(δ= –1.43ppm 和 –1.29ppm)。化合物(3)中 C＝O 与烯键的电负性很高，在形成的 π-π 共轭体系中，电子云向氧端移动，使末端 H$_2$C＝的电子云密度降低，δ值向低场移动(δ=0.59ppm 和 0.21ppm)。

(−1.43)　Ö—CH$_3$
H
　C＝C
H　　　　H
(−1.29)　　(+1.10)
(1)

H　　　　H
　C＝C
H　　　　H
(0.00)
(2)

O
‖
(+0.59)　C—CH
H
　C＝C
H　　　　H
(+0.21)　　(+0.81)
(3)

2. 碳原子的杂化状态

在 C—H 键的成键轨道中，如果 s 电子云成分越高，则电子云越靠近碳原子核，氢周围电子云密度降低，化学位移向低场移动，δ值增大。例如，

H$_3$C—CH$_3$　　H$_2$C＝CH$_2$　　HC≡CH　　H⬡H

δ = 0.96ppm　　δ = 5.84ppm　　δ = 2.86ppm　　δ = 7.2ppm

以上四种化合物中，烯烃原子(sp^{2}杂化)的化学位移大于烷烃(sp^{3}杂化)质子的化学位移，炔烃(sp 杂化)和苯分别位于烯烃的高场和低场，这是由各相异性效应引起的。

3. 各向异性效应(电子环流效应)

分子中氢核与邻近基团的空间关系影响其化学位移，这种影响称为各向异性效应(又称为电子环流效应)。各向异性效应通过空间位置对化学位移产生影响其特征是有方向的。各向异性效应是通过空间起作用的，与通过化学键而起作用的效应(如上述电负性对 C—H 键及 O—H 键的作用)不一样。

例如，C＝C 或 C＝O 双键中的 π 电子云垂直于双键平面，它在外磁场作用下产生环流。由图 7.7 可见，在双键平面上的质子周围，感应磁场的方向与外磁场相同而产生去屏蔽作用，吸收峰位于低场。在双键上下方向是屏蔽区域，处在此区域的质子共振信号将在高场出现。

芳环有三个共轭双键，它的电子云可看作是上下两个面包圈似的 π 电子环流，环流半径与芳环半径相同，如图 7.8 所示。芳环中心是屏蔽区，四周是去屏蔽区。芳环质子共振吸收峰位于显著低场(δ 在 7ppm 左右)。

4. 氢键和溶剂效应

氢键有去屏蔽效应，使质子的核磁共振出现在低磁场，化学位移δ值显著升高。例如，下列化合物随着其形成氢键能力增强，化学位移向低场移动：饱和醇δ$_{OH}$ 0.5～5.5ppm，酚δ$_{OH}$4.0～7.7ppm，羧酸δ$_{OH}$10.5～12ppm。

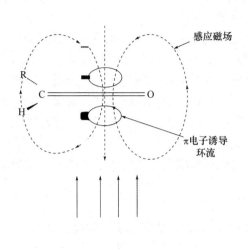

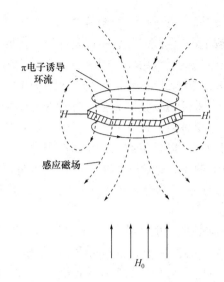

图 7.7　双键质子的去屏蔽　　　　　　　　图 7.8　芳环中由 π 电子诱导环流产生的磁场

　　由于 NMR 实验样品配成溶液或采用纯液体,因此溶质和溶剂分子之间的相互作用(溶剂效应)和氢键的形成,对化学位移的影响有时很明显。采用不同的溶剂,化学位移会发生变化,强极性溶剂的作用更加明显。在 ^1H 谱测定中不能用带氢的溶剂,若必须使用时要用氘代试剂。此外,溶剂还有磁各向异性效应和范德华引力效应。

　　温度、pH、同位素效应等因素也会影响化学位移的改变。

7.3　自　旋　耦　合

7.3.1　自旋耦合和自旋裂分

　　由化学位移理论可知,样品中有几种化学环境的磁核,NMR 谱上就应该有几个吸收峰。但在采用高分辨 NMR 谱仪进行测定时,有些核的共振吸收峰会出现分裂,如 1,1,2-三氯乙烷。多重峰的出现是由分子中相邻氢核自旋耦合造成的。

　　质子能自旋,相当于一个小磁铁,产生局部磁场。在外加磁场中,氢核有两种取向,与外磁场同向的起增强外磁场的作用,与外磁场反向的起减弱外磁场的作用。质子在外磁场中两种取向的比例接近于 1。在 1,1,2-三氯乙烷分子中,—CH_2—的两个质子的自旋组合方式可以有两种,如表 7.4 所示。

表 7.4　1,1,2-三氯乙烷分子中—CH_2—质子的自旋组合

取向组合		氢核局部磁场	—CH—上质子实受磁场
H 取向	H' 取向		
↑	↑	$2H$	$H_0 + 2H$
↑	↓	0	H_0
↓	↑	0	H_0
↓	↓	$2H'$	$H_0 - 2H$

在同一分子中，核自旋与核自旋间相互作用的现象称为"自旋-自旋耦合"。由自旋-自旋耦合产生谱线分裂的现象称为"自旋-自旋裂分"。

由自旋-自旋耦合产生的多重峰的间距称为耦合常数，用 J 表示。它具有下述规律：

(1) 耦合裂分是质子之间相互作用引起的，J 值的大小表示相邻质子间相互作用力的大小，与外部磁场强度无关。这种相互作用的力是通过成键的价电子传递的，当质子间相隔少于三个键时，这种力比较显著，随着结构的不同，J 值在 1~20Hz 之间；如果相隔四个单键或四个以上单键，相互间作用力已很小，J 值减小至 1Hz 左右或等于零。但在共轭体系化合物中，耦合作用可沿共轭链传递到第四个键以上。

(2) 由于耦合是质子相互之间彼此作用的，因此互相耦合的两组质子，其耦合常数 J 值相等。

(3) J 值与取代基团、分子结构等因素有关。

(4) 等价质子或磁全同质子之间也有耦合，但不裂分，谱线仍是单一尖峰。

耦合裂分现象的存在，使我们可以从核磁共振波谱上获得更多的信息，这对有机物的结构分析极为有用。一些质子的自旋-自旋耦合常数见表 7.5。

表 7.5　一些质子的自旋-自旋耦合常数

结构类型	J/Hz	结构类型	J/Hz
$>C<^H_H$	12~15	$>C=C<^{CH}_H$	4~10
$>C=C<^H_H$	0~3	$>C=CH-CH=C<$	10~13
$^H_{}C=C<^{}_H$	顺式：6~14 反式：11~18	$>CH-C≡CH$	2~3
$>CH-CH<$	5~8	$>CH-OH(不交换)$	5
(自由旋转)环状 H₁		$>CH-CHO$	1~3
邻位	7~10	$-CH<^{CH_3}_{CH_3}$	5~7
间位	2~3	$-CH_3-CH_3$	7
对位	0~1		

自旋裂分现象对氢核来说一般有 $n+1$ 规律，有 n 个相邻氢，就出现 $n+1$ 个分裂峰，且分裂峰面积比为 1:1(双峰)、1:2:1(三峰)、1:3:3:1(四重峰)、…，即为 $(a+b)^n$ 式展开后各项的系数(n 为相邻氢的个数)。

7.3.2　质子耦合常数与分子结构的关系

某质子与邻近质子的耦合，在氢谱上出现分裂信号的数目和耦合常数可以提供非常有用的结构信息。在很多情况下判断分子中某些结构单元是否存在，就是通过分裂模型辨认的。例如，在一些简单的图谱中，信号裂分为三重峰，说明质子与亚甲基相邻；四重峰分裂表明它与甲基相连等。

在脂肪族化合物中，相隔两个键(H—C—H)的质子间耦合，称为"同碳耦合"，耦合常数用符号"$^2J_{HH}$"表示。相隔三个键(H—C—C—H 或者 H—C≡C—H)质子间的耦合称为"邻碳耦合"，耦合常数用数"$^3J_{HH}$"表示。在芳环体系中，质子相隔三个键的"邻位耦合"，相隔四个键的"间位耦合"，甚至相隔五个键的"对位耦合"，都能观察得到。

耦合常数与分子的许多物理因素有关，其中最重要的是原子的杂化状态、传递耦合的两个碳氢键所在平面的夹角，以及取代基的电负性等。在有机化合物的氢谱中，除了质子间的耦合外，质子与 ^{13}C、^{19}F、^{31}P 也会耦合，但耦合常数较大。自旋-自旋裂分现象对结构分析是非常有用的，它可以鉴定分子中的基团及其排列顺序。大多数化合物的 NMR 谱都比较复杂，需要进行计算才能解析，但对于一级光谱，可以通过自旋-自旋裂分直接进行解析。一级光谱是指相互耦合的质子的化学位移差$\Delta\nu$至少是耦合常数的 6 倍。

7.4　核磁共振的信号强度

NMR 谱上信号峰的强度正比于峰面积，也是提供结构信息的重要参数。NMR 谱上可以用积分线高度反映信号强度。各信号峰强度之比应等于相应的质子数之比。由图 7.9 可以看到，从左到右呈阶梯形的曲线(图中以虚线表示)，此曲线称为积分线。它是将各组共振峰的面积加以积分而得的。积分线的高度代表了积分值的大小。图谱上共振峰的面积与质子的数目成正比，只要将峰面积加以比较，就能确定各组质子的数目。如图 7.9 中 c 组峰积分线高 24mm，d 组峰积分线高 36mm，可知 c 组峰为两个质子，是—CH$_2$I；d 组峰为三个质子，是—CH$_3$。

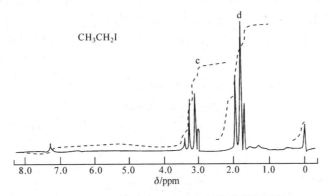

图 7.9　CDCl$_3$溶液中 CH$_3$CH$_2$I 的核磁共振波谱

7.5　图　谱　解　析

从一张核磁共振波谱图上通常可以获得三方面的信息——化学位移、耦合裂分和积分线。下面举例说明如何用这些信息解析图谱。

【例 7.1】　已知 CH$_3$—C—O—C≡C (C$_4$H$_6$O$_2$)的核磁共振波谱图如图 7.10 所示，解释

各吸收峰。

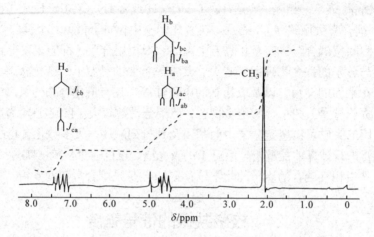

图 7.10   C$_4$H$_6$O$_2$ 的核磁共振波谱图

解 根据化学位移规律，在 $\delta = 2.1$ppm 处的单峰应属于—CH$_3$ 的质子峰；=CH$_2$ 中 H$_a$ 和 H$_b$ 在 $\delta = 4 \sim 5$ppm 处，其中 H$_a$ 应在 $\delta = 4.43$ppm 处，H$_b$ 应在 $\delta = 4.74$ppm 处；H$_c$ 因受吸电子基团—COO—影响，显著移向低场，其质子峰组在 $\delta = 7.0 \sim 7.4$ppm 处。

从裂分情况看：由于 H$_a$ 和 H$_b$ 并不完全化学等性(或磁全同)，互相之间有一定的裂分作用。H$_a$ 受 H$_c$ 的耦合作用裂分为二($J_{ac} = 6$Hz)，又受 H$_b$ 的耦合，裂分为二($J_{ab} = 1$Hz)，因此 H$_a$ 是两个二重峰。H$_b$ 受 H$_c$ 的作用裂分为二($J_{bc} = 14$Hz)，又受 H$_a$ 的作用裂分为二($J_{ba} = 1$Hz)，因此 H$_b$ 也是两个二重峰。H$_c$ 受 H$_b$ 的作用裂分为二($J_{cb} = 14$Hz)，又受 H$_a$ 的作用裂分为二($J_{ca} = 6$Hz)，因此 H$_c$ 也是两个二重峰。从积分线高度看，三组质子数符合 1：2：3，因此图谱解释合理。

【例 7.2】 图 7.11 是化合物 C$_5$H$_{10}$O$_2$ 的核磁共振波谱图，根据此谱图鉴定它是哪种化合物。

解 由积分线可见，从左到右峰的相对面积比为 6.1：4.2：4.2：6.2，表明 10 个质子的分布为 3、2、2 和 3。在 $\delta = 3.6$ppm 处的单峰是一个孤立的甲基，查阅化学位移表有可能是 CH$_3$O—CO—基团。根据经验式和其余质子的 2：2：3 的分布情况，表示分子中可能有一个正丙基。所以结构式可能为 CH$_3$O—CO—CH$_2$CH$_2$CH$_3$(丁酸甲酯)。其余三组峰的位置和分裂情况是完全符合这一设想的：$\delta = 0.9$ppm 处的三重峰是典型的同—CH$_2$—基相邻的甲基峰，由化学位移数据 $\delta = 2.2$ppm 处的三重峰是同羰基相邻的 CH$_2$ 基的两个质子，另一个 CH$_2$ 基在 $\delta = 1.7$ppm 处产生 12 个峰，这是由于受两边的 CH$_2$ 及 CH$_3$ 的耦合裂分所致[(3 + 1) × (2 + 1) = 12]，但是在图中只观察到 6 个峰，这是由于仪器分辨率不够高。

由以上两个简单的例子可见，核磁共振波谱图通过化学位移、耦合裂分和积分线三方面的信息可以推测化合物的分子式，同时，这三方面的信息也是定性分析材料组成、取代、支化及分子动态变化的基础。

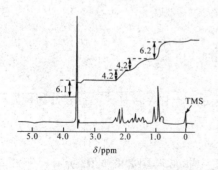

图 7.11   C$_5$H$_{10}$O$_2$ 的核磁共振波谱图

7.6　仪器构造和样品制备

7.6.1　核磁共振波谱仪的构造

图 7.12 是一种商品化的强脉冲照射核磁共振波谱仪结构模型。

连续晶体振荡器发出频率为 ν_c 的脉冲波，经脉冲开关及能量放大。再经射频发射器后，被放大成可调制的强脉冲波。样品受强脉冲照射，产生一射频为 ν_n 的共振信号，被射频接收器接收后，输送到检测器。检测器检测到共振信号 ν_n 和 ν_c 的差别，并将其转变成自由感应衰减(free induction decay, FID)信号，FID 信号经傅里叶变换，可记录得到一般的 NMR 谱图。

FID NMR 波谱仪具有很高的灵敏度，使测定速度大幅提高，可以较快地自动测定高分辨谱线及所对应的弛豫时间。特别适合于动态过程及反应动力学的研究。

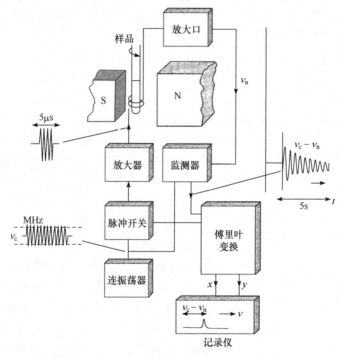

图 7.12　FID NMR 波谱仪结构模型

7.6.2　核磁共振实验样品的制备

实验时样品管放在磁极中心，磁铁应该对样品提供强而均匀的磁场。但实际上磁铁的磁场不可能很均匀，需要使样品管以一定速度旋转，以克服磁场不均匀引起的信号峰加宽。射频振荡器不断提供能量给振荡线圈，向样品发送固定频率的电磁波，该频率与外磁场之间的关系为 $\nu = \gamma H_0 / 2\pi$。

做 ^1H 谱实验时，常用外径为 6mm 的薄壁玻璃管。测定时样品通常被配成溶液，因为液态样品可以得到分辨较好的图谱。要求选择采用不产生干扰信号、溶解性能好、稳定的氘代溶剂。溶液的浓度(质量分数)应为 5%～10%。若纯液体黏度大，应用适当溶剂稀释或升温测谱。常用的溶剂有 CCl_3、$CDCl_3$、$(CD_3)_2SO$、$(CD_3)_2CO$、C_6H_6 等。

　　复杂分子或大分子化合物的 NMR 谱即使在高磁场情况下往往也难以分开。辅以化学位移试剂使被测物质的 NMR 谱中各峰产生位移，达到重合峰分开的方法，已为大家所熟悉和应用。具有这种功能的试剂称为化学位移试剂，其特点是成本低、收效大。常用的化学位移试剂是过渡族元素或稀土元素的配合物，如 $Eu(fod)_3$、$Eu(thd)_3$、$Pr(fod)_3$ 等。

7.7　^{13}C 核磁共振波谱

　　自然界存在两种比较稳定的碳的同位素，即 ^{12}C 和 ^{13}C。$^{12}C(I=0)$ 没有核磁共振现象，$^{13}C(I=1/2)$ 同氢核一样，有核磁共振现象，并可提供有用的核磁共振信息。但 ^{13}C 在自然界的丰度仅为 1.1%，磁旋比只有 ^1H 的 1/4，在 NMR 中，^{13}C 的信号强度还不到 ^1H 的 1/5700，所以长时间以来，无法用测定氢谱的方法满意地测定和利用碳谱。自从傅里叶变换技术测定 ^{13}C 的核磁共振信号以来，碳谱的研究和应用才迅速发展起来。如今碳谱已成为有机高分子化合物结构分析中最常用的工具之一，尤其在检测无氢官能团，如碳基、氰基、季碳等方面，以及在研究高分子链结构、形态、构象与构型等方面，碳谱具有氢谱无法比拟的优点。

1. 碳谱的测定技术和它的特点

　　在有机高聚物分子中，同位素 ^{13}C 存在的量虽然很少，但它们在碳主链任何位置上的概率都是相等的，因此化合物的碳谱可以完整地反映分子内部各种碳核的信息。^{13}C 谱的原理与 ^1H 谱相同，但由于 ^{13}C 共振信号弱，用一般的连续扫场法测定，得不到所需要的信号，必须采用傅里叶变换(FT)技术。

　　FT-NMR 技术的特点是将对样品进行的单频连续扫场(或固定磁场连续扫频)，改成对样品进行宽频带(包含被测谱范围以内全部的频率)强脉冲照射。可用图 7.13 说明采用脉冲技术的一次测定的全过程。其中(a)是照射脉冲的信号强度-时间曲线。信号强度是时间的函数，用 $F(t)$ 代表。选定的宽频带射频从 t_1 开始，对样品骤然进行照射，持续时间 t_p 后，又在时间 t_2 骤然停止。因为 t_p 大约只有 0.1ms，所以这种照射称为"脉冲照射"。图 7.13(b)是受照射后，被激发磁核纷纷向环境发射信号时的信号强度 $F(t)$-时间曲线。(a)和(b)采用同一个时间坐标，图 7.13 同时反映两种信号变化在时间上的对应关系。t_1 以前，样品磁核在磁场中处于热平衡条件下，没有信号输出；t_1 到 t_2，样品接受照射，所有被测磁核受激发，体系能量升高，同时发射信号，在 t_2 时达到最大值。t_2 以后，

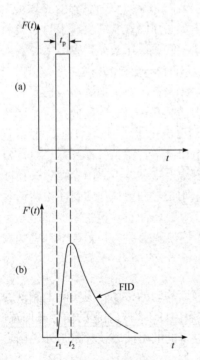

图 7.13　脉冲技术的 FID 测定过程

照射停止，处于激发态的体系一边弛豫一边发射信号，经过一定时间后恢复到 t_1 前的热平

衡状态。

　　脉冲在 t_2 停止以后，磁核继续发射的信号，称为自由衰减信号(FID)。它是常数和弛豫时间等参数的函数，由仪器加以记录。以上就是一次脉冲照射测量的基本过程。

　　每个脉冲时间 t_p 仅 0.1ms，FID 的时间也只有 1s 左右。在 CW 一次扫描时间($\sim$500s)，FT 可完成 500 个测定周期。FT 技术累加次数越多，灵敏度越高。

　　在高分子化合物中，大多数碳都直接或间接与质子相连。这些 ^{13}C-^{1}H 之间有标量耦合，并且耦合常数比较大，使得谱图上的每个碳信号都发生严重分裂。这不仅降低了灵敏度，而且容易出现信号重叠，难以分辨，降低了碳谱的实用价值。为了克服这一缺点，在碳谱中采用质子噪声去耦技术[或称为标量去耦(scalar decouplng)]等照射技术。

　　类似于氢谱中的自旋-自旋耦合，^{13}C 谱中应该有 ^{13}C-^{13}C 耦合现象。但是由于 ^{13}C 的自然丰度很低，高分子链中大部分 ^{13}C 核被 ^{12}C 包围，每个 C-C 出现 ^{13}C-^{13}C 对的概率不到 10^{-4}。因而 ^{13}C-^{13}C 标量耦合的信号在 ^{13}C NMR 谱中很微弱。只有同位素 ^{13}C 合成的高分子的 NMR 中可以观察到 ^{13}C-^{13}C 耦合现象。由于 ^{13}C 的核外有 p 电子，它的核外电子云以顺磁屏蔽为主。在这种情况下，各类化合物化学位移的变化范围很宽，大约是氢谱的 20 倍。换句话说，结构上的微小变化能引起化学位移的明显差别，所以分辨率很高。常规碳谱的扫描宽度为 200ppm。

2. ^{13}C NMR 的化学位移

　　影响 ^{1}H NMR 化学位移的各种结构因素，一般也影响 ^{13}C NMR 的化学位移。^{13}C 核外有 p 电子，p 电子云的非球状对称性质使 ^{13}C 的化学位移主要受顺磁屏蔽影响。顺磁屏蔽的强弱取决于碳的最低电子激发态与电子基态的能量差，差值越小，顺磁屏蔽项越大，^{13}C 的化学位移也越大。例如，乙烷、乙炔、苯和丙酮的 ^{13}C 化学位移依次为 8ppm、75ppm、128ppm 和 205ppm。此外，就取代基的影响而言，任何取代基对 ^{13}C 化学位移的影响并不只限于与之直接相连的碳原子，而要延伸好几个碳原子。顺磁屏蔽的存在使理论上解释化学位移更趋复杂。

3. ^{13}C NMR 谱的测定对象

　　用 ^{13}C NMR 可直接测定分子骨架，并可获得 C=O、C≡N 和季碳原子等在 ^{1}H 谱中检测不到的信息。图 7.14 为双酚 A 型聚碳酸酯的 ^{1}H NMR 和 ^{13}C NMR 谱图的对照，该图清楚地说明了这一点。

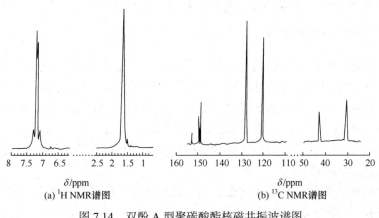

图 7.14　双酚 A 型聚碳酸酯核磁共振波谱图

7.8　核磁共振技术的进展

7.8.1　核磁共振波谱图分析的辅助技术

材料分子的组分和结构比较复杂，它们相应的共振现象也很繁复，NMR 谱图相应会呈现信号微弱、峰形变宽，进而导致谱图难以辨识。用 NMR 研究材料分子结构需要解决两个主要问题：一是提高分辨率，使重叠的峰游离出来；二是大量共振信号的识别归属。前者可以通过提高磁场强度和多重脉冲操作解决，后者可以通过所谓的"光谱编辑"解决。

核磁共振的脉冲序列设计，即所谓的"光谱编辑"，是指设计脉冲操作序列，改变测试条件，从而得到不同的共振响应，在此基础上可以识别复杂分子中处于各种不同结构环境下的磁核。

"脉冲序列"(pulse sequence)是指在采集 FID 信号之前，磁核经受的不同的射频脉冲及延迟时间的组合，目的是提高分辨率或提高灵敏度等，由操作人员设计的特定的操作序列，以控制核的自旋，给出所需要的信号。脉冲序列的基本概念包括脉冲角、旋转坐标系等。

双照射去耦技术是在一个连续变化的射频磁场扫描的同时使用第二个较强的固定射频场照射。可以通过调整固定射频场的频率使之等于特定质子的共振频率，以识别那些与分子内特定质子具有耦合作用的磁核。由于较强的固定射频场使特定质子在照射后迅速跃迁达到饱和，因此可以得到不与其他磁核耦合的去耦谱，从而通过去耦前后的谱图对比识别与特定质子具有耦合作用的质子。去耦磁核与测定磁核相同时称为同核去耦(如质子-质子去耦)，不同时为异核去耦。异核去耦的一个最典型的例子是质子噪声去耦，也称宽带去耦，它是在测定 ^{13}C 的同时，另外对样品再加一照射射频，该射频的中心频率在质子共振区的中心，并用噪声加以调制，使之成为频率宽度为 1000Hz 的宽带射频。在它的照射下，质子迅速跃迁并达到饱和，不再与 ^{13}C 耦合，从而达到提高碳谱分辨率的目的。

使用化学位移试剂可以使溶液样品中的质子信号发生不同程度的位移，从而提高质谱分辨率。常见化学位移试剂为顺磁性金属配合物，如铕(Eu)的 β-二酮配合物。

重氢交换可用于区分与氧、氮、硫相连的活泼氢，交换反应速率的次序是 OH>NH>SH，通过交换后活泼氢的峰消失来判断不同类型质子的归属。

此外，溶剂的类型、样品溶液的浓度、pH 等，也可能对核的屏蔽产生影响。

7.8.2　固体高分辨 NMR 谱图

高分辨率溶液 NMR 谱图的线宽一般小于 1Hz，可提供天然高分子和合成高分子的结构、构象、组成和序列结构等信息。液体 NMR 之所以可以获得如此高分辨的谱是因为其自旋哈密顿中的各种各向异性相互作用，如化学位移各向异性、偶极-偶极相互作用等，是因为分子在液体中的快速各向同性分子运动被平均掉了。

在固体 NMR 中，几乎所有的各向异性的相互作用均被保留而导致谱线剧烈增宽，通常无法分辨谱线的细致结构。

大多数材料的使用状态是固体状态，因此很有必要了解在固体状态下材料的结构和微观物理化学过程，必须发展新的固体 NMR 技术。NMR 检测对局部结构特征非常敏感(局部结构一般指的是最靠近原子核的 1~3 的配位层), 这一技术对研究固体材料具有非常重要的意义。此外, 对具有自旋特性元素的可选择性通常意味着对于复杂组分材料中的每一组分都可以通过 NMR 获得其明确的结构或定量信息。

高分子材料的主要组成原子为碳和氢, 固体 ^1H 谱因存在质子间强烈的同核偶极-偶极相互作用, 只有很少情况下才能获得高分辨 NMR 谱图, 这使 ^{13}C 谱在固体材料的研究中占据十分重要的地位。通过对样品实施魔角高速转动(magic angle spinning, MAS), 并配以交叉极化(cross polarization, CP)和偶极去耦技术, 可以获得固体高分辨谱。为研究固体状态下高分子材料的结构和微观物理化学过程提供了有效的实验手段。

固体 NMR 主要采用交叉极化魔角高速转动(CP-MAS)技术, 它能使固体 NMR 谱图几乎与液体高分辨 NMR 的一样。该法的成功在于它解决了两个问题: 第一, 固体中的化学位移的各向异性通过样品的高速旋转, 旋转轴倾斜至与磁场方向夹角为 54.7°时, 这种化学位移的各向异性魔术般地消失了。第二, 固体中核的自旋晶格弛豫时间很长, 一次采样过后磁化矢量要恢复到热平衡状态所需时间很长, 有时达数小时至数天。交叉极化方法可以使恢复到热平衡所需的时间缩短到可以接受的程度, 因而使实验得以顺利进行。对于无溶剂能溶解、结构又较复杂的化合物或混合物, CP-MAS NMR 是非常有效的手段。

水泥基材料组分、结构复杂, 其水化过程、水化产物组成和结构表征是研究中的难点。一维固体核磁共振波谱图可定性或定量分析胶凝材料(水泥及矿物掺合料)的水化程度、水化产物(特别是非晶相)的种类和结构, 从而揭示胶凝材料的组成、外加剂和环境等因素对水泥基材料水化过程的影响。二维核磁共振波谱可进一步研究不同或同种原子核之间的连接情况, 从而明确水化产物中的掺杂、取代, 以及有机外加剂在水泥浆体中的分散情况。因此, 固体核磁共振技术可获取其他方法难以获得的信息, 有力促进了水泥水化及其微观结构的研究。例如, ^{27}Al MAS NMR 可以提供关于铝的配位状态的信息, 从而识别普通波特兰水泥铝酸三钙中的铝元素、水化硅酸钙凝胶 C-S-H 结构中的铝元素。

7.8.3　二维 NMR 技术及其基本原理

在过去的 10 多年中, NMR 的发展非常迅速, 它的应用已扩展到所有自然科学领域。NMR 在探索高聚物及生物大分子的化学结构及分子构象方面可以提供极其丰富的信息。尤其在研究蛋白质及核酸方面, NMR 谱图的信息量巨大。为了在一个频率面上而不是一根频率轴上容纳及表达丰富的信息, 扩展 NMR 需要二维谱学。

1974 年, 恩斯特用分段步进采样, 进行两次傅里叶交换, 得到第一张 2D NMR 谱图。事实证明, 2D NMR 技术对生命科学、药物学、高分子材料科学的研究和发展具有深远的意义。2D NMR 可看成一维 NMR 谱的自然推广, 两者的主要区别是前者采用了多脉冲技术。一维谱的信号是一个频率的函数, 记为 $S(W)$, 共振峰分布在一条频率轴上。二维谱的信号是两个独立频率变量的函数, 记为 $S(W_1, W_2)$, 共振峰分布在由两个频率轴组成的平面上。在二维谱平面上, 处于对角线上的峰表示化学位移, 不在对角线上的峰称为交叉峰, 反映核磁矩之间的相互作用。按照性质和用途, 二维谱可分为多种类型。二维谱的一个轴表示化学位移, 另一个轴可以是同核或异核的化学位移, 也可以是标量耦合常数等。交叉峰表示的含义也是多种多样的。引入第二维后, 减少了谱线的拥挤和重叠, 提供了核之间相互关系的新信息, 对于分析复杂的大分子特别有用, 所以二维谱一经提出就获得迅速发展。

二维谱的应用实例很多。在高分子链的构型序列分布研究中，可通过 ^1H 和 ^{13}C 异核相关谱对其复杂的共振峰进行绝对归属。在高分子共混体系相容性的研究中，分子链间有较强相互作用的两种聚合物混溶时，在二维谱上会出现新的交叉峰，因此通过对共混体系的 2D NMR 谱图中交叉峰数目的比较，可判断二者是否混溶。

7.9 核磁共振波谱在材料分析研究中的应用

核磁共振波谱与红外光谱一样，单独用一种方法不足以鉴定某种化合物，如果与其他测试手段，如元素分析、紫外、红外等相互配合，那么它就是鉴定化合物的一种重要工具。

从以上介绍可知，一张 NMR 谱图从三个方面为人们提供了化合物结构的信息，即化学位移、峰的裂分和耦合常数、各峰的相对面积。

7.9.1 材料的定性鉴别

未知化合物的定性鉴别可利用标准谱图。例如，高分子 NMR 标准谱图主要有萨特勒(Sadler)标准谱图集。使用时，必须注意测定条件，主要有溶剂、共振频率等。

需要对不同环境的质子进行归属时，表 7.6 提供了较详细的化学位移值可供参考。

表 7.6 各类质子的 δ 值

质子	δ/ppm	质子	δ/ppm
TMS	0	—CH$_2$—C—O—R	1.21～1.81
—CH$_2$—，环丙烷	0.22	CH$_3$—C≡C—NOH	1.81
CH$_3$CN	0.88～1.08	—CH$_2$—C—I	1.65～1.86
CH$_3$—C— (饱和)	0.85～0.95	—CH$_2$—C—CO—R	1.60～1.90
CH$_3$—C—CO—R	1.2	CH$_3$—C≡C	1.6～1.9
—N—C CH$_2$	1.48	CH$_3$—C≡C O—CO—R	1.87～1.91
—CH$_2$—C— (饱和)	1.20～1.43	—CH$_2$—C≡C—OR	1.93
—CH$_2$—C—O—COR 和 —CH$_2$—C—O—Ar	1.50	—CH$_2$—C—Cl	1.60～1.96
RSH	1.1～1.5	CH$_3$—C≡C COOR 或 CN	1.94～2.03
RNH$_2$(在惰性溶剂中浓度小于 1mol)	1.1～1.5	—CH$_2$—C—Br	1.68～2.03
—CH$_2$—C—C≡C—	1.13～1.60	CH$_3$—C≡C—CO—R	1.93～2.06
—CH$_2$—CN	1.20～1.62	—CH$_2$—C—NO$_2$	2.07
—C—H (饱和)	1.40～1.65	—CH$_2$—C—SO$_2$—R	2.16
—CH$_2$—C—Ar	1.60～1.78	—C O CH	2.29

续表

质子	δ/ppm	质子	δ/ppm
—CH$_2$—C≡C	1.88～2.31	—CH$_2$—Br	3.25～3.58
CH$_3$—N—N—	2.31	CH$_3$—O—SO—OR	3.58
—CH$_2$—CO—R	2.02～2.39	—CH$_2$—N≡C≡S	3.61
CH$_3$—SO—R	2.50	CH$_3$—SO$_2$—Cl	3.61
CH$_3$—Ar	2.25～2.50	Br—CH$_2$—C≡N	3.70
—CH$_2$—S—R	2.39～2.53	—C≡C—CH$_2$—Br	3.82
CH$_3$—CO—SR	2.33～2.54	Ar—CH$_2$—Ar	3.81～3.92
—CH$_2$—C≡N	2.58	Ar—NH$_2$、Ar—NHR 或 ArNHAr	3.40～4.00
CH$_3$—C=O	2.1～2.6	CH$_3$—O—SO$_2$—OR	3.94
CH$_3$—S—C≡N	2.63	—C=C—CH$_2$—O—R	3.90～4.04
CH$_3$—CO—C=C 或 CH$_3$—CO—Ar	1.83～2.68	Cl—CH$_2$—C≡N	4.07
CH$_3$—CO—Cl 或 Br	2.66～2.81	—C≡C—C—CH$_2$—C=C	3.83～4.13
CH$_3$—I	2.1～2.3	—C≡C—CH$_2$—Cl	4.09～4.16
CH$_3$—N=	2.1～3	—C=C—CH$_2$—OR	4.18
—C=C—C=C—H	2.87	—CH$_2$—O—CO—R 或 —CH$_2$—O—Ar	3.98～4.29
—CH$_2$—SO$_2$—R	2.92	—CH$_2$—NO$_2$	4.38
—C≡C—H (非共轭)	2.45～2.65	Ar—CH$_2$—Br	4.41～4.43
—C≡C—H (共轭)	2.8～3.1	Ar—CH$_2$—OR	4.36～4.49
Ar—C=C—H	3.05	Ar—CH$_2$—Cl	4.40
—CH$_2$(C=C—)$_2$	2.90～3.05	—C=CH$_2$	4.63
—CH$_2$—Ar	2.53～3.06	—C=C— (无环、非共轭)	5.1～5.7
—CH$_2$—I	3.03～3.20	—C=C— (环状、非共轭)	5.2～5.7
—CH$_2$—SO$_2$	3.28	—CH (OR)$_2$	4.80～5.20
Ar—CH$_2$—N=	3.32	Ar—CH$_2$—O—CO—R	5.26
—CH$_2$—N—Ar	3.28～3.37	ROH (在惰性溶剂中浓度 小于 1mol)	3.0～5.2
Ar—CH$_2$—C=C—	3.18～3.38	Ar—C=CH—	5.28～5.40
—CH$_2$—N—	3.40	—CH=C—O—R	4.56～5.55
—CH$_2$—Cl	3.35～3.57	—CH=C—C≡N	5.75
—CH$_2$—O—R	3.31～3.58	CH$_3$—N—N—	2.31
CH$_3$—O—	3.5～3.8	—C=C—CO—R	5.68～6.05

续表

质子	δ/ppm	质子	δ/ppm
R—CO—CH=CO—R	6.03~6.13	H—C=O / N—	7.9~8.1
Ar—CH=C—	6.23~6.28	H—C=O / O—	8.0~8.2
—C=C—H (共轭)	5.5~6.7	—C=C—CHO (α, β 不饱和脂肪族)	9.43~9.68
—C=C—H (无环、共轭)	6.0~6.5	RCHO (脂肪族)	9.7~9.8
H—C=C— / H COR	6.30~6.40	ArCHO	9.7~10
—C=CH—O—R	6.22~6.45	R—COOH	10.03~11.48
Br—CH=C—	6.62~7.00	—SO₃H	11~12
—CH=C—CO—R	5.47~7.04	—C=C—COOH	11.43~12.82
—CH=CH—O—CO—CH₃	7.25	RCOOH (二聚)	11~12.8
R—CO—NH	6.1~7.7	ArOH (分子间氢键)	10.5~12.5
Ar—CH—C—CO—R	7.38~7.72	ArOH (多聚、缔合)	4.5~7.7
ArH (苯环)	7.6~8.0	烯醇	15~16

如图 7.15 所示，聚丙烯、聚异丁烯和聚异戊二烯虽然同为碳氢化合物，但其 NMR 谱图有明显差异。

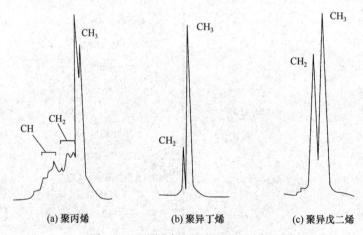

(a) 聚丙烯 (b) 聚异丁烯 (c) 聚异戊二烯

图 7.15 不同聚烯烃的 ¹H NMR 谱图

7.9.2 化合物数均分子量的测定

基于端基分析的化合物数均分子量的 NMR 测定，往往无需标准校正，而且快速，尤其适用于线形分子的数均分子量的测定。

现以聚乙二醇 $HO(CH_2CH_2O)_nH$ 为例，说明此法的实际应用。图 7.16 为聚乙二醇的 60MHz 氢谱。其—OH 峰与 OCH_2CH_2O 峰相距甚远，设它们的面积(或积分强度)之比分别为 x 和 y，因

$$\frac{x}{y} = \frac{2}{4n}$$

故

$$n = \frac{1}{2}\frac{y}{x}$$

据此，由下式可计算 $HO(CH_2CH_2O)_nH$ 的数均分子量 M_n 为

$$\overline{M}_n = 44n + 18 = 22\frac{y}{x} + 18$$

此法的准确度依赖于—OH 峰的准确积分和样品中不能有水。

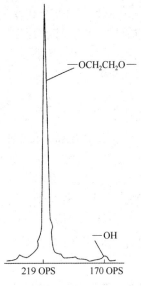

图 7.16 聚乙二醇的 60MHz 氢谱

7.9.3 共聚物组成的测定

对共聚物的 NMR 谱图做定性分析后，根据峰面积与共振核数目成比例的原则，可以定量计算共聚组成。现以苯乙烯-甲基丙烯酸甲酯共聚物为例加以说明。

如果共聚物中有一个组分至少有一个可以准确分辨的峰，就可以用它来代表这个组分，推算出组成比。一个实例是苯乙烯-甲基丙烯酸甲酯二元共聚物，在 $\delta = 8ppm$ 左右的一个孤立的峰归属于苯环上的质子(图 7.17)，用该峰可计算苯乙烯的摩尔分数 x：

$$x = \frac{8}{5} \cdot \frac{A_{苯}}{A_{总}}$$

式中，$A_{苯}$ 为 $\delta = 8ppm$ 附近峰的面积；$A_{总}$ 为所有峰的总面积；$8A_{苯}/5$ 为苯乙烯对应的峰面积。

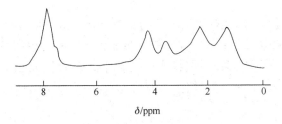

图 7.17 苯乙烯-甲基丙烯酸甲酯无规共聚物的 ^1H NMR 谱图
60MHz，35℃，10%(质量分数)的 $CDCl_3$ 溶液

7.9.4 硅酸盐水泥基材料相结构和组分分析

固体 NMR 技术通过激发 ^{29}Si、^{27}Al、^1H、^{43}Ca、^{13}C、^{23}Na 等原子核，获得其化学环境及不同化学环境下原子核数量随时间、环境等变化过程的信息，从而为分析水泥基材料原

料、水化产物种类和数量，计算水泥及矿物掺合料水化度，解析水化产物结构及元素之间的取代，研究环境变化引起的物相之间的转化，探明有机外加剂与无机组分之间的连接提供基础。这种方法揭示了许多其他现代测试方法不能揭示的信息，极大地促进了水泥基材料的研究。

1. 水泥基材料中 ^{29}Si 核的化学位移

根据共用桥氧的数量，水泥基材料中的硅氧四面体被分为 Q^0、Q^1、Q^2、Q^3、Q^4。其中 Q^0 主要为水泥熟料矿物和矿渣中硅酸钙晶体中的硅(不与其他硅氧四面体连接)，Q^1 为硅链末端的硅(通过桥氧与一个硅氧四面体相连)，Q^2 为硅链中间的硅，Q^3 为层状或硅链分支上的硅，Q^4 为高度聚合的三维网络中的硅。表 7.7 为水化前后各种水泥基材料原料中 ^{29}Si 的化学位移，它分布在 δ_{Si} –60～–130ppm 范围内。由表 7.7 可见，即使是同一种硅氧基团，在不同原料中的化学位移也稍有不同。

表 7.7   未水化和水化后水泥基原料中 ^{29}Si 的化学位移

含硅物相	硅的化学状态	δ_{Si}/ppm
硅酸盐水泥	Q^0	–68～–76
矿渣	Q^0	–73～–75.5
粉煤灰	Q^4	–106～–111
硅高岭土	Q^4	–91～–101
石英砂	Q^4	–107～–108
C-S-H 凝胶	Q^1 Q^2 Q^3 Q^4	–75～–82 –75，–80～–82 –82～–88 –85～–129

2. 水泥基材料中铝相的化学位移

由表 7.8(表中元素符号后上标为其不同的状态，括号内的罗马字母为其配位数)可见，水泥基材料中铝的配位数有 Ⅰ、Ⅱ、Ⅳ、Ⅴ、Ⅵ五种，不同含铝物相中相同配位数的铝相的化学位移变动较大，说明其在不同物质中的化学状态有较大变化。而对于 $CaAl_2O_4$、$Ca_3Al_2O_6$ 和 $Ca_{12}Al_{14}O_{33}$ 来说，铝只有一种配位数，但由于其有两种化学状态，化学位移也不相同。

表 7.8   水化前后水泥基原料中 ^{27}Al 的化学位移

含铝物相	铝的化学状态	δ_{Al}/ppm
硅酸盐水泥	Al(Ⅳ)	40～90
矿渣	Al(Ⅳ)	50～85
粉煤灰	Al(Ⅳ)、Al(Ⅵ)	20～75

续表

含铝物相	铝的化学状态	δ_{Al} /ppm
C_3A	Al（Ⅰ）、Al（Ⅱ）	78~81.4
C_4AF	Al（Ⅳ）、Al（Ⅵ）	5，60
$CaAl_2O_4$	Al（Ⅳ）	80，83.5
$Ca_3Al_2O_6$	Al（Ⅳ）	86，88
$Ca_{12}Al_{14}O_{33}$	Al^1（Ⅳ）	82.2，85
C-S-H 凝胶	Al（Ⅳ）(硅链中的铝)、Al（Ⅴ）(C-S-H 层间铝)	20~90
$Al(OH)_3$	Al（Ⅵ）	–1.6，8.1
三硫型水化硫铝酸钙	Al（Ⅵ）	12~14
单硫型水化硫铝酸钙	Al（Ⅵ）	9~12

固体 NMR 技术相对于液体 NMR 技术依然存在明显的缺陷。液体中分子之间的距离较大，原子之间的偶极-偶极相互作用和化学位移各向异性作用因分子在水溶液中的快速旋转而基本消除，因此 NMR 谱峰十分尖锐。在固体样品中，分子不能自由运动，内部核自旋之间的相互作用较强，核自旋体系与外加磁场的相互作用相对较弱，谱线变宽，谱图的分辨率不高。固体 NMR 采用魔角高速转动技术使样品与外加磁场之间成一角度(54.7°)并高速旋转，可以极大限度地削弱原子之间的偶极-偶极作用和四极相互作用，以及化学位移各向异性的影响，谱图中信号峰的相对强度增大，谱线变窄，分辨率得以提高。从实际使用效果看，固体 NMR 谱图的分辨率较液体 NMR 谱图仍然低得多，峰的锐化程度也不够，峰之间的重叠十分严重，可能掩盖一些有用信息，对谱图的解析十分不利。这一情况对于信号强度较低的原子核(如 ^{43}Ca)更为严重，也极大地限制了相关原子核振波谱的应用。

一些 NMR 新技术的应用有望使这种情况得以改善，如超高场(ultra high field，UHF)、动态核极化(dynamic nuclear polarization，DNP)。得益于超导技术的进步，目前磁场强度超过 25T、频率超过 1GHz 的 NMR 仪已经出现。超高场 NMR 最直观的好处在于可提高信噪比和分辨率。DNP 技术通过植入样本的自由基产生的未配对电子的自旋极化转移使固态 NMR 的信号实现超过 100 倍的增幅。这两种技术的单独使用或联合使用无疑可极大地提高水泥基材料 NMR 谱图的分辨率，揭示一些目前被掩盖的现象，同时促进加深研究者对水泥基材料的认识和理解。同时，这些技术的应用无疑可极大地提高 ^{43}Ca NMR 谱图的分辨率，推进其在水泥基材料研究中的应用。

思考题与习题

1. 根据 $\nu_0 = \gamma H_0/2\pi$，可以说明什么问题？
2. 什么是弛豫？为什么 NMR 分析中固体试样应先配成溶液？
3. 什么是化学位移？它有什么重要性？影响化学位移的因素有哪些？
4. 什么是自旋耦合？什么是自旋裂分？它们在 NMR 分析中有哪些重要作用？
5. 振荡器的射频为 56.4MHz 时，欲使 ^1H、^{13}C、^{19}F 产生共振信号，外加磁场强度各需多少？
6. 已知氢核 H 磁矩为 2.79，磷核 ^{31}P 磁矩为 1.13，在相同强度的外加磁场条件下，发生核跃迁时，哪个需要较低的能量？

7. 下列化合物中—OH 的氢核，哪个处于较低场？为什么？

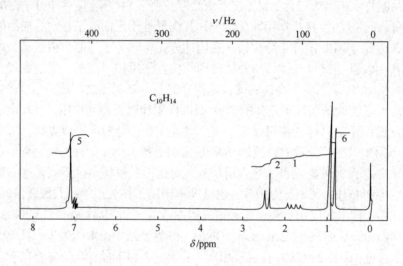

(1)   (2)

8. 某化合物的分子式为 $C_7H_{14}O$，红外光谱出现 $1710cm^{-1}$ 信号峰，核磁共振在化学位移 11ppm 处出现一个双重峰，28ppm 处出现一个七重峰，两峰面积比为 6：1，写出与以上数据相符的结构式。

9. $C_{10}H_{14}$ 的核磁共振波谱图如下，推测其结构式。

参 考 文 献

方惠群, 于俊生, 史坚. 2015. 仪器分析. 北京：科学出版社

兰伯特(J. B. Lambert), 马佐拉(E. P. Mazzola), 里奇(C. D. Ridge). 2021. 核磁共振波谱学：原理、应用和实验方法导论(原著第 2 版). 何俊锋, 周秋菊, 译. 北京：化学工业出版社

王可, 张英华, 李雨晴, 等. 2020. 固体核磁共振技术在水泥基材料研究中的应用. 波谱学, 37(1): 40-51

王乐. 2021. 基础核磁共振波谱实验及应用实例. 哈尔滨：哈尔滨工业大学出版社

王培铭, 许乾慰. 2005. 材料研究方法. 北京：科学出版社

薛奇. 1995. 高分子结构研究中的光谱方法. 北京：高等教育出版社

张俐娜, 薛奇, 莫志深. 2003. 高分子物理近代研究方法. 武汉：武汉大学出版社

张美珍. 2006. 聚合物研究方法. 北京：中国轻工业出版社

朱诚身. 2010. 聚合物结构分析. 2 版. 北京：科学出版社

第8章

质 谱 分 析

质谱法(mass spectrometry, MS)是现代物理、化学及材料领域使用的一种极为重要的方法。第一台质谱仪出现至今已有百余年，早期的质谱仪器主要用于测定原子质量、同位素的相对丰度，以及研究电子碰撞过程等物理领域。第二次世界大战时期，为了适应原子能工业和石油化学工业的需求，质谱法在化学分析中的应用受到重视。后来出现了高性能的双聚焦质谱仪，这种仪器对复杂有机分子所得的谱图，分辨率高，重现性好，因而成为测定有机化合物结构的一种重要手段。20 世纪 60 年代末，色谱-质谱联用技术因分子分离器的出现而日趋完善，气相色谱法的高效能分离混合物的特点与质谱法的高分辨率鉴定化合物的特点相结合，加上电子计算机的应用，大大地提高了质谱仪器的效能，扩宽了质谱法的工作领域。近年来，各种类型的质谱仪器相继问世，而质谱仪器的心脏——离子源也是多种多样的，质谱法已日益广泛地应用于原子能、石油化工、电子、医药、食品、材料等工业生产部门，农业科学研究部门，以及物理、化学、地质学、考古、环境监测、空间探索等科学技术领域。

质谱法具有独特的电离过程及分离方式，从中获得的信息直接与样品的结构相关，不仅能得到样品中各种同位素的比值，而且能给出样品的结构和组成，是有机、无机、高分子材料结构分析的有力工具。以高分子材料为例，高分子材料的分子量较大，不易挥发，无法直接用质谱进行鉴定，但通过软电离方法可有效地测定各种塑料、橡胶、纤维的主体结构单元以及高分子材料中使用的各种添加剂的化学结构。应用热裂解-质谱或热裂解-气相色谱-质谱，可分别获得不同高分子结构特征的热裂解产物，从而进一步揭示聚合物的链节及序列分布。这在研究高分子的结构与性质关系方面可以发挥很大的作用。

质谱分析方法是通过测定样品离子的质量和强度进行成分和结构分析，其基本原理是：首先将被分析样品离子化，然后利用离子在电场或磁场中的运动性质，将离子按质荷比分开，并按质荷比大小排列成谱图形式。根据质谱图可确定样品成分、结构和分子量。

8.1 质谱技术基本原理

8.1.1 质谱仪的基本工作原理

质谱仪一般具备以下几个部分：进样系统、离子源、质量分析器及检测器。除此以外，质谱仪需要在高真空($10^{-4} \sim 10^{-6}$Pa)条件下进行工作，因此还有真空系统。质谱仪的基本工作原理如图 8.1 所示。

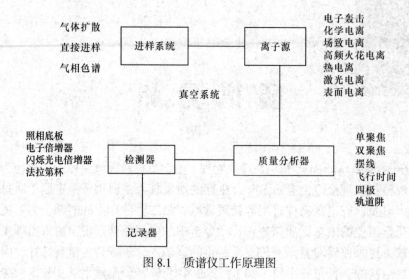

图 8.1   质谱仪工作原理图

下面简要讨论质谱仪各主要部分的作用原理。

1. 真空系统

质谱仪的离子源、质量分析器及检测器必须处于高真空状态(离子源的真空度应达 $10^{-5} \sim 10^{-8}$Pa,质量分析器应达 10^{-6}Pa),若真空度低,则:①大量氧会烧坏离子源的灯丝;②会使本底增高,干扰质谱图;③引起额外的离子-分子反应,改变裂解模型,使质谱解释复杂化;④干扰离子源中电子束的正常调节;⑤用作加速离子的几千伏高压会引起放电等。

通常用机械泵预抽真空,然后用扩散泵高效率并连续地抽气。

2. 进样系统

图 8.2 是两种进样系统示意图。对于气体及沸点不高、易挥发的液体,可以用图 8.2 中上方的进样装置。储样器的容量为 0.5L(玻璃或上釉不锈钢制),抽低真空(1Pa),并加热至 150℃,样品用微量注射器注入,在储样器内立即气化为蒸气分子,然后由于压力差,通过漏孔以分子流形式渗透高真空的离子源中。对于高沸点的液体、固体,可以用探针杆直接进样(图 8.2 下右方)。它是一直径为 6mm、长为 25cm 的不锈钢杆,在其末端有一盛放试样的小的金坩埚。调节加热温度,使试样气化为蒸气。此方法可将微克量级甚至更少的试样送入电离室。探针杆中试样的温度可冷却至约−100℃,或在数秒内加热到较高温度(如 300℃左右)。

对于有机化合物的分析,目前较多采用色谱-质谱联用,此时试样经色谱柱分离后,经分子分离器进入质谱仪的离子源。

3. 离子源

被分析的气体或蒸气首先进入仪器的离子源,转化为离子。使分子电离的手段很多,常用的一种离子源是电子轰击离子源。电子由直热式阴极(也称负极,多用铁丝制成)发射,在电离室阳极(也称正极)和阴极之间施加直流电压(5~80V),使电子加速而进入电离室

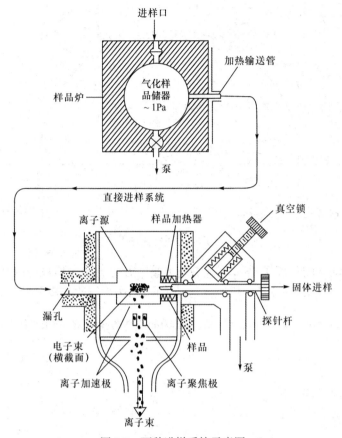

图 8.2 两种进样系统示意图

中。当这些电子轰击电离室中的气体(或蒸气)中的原子或分子时，该原子或分子就失去电子成为正离子(分子离子)。分子离子继续受到电子的轰击，使一些化学键断裂，或引起重排以瞬间速度裂解成多种碎片离子(正离子)。

在电离室离子推斥极和加速电极之间施加一个加速电压(800~8000V)，使电离室中的正离子得到加速而进入质量分析器。

离子源的作用是将试样分子转化为正离子，并使正离子加速、聚焦为离子束，此离子束通过狭缝进入质量分析器。

除上述电子轰击源外，还有场致电离源、化学电离源、激光电离源等。

4. 质量分析器

磁质量分析器是最早也是最基础的一种质量分析器。分析器内主要为一电磁铁，自离子源产生的离子束在加速电极电场(800~8000V)的作用下，使质量为 m 的正离子获得速度 v，以直线方向(n)运动(图 8.3)，其动能为

$$zU = \frac{1}{2}mv^2 \tag{8.1}$$

式中，z 为离子电荷数；U 为加速电压。显然，在一定的加速电压下，离子的运动速度与其质量有关。

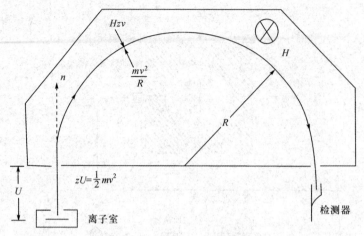

图 8.3   正离子在正交磁场中的运动

当具有一定动能的正离子进入垂直于离子速度方向的均匀磁场(质量分析器)时，正离子在磁场力(洛伦兹力)的作用下，将改变运动方向(磁场不能改变离子的运动速度)做圆周运动。设离子做圆周运动的轨道半径(近似为磁场曲率半径)为 R，则运动离心力 $\dfrac{mv^2}{R}$ 必然与磁场力 Hzv 相等，

$$Hzv = \frac{mv^2}{R} \tag{8.2}$$

式中，H 为磁场强度。

合并式(8.1)及式(8.2)，可得

$$\frac{m}{z} = \frac{H^2R^2}{2U} \tag{8.3}$$

式(8.3)称为质谱方程式，是设计质谱仪器的主要依据。由此式可见，离子在磁场内运动半径 R 与 m/z、H、U 有关。因此，只有在一定的 U 及 H 的条件下，某些具有一定质荷比的正离子才能以运动半径为 R 的轨道到达检测器。

若 H、R 固定，$m/z \propto 1/U$，只要连续改变加速电压(电压扫描)，或 U、R 固定，$m/z \propto H^2$，连续改变 H (磁场扫描)，就可使具有不同 m/z 的离子依次到达检测器发生信号而得到质谱图。

其他种类质量分析器也是使不同 m/z 的离子依次到达检测器实现质谱分析。

5. 检测器

质谱仪常用的检测器有照相底板、电子倍增器、闪烁光电倍增器、法拉第杯等。

(1) 照相底板：是无机质谱仪中应用最早的检测方式，曾主要用于火花源双聚焦质谱仪，测量装置简单，无需测总离子流强度，但照相后续操作过程比较麻烦，效率低，现已不再使用。

(2) 电子倍增器：是目前质谱仪常用的检测器，原理类似于光电倍增管。它是用一定能量的离子轰击阴极产生二次电子，二次电子在电场作用下，依次轰击下一级电极而被倍增、逐级放大，产生可以被检测到的电信号，记录不同离子的信号得到质谱图。它可以实现高灵敏、快速测定，但随使用时间延长，其放大增益有所减小。电子经电子倍增器放大电信号的倍增与倍增器的电压有关，提高倍增器电压可以提高灵敏度，但同时会减短倍增器的寿命，所以在保证灵敏度的前提下尽可能采用较低的倍增器电压。

(3) 闪烁光电倍增器：可与电子倍增器类比，不同的是转换极射出的二次电子不直接进入电子倍增器，而是打到一块闪烁晶体上使它产生光子，再用光电倍增管放大光信号。光电倍增管是个独立的真空电子器件，其性能稳定、寿命长，可置于仪器真空室外，更换方便，通过离子-电子-光子的高效转换，使闪烁光电倍增器具有增益高、噪声低、线性好等特点。缺点是制造工艺复杂、体积较大、转换极电压高(约为 4kV)。

(4) 法拉第杯：是质谱仪常用的检测器，它与质谱仪其他部分保持一定的电位差以捕获离子，当离子进入杯中时，将在一个高电阻上产生大的压降，并经放大记录得到质谱图。法拉第杯的入口狭缝是用来控制进入杯中离子种类的，阻止不需要的离子进入杯中，因此调节入口狭缝的宽度，可以在一定程度上改变质谱仪的分辨率。

8.1.2 质谱仪的种类和技术指标

1. 质谱仪的种类

由质谱方程式(8.3)可知，质谱分析从理论上可分为电压扫描和磁场扫描两类，从实际工作原理角度可将质谱仪分为磁质谱仪(magnetic mass spectrometer，MMS)、四极质谱仪(quadrupole mass spectrometer，QMS)、离子阱质谱仪(ion trap mass spectrometer，ITMS)、飞行时间质谱仪(time-of-flight mass spectrometer，TOFMS)、离子回旋共振傅里叶质谱仪(ion cyclotron resonance Fourier transform mass spectrometer，ICR-FTMS)和轨道阱质谱仪等。

1) 磁质谱仪

磁质谱仪是利用扇形电场和磁场分析器，将不同质谱的离子相互分离，给出质谱图。磁质谱仪的主要特点是可实现很高的分辨率，商品的双聚焦质谱仪分辨率可达 50000～100000，是目前高分辨质谱分析的主要仪器，对许多中小分子的化合物(分子量 3000 以下)，可以给出准确的分子质量，离子质量及其元素组成与分子式、离子式等重要的结构信息。这类仪器体积庞大，结构复杂，价格贵，使用及维护较困难，主要供有机化学研究使用。

2) 四极质谱仪

四极质谱仪的质量分析器是由四根棒状电极组成的，两对电极中间施加交变射频场，在一定射频电压与射频频率下，只允许一定质量的离子通过四极分析器到达接收器，这种分析器又称四极滤质器。早期由于分辨率和质量范围上的限制，只限于残气分析，但随着仪器性能的提高，目前已经取代了单聚焦的磁质谱仪，广泛应用于气相色谱-质谱联用分析。四极质谱仪的突出优点是仪器结构简单、体积小、价格较便宜，操作与维护容易，因无磁铁作分析器，所以无磁滞效应，灵敏度高，离子传输率可达 50% 以上(磁质谱仪为 10^{-3}～10^{-2})，扫描速度快(单位质量的扫描时间目前可达 0.1ms)，因而适合与色谱技术联用，是气相色谱/质谱分析应用最多的仪器，适合工厂质量控制等分析应用。缺点是分辨率比较低，所检测的质量一般只在 1000 以内。

3) 离子阱质谱仪

离子阱质谱仪是在四极质谱仪后发展起来的，样品的离子引入并储存在圆形电极和一组射频电极组成的离子盒中，改变射频逐个拉出所有的离子。离子阱质谱仪可做成气相色谱(GC)和液相色谱(LC)的检测器，并装配成体积小、价格低、高扫速的新一代台式 GC/MS、LC/MS 仪。与通常的单级四极杆相比，离子阱可以获得子离子扫描的 MS/MS 结果，甚至是 MS^n 的信息，后者也称连续子离子扫描。离子阱内可储存 $10^6 \sim 10^7$ 个离子，但由于空间电荷效应，当超过 $10^4 \sim 10^5$ 个离子时会带来麻烦，如导致共振频率位移、谱线加宽和质量分析阶段的分辨率下降，以及在电子轰击电离时发生不希望的离子-分子反应等。离子阱储存功能引起了质谱学家广泛的兴趣，目前在三维离子阱的基础上发展的二维离子阱(也称线性离子阱)给质谱学带来了新的发展。

4) 飞行时间质谱仪

飞行时间质谱仪的原理与仪器结构非常简单，只是将引入离子室的样品分子电离后，将离子加速并通过一个空管无场区，不同质量的离子具有不同的能量，通过无场区的飞行时间长短不同，可依次被收集检测出来。最初，这种结构简单的质谱仪，由于受飞行距离限制，分辨率很低，只能用于低分子量气体的分析，未得到推广和应用。近年来，采用一些延长离子飞行距离的新离子光学系统，如各种离子反射透镜，可以随意改变飞行距离，以及离子延迟引出技术等，质量分辨率达到几千到一万，使这种方法重新获得应用。新型飞行时间质谱仪的突出优点，一是不存在聚焦狭缝，灵敏度很高；二是扫描速度快，可达10000 张谱/s；三是测定的质量范围仅取决于飞行时间，可达到几十万质量数，为近年来生命科学中生化大分子的研究提供了有效分析手段。

5) 离子回旋共振傅里叶质谱仪

由于傅里叶技术的发展，新型的离子回旋共振傅里叶质谱仪出现，与同期发展的 FTIR 和超导 FT-NMR，开辟了现代有机结构傅里叶谱学分析的新时代。ICR-FTMS 是一种具有超高分辨率和能测定大分子量的质谱仪器。仪器的核心部分由超导磁体组成的强磁场和置于磁场中的离子盒组成。离子盒有三对互相垂直的平板电极：第一对电极为发射一定射频的激发极，使各种离子以特定的频率在离子盒内做共振回旋；第二对电极为储存极，与磁场方向垂直，电极板上加一定的正电压，可延长离子在室内的回旋滞留时间；第三对电极是收集电极，用于接收离子作检测电极。在 FTMS 仪器中，离子的产生、储存、分析与检测都集中在一个离子盒中进行。FTMS 仪器因有超导磁体存在，必须在液氮和液氦的温度下工作，而且离子盒须在 10^{-8}Pa 的高真空下维持其正常工作，对工作环境要求较高，仪器的价格也较高。

6) 轨道阱质谱仪

2000 年，俄罗斯科学家马卡洛夫(A. Makarov)提出了一种新型的质量分析器，称为轨道阱(orbitrap)质量分析器。这种仪器采用静电场捕获离子，场的电位分布可表示为四极电位与对数电位的结合。没有磁场和射频场存在，离子的稳定是由离子围绕轴电极的轨道运动达成的。围绕轨道运动的离子同时也沿着这个电极进行谐振，谐振频率正比于$(m/z)^{-1/2}$。这些谐振被检测并用快速傅里叶变换转换为质谱，与离子回旋共振傅里叶质谱仪相似。轨道阱质谱仪是高分辨仪器，就质量分辨而言，在商品仪器中，只有离子回旋共振傅里叶质谱仪能超过它。为了取得高分辨率和信噪比以及准确的质量测定，需要较长的信号采集时间，因而降低了质谱生成速率，另外，由于空间电荷的影响，准确质量测定宜用内标。

2. 质谱仪的主要技术指标

1) 分辨率

分辨率是指仪器对相邻两质谱峰的区分能力。相邻等高的两个峰，其峰谷不大于峰的
10%时，定义为可以区分(图 8.4)。当两个峰的
峰谷等于峰高的 10%时，分辨率等于两峰质量
的平均值与质量差的比值，即 $R = m / \Delta m$。分辨
率在 30000 以上的称为高分辨仪器，分辨率为
10000～30000 的称为中分辨仪器。低分辨仪器
的分辨率为几百到几千。

2) 灵敏度与信噪比

灵敏度是表示仪器出峰(或信号)的强度与
样品用量的关系。如果用的样品量少而出的峰
强度大表明灵敏度高。测定灵敏度的方法多种
多样，一般使用的直接进样灵敏度的测定方法
是：在固定分辨率的情况下，直接进入微克量

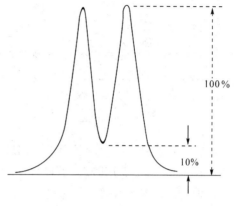

图 8.4　两峰部分重叠

级的某种样品，考察其分子离子峰的强度与噪声的比值，就是信噪比值，用 S/N 表示。噪
声指基线的强度。质谱仪的最高灵敏度可达飞克级。

3) 质量范围

质量范围指仪器可以测定的最小到最大的分子量数。目前高分辨仪器可达到的分子量
数是 2000 至 10000 多。但这些高值都是在降低加速电压的情况下得到的，因此一般应注意
在仪器加速电压最高档时的质量范围。对于磁式质谱仪，加速电压降低，质量范围可增大，
但能量分散也增大，分辨率会降低，灵敏度也会下降。

4) 质量精度

利用质谱仪定性分析时，质量精度是一个很重要的性能指标。在低分辨质谱仪中，仪
器的质量指示标尺精度不应低于±0.4 个质量数。高分辨率质谱仪给出离子的精确质量，相
对精度一般在 1～10ppm。计算方式为

$$\frac{m_1 - m_0}{m_0}(ppm) \tag{8.4}$$

式中，m_1 为实测质量数；m_0 为理论质量数。

8.1.3 质谱图的表示和解释方法

在质谱图中每个质谱峰表示一种质荷比的离子，质谱峰的强度表示该种离子峰的多少，
根据质谱峰出现的位置可以进行定性分析，根据质谱峰的强度可以进行定量分析。对于有
机化合物质谱，根据质谱峰的质荷比和相对强度可以进行结构分析。

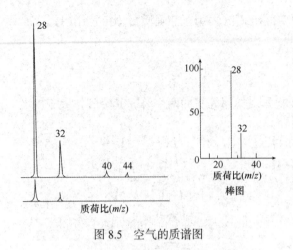

图 8.5　空气的质谱图

图 8.5 为空气的质谱图。横坐标表示质荷比(m/z)。由于分子离子或碎片离子在大多数情况下只带一个正电荷，因此通常 m/z 称为质量数，如—CH_3 离子的质量数(m/z)是 15。质谱图的纵坐标表示离子强度。在质谱图中可以看到几个高低不同的峰，纵坐标峰高代表了各种不同质荷比的离子丰度-离子流强度。

离子流强度有两种不同的表示方法。

1. 绝对强度

绝对强度是将所有离子峰的离子流强度相加作为总离子流，用各离子峰的离子强度除以总离子流，得出各离子流占总离子流的百分数(总离子流是 100%)。有两种表示绝对强度的方法：

20%∑：表示此离子流强度占总离子流强度的 20%。

20%∑40：表示此离子流强度占总离子流强度的 20%，而总离子流是从 $m/z = 40$ 以上算起，$m/z = 40$ 以下的各离子流强度未计入总离子流内。

用绝对强度表示各种离子流强度的百分数之和应该等于 100%。

2. 相对强度

相对强度是以质谱峰中最强峰作为 100%，称为基峰(该离子的丰度最大、最稳定)，然后用各种峰的离子流强度除以基峰的离子流强度，所得的百分数就是相对强度。

表示方法(以图 8.5 为例)如下：

m/z 14 (4.0)	m/z 28 (100)	m/z 33 (0.02)
16 (0.8)	29 (0.76)	34 (0.99)
20 (0.8)	32 (23)	40 (2.0)
		44 (0.10)

小括号中的数字为峰的相对强度，表示 100%者为基峰。$m/z = 28(100)$是基峰，对应于 N_2，N_2 在空气中含量最高也最稳定。$m/z = 32(23)$对应于 O_2。O_2 的峰高为 23%，N_2 的峰高为 100%，O_2 就占 N_2 的 23%。

一般的质谱图都以相对强度表示，并以棒图的形式画出(图 8.5)。

8.2　离子的类型

当气体或蒸气分子(原子)进入离子源(如电子轰击离子源)时，受到电子轰击而形成各种类型的离子。以 A、B、C、D 四种原子组成的有机化合物分子为例，它在离子源中可能发生下列过程：

$$ABCD + e^- \longrightarrow ABCD^+ + 2e^- \qquad 分子离子 \qquad (1)$$

$$ABCD^+ \longrightarrow BCD\cdot + A^+$$
$$\left. \begin{array}{l} \longrightarrow CD\cdot + AB^+ \longrightarrow B\cdot + A^+ 或 \ A\cdot + B^+ \\ \longrightarrow AB\cdot + CD^+ \longrightarrow D\cdot + C^+ 或 \ C\cdot + D^+ \end{array} \right\} 碎片离子$$

$$(2)$$

$$ABCD^+ \longrightarrow ADBC^+ \longrightarrow BC\cdot + AD^+ 或 AD\cdot + BC^+ \qquad 重排后裂分 \qquad (3)$$

$$ABCD^+ + ABCD \longrightarrow (ABCD)_2^+ \longrightarrow BCD\cdot + ABCDA^+ \qquad 离子分子反应 \qquad (4)$$

因而在所得的质谱图中可能出现下述质谱峰。

1. 分子离子峰

反应式(1)形成的离子 $ABCD^+$ 称为分子离子或母离子。因为多数分子易失去一个电子而带一个正电荷，所以分子离子的质荷比就是它的分子量。

对于有机化合物，杂原子上未共用电子(n 电子)最易失去，其次是 π 电子，最后是 σ 电子。对于含有氧、氮、硫等杂原子的分子，首先是杂原子失去一个电子而形成分子离子，此时正电荷的位置处在杂原子上。例如，

上式中氧或氮原子上的 " + · "表示一对未共用电子对失去一个电子而形成的分子离子。对于含双键无杂原子的分子离子，正电荷位于双键的一个碳原子上。例如，

2. 同位素离子峰

分子离子峰并不是质荷比最大的峰，在它的右边通常还有 $M+1$ 和 $M+2$ 等小峰，这些峰是由于许多元素具有同位素，称为同位素峰。例如，氢有 ^1H、^2H，碳有 ^{12}C、^{13}C，氧有 ^{16}O、^{17}O、^{18}O。各种元素的同位素在自然界中的丰度是一定的，它们的天然丰度见表 8.1。同位素与分子离子峰的比值是一个常数。由表 8.1 可见，S、Cl、Br 等元素的同位素丰度高，因此含 S、Cl、Br 的化合物的分子离子或碎片离子，其 $M+2$ 强度较大，根据 M 和 $M+2$ 两个峰的强度比可以判断化合物中是否含有这些元素。

表 8.1　一些同位素的天然丰度和丰度比

同位素	天然丰度/%	丰度比/%
^1H	99.985	$^2H/^1H$　0.015
^2H	0.015	
^{12}C	98.893	$^{13}C/^{12}C$　1.11
^{13}C	1.107	

同位素	天然丰度/%	丰度比/%
^{14}N	99.634	$^{15}N/^{14}N$ 0.37
^{15}N	0.366	
^{16}O	99.759	$^{17}O/^{16}O$ 0.04, $^{18}O/^{16}O$ 0.20
^{17}O	0.037	
^{18}O	0.204	
^{32}S	95.0	$^{33}S/^{32}S$ 0.8, $^{34}S/^{32}S$ 4.4
^{33}S	0.76	
^{34}S	4.22	
^{35}Cl	75.77	$^{37}Cl/^{35}Cl$ 32.5
^{37}Cl	24.23	
^{79}Br	50.537	$^{81}Br/^{79}Br$ 97.9
^{81}Br	49.463	

通过查看分子离子峰的同位素峰组，由 $M+1$ 和 $M+2$ 的丰度，通过查丰度表，可以确定未知化合物的组成式。例如，CH_4 的 $(M+1)/M$ 为 1.1%，C_2H_6 的 $(M+1)/M$ 为 2.2%。不同分子式的 $(M+1)/M$ 比值为一常数，可以从质谱的同位素峰知道该化合物的分子式。例如，甲苯的分子离子峰位于 $m/z = 92$ 处，是由 $^{12}C_7{}^1H_8$ 离子产生的 M 峰，但在 $m/z = 93$ 处出现一个 $M+1$ 峰，是由 $^{12}C_6{}^{13}C^1H_8$ 产生的峰，由于自然界中 ^{12}C 的丰度为 98.9%，^{13}C 约为 1.1%，因此 $M+1$ 峰的强度是 M 峰的 $7 \times 1.1\% = 7.7\%$。根据分子离子峰与同位素峰的相对丰度，可以测得精确的分子量，以及判断未知物的分子式。此外，各类有机物的分子离子进一步裂解成大小不同的离子碎片是有一定规律的，根据这些规律，还可以推测有机物的结构。

3. 碎片离子峰

产生分子离子只要十几电子伏特的能量，电子轰击源常选用电子能量为 50～80eV，除产生分子离子外，尚有足够能量使化学键断裂，形成带正、负电荷和中性的碎片，因此在质谱图上可以出现许多碎片离子峰。碎片离子的形成和化学键的断裂与分子结构有关，利用碎片峰可协助阐明分子的结构。

4. 重排离子峰

分子离子裂解为碎片离子时，有些碎片离子不仅是通过简单的键的断裂，而且是通过分子内原子或基团的重排后裂分而形成，这种特殊的碎片离子称为重排离子。

5. 两价离子峰

分子受到电子袭击，可能失去两个电子形成两价离子 M^{2+}。在有机化合物的质谱中，

M^{2+}是杂环、芳环和高度不饱和化合物的特征，可供结构分析参考。

6. 离子分子反应

在离子源压强较高的条件下，正离子可能与中性碎片进行碰撞而发生离子分子反应[反应式(4)]，形成大于原来分子的离子。但若离子源处于高真空时，此反应可忽略。

7. 亚稳离子峰

以上各种离子都是指稳定的离子。实际上，在电离、裂解或重排过程中产生的离子，都有一部分处于亚稳态，这些亚稳离子同样被引出离子室。例如，在离子源中生成质量为m_1的离子，当被引出离子源后，在离子源和质量分析器入口处之间的无场区飞行漂移时，由于碰撞等原因很容易进一步分裂失去中性碎片而形成质量为m_2的离子，由于它的一部分动能被中性碎片夺走，这种m_2离子的动能比在离子源直接产生的m_1小得多，因此前者在磁场中的偏转比后者大得多，此时记录到的质荷比比后者小，这种峰称为亚稳离子峰。例如，在十六烷的质谱图中可以发现几个亚稳离子峰，其质荷比分别为32.9、29.5、28.8、25.7 和21.7。亚稳离子峰钝而小，一般跨2～5 个质量单位，其质荷比通常不是整数，可利用这些特征加以区别。

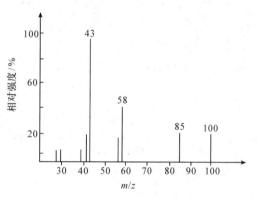

图 8.6   甲基异丁基甲酮的质谱图

以甲基异丁基甲酮为例说明形成上述各种离子的过程，甲基异丁基甲酮的质谱图如图 8.6 所示。

1) 分子离子

$$H_3C - \underset{\underset{O}{\|}}{C} - CH_2 - \underset{\underset{CH_3}{}}{\overset{CH_3}{CH}} \quad + e^- \longrightarrow H_3C - \underset{\underset{\overset{O}{+\cdot}}{\|}}{C} - CH_2 - \underset{\underset{CH_3}{}}{\overset{CH_3}{CH}} \quad + 2e^-$$

$$M^+ = 100$$

2) 碎片离子

(1)

$$H_3C - \underset{\underset{\overset{O}{+\cdot}}{\|}}{C} - CH_2 - \underset{\underset{CH_3}{}}{\overset{CH_3}{CH}} \xrightarrow{\quad -CH_3 \quad} \underset{\underset{\overset{O}{+}}{\|}}{C} - CH_2 - \underset{\underset{CH_3}{}}{\overset{CH_3}{CH}}$$

$$m/z = 85$$

(2)

$$H_3C-\underset{\overset{\parallel}{O}^{+\cdot}}{C}-CH_2-\underset{\overset{|}{CH_3}}{\overset{CH_3}{|}}CH \xrightarrow{--CH_2-\underset{\overset{|}{CH_3}}{\overset{CH_3}{|}}CH} CH_3-\underset{\overset{\parallel}{O}^{+}}{C}$$

m/z = 43

(3)

$$\underset{\overset{\parallel}{O}^{+}}{C}-CH_2-\underset{\overset{|}{CH_3}}{\overset{CH_3}{|}}CH \xrightarrow{-CO} \overset{+}{CH_2}-\underset{\overset{|}{CH_3}}{\overset{CH_3}{|}}CH$$

m/z = 57

3) 重排后裂解

$$\underset{H_3C}{\overset{H}{\underset{CH_2}{\overset{O}{\parallel}}}}\overset{CH_2}{\underset{CH-CH_3}{|}} \xrightarrow{-CH_2=CH-CH_3} \underset{H_3C}{\overset{+\cdot}{\overset{OH}{\parallel}}}C\overset{}{=}CH_2$$

m/z = 58

　　上述重排过程称为麦氏(Mclafferly)重排，是重排反应的一种常见而重要的方式。产生麦氏重排的条件是，与化合物中 C＝X(如 C＝O)基团相连的键上需要有三个以上的碳原子，而且在 γ 碳上要有 H，即 γ 氢。此 γ 位的氢向缺电子的原子转移，引起一系列一个电子的转移，并脱离一个中性分子。在酮、醛、链烯、酰胺、腈、酯、芳香族化合物、磷酸酯和亚硫酸酯等的质谱图上，都可找到由这种重排产生的离子峰。有时环氧化合物也会产生这种重排。

8.3　离子化方法

　　质谱技术得到普遍应用，其关键之一在于可以针对被分析物的特性选择适用的离子化方法，将样品内的待分析分子转化为气相离子并使其进入质量分析器中分析检测。因此，在质谱分析中，离子化方法的选择是检测成功与否的决定性考量因素。该方法的选择除了与被分析物及样品的特性有关外，也与分析目的有关。目前最常用的离子化方法包括电子电离、化学电离、电喷雾电离、大气压化学电离及大气压光致电离，以及激光解吸电离与基质辅助激光解吸电离。上述几种离子化方法最常被使用的主要原因是，这些方法除了有宽广的样品适用范围与高灵敏度外，若样品基质太过复杂时还可以与色谱分离方法联用以降低样品基质干扰，完成样品的分析。

1. 电子轰击离子化

借助具有一定能量的电子使被分析物转化为离子，这种离子化方法称为电子轰击或电子电离(electron ionization，EI)。电子束由通电加热的灯丝(阴极)发射，由位于离子源另一侧的电子收集极(阳极)接收。两极间的电位差决定了电子的能量。大多数标准质谱图在 70eV 获得，因为在此条件下，电子能量稍有变动不致影响离子化过程，质谱的重现性较好。

2. 化学电离

化学电离(chemical ionization，CI)是一种软离子化方法。首先使反应气(CH_4)电离，由被电离的反应气离子与被分析物分子发生分子-离子反应，从而使被分析物离子化。CI 与 EI 不同，样品分子不是与电子碰撞，而是与试剂离子碰撞而离子化的。CI 通常产生质子化的样品分子。质子化的部位通常是具有较大质子亲和力的杂原子。质子化的分子也可能裂解，丢失包括杂原子的碎片。CI 质谱提供了样品的分子量信息，但缺少样品的结构信息，因此，CI 与 EI 是相互补充的。

3. 激光解吸电离

激光解吸电离(laser desorption ionization，LDI)是现代质谱法最常用的离子化方法之一。激光器可置于质谱仪离子源以外(只要一个透镜即可)，激光易于聚焦在样品的特定表面，激光常用脉冲工作方式，这些使之成为飞行时间质谱仪和离子回旋共振傅里叶质谱仪的理想离子化方法。常用的激光器有钕/钇-铝-石榴石激光器、氮分子激光器、横向激励大气压二氧化碳激光器。激光解吸电离能够分析的生物分子的分子量有限制，通常限制在 1000 左右。这一限制使基质辅助激光解吸电离(matrix-assisted laser desorption ionization，MALDI)得到了发展。如果使用高激光能量照射样品，其产生的剧烈化学反应会使被分析物分子裂解成碎片，无法获得完整离子的信息，因而大分子的分析必须以较软的电离方式产生离子，由此 MALDI 法应运而生。MALDI 法适用于非挥发性的固态或液态被分析物的分析，尤其是对于离子态或极性被分析物的电离效率最好。MALDI 法与 LDI 法非常相似，其差别仅在于 MALDI 法分析的是基质与被分析物液混合共结晶产生的固态样品，而 LDI 法单纯以被分析物为样品。

4. 快速原子轰击离子化

快速原子轰击离子源(fast atom bombardmention ionsource，FAB)的基本构造是从电子电离源改变而来的。其中快速原子枪的设计是将氙气(Xe)以 $10^{10}s^{-1} \cdot mm^{-2}$ 的流量导入，通过类似电子电离源的设计，将灯丝加热后产生的热电子经电压加速至正极，氙气分子撞击电子之后离子化形成氙气离子，氙气离子在加速电压(48kV)作用下形成快速氙气离子。快速氙气离子撞击其他氙气原子，经过电荷转换形成具有高动能的氙气快速原子，之后再撞击被分析物使被分析物离子化。

5. 大气压电离

大气压电离(atmospheric pressure ionization，API)的离子源处于大气压下，与 EI、CI 等离子源处在低压的条件不同。最常用的 API 方法有：

(1) 电喷雾电离(electrospray ionization，ESI)，用电场产生带电雾滴，随之通过离子从微滴中排斥生成气态样品离子进行质谱分析。

(2) 气动辅助电喷雾电离(pneumatically assisted electrospray ionization，PAEI)，又称离子喷雾，与 ESI 相似，但液滴的形成是借助气流雾化的帮助。

(3) 大气压化学电离(atmospheric pressure chemical ionization，APCI)，是在大气压条件下的化学电离，常用溶剂作为试剂气使样品离子化。

(4) 大气压光致电离(atmospheric pressure photoionization，APPI)，利用光能激发气态被分析物分子，使其离子化为自由基离子或进一步将被分析物质离子化生成离子。

ESI 和 APCI 本身是离子化方法，也是质谱法与液相分离技术如高效液相色谱法和毛细管电泳等联用的一个较好的接口，在各个领域得到了广泛的应用。

APCI 与 APPI 的异同：基本原理均为离子/分子反应，在进样部分都使用雾化气带动样品溶液，并由气动雾化器喷雾为微小液滴，再经过加热石英管将溶剂挥发，形成气态分子。差异在于产生试剂离子的方式，前者使用电晕放电装置将氮气离子化，得到一次离子，随后再与汽化溶剂碰撞产生二次反应气体离子，而二次反应气体离子可将质子转移至被分析物上；后者使用元素灯的光能直接激发被分析物，得到被分析物的自由基离子，再与汽化溶剂进行质子转移反应，或通过激发掺杂剂，间接利用电荷交换、质子转移反应达成被分析物离子化的目的。

6. 原位电离离子化

原位电离质谱(ambient ionization mass spectrometry，AIMS)技术指能够在大气压条件下，无需或只需极少的样品预处理，对样品中分析物进行快速直接电离及质量分析的质谱技术。在原位电离质谱技术中处于核心地位的是原位电离源技术。

截至目前，人们已经开发出许多原位电离方法，虽然这些方法依据的原理不同，但是它们中的大多数都可以看作是电喷雾电离、基质辅助激光解吸电离、大气压化学电离等传统电离方法在直接分析领域的拓展与改进。随着时代发展和技术进步，各种不同类型的原位电离方法层出不穷，人们对于离子产生的原因也有了更深入的认识，因此对于原位电离方法的分类也更加细化。总体来说，原位电离技术可分为一步原位电离技术与两步原位电离技术，主要有以下六类：基于固液萃取的原位电离技术；基于低温等离子体的原位电离技术；基于热/机械解吸的两步原位电离技术；基于激光剥蚀解吸的两步原位电离技术；基于超声解吸的原位电离技术；其他原位电离技术。

原位电离技术的蓬勃兴起带给人们极大的便利，实验人员可以摆脱烦琐、耗时的样品制备过程，专注于样品质谱分析。原位电离质谱技术除了具有无需样品处理、直接分析的优点外，还具有电离条件温和、离子化效率高、适应面广等特点，在多个领域得到广泛应用，如环境化学食品安全、法庭化学、爆炸物与毒品分析、质谱成像、药物分析、合成高分子化合物分析及生物分析。

8.4　质谱定性分析及图谱解析

质谱分析的主要应用之一是未知物的结构鉴定，它能提供未知物的分子量、元素组成及其他有关结构信息，因而定性能力强是质谱分析的重要特点。在测定未知物结构之前，首先必须检验该物质的纯度，即是否含有其他杂质；可根据样品为固体或液体，然后测其熔点或沸点、折光率和旋光度加以判别；若不纯，需通过重结晶、分馏、薄层层析、纸层析、柱层析或制备型的气相与液相色谱等方法进行分离、提纯；然后用质谱等方法(GC/MS除外)测定分子量，确定分子式，根据质谱的碎裂机制和其他波谱如红外光谱、核磁共振波谱、紫外-可见光谱等提供结构信息推断分子结构。

8.4.1　分子量的测定

从分子离子峰可以准确地测定该物质的分子量，这是质谱分析的独特优点，比经典的分子量测定方法(如冰点下降法、沸点上升法、渗透压力测定等)快而准确，且所需试样量少(一般为 0.1mg)。分子离子峰的判断是关键，因为在质谱中最高质荷比的离子峰不一定是分子离子峰，这是由于存在同位素和离子分子反应等原因，可能出现 $M+1$ 或 $M+2$ 峰；另外，若分子离子不稳定，有时甚至不出现分子离子峰。因此，在判断分子离子峰时可参考以下方面的规律和经验方法。

(1) 分子离子稳定性的一般规律。分子离子的稳定性与分子结构有关。碳数较多、碳链较长(也有例外)和有支链的分子，分裂概率较高，其分子离子的稳定性低；而具有 π 键的芳香族化合物和共轭烯烃分子，分子离子稳定，分子离子峰大。分子离子稳定性的顺序为：芳香环 > 共轭烯烃 > 脂环化合物 > 直链的烷烃类 > 硫醇 > 酮 > 胺 > 酯 > 醚 > 分支较多的烷烃类 > 醇。

(2) 分子离子峰质量数的规律(氮规则)。由 C、H、O 组成的有机化合物，分子离子峰的质量一定是偶数。而由 C、H、O、N 组成的化合物，含奇数个 N，分子离子峰的质量是奇数，含偶数个 N，分子离子峰的质量则是偶数。这一规律称为氮规则。凡不符合氮规则者，就不是分子离子峰。

(3) 分子离子峰与邻近峰的质量差是否合理。如有不合理的碎片峰，就不是分子离子峰。例如，分子离子不可能裂解出两个以上的氢原子和小于一个甲基的基团，故分子离子峰的左边，不可能出现比分子离子的质量小 3～14 个质量单位的峰；若出现质量差 15 或 18，这是由于裂解出—CH_3 或一分子水，因此这些质量差都是合理的。

(4) $M+1$ 峰。某些化合物(如醚、酯、胺、酰胺等)形成的分子离子不稳定，分子离子峰很小，甚至不出现；但 $M+1$ 峰却相当大。这是由于分子离子在离子源中捕获一个 H 而形成的，例如：

$$R-O-R' \xrightarrow{-e^-} R-\overset{+\cdot}{O}-R' \xrightarrow{+H} R-\overset{+}{\underset{H}{O}}-R'$$

(5) $M-1$ 峰。有些化合物没有分子离子峰，但 $M-1$ 峰较大，醛就是一个典型的例子，这是由于发生如下裂解形成的：

$$R-\underset{\underset{H}{|}}{C}=O \xrightarrow{-e^-} R-\underset{\underset{H}{|}}{\overset{+\cdot}{C}}=O \xrightarrow{-\cdot H} R-C\overset{+}{\equiv}O$$

因此，在判断分子离子峰时，应注意形成 $M+1$ 或 $M-1$ 峰的可能性。

(6) 降低电子轰击源的能量，观察质谱峰的变化。在不能确定分子离子峰时，可以逐渐降低电子流的能量，使分子离子的裂解减少。这时所有碎片离子峰的强度都会减小，但分子离子峰的相对强度会增加。仔细观察质荷比最大的峰是否在所有的峰中最后消失，最后消失的峰即为分子离子峰。

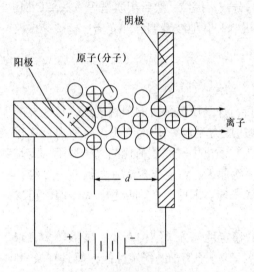

图 8.7 场致电离源示意图

有机化合物的质谱分析，最常应用电子轰击源作离子源，在应用这种离子源时，有的化合物仅出现很弱的分子离子峰，有时甚至不出现分子离子峰，使质谱失去一个很重要的作用。为了得到分子离子峰，可以用其他离子源，如场致电离源、化学电离源等。

场致电离源如图 8.7 所示。在相距很近($d <$ 1mm)的阳极和阴极之间，施加 $7000\sim10000V$ 的稳定直流电压，在阳极的尖端(曲率半径 $r=2.5\mu m$)附近产生 $10^7\sim10^8V$ 的强电场，依靠这个电场把尖端附近纳米处的分子中的电子拉出来，使之形成正离子，然后通过一系列静电透镜聚集成束，并加速到质量分析器中。图 8.8 是 3,3-二甲基戊烷的质谱图。在场致电离的质谱图上，分子离子峰很清楚，碎片峰较弱，这对分子量测定是有利的，但缺乏分子结构信息。为了弥补这个缺点，可以使用复合离子源，如电子轰击-场致电离复合源、电子轰击-化学电离复合源等。

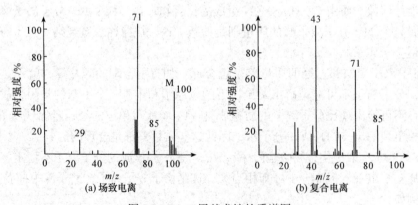

图 8.8 3,3-二甲基戊烷的质谱图

8.4.2 分子式的确定

各元素具有一定的同位素天然丰度，不同的分子式，其 $(M+1)/M$ 和 $(M+2)/M$ 的百分比不同。若以质谱法测定分子离子峰及其分子离子的同位素峰($M+1$，$M+2$)的相对强度，

就能根据$(M+1)/M$和$(M+2)/M$的百分比确定分子式。为此，拜诺(Beynon)等计算了含碳、氢、氧的各种组合的质量和同位素丰度比。

例如，根据某化合物的质谱图，已知其分子量为 150，由质谱测定，m/z 150、151 和 152 的强度比分别为 $M(150)=100\%$、$M+1(151)=9.9\%$ 和 $M+2(152)=0.9\%$，试确定此化合物的分子式。

由$(M+2)/M=0.9\%$可见，该化合物不含 S、Br 或 Cl。在 Beynon 表中分子量为 150 的分子式共 29 个，其中$(M+2)/M$ 的百分比为 $9\sim11$ 的分子式有以下 7 个：

	分子式	$M+1$	$M+2$
(1)	$C_7H_{10}N_4$	9.25	0.38
(2)	$C_8H_8NO_2$	9.23	0.78
(3)	$C_8H_{10}N_2O$	9.61	0.61
(4)	$C_8H_{12}N_3$	9.98	0.45
(5)	$C_9H_{10}O_2$	9.96	0.84
(6)	$C_9H_{12}NO$	10.34	0.68
(7)	$C_9H_{14}N_2$	10.71	0.52

此化合物的分子量是偶数，根据氮规则，可以排除上表第(2)、(4)、(6)三个分子式，剩下四个分子式中，$M+1$ 与 9.9%最接近的是第(5)式 $C_9H_{10}O_2$，这个分子式的 $M+2$ 也与 0.9 很接近，因此分子式应为 $C_9H_{10}O_2$。

8.4.3 根据裂解模型鉴定化合物和确定结构

各种化合物在一定能量的离子源中是按照一定的规律进行裂解而形成各种碎片离子的，因而所得到的质谱图也呈现一定的规律。根据裂解后形成各种离子峰可以鉴定物质的组成及结构。同时应注意，同一种化合物在不同的质谱仪中可能得到不同的质谱图。

例如，有某一未知物，经初步鉴定是一种酮，它的质谱图如图 8.9 所示，图中分子离子质荷比为 100。因而这个化合物的分子量 M 为 100。质荷比为 85 的碎片离子可以认为是由分子断裂—CH_3(质量 15)碎片后形成的。质荷比为 57 的碎片离子可以认为是再断裂 CO(质量 28)碎片后形成的。质荷比为 57 的碎片离子峰丰度很高，是标准峰，表示这个碎片离子很稳定，也表示这个碎片和分子的其余部分是比较容易断裂的。这个碎片离子很可能是 $C(CH_3)_3$。

于是这个断裂过程可以表示如下：

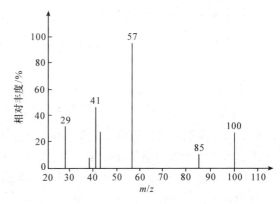

图 8.9　某未知物的质谱图

$$未知物 \xrightarrow{断裂—CH_3} 碎片离子 \xrightarrow{断裂—CO} C^+ \begin{cases} CH_3 \\ CH_3 \\ CH_3 \end{cases}$$

$$M = 100 \qquad\qquad m/z = 85 \qquad\qquad m/z = 57$$

因而这个未知酮的结构式很可能是 CH_3—CO—$C(CH_3)_3$。为了确证这个结构式，还可以采用其他分析手段，如红外光谱、核磁共振波谱等进行验证。

图中质荷比为 41 和 39 的两个质谱峰，可以认为是碎片离子进一步重排和断裂后生成的碎片离子峰，这些重排和断裂过程表示如下：

$$^+C \begin{cases} CH_3 \\ CH_3 \\ CH_3 \end{cases} \xrightarrow[CH_4(分子量为16)]{重排并断裂} \begin{array}{c} ^+CH—CH_2 \\ | \\ CH_2 \end{array}$$

$$m/z = 41$$

$$^+C \begin{cases} CH_3 \\ CH_3 \\ CH_3 \end{cases} \xrightarrow{重排} \begin{array}{c} ^+CH—CH_3 \\ | \\ CH_2—CH_3 \end{array} \xrightarrow[CH—CH_3]{断裂} {}^+CH_2—CH_3$$

$$m/z = 29$$

8.5　质谱定量分析

质谱法进行定量分析时，应满足一些必要的条件，如：①组分中至少有一个与其他组分有显著不同的峰；②各组分的裂解模型具有重现性；③组分的灵敏度具有一定的重现性(要求 1%)；④每种组分对峰的贡献具有线性加和性；⑤有适当的供校正仪器用的标准物等。

对于 n 个组分的混合物：

$$i_{11}p_1 + i_{12}p_2 + \cdots + i_{1n}p_n = I_1$$
$$i_{21}p_1 + i_{22}p_2 + \cdots + i_{2n}p_n = I_2$$
$$\vdots \qquad \vdots \qquad\qquad \vdots \qquad \vdots$$
$$i_{m1}p_1 + i_{m2}p_2 + \cdots + i_{mn}p_n = I_m$$

式中，I_m 为在混合物的质谱图上于质量 m 处的峰高(离子流)；i_{mn} 为组分 n 在质量 m 处的离子流；p_n 为混合物中组分 n 的分压强。

以纯物质校正 i_{mn}、p_n，测得未知混合物 I_m，通过解上述多元一次联立方程组可求出各组分的含量。

采用质谱技术进行定量分析的应用不多，但对某些试样却能解决问题，如石油的族组分定量分析就是一个特殊的例子。石油的组分极其复杂，很难将各组分分离并进行定量分析，而且实用上也没有必要。对于石油化工生产，只要求提供烷烃、芳烃等各个族的定量数据。然而这样做也不简单。为了解决这个问题，质谱分析是最成熟和可靠的方法。

例如，轻柴油(馏分 160~360℃)十一个族组分可用质谱分析测定。测定时先用气相色谱法将烷烃和芳烃分离，然后用质谱法(气相色谱-质谱联用)进行分析。对于烷烃部分，需解七元一次联立方程组；对于芳烃部分，需解十元一次联立方程组。

8.6 质谱联用技术

质谱仪作为鉴定仪器，需要被检测的样品有相当的纯度，样品要通过纯化达到要求。纯化的过程可以是离线的，也可以是在线的。除了样品的纯度要求外，样品预处理的另一个目的是使试样适合于质谱分析的要求，如气相色谱-质谱联用技术要将低挥发性化合物制成易挥发的衍生物，要求试样制成亲电性很强的物质，以利于高灵敏度检测。

样品预处理包括物理、化学或生化的过程。物理过程有稀释、浓缩、溶解、沉淀、萃取、蒸发、蒸馏、吸附、离心等过程，随着现代分离、纯化技术的发展，上述过程逐步演变为用仪器化的方法，如各种色谱技术；化学过程是通过化学反应使样品的性质发生变化以满足仪器分析的要求，或是为了进一步分析的需要或使纯度得到提高等，通常将此过程称为化学修饰或衍生化；生化过程在目前是利用免疫的机理进行亲和色谱的分离和制备。

已经发展起来的许多色谱与质谱联用的技术属于在线纯化过程。复杂样品可利用柱色谱技术分离，分析物在色谱分离中的峰面积与保留时间可分别作为定量与定性的依据。进一步搭配质谱仪，可获得分析物分子量与该分析物碎片离子而得到灵敏与准确的定量与定性信息。因此，色谱-质谱技术已成为复杂样品分析中主要的方法。

1. 气相色谱-质谱联用技术

自 1957 年霍姆斯(J. C. Holmes)等首次提出气相色谱(GC)和质谱联用(简称色质联用)的实验报告，到 20 世纪 70 年代中期色质联用方法基本趋于成熟。80 年代各种不同类型的色质联用仪和各种功能装备大量涌现，使这一技术在许多领域得到广泛应用。90 年代的色质联用技术主要在小型化、自动化、高性能、低价格的方向发展。色质联用技术既发挥了色谱法的分离能力，又发挥了质谱法的高鉴别能力，构成了物质分析的基本方法之一。这种技术适用于做多组分混合物中未知组分的定性鉴定，可以判断化合物的分子结构、准确测定未知组分的分子量、修正色谱分析的错误判断、鉴定出部分分离或未分离开的色谱峰等，因此日益受到重视。

色质联用技术的特点：

(1) 定性参数增加，定性可靠。色质联用方法不仅与气相色谱方法一样能提供保留时间，还能提供质谱图、分子离子峰的准确质量、碎片离子峰强比、同位素离子峰、选择离子的子离子质谱图等，使色质联用方法定性远比气相色谱法可靠。

(2) 信噪比高。采用色质联用中的提取离子色谱、选择离子检测等技术可降低化学噪声的影响，分离出总离子图上尚未分离的色谱峰。在色质联用技术中，高分辨质谱的联用仪检测准确质量数、串联质谱的选择反应检测或选择离子检测等均能在一定程度上降低化学噪声，提高信噪比。

(3) 检测器不需常清洗，最常需要清洗的是离子源或离子盒。柱老化时不连接质谱仪、减少注入高浓度样品、防止引入高沸点组分、尽量减少进样量、防止真空泄漏及返油等是防止离子源污染的方法。

(4) 选择衍生化试剂时，要求衍生化物在一般的离子条件下能产生稳定、合适的质量碎片。

(5) 能够检测尚未分离的色谱峰。由于这方面的特点，色质联用技术逐渐成为痕量物质的检测手段。色质联用技术不但能得到定性的信息，也能得到目标化合物的定量结果。因此，在环境分析、兴奋剂检测、食品、石油化工和药物等行业中都得到了广泛的应用。

随着精密加工、电子学、真空技术和计算机科学的发展，世界分析仪器工业向几何尺寸小、性能好、功能强和自动化程度高的方向发展，气相色谱-质谱仪也不例外。尤其作为常规分析用的气相色谱-质谱仪，一个明显的趋势是小型化。各种新型气相色谱-质谱仪不断问世。

2. 液相色谱-质谱联用技术

20 世纪初以来，色谱技术不断发展，从早期的经典液相色谱法(LC)发展到 20 世纪 60 年代后期的高效液相色谱法(HPLC)和超高效液相色谱法(UPLC)。LC/MS 技术的研究是从 20 世纪 70 年代开始的，经历了一个很长的研究过程，为了符合联用技术的规定，液态样品要在气化室中从液态直接变成气态的带电离子，而质谱是一个高真空的系统，这也是连接技术的关键，曾一度无法得到扩展。到后来接口技术得到解决，LC/MS 的发展趋向成熟，其集液相色谱的高分离效能与质谱的强鉴定能力于一体，对研究对象不仅有足够的灵敏度、选择性，还能给出一定的结构信息，分析快速且方便，具有其他分析方法不可比拟的优点。现在，LC/MS 正从一种研究工具过渡成普通的分析工具，从一套复杂的研究仪器变为一种检测器，可更方便快捷地获得大量的信息。它融合了两种分析技术的优点，可针对性地解决具有普遍性的分析问题。它不仅应用于药物、石油、化工、食品检测，还可以应用于临床医学、分子生物学、法医检测、中草药成分分析等许多领域。

与气相色谱相比，高效液相色谱的分析对象大部分是极性大(包括离子型化合物)、挥发性差、热稳定性低的一类样品，尤其是生化样品，生物大分子分析更是气相色谱望尘莫及的。根据已有的化合物分析可知，适合于 GC/MS 的仅占 20%，这意味着 LC/MS 技术是一条重要的分析途径。

电喷雾接口的出现使 LC/MS 的联用发生了重大变化，质谱学家称之为"革命性"的质谱法，它为 LC/MS 应用于生物大分子的分析开辟了一条重要的途径，也为 LC/MS 进入到生物医学领域奠定了基础。实际上 LC/ESI-MS 技术特别适合于水溶性的生化样品，解决了难度较大的一大批样品的分析。不过它对于极性小的，甚至非极性化合物并不适用。LC/MS 的接口还达不到像 GC/MS 的接口那样，后者可以应用于非极性到极性的各种类型化合物，所以 LC/MS 的其他商品化接口还在继续改进和组合以满足分析的各种要求。

GC/MS 用电子轰击方式得到的谱图，可与标准谱库检索对比。而 LC/MS 同 GC/MS 相比，主要可解决不挥发性化合物、极性化合物、热不稳定化合物和大分子量化合物(包括蛋白质、多肽、多聚物等)的分析测定等问题。然而，由于其分离分析原理的限制，它没有商品化的谱库可供对比查询，只能自己建库或自己解析谱图。

由于 LC/MS 中的电喷雾界面极适合分析极性小分子、多肽与蛋白质大分子，因此液相色谱-质谱法也成为代谢组与蛋白质组的主要分析方法。代谢组与蛋白质组对于提高分离效率与检测灵敏度的研究需求也进一步带动 LC/MS 相关技术的发展,如超高效液相色谱-质谱法与纳升级流速液相色谱-质谱法。

3. 毛细管电泳-质谱联用技术

随着毛细管电泳的发展,需要一种灵敏、选择性好及能提供结构信息的检测方法。质谱法是可以满足这些要求的。毛细管电泳-质谱(capillary electrophoresis mass spectrometry,CE/MS)与 LC/MS 接口相比较,有其不同的要求。商品 CE/MS 接口常采用夹套液流以实现电接触及稳定喷雾,主要用于水溶液毛细管电泳-质谱联用技术。夹套液稀释了 CE 流出液,使峰浓度下降,导致信噪比的损失。为了提高灵敏度,可应用柱上浓缩技术,如等电聚焦等。

CE 与 MS 在线联用具有许多优势,易于实现自动化,避免了收集样品等烦琐过程,可直接给出 MS 分析结果,提供化合物的分子结构信息。1987 年史密斯(R. D. Smith)小组首次报道了 CE/MS 在线联用的研究工作。近年来,CE/MS 的发展主要经历了两个阶段:第一阶段主要集中在实现不同的 CE 分离模式与 MS 的联用研究,分析对象比较分散;第二阶段是注重发展基于微流控技术的各种整体或集成分析系统的联用研究,应用领域集中在蛋白组学等重大项目。

毛细管电泳-质谱拥有比纳升流速液相色谱-质谱更好的灵敏度与分离效率,常被应用在生物医学、临床诊断、植物代谢物分析、环境分析与食品分析等领域。毛细管电泳-质谱具有不同分离模式以达到不同的分离要求与效能,目前主要可分为:毛细管区带电泳、胶束电动毛细管色谱、毛细管凝胶电泳、毛细管等电聚焦、毛细管等速电泳、毛细管电色谱等。毛细管区带电泳质谱法的操作方式相对简易,因此被广为使用。然而毛细管区带电泳无法分离电中性分子,因此添加移动固定相的胶束电动毛细管色谱与固定固定相的毛细管电色谱,因为可有效分离带电荷与电中性物质而被大量推广应用。

与 LC/MS 联用相比,CE/MS 是更理想的联用技术。CE 技术是一类以毛细管为分离通道、以高压直流电场为驱动力,根据样品中各组分之间迁移速度和分配行为上的差异而实现分离的一类液相分离技术,擅长分离极性或离子型化合物。而 MS 分析的对象也是离子,极性或离子型化合物易于离子化,适合 MS 检测。但在反相色谱与 MS 联用分析中,前者要求被分析对象以非解离状态或部分解离状态存在于流动相中,以便在色谱柱上得到保留;而电喷雾电离(ESI)技术要求待测物质以离子状态存在于溶液中,以便于气相离子的形成。因此"好"的色谱条件可能是"坏"的质谱条件。此外,相对于 LC 而言,CE 绿色环保分析成本低,所需样品量和消耗溶剂量小,样品前处理简单。CE/MS 发展的关键问题在于CE/MS 接口技术和联用中的背景电解质兼容性问题。

4. 质谱-质谱联用技术

串联质谱用于分子结构测定的工作最初是由 Beynon 及其同事开始的。早期的仪器配置方式包括多个扇形磁场及其他的混合配置,如扇形磁场和四极杆的配置。但这些配置方法在技术上较复杂且费用高。20 世纪 70 年代,恩克(Y. Enke)完成第一个三重四极杆的配置,90 年代第三种配置四极杆-离子阱配置出现。这些配置比扇形磁场仪器便宜,很快被商品化并进入市场。

在常见的串联质谱技术中，第一个质量分析器的功能通常为选择与分离前体离子，而分离出的前体离子以自发性或通过某些激发方式进行碎裂，可产生产物离子及中性碎片等前体离子的片段，前体离子碎裂后产生的离子群，传送至串接的第二个质量分析器中进行分析，这些产物离子的质荷比信号在第二个质量分析器中被扫描检测后，即可获得串联质谱图。

质谱-质谱法(MS/MS)以它的高灵敏度、快速、高通量以及 MS 的专一性等优点集于一身而获得许多研究领域的重视，其中最为受益的应用是农产品、食品领域中多组分痕量目标物的快速定量分析和医学、药物领域中如疾病筛查、新药筛选和药物代谢等研究工作中的结构测定、定性确认以及定量分析。甚至生物大分子的序列分析、代谢组学的分析也成为 MS/MS 法的主战场。总之，随着它与色谱分离技术的联用，一些新技术的开发，使 MS/MS 法"如虎添翼"，成为当今质谱分析的一个重要工具。

MS/MS 法的主要优势如下：

(1) 获得母-子离子的关系信息。MS/MS 技术的一个重要用途是可以发现以往常规分析中未能发现的新代谢产物，因而特别适合于代谢产物的鉴定。

(2) 高的专一性和高灵敏度的结合。高的专一性和高灵敏度的结合使 MS/MS 法特别适用于复杂体系中痕量物质的分析。

(3) 补充碎片离子信息。用常规的方法难以获得碎片离子信息的化合物，使用 MS/MS 法可以提供碎片信息。因此，对这类未知物的分析或结构测定，MS/MS 分析是重要的补充。部分有机化合物在常规的电子轰击离子源中得不到足够强度的分子离子峰，通常依靠软电离方法才能获得准分子离子峰。但软电离法即使获得碎片离子，也因数量少、强度低而难以提供解析所需的信息。MS/MS 法可以解决这一问题。

目前，串联质谱技术有两大主流应用，其一为应用于蛋白质组学中以自下而上的方式对酶水解后的多肽进行氨基酸的序列分析，目的是将待测的多肽分子由第一个质量分析器选定后(即前体离子)，借由离子活化方式将其裂解，所产生的产物离子经由第二个质量分析器扫描检测后，可结合生物信息分析获得多肽分子中的氨基酸序列信息。串联质谱技术的另一主要应用在于对特定化合物进行定量分析，此方法是同时监控第一个与第二个质量分析器中的特定质荷比信号(即前体离子与产物离子的特征信号)，以达到定量分析的目的。

串联质谱中可分析的次数并不受限于第二次产生的产物离子(MS/MS 即 MS^2)，某些形式的串联质谱仪可选择 MS^2 谱图中的某个产物离子，将其选择与分离后再次进行裂解(此为第三次产生的离子)。由于此次解离碎片为前体离子碎片离子的产物离子，等同于串联进行两次 MS/MS，因此可称为 MS/MS/MS 或简称为 MS^3。理论上由串联质谱进行选择与裂解分析的次数可达到 MS^n(n 为第 n 次产生的产物离子)，但实际应用中视仪器设计与其规格而有所不同，且必须考虑经过多次裂解后，产物离子在每次的选择与分离后，其数目会快速递减，造成信号过低而无法检测的限制。

一般而言，串联质谱分析法有两种不同的串联方式：一种为连接两个实体的不同的质量分析器，作为空间上的串联方式(如三重四极杆)；另一种是在同个离子储存装置内进行一系列的离子选择、裂解与质量分析步骤，因此可由单一质量分析器进行串联质谱分析。而依时间先后顺序进行不同分析步骤的方式一般称为时间上的串联(如离子阱)。

质谱-质谱联用仪可以按质谱仪器的分析系统的类型进行分类, 将相同分析系统组合的质谱-质谱仪称为单一型 MS/MS 联用仪(扇形磁场质谱仪、四极质谱仪、飞行时间质谱仪、离子阱质谱仪、离子回旋共振傅里叶质谱仪), 将不同分析系统组合的质谱-质谱仪称为混合型 MS/MS 联用仪(四极杆与扇形场组合、飞行时间和扇形场、四极杆组合、四极杆与线性离子阱组合等)。为了达到某些目的, 混合型的开发越来越多。目前行销于分析仪器市场的各种较成熟配置的仪器主要有三重四极杆液相色谱-质谱-质谱(LC/MS/MS)、液相色谱-离子阱质谱(LC/Trap)、液相色谱-飞行时间质谱(LC/TOF)、液相色谱-四极杆-飞行时间质谱联用仪(LC/Q/TOF)。

串联质谱早已用于气相色谱-质谱-质谱技术中, 曾经在分子结构的测定和其他相关工作中发挥了重要的作用。液相色谱-质谱-质谱技术的出现则是近年的事情, 其发展为液质技术的特定优势及其广泛的分析对象所推动。

5. 离子淌度谱-质谱联用技术

离子淌度谱(ion mobility spectrometry, IMS)是一种分离分析技术, 用于分离和鉴别气相中离子化的分子, 其原理是基于它们在缓冲气中淌度的差异。起先, 广泛用于检测爆炸品和毒品, 后来逐步扩大至很多领域的分析应用。IMS 和 MS 结合, 成为一种新技术, 可基于成分的 IMS 尺寸/电荷比和 MS 质量/电荷比区分成分, 因此提供了正交的专属性。

即使是高分辨质谱仪, 其分辨率达几十万, 也难以区别准确质量很接近的化合物, 更不能区分同分异构体。IMS 提供了另一种分辨率, 且高速高效。离子淌度是近几年逐渐被加装于质谱仪的一种气相电泳分离技术。离子淌度为离子在施加电场和惰性气体所形成的屏障腔体内进行迁移。在离子迁移过程中, 离子所带电荷数越多、分子量越小以及结构越密集, 其穿越屏障的能力越大, 其迁移速度越快。相较之下, 分子量较大或结构较松散的离子, 因具有较大碰撞截面积, 与惰性气体的碰撞次数较多而导致迁移速度比分子量小或结构紧密的离子慢。离子会在迁移过程中因不同价态、离子大小与结构不同而分离。离子淌度通常安装于质谱仪内部并置于分析器前端, 还需依据所搭配的质谱仪的条件而设计, 不像其他色谱分离方式可以方便拆卸并可连接其他质谱仪。由于离子淌度依照离子所带电荷数、大小及结构而分离, 因此可以在同张质谱信号图中, 进一步区分出生物分子的种类, 如脂质、多肽与碳水化合物或手性异构体的分离。

液相色谱-离子淌度质谱(LC/IMS/MS)联用技术有很多优点, 包括较好的信噪比、异构体分离和多电荷离子确定等。IMS 可与多种质量分析器串联, 如四极质量过滤器、离子阱、飞行时间质谱仪、离子回旋共振傅里叶质谱仪和轨道阱质谱仪。LC/IMS/MS 已成为分析复杂体系和生物分子等的有力工具。

6. 电感耦合等离子体-质谱联用技术

电感耦合等离子体质谱法(inductively coupled plasma mass spectrometry, ICP/MS), 是一种将 ICP 技术和质谱相结合的分析技术。ICP/MS 是 20 世纪 80 年代发展起来的新型分析技术, 该技术具有谱图简单、检出限低、线性动态范围宽等特点, 可进行快速多元素分析, 可使用同位素比和同位素稀释法, 可与多种分离技术及进样方法相结合, 能适应复杂体系的超痕量元素分析, 被认为是超痕量元素分析最有力的技术。自从 1983 年第一台商品化仪器采用以来，ICP/MS 技术发展相当迅速。目前 ICP/MS 的概念，已经不仅仅是最早起步的普通四极杆质谱仪了，它包括后来相继推出的其他类型的等离子体质谱技术，比如多接收器的高分辨扇形磁场等离子体质谱仪、等离子体飞行时间质谱仪以及等离子体离子阱质谱仪等。四极杆 ICP/MS 仪器也不断升级换代，如动态碰撞反应池等技术的引入，分析性能得到显著改善。各种联用技术，如气相色谱和高效液相色谱以及毛细管电泳等分离技术与 ICP/MS 的联用、激光烧蚀与 ICP/MS 等联用技术发展迅速。

ICP/MS 从最初在地质领域的应用迅速发展到广泛应用于环境、高纯材料、核工业、生物、医药、冶金、石油、农业、食品、化学计量学等领域，成为公认的最强有力的元素分析技术。

ICP 利用在电感线圈上施加的强大功率的高频射频信号在线圈内部形成高温等离子体，并通过气体的推动，保证了等离子体的平衡和持续电离。在 ICP/MS 中，ICP 起到离子源的作用，高温的等离子体使大多数样品中的元素都电离出一个电子而形成一价正离子。质谱通过选择不同质核比的离子通过检测某个离子的强度，进而分析计算出某种元素的强度。

与其他无机质谱相比，ICP/MS 的优越性在于：①在大气压下进样，便于与其他进样技术联用；②图谱简单，检出限低，分析速度快，动态范围宽；③可进行同位素分析、单元素和多元素分析以及有机物中金属元素的形态分析；④离子初始能量低，可使用简单的质量分析器(如四极杆和飞行时间质谱)；⑤ICP 离子源产生超高温度，理论上能使所有的金属元素和一些非金属元素电离。

其主要缺点是：①ICP 高温引起化学反应的多样化，经常使分子离子的强度过高，干扰测定；②对固体样品的痕量分析，ICP/MS 一般要对样品进行预处理，容易引入污染。

尽管 ICP/MS 已获广泛应用，但相关的研究工作以及仪器的改善仍在深入进行。

8.7　质谱分析在材料研究中的应用

本节通过举例阐述质谱分析在材料研究中的应用。

8.7.1　质谱分析在高分子材料分析中的应用

1. 合成材料的单体、中间体以及添加剂的分析

利用材料中未反应的单体、中间体以及添加助剂在高真空和加温的质谱电离室中会有部分程度的挥发的性质，可将它们从材料分离出来，并直接得到不同低分子量化合物的质谱图。

【例 8.1】　图 8.10 为某进口阻燃原料的 EIMS 程序升温的总离子流图，从中获悉有四种不同组分。由谱库检索和质谱碎裂机理分析鉴定它们分别是：抗氧剂(2,6-二叔丁基-4-甲基苯酚)、润滑剂(软脂酸、硬脂酸)、阻燃剂(十溴联苯醚)和聚乙烯。图 8.11 为十溴联苯醚分子离子的同位素分布，其同位素丰度恰好证明其含有 10 个溴原子的存在。

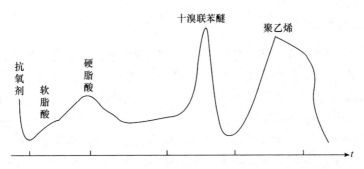

图 8.10 某进口阻燃原料的 EIMS 程序升温的总离子流

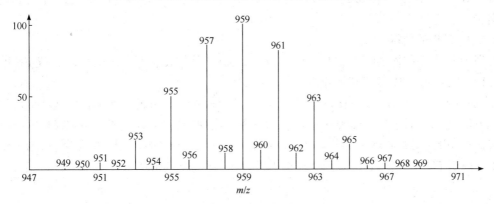

图 8.11 十溴联苯醚分子离子的同位素分布

图 8.12 为高分子材料中邻苯二甲酸二辛酯增塑剂的 FDMS 谱图。

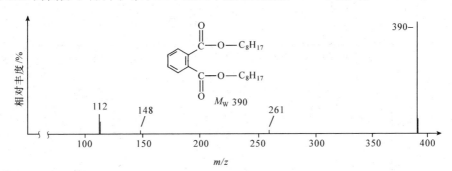

图 8.12 邻苯二甲酸二辛酯增塑剂的 FDMS 谱图

图中 $m/z = 390$ 为第一强峰，$m/z = 261$ 与 $m/z = 148$ 碎片峰可归结为以下两种离子：

谱图中 $m/z = 112$ 可能是 C_8H_{17} 的碎片峰。通过 FDMS 谱不仅显示出添加剂主体的峰，而且显示出材料中的杂质。

2. 聚合物结构的表征

直接 EI 质谱法不仅能鉴定聚合物的结构、人工合成聚合物中微量单体的组成以及低分子量的低聚物，而且可以作为聚合物初级热解机理研究的有力工具。此外，对于一些难熔、难溶的高分子的结构表征，裂解质谱(PYMS)是提供其结构信息唯一且有效的方法。随着质谱技术的发展，各种解吸技术也用于获得高分子的质谱，如场解吸质谱(FDMS)、场吸附化学电离质谱(DCIMS)及激光解吸质谱(LDMS)。这些技术可获得高质量数的分子离子或准分子离子碎片，并且谱图简单，特别适用于聚合物和生物大分子的结构分析。而静态二次离子质谱(SSIMS)和 20 世纪 80 年代发展起来的快原子质谱(FABMS)对高分子的表面分析特别有用。

1) 低聚物的分析

高分子材料中常含有少量低聚物，低聚物的分子量较低，通常采用 FDMS 或 EIMS 方法分析，同时还可以推测其合成路线。

【例 8.2】 图 8.13(a)和(b)分别为商品 PET(聚对苯二甲酸乙二醇酯)中低聚物的 EIMS 和 FDMS 谱图。通过比较发现在 FDMS 谱图上，出现 $m/z = 576$ 的峰，而在 EIMS 谱图上却仅显示 $m/z = 532$、445 及 219 等峰。$m/z = 576$ 与 $m/z = 532$ 相差 44，相应为($—CH_2CH_2O$)基团。说明 FDMS 谱图上主要的低聚物为聚对苯二甲酸乙二醇酯的三聚体。

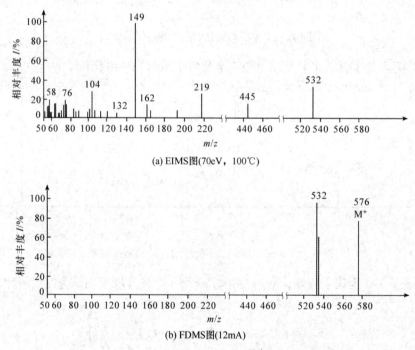

(a) EIMS图(70eV，100℃)

(b) FDMS图(12mA)

图 8.13　聚对苯二甲酸乙二醇酯中低聚体的 MS 谱图

2) 聚合物结构的鉴定

直接 EIMS 是实验中常见的质谱方法。在聚合物的最终热解产物 EIMS 谱图中，热解形成的分子离子峰往往与碎片离子峰混在一起，不易解释，但若采用 70eV 的 EI 谱与降低能量的 13～18eV 时的 EI 谱结合起来，对于聚合物的结构分析特别有利。

【**例 8.3**】 表 8.2 是聚苯乙烯 600 的 EIMS 谱中的主要离子峰的数据。

表 8.2 聚苯乙烯 600 的 EIMS 谱中的主要离子峰的 *m/z*

系列	*m/z*
系列 A	162，266，370，474，578，682，786，890，994
系列 B	92，196，300，404，508，612

从表 8.2 的两个主要系列数据中可以看出系列 A 和系列 B 相邻二离子质量相差 104，即为苯乙烯的结构式。重复单元的质量数为 104，而系列 A 与系列 B 每对相关峰之间相差 70 质量单位，表明一个戊烯基的丢失。

系列 A 的各峰可以认为是一个含有 n 个苯乙烯与一个丁烷的加成系列，即 $(n×104)+58$。而系列 B 的峰的形成是麦式重排的结果。如下图所示：

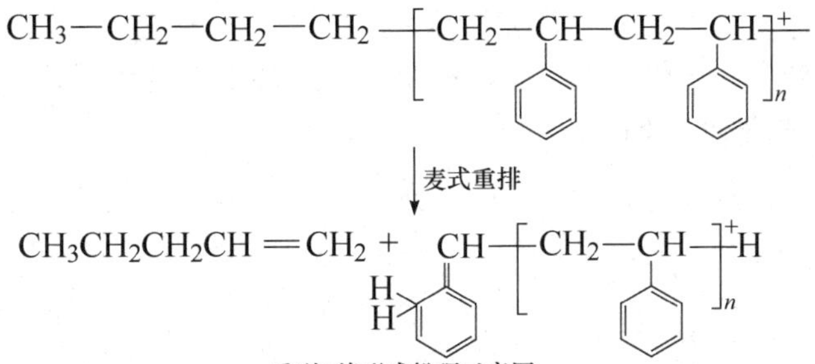

系列B峰形成机理示意图

直接热介质谱可应用于聚合物的初级热解机理的研究，如可以对许多聚合物，如聚苯乙烯、聚酰胺、聚乙烯、聚氨酯、聚醚等进行直接热解质谱的研究。它一般能准确无误地给出聚合物初级热解产物的信息，从而得到聚合物初级热解反应的机理。研究发现，热分解并不是随机进行的，而是有选择性的特征反应。

【**例 8.4**】 某种聚氨酯的热解 EI 质谱如图 8.14 所示。由图可知，该质谱为亚甲基二苯基二异氰酸酯(MDI)和 1，4-丁二醇的质谱之和。基峰 $m/z=250$ 为 MDI 的分子离子峰，而 $m/z=221$ 及 206 则是它的碎片峰。丁二醇的分子离子峰未出现，但有典型的碎片峰 $m/z=42$ 或 71。由此可推断，解聚是该聚合物唯一的热解反应。反应结果生成了丁二醇和二异氰酸酯，如下式所示：

$$\sim\sim Y—NH—CO—O—Y\sim\sim \xrightarrow{\triangle} \sim\sim Y—NCO+HO—Y\sim\sim$$

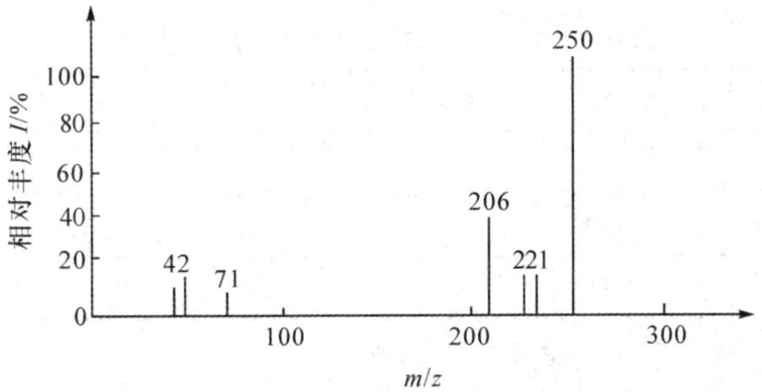

图 8.14 某种聚氨酯的热解 EIMS 谱图

聚合物的热裂解质谱(PYMS)和裂解-色谱-质谱(PY-GC-MS)是研究聚合物结构和性

能关系的有效方法之一。大多数交联的热固性树脂和橡胶以及一些耐高温又具有高强度和高模量的高分子材料都难以溶解或熔融，这给结构鉴定带来一定的困难。但运用PYMS 或 PY-GC-MS 可以很方便地将试样裂解再进行分析。它不仅给出不同高聚物各自结构特征的热裂解产物，而且还可以揭示不同单体链节的序列排布、确认共聚物的结构、辨别低聚物的分子量和分子量分布情况、区分高分子的异构体，以及探讨复杂大分子热分解的机理。

【例 8.5】 一般认为，氯乙烯和偏氯乙烯的均聚物(PVC 和 PVDC)的裂解有如下规律：

如用 A 表示 PVC 一个单体单元，用 B 表示 PVDC 一个单体单元，氯乙烯与偏氯乙烯(VC-VDC)共聚物的裂解产物如下：

图 8.15 为 VC-VDC 共聚物的质谱图。由图 8.15 可直接观察到 BAA、BBA 以及 BBB共聚离子的碎片离子峰。

8.7.2 质谱分析在无机材料分析中的应用

辉光放电质谱(GDMS)和火花源质谱(SSMS)是进行无机高纯固体材料直接和全面分析的主要分析技术。用电子轰击法使样品表面产生二次离子进行表面质谱分析。

【例 8.6】 固态样品中微量杂质的元素分析。表 8.3 为 Y_2O_3 粉末样品中杂质的测定结果。将 Y_2O_3 粉末样品与辅助导电石墨粉经过 $30\sim40min$ 研磨，充分均匀混合，其质量比为$3:1$。可准确测量出 Y_2O_3 粉末中各种稀有元素的质量分布。

表 8.3　Y_2O_3 粉末样品中杂质的测定结果

杂质	La_2O_3	CeO_2	Pr_6O_{11}	Na_2O_3	Sn_2O_3	Eu_2O_3	Gd_2O_3
含量/10^{-6}	1.28	0.62	0.12	0.92	0.29	0.05	0.68
杂质	Tb_4O_7	Dy_2O_3	Ho_2O_3	Tm_2O_5	Yb_2O_3	Lu_2O_3	
含量/10^{-6}	0.22	0.41	0.72	0.13	0.32	0.48	

注：上述数据是从火花源质谱测得的。

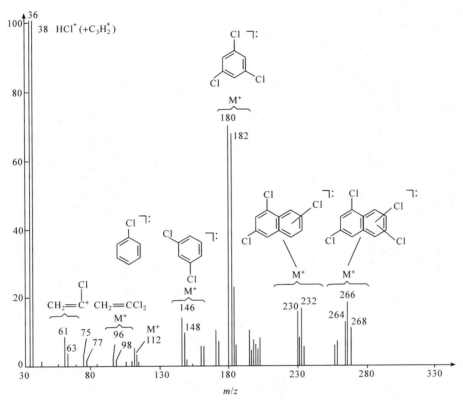

图 8.15　氯乙烯与偏氯乙烯共聚物的 EIMS 谱图

用质谱仪的电子冲击源，试样加热到 245℃，进入热裂解

【例 8.7】　用电子轰击法使样品表面产生二次离子进行质谱分析。例如，用 SIMS 分析铝蒸发膜中杂质的分布，如图 8.16 所示。

图 8.17 为硅基表面污染层的 SIMS 的质谱。此外，硅片上氧化铝中铝和硅的纵深分布，砷化镓单晶中扩散铜的纵深分布都可用 SIMS 方法进行离子图像的立体分析。石英玻璃中元素的深度分布和花岗岩的微区定量分析也可参照此法。

近些年，质谱技术以其特有的检测灵敏性、专一性、便捷性，以及在定性、定量方面提供丰富的信息等优势，成为材料研究必不可少的重要手段，受到高度关注并迅速发展。近代材料的发展对材料结构研究提出了更高的要求，质谱联用技术正是响应了这种需求，在这一方面获得改进，并发挥独特的优势。在微量分析方面，质谱技术结合气相色谱法或液相色谱法，已被广泛应用于未知混合物的鉴定与复杂基质中微量成分的定性与定量分析；由于电感耦合等离子体质谱对痕量和超痕量元素良好的检测能力以及质谱图谱的简单易识，使得它逐渐成为分析实验室对水溶液中痕量和超痕量元素的常规分析方法；对极性高或热不稳定的化合物，液相色谱-质谱是相当有力的工具；高纯物质纯度分析可使用测量杂质总量扣除法，可以用火花源质谱、辉光放电质谱测量杂质总量，然后，通过杂质总量的扣除获得主体成分的纯度；金属基体由于具有良好的导电性是辉光放电质谱分析应用的优势领域之一，辉光放电质谱可分析几乎所有的金属、合金材料，并且在全元素范围内均具有极低的检测限。质谱及其联用技术均在不断发展中，并且对于质谱技术在材料科学中应用，各界科研人员也仍在持续挖掘中。

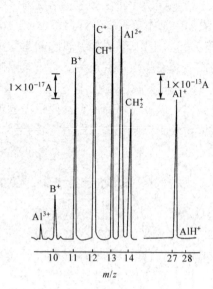

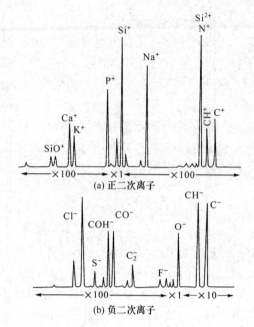

图 8.16   铝蒸发膜的质谱   图 8.17   硅基片表面污染层的质谱(真空度 2.66×10^{-9}Pa)

思考题与习题

1. 简要阐述质谱分析方法的基本原理。
2. 在有机化合物的质谱图中可以找到哪些离子?
3. 简要阐述判断分子离子峰的方法。
4. 简要阐述离子化方法。
5. 简要阐述解释质谱图的一般方法。
6. 简要分析质谱联用技术。
7. 质谱分析方法主要有哪些应用?
8. 一种化合物的分子式为 C_3H_8O,分子量为 60.16,质谱图、核磁共振波谱图和红外光谱图如下所示,试解析该化合物的结构式。

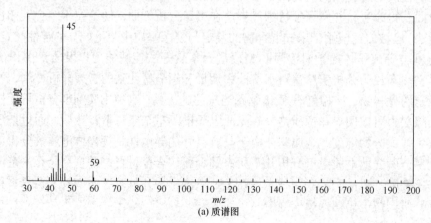

(a) 质谱图

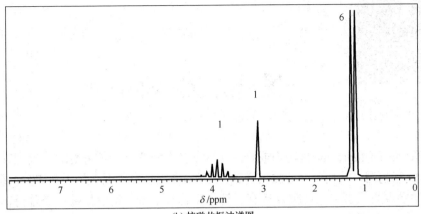

(b) 核磁共振波谱图

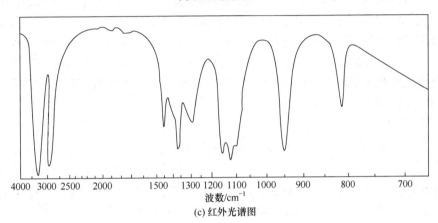

(c) 红外光谱图

参 考 文 献

刘宝友, 刘文凯, 刘淑景. 2019. 现代质谱技术. 北京：中国石化出版社

刘虎生, 邵宏翔. 2005. 电感耦合等离子体质谱技术与应用. 北京：化学工业出版社

盛龙生. 2018. 有机质谱法及其应用. 北京：化学工业出版社

台湾质谱学会. 2019. 质谱分析技术原理与应用. 北京：科学出版社

汪聪慧. 2011. 有机质谱技术与方法. 北京：中国轻工业出版社

王培铭, 许乾慰. 2005. 材料研究方法. 北京：科学出版社

于湛. 2017. 原位电离质谱技术与应用. 北京：科学出版社

赵墨田, 曹永明, 陈刚, 等. 2006. 无机质谱概论. 北京：化学工业出版社

第 9 章

色 谱 分 析

色谱法(chromatography)是物理或物理化学分离分析方法，该分析方法利用某一特定的色谱系统(气相色谱、液相色谱或凝胶色谱等系统)进行多组分混合物中各组分的分离分析。

色谱法主要特点有：①分离效率高，柱效可达数十万理论塔板数；②分析速度快，几分钟到几十分钟就可以进行一次复杂样品的分离和分析；③灵敏度高；④样品用量少，用毫克、微克级样品即可完成一次分离和测定。

高效液相色谱是非常常用的分离和检测手段，在有机化学、生物化学、医学、药物开发与检测、化工、食品科学、环境监测、商检和法检等方面都有广泛的应用。高效液相色谱同时还极大地刺激了固定相材料、检测技术、数据处理技术及色谱理论的发展。近年来，诸多色谱仪器在精细化、自动化和其他分析仪器的联用等方面有快速发展。

9.1 气 相 色 谱

气相色谱法是以气体为流动相的柱色谱法，它是由惰性气体将气化后的试样带入加热的色谱柱，并携带分子渗透通过固定相，达到分离的目的。

气相色谱法主要用于分析色谱柱温度下有一定蒸气压且热稳定性好的气体和易挥发的有机物样品。

9.1.1　气相色谱仪的构造

气相色谱法是采用气体作为流动相的一种色谱法。在此法中，载气(不与被测物作用，用来载送试样的惰性气体，如氢、氮等)载着欲分离的试样通过色谱柱中的固定相，使试样中各组分分离，然后分别检测，其简单流程如图 9.1 所示。检测器信号由记录仪记录，就可得到如图 9.2 所示的色谱图。图中编号的 4 个峰代表混合物中的 4 个组分。

9.1.2　气相色谱检测器

检测器的作用是将经色谱柱分离后的各组分按其特性及含量的大小转换为相应的电信号。由于检测器信号是被测试样各组分定性、定量分析的唯一根据，因此检测器一直是气相色谱研究的重点。

气相色谱检测器的性能要求通用性强、响应线性范围宽、稳定性好、响应时间快。

根据检测原理的不同，可将检测器分为浓度型检测器和质量型检测器两种。浓度型检测器测量的是载气中某组分浓度瞬间的变化，即检测器的响应值和组分的浓度成正比，如热导池检测器和电子俘获检测器等。质量型检测器，测量的是载气中某组分进入检测器的

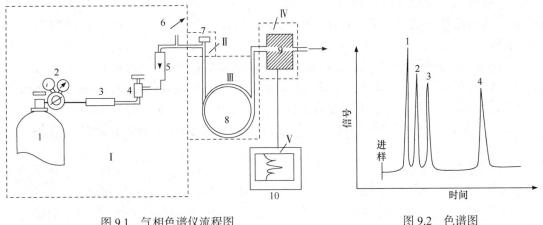

图 9.1　气相色谱仪流程图   图 9.2　色谱图

1. 减压钢瓶；2. 减压阀；3. 载气净化干燥管；4. 针形阀；5. 流量计；6. 压力表；
7. 进样器；8. 色谱柱；9. 检测器　10. 记录仪
Ⅰ. 载气系统，包括气源、气体净化、气体流通控制和测量；Ⅱ. 进样系统，
包括进样器、气化室；Ⅲ. 色谱柱系统，包括恒温控制装置；Ⅳ. 检测系统，
包括检测器、检测器的电源及控温装置；Ⅴ. 记录系统，包括放大器、记录
仪、数据处理装置

速度变化，即检测器的响应值和单位时间内进入检测器某组分的量成正比，如氢火焰离子化检测器和火焰光度检测器等。

(1) 热导检测器(thermal conductivity detector，TCD)，由于结构简单，灵敏度适宜，稳定性较好，对所有物质都有响应，是应用最广、最成熟的一种检测器。

(2) 氢火焰离子化检测器(flame ionization detector，FID)，简称氢焰检测器。它对大多数有机化合物有很高的灵敏度，能检测出 10^{-12} g·g^{-1} 的痕量物质，是一种较理想的检测器。氢焰检测器不能检测在氢火焰中不电离的无机化合物，如 CO、CO_2、SO_2、N_2、NH_3 等。

(3) 电子捕获检测器(electron capture detector，ECD)对具有电负性的物质(如含有卤素、硫、磷、氮、氧的物质)有响应，电负性越强，灵敏度越高，它能检测出 10^{-14} g·mL^{-1} 的电负性物质。它经常用于痕量的具有特殊官能团的组分的分析，如食品、农副产品中农药残留量的分析，大气、水中痕量污染物的分析等。

(4) 火焰光度检测器(flame photometric detector，FPD)是对含磷、含硫的化合物有高选择性和高灵敏度的一种色谱检测器。

9.1.3　气相色谱的应用

目前，气相色谱在实际应用中还存在一些问题，单独作为一种研究手段在材料研究和生产领域应用尚不能令人十分满意。近年来，气相色谱与质谱、光谱等联用，这样既充分利用了色谱的高效分离能力，又利用了质谱、光谱的高鉴别能力，加上电子计算机对数据的快速处理及检索，为材料分析打开了广阔的前景。

各种物质在一定的色谱条件(固定相、操作条件)下均有确定不变的保留值，因此保留值可作为一种定性指标，它的测定是最常用的色谱定性方法。这种方法应用简便，不需其他仪器设备，但由于不同化合物在相同的色谱条件下往往具有近似甚至完全相同的保留值，

因此这种方法的应用有很大的局限性。其应用仅限于当未知物通过其他方面的考虑(如来源、其他定性方法的结果等)已被确定可能为某几个化合物或属于某种类型时做最后的确证。

气相色谱法的可取性与色谱柱的分离效率有密切关系。只有在高的柱效下，其鉴定结果才可认为有较充分的根据。为了提高可取性，应采用重现性较好和较少受到操作条件影响的保留值。由于保留时间(或保留体积)受柱长、固定液含量、载气流速等操作条件的影响较大，因此一般宜采用仅与柱温有关，而不受操作条件影响的相对保留值 r_{21} 作为定性指标。

对于较简单的多组分混合物，如果其中所有待测组分均为已知，它们的色谱峰也能一一分离，为了确定各个色谱峰所代表的物质，可将各个保留值与各相应的标准样品在同一条件下所测得的保留值进行对照比较。但更多的情况是需要对色谱图上出现的未知峰进行鉴定。这时，首先充分利用对未知物了解的情况(如来源、性质等)估计出未知物可能是哪几种化合物。再从文献中找出这些化合物在某固定相上的保留值，与未知物在同一固定相上的保留值进行粗略比较，以排除一部分，同时保留少数可能的化合物。然后将未知物与每一种可能化合物的标准样品在相同的色谱条件下进行验证，比较两者的保留值是否相同。如果两者(未知物与标准样品)的保留值相同，但峰形不同，仍然不能认为是同一物质。进一步的检验方法是将两者混合起来进行色谱实验。如果发现有新峰或在未知峰上有不规则的形状(如峰略有分叉等)出现，则表示两者并非同一物质；如果混合后峰增高而半峰宽并不相应增加，则表示两者很可能是同一物质。

在一根色谱柱上用保留值鉴定组分有时不一定可靠，不同物质有可能在同一色谱柱上具有相同的保留值，所以应采用双柱或多柱法进行定性分析。即采用两极或多根性质(极性)不同的色谱柱进行分离，观察未知物和标准样品的保留值是否始终重合。

与其他研究方法结合可使气相色谱在定性分析方面得到更广泛的应用。

(1) 与质谱、红外光谱等仪器联用：较复杂的混合物经色谱柱分离为单组分，再利用质谱、红外光谱或核磁共振等仪器进行定性鉴定。其中特别是气相色谱和质谱的联用，是目前解决复杂未知物定性问题的最有效工具之一。

(2) 与化学方法配合进行定性分析：带有某些官能团的化合物，经一些特殊试剂处理，发生物理变化或化学反应后，其色谱峰将会消失或提前或移后，比较处理前后色谱图的差异，就可初步辨认试样含有哪些官能团。使用这种方法时可直接在色谱系统中装上预处理柱。如果反应过程进行较慢或进行复杂的试探性分析，也可使试样与试剂在注射器内或者其他小容器内反应，再将反应后的试样注入色谱柱。

(3) 利用检测器的选择性进行定性分析：不同类型的检测器对各种组分的选择性和灵敏度是不同的。例如，热导池检测器对无机物和有机物都有响应，但灵敏度较低，氢焰电离检测器对有机物灵敏度高，而对无机气体、水分、二硫化碳等响应很小，甚至无响应；电子俘获检测器只对含有卤素、氧、氮等电负性强的组分有高的灵敏度。又如，火焰光度检测器只对含硫、碘的物质有信号。碱盐氢焰电离检测器对含卤素、硫、磷、氮等杂原子的有机物特别灵敏。利用不同检测器具有不同的选择性和灵敏度，可以对未知物大致分类定性。

9.2　高效液相色谱

　　高效液相色谱(HPLC)法是以液体为流动相，采用高压输液系统，将具有不同极性的单一溶剂或不同比例的混合溶剂、缓冲液等流动相灌入装有固定相的色谱柱，在柱内各成分被分离后，进入检测器进行检测，从而实现对试样的分析。该方法已成为化学、医学、农学、材料、商检和法检等学科领域中重要的分离分析技术。

　　高效液相色谱法有"三高一广一快"的特点：①高压：流动相为液体，流经色谱柱时，受到的阻力较大，为了能迅速通过色谱柱，必须对载液加高压；②高效：分离效能高，可选择固定相和流动相以达到最佳分离效果，比工业精馏塔和气相色谱的分离效能高出许多倍；③高灵敏度：紫外检测器可达 0.01ng，进样量在 μL 量级；④应用范围广：约 80%以上的有机化合物可用高效液相色谱分析，特别是高沸点、大分子、强极性、热稳定性差的化合物的分离分析；⑤分析速度快、载液流速快：通常在 5～30min 即可完成对一个样品的分析。

9.2.1　高效液相色谱仪的结构原理和分析方法的建立

　　1. 高效液相色谱仪的结构原理

　　高效液相色谱仪的结构组成及其工作原理见图 9.3。工作流程与气相色谱大致相同。

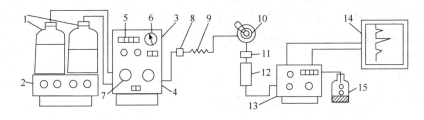

图 9.3　高效液相色谱仪的组成和工作原理示意图

1. 试剂瓶；2. 搅拌、超声脱气器；3. 梯度淋洗装置；4. 高压输液泵；5. 流动相流量显示；6. 柱前压力表；7. 输液泵泵头；8. 过滤器；9. 阻尼器；10. 六通进样阀；11. 保护柱；12. 色谱柱；13. 紫外吸收(或折光指数)检测器；14. 记录仪(或数据处理装置)；15. 回收废液罐

　　2. 高效液相色谱分析方法的建立

　　高效液相色谱法用于未知样品的分离和分析，主要采用吸附色谱、分配色谱、离子色谱和体积排阻 4 种基本方法；对生物分子或生物大分子样品还可采用亲和色谱法。当用 HPLC 解决一个样品的分析问题时，可选择几种不同的 HPLC 法，不可能仅用一种 HPLC 法解决各种各样的样品分析问题。一种 HPLC 分析方法的建立，除了需要了解样品的性质及实验室具备的条件外，对液相色谱分离理论的理解、对前人从事过的相近工作的借鉴以及分析者自身的实践经验，都对分析方法的建立有重要影响。

　　通常在确定被分析的样品后，可按下列步骤进行高效液相色谱分析：①根据被分析样品的特性选择适用的高效液相色谱分析方法，样品的特性主要包括溶解性、分子量的大小以及可能的分子结构;②选择合适的色谱柱,确定柱的尺寸(柱内径及柱长)和选用固定相(粒径及孔径);③选择适当的分离操作条件,确定流动相的组成、流速及洗脱方法;④由获得的色谱图进行定性分析和定量分析。

9.2.2　高效液相色谱的应用

目前,HPLC 仪器已经成为一种公认的、成熟的、被广泛应用的分析仪器。由于高压泵、高效色谱柱、各种高灵敏度检测器的应用,HPLC 仪器得到飞速发展。随着科学技术的发展,它是世界上使用最多、覆盖面最广的分析仪器之一,它已在生命科学、环境科学、农业科学、食品科学、医药卫生、石油科学、医疗卫生、化学化工和材料科学等众多领域的科研、生产、教学等工作中得到非常广泛的应用。

HPLC 可用于对食品营养成分分析检测,如对食品中的蛋白质、氨基酸、糖类、维生素、香料、有机酸(邻苯二甲酸、柠檬酸、苹果酸等)、有机胺、矿物质等进行分析检测;特别是在食品安全检测方面,HPLC 使用更加广泛,可用于食品中各种添加剂(为改善食品品质和色、香味以及防腐、保鲜和加工工艺的需要而加入食品的人工合成物质或天然物质)的检测。

药品 GMP 认证、保健食品 GMP 认证、食品 GMP 认证、食品 HACCP 认证工作等都离不开 HPLC。HPLC 已经是食品工业、食品卫生检测与监督等实验室不可缺少的分析仪器。

在环境分析中,HPLC 常被用于水及废水中酚类和苯胺化合物、除草剂和空气中的苯胺类化合物等的分析检测。中国的《空气和废气监测分析方法》《水和废水监测分析方法》等标准中,目前规定必须采用 HPLC 仪器检测。

在农业应用中,HPLC 可用于农药残留量分析检测,多种有机磷农药,如敌百虫、乙基对氧磷、氨基甲酸酯类农药等的分析检测,有毒性农药如有机磷、氯的分析检测,以及饲料中有害成分的分析检测。

在生命科学中,HPLC 可用于低分子量物质分析检测,如氨基酸、有机酸、有机胺、类固醇、卟啉、糖类、维生素等的分离和测定。高分子量物质分析检测,如多肽、核糖核酸、蛋白质和酶(各种胰岛素、激素、细胞色素、干扰素等)的纯化、分离和测定。特别是多肽和核糖核酸的分析检测,国内外基本上都采用 HPLC 法进行。

9.3　凝胶渗透色谱

凝胶渗透色谱法(gel permeation chromatography, GPC)是利用多孔凝胶固定相的独特特性而产生的一种主要依据分子尺寸大小进行分离的方法。

1964 年,由摩尔(Moore)以苯乙烯和二乙烯基苯在不同的稀释剂存在下制成了孔径大小不同的凝胶,可以在有机溶剂中分离分子量从几千到几百万的试样。1965 年,马丽(Maly)用示差折光仪作浓度检测器,以体积指示器作分子量检测器制成凝胶色谱仪,从而创立了液相色谱中的凝胶渗透色谱技术。

凝胶渗透色谱应用领域为聚合物分子量及其分布、聚合物的支化度的测定、聚合物分级及其结构分析和高聚物中微量添加剂的分析等。

9.3.1 凝胶渗透色谱的工作原理

凝胶渗透色谱是一种液相色谱,原理是利用高分子溶液通过一根装填有凝胶的柱子,在柱中按分子大小进行分离,如图 9.4 所示。

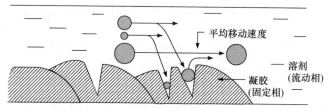

图 9.4　凝胶渗透色谱的分离原理

凝胶渗透色谱柱主要为玻璃柱或金属柱,内装填有交联度很高的多孔球形凝胶。当被分析的试样随着淋洗溶剂进入柱子后,溶质分子向填料内部孔洞扩散。较小的分子除了能进入大的孔外,还能进入较小的孔;较大分子则只能进入较大的孔;比最大的孔还要大的分子只能留在填料颗粒之间的空隙中。随着溶剂的淋洗,大小不同的分子得以分离,较大的分子先被淋洗出来,较小的分子较晚被淋洗出来。

由上可见,凝胶渗透色谱的工作原理可以用体积排除机理加以阐述。

$$V_t = V_0 + V_i + V_g \tag{9.1}$$

式中,V_t 为色谱柱总体积;V_0 为载体的粒间体积;V_i 为载体内部的空隙体积;V_g 为载体的骨架体积。

载体的粒间体积中的溶剂称为流动相,载体内部的空隙体积中的溶剂称为固定相。

可以用分配系数定量流动相与固定相之间的相互作用。设:

$$V_e = V_0 + KV_i \tag{9.2}$$

$$K = \frac{V_e - V_i}{V_i} \tag{9.3}$$

式中,V_e 为溶质的淋出体积;K 为分配系数(孔体积 V_i 中可以被溶质分子进入的部分与 V_i 之比)。

当所有溶质分子的体积都比孔洞尺寸大时,淋出体积 $V_e = V_0$,$K = 0$;当所有溶质分子的体积都远小于所有孔洞体积时,淋出体积为 $V_0 + V_i$,$K = 1$;当溶质分子的体积中等时,淋出体积满足 $V_0 < V_e < V_0 + V_i$,$0 < K < 1$。

溶质分子的体积越小,淋出体积越大。这种解释不考虑溶质与载体之间的吸附效应以及在流动相和固定相之间的分配效应,其淋出体积仅由溶质分子尺寸和载体的孔尺寸决定,分离完全是由体积排除效应所致,故称为体积排除机理。

9.3.2 凝胶渗透色谱仪的主要构成

如图 9.5 所示,凝胶渗透色谱仪主要由输液系统(柱塞泵)、进样器、色谱柱、检测系统(示差折光检测器、多波长紫外光谱仪和红外光谱仪等)及数据采集与处理系统等组成。

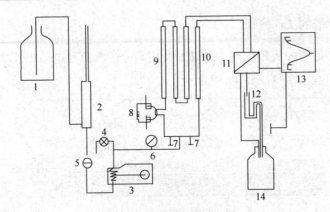

图 9.5 凝胶渗透色谱工作流程

1. 储液瓶；2. 除气瓶；3. 输液瓶；4. 放液阀；5. 过滤器；6. 压力指示器；7. 调节阀；8. 六通进样阀；
9. 样品柱；10. 参比柱；11. 示差折光检测器；12. 体积标记器；13. 记录仪；14. 废液瓶

泵输液系统：包括一个溶剂储存器、一套脱气装置和一个高压泵。它的工作是使流动相(溶剂)以恒定的流速流入色谱柱。

色谱柱：凝胶渗透色谱仪分离试样的核心部件，是在一根玻璃或不锈钢制作的空心细管中加入孔径不同的微粒作为填料。

填料：填料主要有交联聚苯乙烯凝胶(适用于有机溶剂，可耐高温)、交联聚乙酸乙烯酯凝胶(最高 100℃，适用于乙醇、丙酮一类极性溶剂)、多孔硅球(适用于水和有机溶剂)、多孔玻璃、多孔氧化铝(适用于水和有机溶剂)。

检测系统：通用型检测器适用于所有高聚物和有机化合物的检测，有示差折光检测器、紫外吸收检测器、黏度检测器等。

凝胶渗透色谱载体的种类主要有：①苯乙烯和二乙烯交联凝胶，适用于有机溶剂，可耐高温；②多孔玻璃、多孔氧化铝、无机硅胶，适用于水和有机溶剂；③半硬质及软质填料，包括聚乙酸乙烯酯凝胶及聚丙烯酰胺凝胶，最高温度可达 100℃，适用于乙醇、丙酮一类极性溶剂。

装有多孔凝胶的色谱柱是凝胶渗透色谱仪的核心部件，评价色谱柱性能的两个重要参数是柱效率 N 和分离度 R。

色谱柱的效率可借用"理论塔板数" N 定量。测定 N 的具体方法为：用一种纯物质，如邻二氯苯、苯甲醇、乙腈、苯等，做凝胶渗透色谱测定，得到色谱峰，从图上可以求得从样品加入到出现峰顶位置的淋洗体积 V_R，以及由峰的两侧曲线拐点处作出切线与基线所截得的基线宽度即为峰底宽 W，然后按照式(9.4)计算 N：

$$N = 16\left(\frac{V_R}{W}\right)^2 \tag{9.4}$$

对于相同长度的色谱柱，N 值越大，柱效率越高。

色谱柱的分离度 R：

$$R = \frac{2(V_2 - V_1)}{W_1 + W_2} \tag{9.5}$$

式中，V_1、V_2 分别为对应于样品 1 和样品 2 的两个峰值的淋洗体积；W_1、W_2 分别为峰 1 和峰 2 的峰底宽。

显然，若两个样品达到完全分离，R 应等于或大于 1，如果 R 小于 1，则分离是不完全的。

9.3.3 凝胶渗透色谱谱图和校正原理

1. GPC 谱图

典型 GPC 谱图如图 9.6 所示。检测器信号 H 强度正比于淋出液的浓度，保留体积(淋出体积)反映分子尺寸的大小，V_e 换算成分子量 M，即为分子量分布曲线。

2. GPC 标定曲线

根据 GPC 分离机理，保留体积(或淋出体积)V_e 与分子量之间有线性关系：

$$\lg M = A - BV_e \qquad (9.6)$$

式中，A 和 B 为常数，其值与溶质、溶剂、温度、载体及仪器结构有关，可由分子量-淋出体积曲线的直线段的截距和斜率求出。

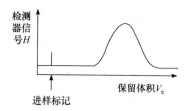

图 9.6 典型高分子的 GPC 谱图

首先测定一组分子量不同的单分散或窄分布样品(已用其他方法精确确定了分子量)的淋出体积和分子量的 GPC 谱图(图 9.7)，然后以 $\lg M$ 对 V_e 作图，得到反 S 形工作曲线(图 9.8)。工作曲线中间的直线部分就是标定曲线。

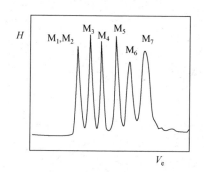

图 9.7 已知分子量的窄分布样品的 GPC 谱图

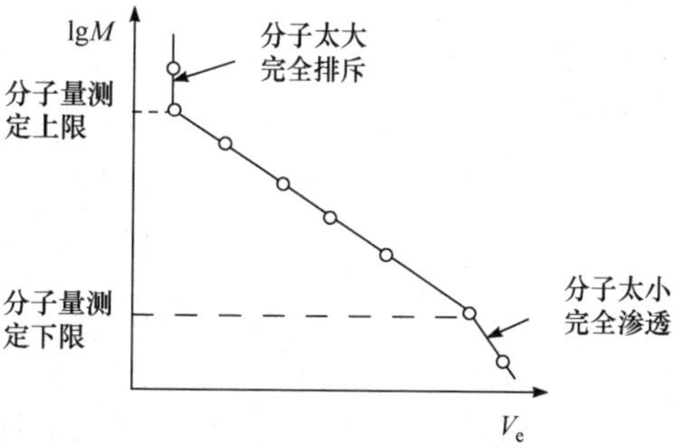

图 9.8 GPC 标准曲线

对于 GPC 来说，级分的含量就是淋出液的浓度。只要选择与溶液浓度有线性关系的某种物理性质，即可通过对其进行测量以测定溶液的浓度。

3. GPC 分子量-淋出体积普适校正曲线

实际上，对大多数聚合物很难获得窄分布标准样品，由容易获得的阴离子聚合的聚苯乙烯(M_w/M_n<1.1)测得的校准曲线，也不能直接用于其他高分子，因为不同高分子尽管分子量相同，但体积不一样。因而必须寻找一个分子结构参数代替分子量，希望用这一参数求

出的标定关系对所有高分子样品普遍适用，称为普适校正。

　　根据爱因斯坦黏度定律，$[\eta] \cdot M$ 具有体积的量纲，可视为流体力学体积(在聚合物溶液中，高分子链卷曲缠绕成无规线团状，在流动时，其分子链间总是裹挟着一定量的溶剂分子，所表现出的体积称为流体力学体积)。大量实验事实已证明，各种不同高聚物通过同一根色谱柱所得的 $\lg[\eta] \cdot M$ 与保留体积 V_e 的关系几乎在同一直线上(图 9.9)。因此，$[\eta] \cdot M$ 是凝胶色谱的一个普适标定参数，即两种单分散高聚物在溶液中具有相同的流体力学体积，如下式所示：

$$[\eta]_1 \cdot M_1 = [\eta]_2 \cdot M_2 \tag{9.7}$$

按以下公式可推出普适校正方程：

$$[\eta]_1 = K_1 \cdot M_1^{\alpha 1} \tag{9.8}$$

$$[\eta]_2 = K_2 \cdot M_2^{\alpha 2} \tag{9.9}$$

式(9.8)和式(9.9)分别为标样(1)和待测样(2)的 Mark-Houwink 方程。

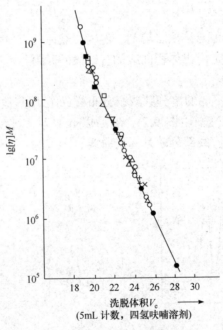

图 9.9　GPC 普适校正曲线

比对由已知标样的标定曲线方程(9.7)，可得出待测试样(2)的普适校正方程如下：

$$\lg M_2 = \frac{1}{1+\alpha_2} \lg \frac{K_1}{K_2} + \frac{1+\alpha_1}{1+\alpha_2}\left(A - BV_e\right) \tag{9.10}$$

　　通过普适校正可将 GPC 谱图的保留体积换算为对应的分子量，然后由计算机处理可得到较可靠的高聚物重均分子量 M_w、数均分子 M_n 及多分散系数 d 值。但是，应当指出并不是所有高聚物都符合普适校正。

9.3.4 凝胶渗透色谱的应用

1. 材料中助剂的测定

一般实际使用的高分子材料都不是单纯的聚合物，而是添加了各种助剂的材料。助剂的性能和用量有可能影响到材料的价值和使用寿命。高分子材料的助剂主要有增塑剂、抗氧剂、稳定剂和填充剂等，大多为小分子化合物。在高分子材料的 GPC 谱图上，这些小分子助剂常与聚合物分开出峰。如使用示差折光检测器、紫外检测器，可分析助剂的大致分子量和含量。如使用二极管阵列检测器，可确定这些助剂的种类。

图 9.10 和图 9.11 为聚酯、小分子酯和环氧化合物的混合物和纯物质的 GPC 图，对比和分析图上三个峰的出峰位置和强度，可以大致确定助剂的种类和含量。

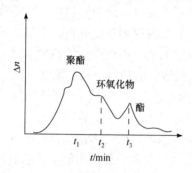

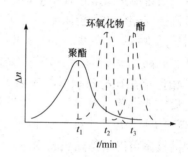

图 9.10　聚酯、小分子酯和环氧化合物混合物的 GPC 谱图

图 9.11　各纯物质的 GPC 谱图

2. 制备窄分布的聚合物样品

采用制备型 GPC 仪可以通过物理方法分离原本分子量分布较宽的样品而得到具有分子量窄分布的聚合物样品。制备型 GPC 仪是分析型 GPC 仪的放大。与测试用的 GPC 仪原理相同，填料、溶剂和检测器都是相同的。但使用方法有所不同，试样的注入、溶剂的处理以及级分的收集都不相同。注入系统是一个按时间控制的自动化系统。级分的收集通常用选择程序来进行。淋洗液流进一个自动的多通道阀门，把淋洗液分送到选择收集瓶中，通过这种方法可以得到无限窄分布的聚合物样品。

9.4　色谱分析在材料研究中的应用

色谱技术是众多分析技术中的一个重要分支，它包括气相色谱、液相色谱(包括高效液相色谱)、凝胶渗透色谱等。一直以来，色谱技术已经被广泛应用于环境分析、药品分析、食品分析、生物分析及化工分析中，但其在材料分析中的作用还没有受到足够的重视。实际上，在针对材料分析的众多分析技术中，色谱占有非常独特和重要的地位，特别是在有机材料、复合材料研究领域更为显著。随着色谱技术的迅速发展，特别是同其他分析技术的联用，极大地提高了色谱技术的分离和分析能力，扩展了应用范围，同样也成为在材料领域的重要分析技术之一。

在材料分析领域，色谱技术的应用显著体现在其特有的分离能力及与其他分析工具的联用上。如离子色谱更多地集中于对材料中阴离子和不同价态离子的分析，其在这两方面的分析能力远超其他分析技术。气相色谱主要在材料可挥发的小分子化合物的分析领域拥有明显的优势，伴随着裂解技术的应用，气相色谱对大分子及聚合物材料的分析能力得到了极大的提高。液相色谱主要是凝胶渗透色谱，在材料分析中主要用于大分子的定性定量分析测试。

9.4.1   气相色谱分析在材料研究中的应用

气相色谱法只能用于分析气体和在一定温度下能气化的样品，它在固体材料领域中的应用可分为两类：一是样品可直接进行气相色谱分析，如单体、溶剂和各种添加剂纯度的测定以及通过测定反应过程中单体组成变化来研究某些合成反应动力学过程；二是样品不能直接进行气相色谱分析而需要与其他技术相结合，如裂解气相色谱分析技术等。也可以对材料样品进行一些处理，如材料中残余反应单体或助剂的分析可以用抽提的方法，即选择合适的低沸点挥发性溶剂对材料中低分子组分进行提取，然后再分析提取液。

气相色谱法在材料领域的应用主要有以下几方面：①反应单体和溶剂的纯度分析；②测定反应速率等动力学参数；③测定材料中的添加剂与杂质的含量等。

【例 9.1】   几乎所有的反应单体和溶剂纯度的分析都可以用气相色谱方法来进行，它对杂质的检测可以精确到 ppm 和 ppb 级。以苯乙烯单体中杂质的分析为例，苯乙烯是聚苯乙烯以及许多塑料产品的原料，美国材料试验协会(ASTM)有专门用于分析苯乙烯中杂质的方法(D5135 法)。图 9.12 是按 ASTM D5135 法对某苯乙烯单体中杂质的分析结果，色谱峰鉴定结果如表 9.1 所示。

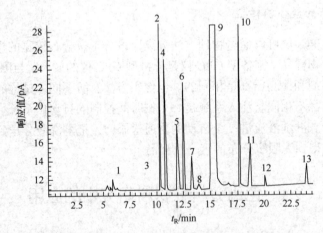

图 9.12   苯乙烯单体的 GC 分析
采用 ASTM D5135 法，初始柱前压 125kPa，横流模式

表 9.1   苯乙烯杂质的定性鉴定结果

峰编号	化合物名称	峰编号	化合物名称	峰编号	化合物名称
1	非芳烃	3	对二甲苯	5	异丙苯
2	乙苯	4	间二甲苯	6	邻二甲苯

续表

峰编号	化合物名称	峰编号	化合物名称	峰编号	化合物名称
7	正丙苯	10	α-甲基苯乙烯	13	苯甲醛
8	对/间乙基甲苯	11	苯基乙炔		
9	苯乙烯	12	β-甲基苯乙烯		

注：峰编号同图9.12。

【例 9.2】　建筑材料中氯离子对建筑物有非常严重的危害，其含量必须严格控制，需要使用高灵敏度的分析方法对其进行监测，随着离子色谱的不断发展，并结合一定的样品前处理技术，离子色谱已经在这方面有一定的应用。采用自动快速燃烧炉(AQF)-离子色谱联用的技术相检测水泥、水泥添加剂及保温材料中的氯离子含量，将 AQF 的自动化特性和离子色谱的灵敏度高、准确性好的特点结合起来，实现前处理和分析一体化。所得水泥实际样品色谱图如图 9.13 所示。

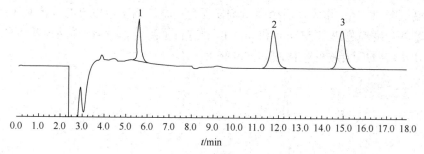

图9.13　水泥样品的色谱图

【例 9.3】　利用三甲基硅烷气相色谱分析方法可以研究低分子硅酸聚合体三甲基硅烷化产物在气相色谱中的定性和定量特征，并通过与标准物质的对照及 GC-MS 分析，确定了单聚、二聚、环四聚、链三聚在色谱中的保留值。图 9.14 是某玻璃样品经 TMS 处理后的气相色谱图，可以看到图中从 SiO_4^{4-} 到 $Si_4O_{13}^{10-}$ 的阴离子团均可分辨清楚。

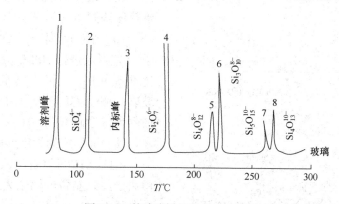

图9.14　某玻璃样品的气相色谱图

9.4.2　高效液相色谱分析在材料研究中的应用

HPLC 具有高分辨率、高分离效果、高灵敏度等优点，特别是其高效精细分离能力和多种洗脱方式，使其在很多科研工作和日常分析工作中，得到广泛应用。HPLC 还可以与分析仪器配套联用，形成其他分析仪器无法比拟的优点，已经在固体化学和结构化学领域的应用中显示巨大的潜力。

先进的柱技术与自动的分离方法相结合大大推动了无定形磷酸盐固体结构的研究。色谱方法中加入螯合剂 Na_4EDTA 可提高溶液中磷酸盐链状和环状物的长期稳定性，从而可用于研究多种无定形磷酸盐固体中磷酸盐阴离子的分布。用 HPLC 定量分析固体中粒径在 $1\sim10nm$ 的磷酸盐四面体链状物和环状物的类型和分布，可以解释许多有关无定形磷酸盐固体结构的基本问题。

【例 9.4】 高效离子色谱法用于不锈钢中多种元素的测定。将溶液的 pH 调至 3.5，从而使基体铁形成沉淀被离心除去，再以十八烷基磺酸钠(含 $0.023mol \cdot L^{-1}$ 酒石酸，pH 5)水溶液为流动相，采用梯度洗脱的方法实现了钽、铌、钒、锆、铅、铁、铜、镍、钴和锰十种元素的良好分离，PAR 作为柱后衍生试剂使无色的金属离子生成带有发色基团的衍生物，然后采用紫外光度检测法在 533nm 和 600nm 处进行了测定。不锈钢样品经基体分离后多种离子与 PAR 形成的配合物的色谱图如图 9.15 所示。

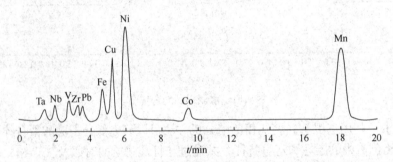

图 9.15　不锈钢样品经基体分离后多种离子与 PAR 形成的配合物的色谱图

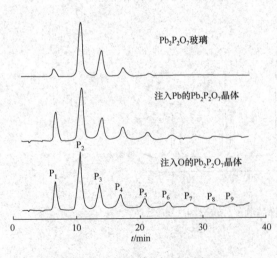

图 9.16　色谱分析对比图

【例 9.5】 焦磷酸铅玻璃结构分析。将热淬法制备的焦磷酸铅玻璃和分别注入 $Pb^{3+}(10^{15}$ 个/cm² 离子)、$O^{2-}(10^{17}$ 个/cm² 离子)无定形层进行 HPLC 分析，其色谱图对比见图 9.16。上面为热淬制备的焦磷酸铅玻璃，中间为高能 Pb 离子轰击单晶表面形成的无定形磷酸铅，下面为高能氧离子轰击单晶表面形成的无定形磷酸铅。

由图 9.16 可以看出，焦磷酸铅玻璃和由离子注入制备的两个无定形层的结构存在明显不同。玻璃中 P_2 阴离子含量远低于侵蚀层，说明侵蚀层比成分相同的热淬玻璃非晶化程度高或紊乱程度大。玻璃中 P3

阴离子的含量高，无定形层中 P_1、P_4、P_6、P_7 和 P_8 的含量高。通过改变离子种类和用量，用 HPLC 对侵蚀层进行定量分析，可进一步证实焦磷酸铅玻璃与相同组分的无定形固体结构明显不同。

【例 9.6】 将酚醛树脂溶于适当的溶剂中，然后选用非极性色谱柱进行分离，混合溶剂进行梯度洗脱。对于可溶性酚醛树脂，碱性可溶性酚醛树脂选用甲酸中和，将酚盐转化为苯酚；加入氨水破坏在每个羟甲基结束基团中产生的甲醛链。实验条件为流动相甲醇-水，流速 $0.5\text{mL}\cdot\text{min}^{-1}$，紫外检测器(254nm 或 280nm)或折光检测器。所得色谱图见图 9.17。

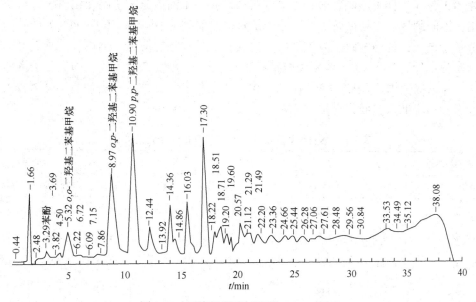

图 9.17 可溶性酚醛树脂的 HPLC 谱图

9.4.3 凝胶渗透色谱分析在材料研究中的应用

目前，凝胶渗透色谱分析主要用于高分子材料的分析。除天然高聚物外，其他高聚物的分子都是由单体分子聚合而成，其分子量都是不均匀的。高聚物的许多物理性质都与其平均分子量和分子量分布密切相关，分子量分布是高聚物分子链的重要结构参数，直接影响到高分子材料的加工性能和使用性能。所以，凝胶渗透色谱已成为一个快速测高聚物分子量和分子量分布的重要工具，成为进行高分子材料研究和应用必不可少的手段之一。

目前，凝胶色谱法在高分子材料的生产和研究工作中的应用大致可以归纳为以下四个方面：

(1) 在高分子材料的生产过程中的应用，包括聚合工艺的选择、聚合反应机理的研究以及聚合反应条件对产物性质的影响和控制等。

(2) 在高分子材料的加工和使用过程中的应用，研究分子量及分子量分布与加工、使用性能的关系，助剂在加工和使用过程中的作用，以及老化机理的研究。

(3) 作为分离和分析的工具，包括高分子材料的组成、结构分析及高分子单分散试样的制备。

(4) 应用于小分子物质方面的分析，主要应用在石油及表面涂层工业方面。凝胶色谱法可以分离从小分子起直到分子量达 10^6 以上的高分子，其用途极广。

1. 在高分子材料加工过程中的应用

在获得合成高聚物的原料后，还要进一步将其加工成型以满足不同的使用要求。在加工过程中，高分子材料往往会由于受热、氧及机械作用，使其分子量发生变化，直接影响其使用性能。应用凝胶色谱法研究原料的分子量分布对产品性能的影响以及在加工过程中聚合物分子量分布变化方面的研究工作较多。

表 9.2 给出了四种不同牌号的聚碳酸酯样品在加工前后分子量的变化情况。从表中可以看出，不同牌号的样品在加工前后分子量降解的情况是不同的。其中 PC-D 样品加工后重均分子量最大，其冲击韧性应该最好，但这与实际测定的情况并不相符。对于聚碳酸酯而言，若分子量低于 2×10^4，各项性能指标急剧下降。因此，2×10^4 以下的低分子量部分含量越小，冲击韧性越好。PC-D 样品在 2×10^4 以下的低分子量部分所占的质量分数较大，导致其冲击韧性降低。但低分子量部分多，可改善其加工流动性。

表 9.2　不同聚碳酸酯样品在加工前后分子量的变化

聚碳酸酯样品	PC-C		PC-T		PC-S		PC-D	
分子量×10^4	加工前	加工后	加工前	加工后	加工前	加工后	加工前	加工后
$\overline{M_w}$	3.30	3.22	3.64	3.06	2.58	2.50	3.58	3.24
$\overline{M_n}$	1.40	1.40	1.45	1.21	1.18	1.14	1.15	1.03
$\overline{M_z}$	4.87	14.7	5.62	4.78	3.91	3.83	7.27	6.52
$\overline{M_\eta}$	3.16	3.08	3.48	3.06	2.46	2.39	3.32	3.02
$\overline{M_w}$ 分子量分布/%								
4×10^4 以上	31.3	29.9	36.2	27.5	19.3	18.1	30.5	28.8
2×10^4～4×10^4	36.3	36.2	32.9	34.2	35.2	34.7	28.7	28.5
2×10^4 以下	32.4	33.9	30.9	38.3	45.5	47.2	42.8	44.7

2. 在高分子材料使用过程中的应用

高分子材料在使用过程中，由于受到光、热、氧和微生物等的作用会发生高分子材料的链降解，使高分子材料发生老化而影响材料的性能和使用寿命。凝胶色谱法可以通过研究分子链的断裂、耦合与交联机理而检测高分子材料耐候性和为老化机理的研究提供必要的数据。

3. 高分子材料中低分子量物质的测定

为了防止或尽可能减少高分子材料在加工和使用过程中的老化现象，往往需要添加稳定剂。高分子材料的使用性能和寿命在很大程度上与其所含的助剂(如增塑剂、抗氧剂、光稳定剂、橡胶用的硫化促进剂等)和是否残存有未聚合的单体等小分子物质有关。由于这些小分子物质的含量较低，有时还可能是多种化合物的混合物，采用光谱方法测定比较困难，凝胶色谱法就显出了它的优势。这些小分子添加剂与高分子的流体力学体积(即分子量)相差较大,采用凝胶色谱法最为理想,无需将增塑剂分离,也不必考虑增塑剂的热分解和高聚物的干扰。

在用凝胶渗透色谱法测定高分子材料中的低分子量物质时,由于这两部分在检测器上的灵敏度不同,不能直接用峰面积进行比较,需要采用内标定量法。例如,测定聚苯乙烯中增塑剂三乙基二醇二苯甲酸酯(TEGDB)的含量,可先用二苯基乙二酮作内标物,测定TEGDB 与内标物峰面积之比,其谱图如图 9.18 所示。只要先用一系列已知增塑剂含量的样品作标准,求出增塑剂与内标物面积之比与增塑剂含量之间的关系,即可用内标法测出未知样品中增塑剂的含量。

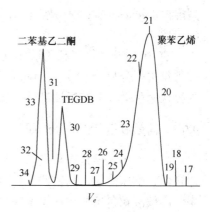

图 9.18　含有 20%增塑剂 TEGDB 及二苯基乙二酮的聚苯乙烯 GPC 曲线

选择作为内标的物质需要考虑三个条件:①作为内标的物质要易于纯化,能够得到高纯度;②在所选择的凝胶色谱实验条件下内标物与所测定的增塑剂既要能够完全分离又要求峰的位置很接近;③要求内标物质峰的面积与待分析物质的峰面积之比接近于 1。

色谱分析技术在我国材料研究中的作用主要偏重于为研究工作提供技术支持,在材料生产和合成的实际工作中应用相对较弱,生产企业比较缺乏相关的技术力量。我国生产的材料与发达国家相同材料相比存在差距,除了部分是因为工艺和参数差异以外,对原料、助剂、添加剂的种类和数量,成品的品质控制水平低是重要的原因。因此,从新材料发展趋势看,对色谱分析技术在材料分析中的应用提出了更高要求。

9.5　色谱技术新进展

色谱仪具有高分辨率、高分离效果、高灵敏度等优点,其应用发展迅速,目前,几乎所有需要分离的化学工作,它都可以发挥其优势。特别是在很多科研院所的研发工作和日常分析工作中,一种技术解决不了的问题,往往用几种技术联用就会迎刃而解。将色谱仪灵活地与各类分析仪器配套联用,可形成其他分析仪器无法比拟的优点;利用它的优异分离能力和多种洗脱方式,可以对各种试样进行分析。与色谱法相关的联用技术发展很快,特别是目前应用很多的高端联用仪器。

9.5.1　气相色谱的新进展

气相色谱技术的进步主要表现在自动化程度的提高和许多功能的开发和改进。

电子程序压力流量控制系统(EPC)技术已作为基本配置在气相色谱仪上安装,从而为色谱条件的再现、优化和自动化提供了更可靠、更完善的支持。色谱仪器上的许多功能进一步得到开发和改进,如大体积进样技术,液体样品的进样量可达 500μL;检测器也不断改进,灵敏度进一步提高;与功能日益强大的工作站相配合,色谱采样速率显著提高,最高已达 200Hz，这为快速色谱分析提供了保障。新的高选择性固定液不断得到应用，如手性固定液等。细内径毛细管色谱柱应用越来越广泛，主要是快速分析，大大提高了分析速度。耐高温毛细管色谱柱扩展了气相色谱的应用范围，管材使用合金或镀铝石英毛细管，用于高温模拟蒸馏分析；用于聚合物添加剂的分析，抗氧剂 1010 在 20min 内流出，得到了较好的峰形。

GC×GC(全二维气相色谱)技术是一项重要的气相色谱新技术，样品在第一根色谱柱上按沸点进行分离，通过一个调制聚焦器，每一时间段的色谱流出物经聚焦后进入第二根细内径快速色谱柱上按极性进行二次分离，得到的色谱图经处理后应为三维图。

9.5.2 高效液相色谱的新进展

高效液相色谱是有机定量分析的重要手段，也是色谱领域发展最快的技术，当前在生命科学、临床医学、药物研制、食品安全、环境监测等多个领域已获得广泛的应用。近年来，高效液相色谱方法和技术在以下方面获得重要进展。

(1) 在液相色谱固定相研制上，继全多孔硅胶微粒固定相之后，迅速研制出表面多孔硅胶微粒固定相。亚-2μm TPP(1.7μm)和亚-2μm SPP(1.3～1.7μm)的出现，使色谱柱的柱效由 200000 塔板/m 提升到 500000 塔板/m，为超高效液相色谱的快速发展奠定了坚实的基础，也为解决复杂样品的分析任务开辟了新思路。

(2) 在固定相研制上的另一个重要进展是第二代整体柱的出现，第二代聚合物整体柱不仅可以分离大分子，也解决了对小分子的分析问题。第三代硅胶整体柱的出现可用于多种样品的分析。今后，随无机-有机杂化材料整体柱的出现，它在提高柱效(现已超过 100000 塔板/m)和选择性方面，仍有潜在的发展的能力。

(3) 在分离方法上，亲水作用色谱获得重要的发展，解决了对强极性、易电离化合物，特别是对极性小分子的分析问题，对制药工业的发展起到重要的推动作用。

(4) 在检测器研制方面，迅速发展和推广了蒸发光散射检测器、带电荷气溶胶检测器、多角度光散射检测器的使用，并且快速普及了液相色谱-质谱和液相色谱-串联质谱联用技术，为解决组成复杂样品的分析提供了强有力的检测手段。

(5) 随着超高效液相色谱技术的快速普及，高效液相色谱仪的压力上限逐步提高，已到 22000psi(1500bar)；色谱仪体系的柱外效应提供的方差也大大减小，已由 $100\mu L^2$ 减小到 $10\mu L^2$，高效液相色谱仪器的制作工艺已发生质的变化；分离性能优良、操作简便的超高效液相色谱仪已逐步取代经典的高效液相色谱仪，由于流动相消耗的降低，节约了分析成本，分析工作的效率大大提高。

(6) 在色谱理论的应用中，发展了用动力学图示法评价液相色谱柱的分离性能；创建了剪切驱动色谱分离方法；完善了微型芯片液相色谱实验技术，提出了与超临界流体色谱相组合的超高效液相色谱方法。

9.5.3 凝胶渗透色谱的新进展

凝胶渗透色谱是液体色谱的一种，只要在高效液相色谱仪上改变固定相填料的种类，就可用同一仪器进行吸附色谱、分配色谱、离子交换色谱和凝胶渗透色谱等的分析工作。当然，检测器、流动相等可根据所使用的色谱方法及分析分离对象做适当的调整。因此，多用途的高效液相色谱仪的发展是一种必然的趋势。

　　为了达到聚合物分子量分布测定准确和快速的目的，在凝胶渗透色谱实验中提供流体力学体积的检测手段，出现了自动黏度计和激光光散射检测器等；在分析和鉴定聚合物的链结构及其基团的研究工作中，又制成了红外分光检测器、原子吸收光谱检测器等。高效液相色谱仪除了上述自动进样和自动数据处理系统外，还增加了自动馏分收集器、再循环装置及分析结果屏幕显示装置、温控装置以及样品自动处理装置等。因此，在订购仪器时，可考虑其适用性增订必要的附属设备。

　　在高效凝胶渗透色谱中，应用再循环技术可大大缩短分离柱长，提高分离度，降低泵压力，达到快速良好分离的目的。应用大规模的 GPC 制备技术，可以一次制备几百毫克到几克，甚至几十克的高纯度标样组分，供色谱定性定量实验用。高温 GPC 仪的出现，解决了如聚乙烯、聚丙烯、合成纤维、橡胶等高分子量聚合物在常温溶剂中不能溶解，不能用常温 GPC 仪测定分子量分布的问题，从而扩大了 GPC 仪的应用范围。当测定温度高达 150℃ 时，应用二氯苯之类的高沸点范围溶剂即可满足对分子量高达数百万的聚合物进行分子量分布测定的需要。

　　联用技术已成为色谱发展的重要方向之一，现在已报道的联用技术形式很多，气相色谱、液相色谱、高效液相色谱、毛细管电泳等分离技术与质谱、傅里叶红外光谱、原子发射光谱等测试手段的组合或多重组合已得到有效的应用。另外，计算机技术不断发展，将其与色谱学科结合，使得智能色谱仪与色谱专家系统的研究取得相当大的进展。以液相色谱、气相色谱为对象，建立起独立模块化的具有合理逻辑结构的庞大的专家系统，可对样品预处理的推荐、柱系统的评价、操作条件的优化、在线定性定量分析等进行专家水平的推理、考察与计算。整个色谱领域进入跨时代的变革。

　　由此可见，凝胶渗透色谱仪的这些发展特点使它的应用范围日趋广泛，成为当前分析测试领域一种强有力的工具。

思考题与习题

1. 色谱定性的依据是什么？主要有哪些定性方法？
2. 色谱分析中，固定相的选择原则是什么？
3. 色谱定量分析中为什么要用校正因子？在什么情况下可以不用？
4. 根据所学知识，填写下表。

色谱分析法	基本原理	应用领域	分析对象	缺点
气相色谱法				
液相色谱法				

5. 气相色谱的基本设备包括哪几部分？各有什么作用？
6. 为什么可用分辨率 R 作为色谱柱的总分离效能指标？
7. 对载体和固定液的要求分别是什么？

8. 固定液可以分为哪几类？为什么这样划分？如何选择固定液？

9. 液相色谱中最常用的检测器是什么检测器？它适合哪些物质的检测？

10. 阐述高效液相色谱法的特点。

11. 凝胶渗透色谱的普适校正的依据是什么？

12. 为什么 GPC 样品要求在指定流动相中溶解性要好？

13. 凝胶渗透色谱是如何获得高聚物分子量和分子量分布的？

14. GPC 测试出来的分子量与理论所得分子量偏差很大，为什么？

参 考 文 献

何曼君, 张红东, 陈维孝, 等. 2003. 高分子物理. 3 版. 上海: 复旦大学出版社

李昌厚. 2014. 高效液相色谱仪器及其应用. 北京: 科学出版社

齐美玲. 2018. 气相色谱分析及应用. 北京: 科学出版社

师宇华, 费强, 于爱民, 等. 2015. 色谱分析. 北京: 科学出版社

许国旺. 2006. 现代实用气相色谱法. 北京: 化学工业出版社

于世林. 2019. 高效液相色谱方法及应用. 北京: 化学工业出版社

朱诚身. 2010. 聚合物结构分析. 2 版. 北京: 科学出版社

张俐娜, 薛奇, 莫志深, 等. 2003. 高分子物理近代研究方法. 武汉: 武汉大学出版社

张美珍. 2006. 聚合物研究方法. 北京: 中国轻工业出版社

Snyder L R, Kirklang J J, Dolan J W. 2012. 现代液相色谱技术导论. 3 版. 北京: 人民卫生出版社

第10章

其他分析方法

本章简要介绍 X 射线光电子能谱法(X-ray photoelectron spectroscopy，XPS)、俄歇电子能谱法 (Auger electron spectroscopy，AES)、X 射线荧光光谱法 (X-ray fluorescence spectrometry，XRF)、低能电子衍射法 (low energy electron diffraction，LEED)、扫描隧道显微术 (scanning tunnelling microscopy，STM)、原子力显微术 (atomic force microscopy，AFM) 以及 X 射线计算机断层成像 (X-ray computed tomography，XCT)等的实验技术原理、基本应用等内容。这些方法主要用于物质表面化学分析、元素化学价态和化学环境分析、极表面原子排布分析及表面形貌、表面物理特性(磁、电、力等)分析、物质基本化学组分分析和无损三维重构微观、亚微观分析表征。

随着现代表征分析测试技术及基础理论的发展，各种新技术的应用不断被推广。特别是在材料研究中，从微观结构(物相、分子、原子)到亚微观直至宏观层面，先进技术的应用可以将材料的宏观性能的表现可视化地与微观结构相关联对应，为材料性能的研究提供直接的实验证据。

10.1 X 射线光电子能谱分析

X 射线光电子能谱基于爱因斯坦光电效应理论，由瑞典乌普萨拉大学卡尔·西格班(K. Siegbahn)教授等发展创立。X 射线光电子能谱也被称为化学分析电子能谱法(electron spectroscopy for chemical analysis，ESCA)，主要用于固体表面元素定性、半定量分析及元素化学价态和化学环境分析，广泛应用于材料、半导体、新能源、机械、环境、石油催化等研究领域，是一种使用广泛的表面分析方法和工具。

10.1.1 X 射线光电子能谱分析理论基础

具有一定能量的 X 射线照射到物质时，物质表面元素原子内层轨道上的电子获得一定能量，电子摆脱原子核的束缚，以一定的动能逃逸出物质表面，成为自由电子(光电子)，原子本身则变成一个激发态的离子，这个过程称为光电离过程(图 10.1)，公式表达为

$$E_k = h\nu - E_b - \phi_s \tag{10.1}$$

式中，E_k 为出射光电子动能(eV)；$h\nu$ 为 X 射线光子能量(eV)；E_b 为特定原子轨道电子结合能(eV)；ϕ_s 为能谱仪功函数(eV)。

能谱仪的功函数 ϕ_s 主要由能谱仪材料和状态决定，对同一台能谱仪是常数，与样品无关，其平均值为 3~4eV。

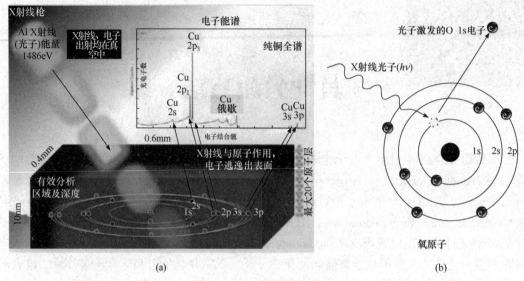

图 10.1   光电效应过程示意图

显然光电子的能量仅与入射光子的能量及原子轨道电子结合能有关。对于特定的单色激发源和特定的原子轨道，其光电子的能量是特征的。当激发源能量固定时，其光电子的能量仅与元素的种类和所电离激发的原子轨道相关，依据光电子的结合能，可以定性分析物质元素的种类。

常规 XPS 谱仪中，一般采用 Mg K_α 和 Al K_α 特征 X 射线，目前采用最多的是单色 Al K_α 特征 X 射线作为激发源，其能量保证元素周期表中含有内层电子(氢、氦除外)的所有元素原子发生光电离作用。

被激发并逃逸出射的光电子强度与样品中该原子的浓度成正相关。利用这种性质，可以进行元素的半定量分析。光电子的强度不仅与原子的浓度有关，还与光电子的出射平均自由程、样品的表面光洁度、元素所处的化学状态、元素的灵敏度因子、X 射线源强度以及仪器的状态等有关，XPS 技术一般不能给出所分析元素的绝对含量，仅能提供各元素的相对含量。XPS 是一种表面灵敏的分析方法，具有很高的表面检测灵敏度，可以达到 10ppm，但对于体相检测灵敏度仅为 100ppm 左右。其表面采样深度为 2.0～10.0nm。

出射光电子的结合能主要由元素的种类和激发轨道决定，原子外层电子的屏蔽效应，芯能级轨道上的电子结合能在不同化学环境中不同，有微小的差异。这种结合能上的微小差异就是元素的化学位移，它取决于元素在样品中所处的化学环境。元素获得额外电子时，化学价态为负，该元素的结合能降低；反之，当该元素失去电子时，化学价为正，XPS 的结合能增加。利用这种化学位移可以分析元素在该物种中的化学价态和存在形式。元素的化学价态分析是 XPS 分析的最重要的应用之一。

10.1.2   仪器结构和工作原理

图 10.2 是 X 射线光电子能谱仪的结构框图及仪器实物图。X 射线光电子能谱仪由进样室、超高真空系统、X 射线激发源、离子源、能量分析系统及计算机数据采集和处理系统

等组成。

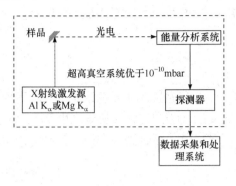

(a) XPS 仪结构框图　　　　　　　　　　(b) XPS 仪实物图

图 10.2　X 射线光电子能谱仪的结构框图和实物图

1. 超高真空系统

X 射线光电子能谱分析必须在超高真空系统中进行，超高真空是实验的基本保证和必要条件。由于 XPS 是一种表面分析技术，必须保持样品表面的洁净，而光电子的信号和能量都非常弱，为避免光电子与残余气体分子发生碰撞，在 X 射线光电子能谱仪中，分析室工作的真空度一般在 $10^{-8} \sim 10^{-10}$mbar。为实现超高真空，现代 X 射线光电子能谱仪中一般采用三级真空系统，前级采用旋转机械泵，中级采用涡轮分子泵，后级采用钛升华泵来实现超高真空。

2. 进样室

现代 X 射线光电子能谱仪均配备快速进样室。其配备快速进样室的目的是在不破坏分析室超高真空环境的情况下进行快速进样。为有效利用快速进样室，有些仪器将快速进样室设计成样品预处理室，可以对样品进行加热、折断、蒸镀和刻蚀等操作。

3. X 射线激发源

现代 X 射线光电子能谱仪中，一般采用单色化 X 射线和双阳极靶激发源的双重配置。常用的激发源有 Mg K_{α} X 射线(1253.6eV)、Al K_{α} X 射线(1486.6eV)。单色化 X 射线一般采用 Al K_{α}，线宽可降低到 0.25eV，消除 X 射线中的杂线和韧致辐射，但经单色化处理后，X 射线的强度大幅下降。

4. 离子源

现代 X 射线光电子能谱仪中，配备 Ar^+ 离子源开展对样品表面进行清洁或对样品表面刻蚀进行深度剖析工作。

5. 能量分析系统

X 射线光电子能谱仪的能量分析器主要用于将不同能量的光电子分开，并测定其动能。

能量分析器有半球形能量分析器和筒形能量分析器两种类型。半球形能量分析器具有对光电子的传输效率高、能量分辨率好等特点,多用在 XPS 仪上。筒形能量分析器对俄歇电子的传输效率高,主要用在俄歇电子能谱仪上。

6. 数据采集和处理系统

由于 X 射线光电子能谱仪的数据采集和控制十分复杂,商用 X 射线光电子能谱仪均采用计算机系统来控制谱仪和数据采集。由于数据复杂,谱图的计算机处理也是一个重要的部分,如对元素进行自动标识、半定量计算,对谱峰进行拟合和去卷积等,目前各仪器生产公司均有自行开发的软件。

10.1.3　实验技术

X 射线光电子能谱仪是一种表面分析仪器,对待分析的样品有特殊要求,通常情况下只能对固体样品进行分析。

实验过程中样品必须通过传递杆,由进样室(样品预处理室)穿过超高真空隔离阀,送进样品分析室。按照不同类型仪器的要求,样品的长、宽、厚尺寸必须符合一定的大小规范,以利于真空进样。

对于粉末样品有两种常用的制样方法。一种是用双面胶带将粉体直接固定在样品台上,另一种是将粉体样品压成薄片,再固定在样品台上。

10.1.4　离子束溅射技术

在 X 射线光电子能谱分析过程中,为了清洁被污染的样品表面,常利用 Ar 离子枪发出的离子束对样品表面进行溅射,清洁表面。此外,Ar 离子束的另一个应用是对样品表面组分进行深度剖析。使用 Ar 离子束对样品表面进行一定厚度的剥离,XPS 进行表面成分或元素价态分析,每剥离一层,分析一次,这样就可以获得元素成分沿深度方向的分布图或元素化学价态的变化。在研究溅射的样品表面元素的化学价态时,应注意溅射对元素的还原效应。离子束的溅射速率不仅与离子束的能量和束流密度相关,还与溅射材料的性质相关。一般的深度分析给出的深度值均由相对于某种标准物质的相对溅射速率计算获得。

10.1.5　荷电校准

绝缘样品或导电性能不好的样品经 X 射线照射后,表面会产生一定的正电荷积累,导致表面出射的光电子动能发生改变,使所测得的结合能比正常的高。在现代 XPS 谱仪中,通常配置中和枪,来消除绝缘样品的荷电效应。如果采用内标法校准,最常用的方法是用真空系统中常见的有机污染碳的 C 1s 结合能(284.6eV)进行校准。

10.1.6　采样深度

X 射线光电子能谱的采样深度与光电子的能量和材料的性质有关。金属样品的采样深度为 0.5~2nm,无机化合物的采样深度为 1~3nm,有机物的采样深度为 3~10nm。

10.1.7　谱图分析技术

1. 表面元素定性分析

X 射线光电子能谱仪表面元素定性分析是一种常规分析方法。采用全谱扫描分析，可提高灵敏度，加大分析器的通能(pass energy)，提高信噪比。图 10.3 是典型的 XPS 定性分析谱图，谱图的横坐标为结合能，纵坐标为光电子的计数率或计数。

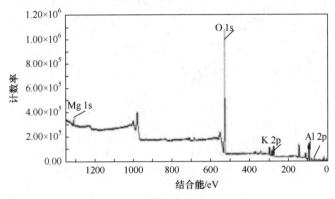

图 10.3　含镁铝化合物的 XPS 谱图

光电子激发过程较复杂，在 XPS 谱图上不仅存在各原子轨道的光电子峰，还存在部分轨道的电子能级自旋裂分峰、多种伴峰、携上峰(shake up)及 X 射线激发的俄歇峰等。

图 10.3 为含镁铝化合物的 XPS 全谱扫描谱图，显示在化合物表面主要有 Mg、Al、O 和 K 元素。通过全谱分析，可以对该物质表面的主要化学元素进行定性鉴别以及各元素的相对定量分析。

2. 表面元素的半定量分析

X 射线光电子能谱在定量分析中，给出的仅是一种半定量的分析结果，是相对含量而不是绝对含量。由 X 射线光电子能谱提供的定量数据是以原子百分数表示的，不是常用的质量分数。原子百分数与质量分数关系如下：

$$c_i^{\mathrm{wt}} = \dfrac{c_i \times A_i}{\displaystyle\sum_{i=1}^{n} c_i \times A_i} \tag{10.2}$$

式中，c_i^{wt} 为第 i 种元素的质量分数；c_i 为第 i 种元素的 XPS 摩尔分数；A_i 为第 i 种元素的原子量。

元素的灵敏度因子不同，X 射线光电子能谱仪对不同能量的光电子的传输效率也不同，并随谱仪受污染程度不同改变。X 射线光电子能谱提供样品表面 3～5nm 厚的信息，其组成不能全面反映体相成分。样品表面的 C、O 污染以及吸附物的存在也会影响定量分析的可靠性。

3. 元素化学价态及化学环境分析

元素化学价态分析是指通过 XPS 测定元素原子的内层电子结合能的变化，鉴别同元素以不同的价态存在于物质中，如图 10.4 所示。

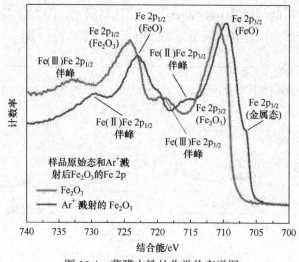

图 10.4　薄膜中铁的化学价态谱图

表面元素化学价态分析是 X 射线光电子能谱的重要分析功能。图 10.4 为氧化铁薄膜经 Ar^+ 离子溅射后获得的精细扫描谱图。显然，从精细谱发现，该氧化铁薄膜材料经过 Ar^+ 离子溅射后，铁由原始的 +3 价被还原成 +2 价，XPS 作为价态分析的有效手段，说明了高价铁经过 Ar^+ 离子较长时间溅射，容易被还原。

元素化学环境分析是指利用 XPS 技术测定元素原子内层电子结合能，鉴别原子在物质结构中与不同原子结合成键，判断原子周围的化学环境。如图 10.5 所示，显然图中元素 C 在物质结构中以三种化学状态 C=O、C—O、C—C 出现，在 XPS 的 C 1s 精细谱图中出现三个不同的结合能。

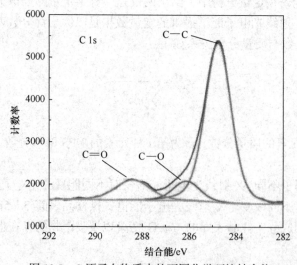

图 10.5　C 原子在物质中的不同化学环境结合能

4. 伴峰

在 X 射线光电子能谱中最常见的伴峰包括携上峰 X 射线激发俄歇峰(XAES)以及价带峰。这些伴峰一般不太常用，但在不少体系中可以用来鉴定化学价态，研究成键形式和电子结构，是 X 射线光电子能谱常规分析的一种补充。

1) 携上峰分析

光电离后，由于内层电子的发射引起价电子从已占有轨道向较高的未占轨道的跃迁，这个跃迁过程就被称为携上过程。在 XPS 主峰的高结合能端出现的能量损失峰即为携上峰。携上峰是一种比较普遍的现象，特别是对于共轭体系会产生较多的携上峰。在有机体系中，携上峰一般由π-π*跃迁产生，即由价电子从最高占有轨道向最低未占轨道的跃迁产生。某些过渡金属和稀土金属，在 3d 轨道或 4f 轨道中有未成对电子，也常表现出很强的携上效应。

图 10.6 为几种碳材料的 C 1s 谱。C 1s 的结合能在不同的碳物种中有一定的差别。在石墨和碳纳米管材料中，其结合能均为 284.6eV；在 C_{60} 材料中，其结合能为 284.75eV。C 1s 峰的结合能变化很小，难以从 C 1s 峰的结合能鉴别这些纳米碳材料，它们携上伴峰的结构有很大的差别，可以从 C 1s 的携上伴峰的特征结构进行鉴别。在石墨中，由于 C 原子以 sp^2 杂化存在，并在平面方向形成共轭π键，这些共轭π键的存在可以在 C 1s 峰的高能端产生携上伴峰，这个峰是石墨的共轭π键的指纹特征峰，可以用来鉴别石墨碳。碳纳米管材料的携上伴峰基本与石墨的一致，说明碳纳米管材料具有与石墨相近的电子结构，碳原子主要以 sp^2 杂化并形成圆柱形层状结构。C_{60} 材料的携上峰形式与石墨和碳纳米管材料不同，可分解为 5 个峰，这些峰是由 C_{60} 的分子结构决定的。在 C_{60} 分子中，不仅存在共轭π键，还存在σ键。

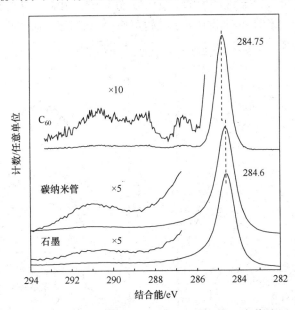

图 10.6 几种碳纳米材料的 C 1s 峰和携上峰谱图

2) 俄歇电子峰

在 X 射线电离后的激发态离子是不稳定的，可以通过多种途径产生退激发。俄歇电子跃迁是退激发过程的一种，俄歇电子给出的俄歇峰是 X 射线光电子谱的必然伴峰。与电子束激发俄歇谱相比，具有能量分辨率高、信背比高、样品破坏性小及定量精度高等优点。俄歇动能与元素所处的化学环境有密切关系，通过俄歇化学位移化学价态。由于俄歇过程涉及三电子过程，其化学位移比 X 射线光电子能谱大，鉴别元素的化学状态非常有效。对于一些元素，X 射线光电子能谱的化学位移非常小，无法满足化学状态变化研究的要求，可以用俄歇化学位移研究元素的化学状态，线形进行化学状态的鉴别。

由图 10.7 可见，几种纳米碳材料的俄歇峰有明显位移，线形有较大的差别。天然金刚石的 C KLL 俄歇动能是 263.4eV，石墨的是 267.0eV，碳纳米管的是 268.5eV，C_{60} 的是 266.8eV。显然与碳原子在这些材料中的电子结构和杂化成键有关。天然金刚石是以 sp^3 杂化成键的，石墨是以 sp^2 杂化轨道形成离域的平面 π 键，碳纳米管主要是以 sp^2 杂化轨道形成离域的圆柱形 π 键，在 C_{60} 分子中，主要以 sp^2 杂化轨道形成离域的球形 π 键，且有 σ 键存在。因此，在金刚石的 C KLL 谱上存在 240.0eV 和 246.0eV 两个伴峰，这两个伴峰是金刚石 sp^3 杂化轨道的特征峰。在石墨、碳纳米管及 C_{60} 的 C KLL 谱上仅有一个伴峰，动能为 242.2eV，是 sp^2 杂化轨道的特征峰。

5. X 射线光电子价带谱

X 射线光电子价带谱反映了固体价带结构的信息。X 射线光电子价带谱与固体的能带结构有关，可以提供固体材料的电子结构的一些信息。X 射线光电子价带谱不能直接反映能带结构，须经过复杂的理论计算和处理。在价带谱的应用中，一般采用价带谱结构的比对。

图 10.8 是几种碳材料的 XPS 价带谱。在石墨、碳纳米管和 C_{60} 的价带谱上都有三个基本峰。这三个峰均是由共轭 π 键产生的。在 C_{60} 分子中，由于 π 键的共轭度较小，三个分裂峰的强度较大，碳纳米管和石墨中由于共轭度较强，特征结构不明显。在 C_{60} 的价带谱上显示了其他三个分裂峰，这是由 C_{60} 分子中的 σ 键形成的。

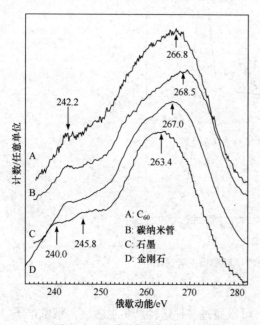

图 10.7　几种纳米碳材料的俄歇谱

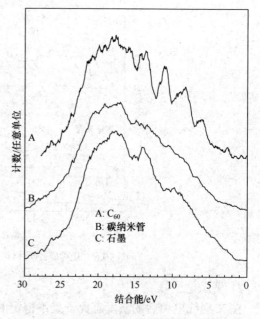

图 10.8　几种纳米碳材料的价带谱

6. 俄歇参数

元素的俄歇电子动能与光电子动能的差称为俄歇参数，它综合考虑了俄歇电子能谱和光电子能谱两方面的信息。俄歇参数能给出较大的化学位移，与样品的荷电状况及谱仪的状态无关，可以更精确地用于元素化学状态的鉴定。

10.2　X 射线荧光光谱分析

10.2.1　X 射线荧光光谱原理

当一束 X 射线照到物质上时，物质中含有的各元素原子在其吸收限的能量小于入射线的能量时，可将 K、L、M 层电子逐出(光电效应)，原子处于激发态。K、L 或 M 层产生的空位被外层电子填补后，原子便从激发态恢复到稳定态，同时辐射出 X 射线，其能量等于外层能级和产生空位的内层能级的能量差，这种射线是特征 X 射线，也称为 X 射线荧光。

对于确定的元素原子，每一个轨道上电子的能量是固定的，电子跃迁产生的能量差是一定的，释放出的 X 射线的能量也是一定的。这个特定的能量与元素有关，每个元素都有其特征谱线。1913 年，英国物理学家莫塞莱(Moseley)系统研究了各种元素的特征光谱得出结论，元素的 X 射线特征光谱波长倒数的平方根与原子序数成正比，称为莫塞莱定律。

10.2.2　荧光产额

从某一壳层释放出的有效 X 光子与这一壳层吸收初始光子的总量之比，称为荧光产额(ω)，其值小于 1。随着原子序数的降低，产生俄歇效应的概率增大，ω 的值显著降低。

任何元素的 K、L、M 等 X 射线特征谱线的最强线的相对强度，取决于该元素原子中各壳层电子的跃迁概率，如果初始辐射的能量足够大，就能激发元素的所有线系，即从该元素原子的 K、L、M 壳层上激发出电子。通常在初始辐射能量足够激发元素最内层电子的情况下，激发 K 层电子的概率最大，产生的 K 系谱线强度最大。初始辐射的能量越大，波长越接近 K 吸收限短波一侧，K 壳层的激发概率和 K 线系的强度越高。当初始辐射的波长稍大于 K 吸收限波长时，K 壳层的激发概率和 K 线系强度都变为零，此时 L 壳层的激发概率最高，且随初始辐射波长接近一吸收限短波一侧而增加。

各谱线的荧光产额依 K、L、M、N 系列的顺序递减，原子序数小于 55 的元素通常用 K 系谱线作分析线，原子序数大于 55 的元素，考虑到激发条件、连续 X 射线和分辨率等问题，一般选用 L 系作分析线。在同系谱线中，每条谱线的强度取决于各较外层电子跃迁的概率，通常选用相对强度大的谱线作为分析线。不同电子层产生的电子跃迁对应 K 系和 L 系等谱线，见图 10.9。

K 系谱线的相对强度为：$K_{\alpha1}:K_{\alpha2}:K_{\alpha1,2}:K_{\beta} = 100:50:150:20$，L 系谱线的相对强度为：$L_{\alpha1}:L_{\beta1}:L_{\beta2}:L_{\beta3} = 100:50:150:20$。

常用 X 射线光谱仪的工作范围内，有一半以上的元素，荧光产额小于 0.4，对于比 3.5Å 长的波长来说，荧光产额不到 0.1，这就对 X 射线法用于长波时的灵敏度有固有限制。几种不同元素的荧光产额见图 10.10。

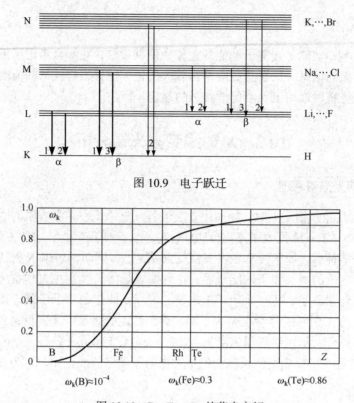

图 10.9　电子跃迁

图 10.10　B、Fe、Te 的荧光产额

10.2.3　X 射线荧光分析

X 射线荧光分析中采用的是晶体分光法，也称为波长色散法。分光晶体起着类似可见光情况下衍射光栅的作用。晶体分光 X 射线衍射的条件是布拉格方程(详见 3.3.2 小节)。

元素特征 X 射线的强度与该元素在试样中的含量成正比，通过测量元素被激发的特征 X 射线强度，采用一定的方法进行校正，可求出该元素在试样中的含量，此即为 X 射线荧光光谱定量分析。

10.2.4　X 射线荧光光谱分析的特点

X 射线荧光光谱分析广泛应用于地质、冶金、海洋、材料、生化、商检、石化、公安、考古等领域。分析技术已从高浓度、低浓度、微量元素分析，扩展到痕量元素分析等；新近发展了对大气颗粒物的分析、纳米材料和薄膜分析。X 射线荧光光谱分析具有制样简单、精密度高、准确性好、自动化程度高，能同时对多元素进行快速分析等特点，已成为化学元素分析的常用仪器之一。

10.2.5　X 射线荧光光谱仪的结构和原理

波长色散 X 射线荧光光谱仪由三个主要部分组成，分别为激发系统、色散系统和探测系统。

1. 激发系统

激发系统的关键部件是 X 射线光管。真空 X 射线光管内阴极发射电子被高压加速为高速电子流轰击阳极的金属靶，释放能量，在能量转化过程中产生激发源 X 射线(一次 X 射线)照射到被测样品上。X 射线管的总功率一般为 1kW、3kW 或 4kW。常用的有侧窗型 X 射线管和端窗型 X 射线管。

2. 色散系统

激发源 X 射线照射到被测样品上，样品物质产生荧光 X 射线(二次 X 射线、多种波长 X 射线的混合)。荧光 X 射线经入射狭缝变成平行束射到分光晶体上，经分光后通过出射狭缝，进入探测器。由于样品中所含某一元素所对应的特征波长 X 射线只有在分光晶体处于满足布拉格方程的角度时才能产生衍射。通过转动分光晶体的角度，可使样品中各种元素对应的特征 X 射线依顺序形成。

色散的目的是将分析元素的谱线从其他来源的特征谱线中分离出来，便于对它单独地进行强度测量。

狭缝也称索拉狭缝，作用是过滤掉发散的 X 射线，使一束基本平行的光束到达晶体和探测器窗口。通常情况下，样品与分析晶体之间的入射狭缝是固定不动的，并分为粗、细两种。粗狭缝一般作为测量轻元素用，以提高灵敏度；细狭缝一般作为测量重元素用，以提高分辨率。

在样品的特征辐射经过索拉狭缝形成平行束后，为将各种不同波长的谱线分开，可以根据所要测量的波长范围，选用不同的方法。在波长色散中，现在仍然以晶体色散的方法用得最广泛。X 射线发射光谱中的分析晶体(也就是单色器)相当于光学发射光谱中的棱镜，与光栅很相似。它将二次 X 射线束中的每种波长在空间一一散开，形成一种波谱。当晶体从 $2\theta = 0°$ (平行于准直的二次 X 射线束)逐渐转向高角区时，依次通过各种波长的布拉格角使之发生衍射，直到一个极限角为止。

对分析晶体的选择，最基本要求需满足衍射强度大、分辨率高以及信噪比好。此外，温度效应、异常反射、机械强度，空气中和 X 射线照射时的稳定性等，也是非常重要的因素。图 10.11 为 XRF 光谱室示意图。

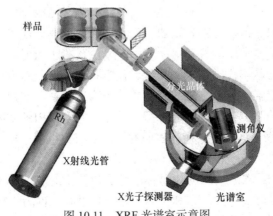

图 10.11　XRF 光谱室示意图

3. 探测系统

探测系统主要由 X 射线探测器及步高分析器构成,它将接收的 X 射线转化为可探测的信号。X 射线荧光光谱仪中常用的探测器有用于分析轻元素的流气正比计数器和用于分析重元素的闪烁计数器等。由于入射 X 射线的能量和输出脉冲的大小之间有一定的正比关系,利用这个正比关系就可以进行脉冲高度分析。

从试样产生的 X 射线荧光经分光晶体分光后,只有满足布拉格条件的 X 射线荧光才能被晶体反射,进入探测器。除一次线外,高次线也会入射到探测器中,当高含量元素的高次线与分析谱线重叠时会产生分析误差,因此用脉冲高度分析器将不同能量的 X 射线进行分离。

10.2.6 X 射线荧光光谱分析方法

X 射线荧光光谱分析是一种依据激发样品产生的 X 射线光谱的波长和强度进行定性和定量分析的方法。X 射线光管发出的一次射线照射样品,激发样品中各元素发出二次谱线,其波长和样品中各元素相对应,各谱线的强度与相应元素的含量有关。

X 射线荧光光谱分析包括定性分析、半定量分析和定量分析三种方法。可以分析样品中的 $^4Be\sim^{92}U$ 元素,分析的元素浓度范围为 $1ppm(1ppm = 10^{-6})\sim100\%$,检出限为 $1\sim10ppm$,轻基体材料(油、塑料)的检出限可以低到 $50ppb(1ppb = 10^{-9})$。分析样品的形态可以是块状固体、粉末、液体,甚至是不规则零件。

X 射线光路一般用真空光路,当样品有脱落和飞散危险时或用液体样品杯盛装样品时,要在氦气或氮气光路下进行测定。

定性分析是用测角仪进行角度扫描,射线经分光晶体分光后得到谱图,分析谱图可获知样品中所含的元素。定性分析只能测得化学元素,无法测出其浓度。

半定量分析又称无标样分析方法,即不需要制备标准曲线,实际是采用仪器生产厂家制备的通用标准曲线来分析样品。由于基体效应,只能给出大概的浓度值。

定量分析是一种相对的分析方法,首先需准备一套高质量的标准样品,然后测得 X 射线荧光强度,根据标样的化学浓度和荧光强度作出校正曲线,再测定样品的 X 射线荧光强度,通过校正曲线计算可得到浓度值。

校正曲线法是应用最广泛的一种定量分析方法。为了减少基体效应,所选择的标样要与测定样品的化学组成类似。当用校正曲线法无法克服基体效应时,可采用数学校正法校正基体效应。数学校正法常用的有基本参数法、经验系数法和理论系数法等。

基体效应指样品的基本化学组成和物理、化学状态的变化对分析线强度的影响。如果不存在基体效应,射线强度与浓度之间存在简单的线性关系。在定量分析中,必须考虑基体效应的校正。样品的基本化学组成通常指包括分析元素在内的主要含量元素,样品的物理-化学状态,如固体粉末的粒度、样品表面的光洁度或粗糙度、样品的均匀性以及元素在样品中存在的化学态等。

基体效应大致分为两类:一类是由基体的化学成分引起的,称为元素间的吸收增强效应;另一类由样品的粒度、表面结构和化学态等因素引起,称为物理-化学效应。

元素间的吸收增强效应还可以用内标法来校正。用一组包含一定比例内标元素、含量已知的标准样品作标样，先求出分析元素和内标元素的 X 射线荧光强度之比，再将比值和含量作成标准曲线。测定样品时，也添加同样的内标元素，求出 X 射线荧光强度比，再从标准曲线确定含量。

10.2.7 X 射线荧光光谱分析制样方法

X 射线荧光光谱可以分析的样品种类有固体块样(钢铁、合金、电镀板等材料)、粉末样品(矿石、水泥、炉渣、土壤和粉尘等)、液体样品(油品、水样等)及不规则样品等。

制样时，可以用物理方法、化学方法或两种方法兼用，也可以保持原来的样品形态或制成另一种形态。

在现代仪器性能较稳定的情况下，样品本身及样品处理方法带来的误差将对分析误差起决定性作用。不同种类的样品，引起误差的因素不一样，必须针对样品特性，采取有效的制样方法消除误差，采用的方法必须对试样和标样都适用。

1. 固体块样

块状样品通常指较大块的金属、合金、矿物、岩石、陶瓷、玻璃、塑料、橡胶、木料或某些金属制件等。

块状物质如果是均匀的，只需在大块物料上切割下适当大小的一片，抛光其一个表面，直接进行测定，抛光过程中注意可能带来的来自磨料的污染。

对固体试样表面光洁度的要求取决于待测元素分析线的波长，波长越长，要求试样表面的光洁度越高。分析线的强度还与研磨面的方向有关，当入射与出射的 X 射线所构成的平面与研磨面的研磨方向平行时吸收最小，在垂直方向时吸收最大。因此，在测量时，必须采取平行方位或转动试样的方法，以减少误差。

很多情况下，金属块样如钢铁、铸铁和合金等样品，由于冷凝过程中的偏析现象，元素的分布很不均匀，因此要特别注意分析部位及抛光方法的选择。

抛光后的样品，随着时间的推移，分析面开始发生变化，要尽快进行分析。

2. 粉末样品

粉末样品包含各类矿石、炉渣、水泥、玻璃、黏土、粉尘等。粗粒样品经粉碎磨细后制成试样进行测试。粉末样品制备方法常用的有压片法和熔融法两种。

1) 压片法

将粉末样品加压使之成型，制成可以用 X 射线荧光分析的试样，该方法称为压片法。

样品中含有一定的吸附水时，需要在 105~110℃下烘干 1h 以上，驱走吸附的水汽。若需除去结晶水，或转变成氧化物并破坏晶体结构，需要在 800~1200℃的马弗炉中煅烧 1h 左右，视具体样品情况而定。

用压片法制备的样品细度要达到一定要求。原则上，分析线的波长越长，待测的元素原子序数越小，要求样品越细，粒度要求小于 75μm，甚至更细。将细度达到要求的样品直接压成密度均匀的试样片后就成为分析试样。

压片法是 X 射线荧光分析中试样制备简单快捷的方法，但是在一些特殊的基体中，由于含有不易粉碎的较硬化合物，粒度效应等不可能完全消除，会引起系统误差。完全消除这些效应的最好办法就是采用熔融法制样。

2) 熔融法

熔融法是将粉末样品和熔剂以一定比例混合后放入坩埚，在 $1000\sim1200℃$ 进行熔融，注入专用模具，快速冷却得到片状玻璃样品。

熔融法常用的熔剂有四硼酸锂($Li_2B_4O_7$)、偏硼酸锂($LiBO_2$)、四硼酸锂和偏硼酸锂的混合物等。常用的氧化剂有硝酸锂($LiNO_3$)等。此外，为使熔片容易脱模，还需加入少量脱模剂，通常为溴化锂($LiBr$)、碘化钠(NaI)等。

熔融法制样可以消除待测元素化学态效应、样品的粒度效应并降低或消除样品的吸收-增强效应等。但由于样品的高倍稀释和散射背底的增加，测试分析线的净强度降低，给轻元素或低含量元素的测定带来困难。

3. 液体样品

液体样品包含各种水溶液、油溶液、有机溶液等。可以将液体样品直接倒入液体杯进行分析，称为直接法；也可以将液体样品点滴在滤纸上进行分析，称为点滴法。

直接法分析样品时，通常使用聚酯薄膜或聚乙烯、聚丙烯薄膜做液体样品杯的窗膜，要避免浓酸或浓碱样品对窗膜带来的腐蚀。直接法测定时，样品经 X 射线照射，热辐射会引起溶液的蒸发、对流和膨胀，使溶液的密度和吸收效应发生改变；有些溶液如银盐或汞盐，可能产生混浊或沉淀；溶液由于局部受热，很容易产生气泡。这些都会引起谱线强度测量的误差。因此，要尽量缩短 X 射线照射时间和避免反复测量。

分析液体样品中的轻元素时，由于窗膜材料及氦气气氛对 X 射线的吸收，使得轻元素的分析灵敏度降低。此时，可以采用点滴法制样来分析样品，可使轻元素的分析灵敏度提高。

采用点滴法时要注意点滴量应控制在 $30\mu L$ 左右的固定量，尽可能选择低杂质含量的滤纸，并且要测试空白滤纸的成分进行比较。

在液体样品的分析中，由于消除了粉末或固体样品的不均匀性和粒度效应以及由于溶剂的稀释，试样与标样具有相似的组成，因此基本上消除了样品的吸收-增强效应。

10.3　俄歇电子能谱分析

自 1925 年物理学家发现俄歇电子，直至 1967 年使用微分处理方式，才出现了商业化的俄歇电子能谱仪，并发展成一种研究固体表面成分的分析技术。俄歇电子能谱也可以分析除元素周期表中除 H、He 以外的所有元素，成为表面元素定性、半定量分析和元素深度分布分析和微区分析的重要手段，是一种主要的表面分析工具。

随着现代技术的应用，特别是计算机技术、超高真空技术的不断发展，俄歇电子能谱仪的技术方面也取得了巨大的进展。涡轮分子泵和离子泵系统的使用，分析室的极限真空也从 $10^{-8}Pa$ 提高到 $10^{-9}Pa$ 量级；特别是现代仪器广泛采用六硼化铼灯丝和肖特基场发射电子源，使得电子束的亮度、能量分辨率和空间分辨率都得到了极大的提高，使得俄歇电子能谱仪的微区分析能力和图像分辨率都得到了优化。

俄歇电子能谱仪具有非常高的表面灵敏度，采样深度为 1~2nm。可以进行表面元素的定性和定量分析，也可以对表面元素化学价态进行研究，配合离子束剥离，还可以进行深度分析。此外，可以对样品微区进行分析，具有较高的空间分辨率，并开展选点分析、进行线扫描及面扫描分布的分析，因此俄歇电子能谱方法在材料、机械、微电子等领域具有广泛的应用。

10.3.1 方法原理

按照玻尔原子模型，原子由原子核和核外电子组成，核外电子按照一定的规律排布在固定轨道上运行。俄歇电子激发涉及原子轨道上三个电子的跃迁过程。当原子内层电子受到入射 X 射线或电子束激发并摆脱原子核束缚，在原子的内层轨道上产生一个空穴，形成了激发态正离子。当受激原子在退激发过程中，外层轨道的电子向空穴轨道跃迁并释放出能量，而这种释放的能量又激发了同一轨道层或更外层轨道的电子被电离，并逃离样品表面，这种出射电子被称为俄歇电子。

俄歇过程产生的俄歇电子可以用激发过程中涉及的三个电子轨道符号来标记，如图 10.12 所示，俄歇过程所激发的俄歇电子标记为 KLL 跃迁。从俄歇电子能谱的理论可知，俄歇电子的动能只与元素激发过程中涉及的原子轨道的能量及谱仪的功函有关，而与激发源的种类和能量无关。KLL 俄歇过程产生的俄歇电子能量可用式(10.3)表示：

$$E_{KLL}(Z) = E_K(Z) - E_{L1}(Z) - E_{L2}(Z+\Delta) - \phi_s \tag{10.3}$$

式中，$E_{KLL}(Z)$ 为原子序数 Z 的原子 KLL 跃迁过程俄歇电子的动能(eV)；$E_K(Z)$ 为内层 K 轨道能级的电离能(eV)；$E_{L1}(Z)$ 为外层 L1 轨道能级的电离能(eV)；$E_{L2}(Z+\Delta)$ 为双重电离态的 L2 轨道能级的电离能(eV)；ϕ_s 为谱仪的功函(eV)。

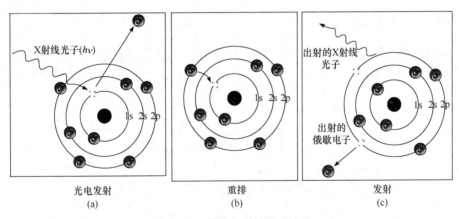

图 10.12　俄歇电子的跃迁过程

在俄歇激发过程中，一般采用较高能量的电子束作为激发源。在常规分析时，为了减少电子束对样品的损伤，电子束的加速电压一般采用 3kV 或 5kV，在进行高空间分辨率微区分析时，也常用 10kV 以上的加速电压。电子束的加速电压越低，俄歇电子能谱的能量分辨率越好。反之，电子束的加速电压越高，俄歇电子能谱的空间分辨率越好。一次电子束的能量远高于原子内层轨道的能量，一束电子束可以激发出原子芯能级上的多个内层轨道电子，再加上退激发过程中涉及两个次外层轨道，因此会产生多种俄歇跃迁过程，并在俄歇电子能谱图上产生多组俄歇峰，尤其是对原子序数较高的元素，俄歇峰的数目更多，使得定性分析变得非常复杂。由于俄歇电子的能量仅与原子本身的轨道能级有关，与入射电子的能量无关，也就是说与激发源无关。对于特定的元素及特定的俄歇跃迁过程，其俄歇电子的能量是具有指纹性的。因此，根据俄歇电子的动能定性分析样品表面物质的元素种类。

从样品表面出射的俄歇电子的强度与样品中该原子的浓度有线性关系，可以利用这一特征进行元素的半定量分析。俄歇电子的强度不仅与原子的多少有关，还与俄歇电子的逃逸深度、样品的表面光洁度、元素存在的化学状态及仪器的状态有关。AES技术一般不能给出所分析元素的绝对含量，仅能提供元素的相对含量。元素的灵敏度因子不仅与元素种类有关，还与元素在样品中的存在状态及仪器的状态有关，即使是相对含量不经校准也存在很大的误差。AES的绝对检测灵敏度很高，可以达到ppm级，它是一种表面灵敏的分析方法，但对于体相检测灵敏度仅为pm左右。AES是一种表面灵敏的分析技术，其表面采样深度为1.0～3.0nm，提供的是表面上的元素含量，与体相成分有很大差别。AES的采样深度与材料性质和光电子的能量有关，也与样品表面与分析器的角度有关。

俄歇电子的动能主要由元素的种类和跃迁轨道决定，但由于原子内部外层电子的屏蔽效应，芯能级轨道和次外层轨道上的电子结合能在不同化学环境中不同，这种轨道结合能上的微小差异导致俄歇电子能量的变化，称为元素的俄歇化学位移。俄歇电子的跃迁涉及三个原子轨道能级，其化学位移比XPS的化学位移大。利用俄歇化学位移可以分析元素在物质中的化学价态和存在形式。

10.3.2　仪器结构

1. AES谱仪的基本结构

图10.13是俄歇电子能谱仪结构示意图。由图可见，俄歇电子能谱仪主要由快速进样系统、超高真空系统、电子枪、离子枪和能量分析系统及计算机数据采集和处理系统等组成。

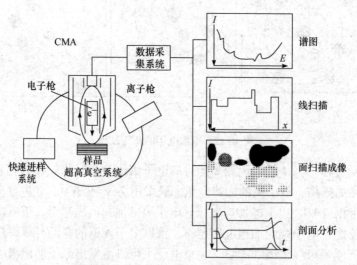

图10.13　俄歇电子能谱仪结构示意图

2. 电子束

在普通的俄歇电子能谱仪中，一般常采用六硼化镧灯丝或场发射灯丝电子枪作为电子束源。电子枪又可分为固定式电子枪和扫描式电子枪。扫描式电子枪适合于俄歇电子能谱的微区分析。目前主流谱仪采用场发射电子枪，其优点是空间分辨率高、束流密度大，但价格贵，维护复杂。

10.3.3　实验技术

1. 样品的制备技术

俄歇电子能谱仪对分析样品有特定的要求，在通常情况下只能分析导电性能良好的固体样品，原则上粉体样品不能进行俄歇电子能谱分析。样品一般要求大小合适、无挥发性、表面无污染及无磁性等。

2. 离子束溅射技术

在俄歇电子能谱分析中，常利用离子束对样品表面进行溅射剥离，对样品表面开展清洁和深度剖析等工作。

3. 样品表面荷电

对于导电性能不好的样品如半导体材料、绝缘体薄膜来说，在电子束的作用下，其表面会产生一定的负电荷积累，产生荷电效应，改变样品表面功函，导致俄歇电子动能发生变化。在俄歇电子能谱中，电子束的束流密度很高，样品荷电现象较为严重。有些导电性不好的样品，经常因为荷电严重而无法获得俄歇谱。但由于高能电子的穿透能力以及样品表面二次电子的发射作用，对于一般在 100nm 厚度以下的绝缘体薄膜，如果基体材料能导电，其荷电效应几乎可以自身消除。对于一般的薄膜样品，可以不考虑其荷电效应。

4. 俄歇电子能谱的采样深度

俄歇电子能谱的采样深度与出射的俄歇电子的能量及材料的性质有关。一般定义俄歇电子能谱的采样深度为俄歇电子平均自由程的 3 倍。根据俄歇电子的平均自由程的数据可以估计出各种材料的采样深度。金属的采样深度一般为 0.5～2nm，无机物的采样深度为 1～3nm，有机物的采样深度为 1～3nm。

10.3.4　俄歇电子能谱图的分析技术

1. 表面元素定性鉴定

表面与元素定性分析是俄歇电子能谱常规的分析，也是俄歇电子能谱最早的应用之一。一般利用 AES 谱仪的宽扫描程序，收集 20～1700eV 动能区域的俄歇谱，称为直接谱。为了提高谱图的信背比，常对直接谱进行一阶微分转化为微分谱，采用微分谱进行元素定性鉴定。在分析俄歇能谱图时，必须考虑荷电效应产生的位移问题，一般来说，金属和半导体样品几乎不会荷电，不用校准。但对于绝缘体薄膜样品，常以 C KLL 峰的俄歇动能 278.0eV 作为基准进行校准。在鉴定元素时，必须用其所有的次强峰进行佐证，否则应考虑是否为其他元素的干扰峰。

图 10.14 是金刚石表面的 Ti 薄膜的俄歇定性分析谱，是典型的俄歇电子能谱定性分析用微分谱图。电子枪加速电压 3kV。由图可见，AES 谱图的横坐标为俄歇电子动能，纵坐标为俄歇电子计数的一次微分。激发出的俄歇电子使用俄歇过程所涉及的轨道名称标记。C KLL 表示碳原子的 K 层轨道的一个电子被激发，在退激发过程中，L 层轨道的一个电子填充到 K 轨道，同时激发出 L 层上的另一个电子。这个电子就是被标记为 C KLL 的俄歇电子。由于俄歇跃迁过程涉及多个能级，可以同时激发出多种俄歇电子，因此在 AES 谱图上可以发现 Ti LMM 俄歇跃迁有两个峰。

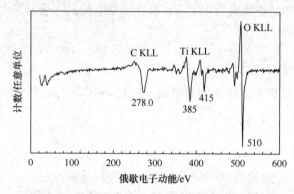

图 10.14　金刚石表面的 Ti 薄膜的俄歇定性分析谱

2. 表面元素的半定量分析

AES 给出的是一种半定量的分析结果，是相对含量而不是绝对含量，AES 提供的定量数据是以原子百分数表示的，这种比例关系可以通过式(10.4)换算：

$$c_i^{wt} = \frac{c_i \times A_i}{\sum_{i=1}^{n} c_i \times A_i} \tag{10.4}$$

式中，c_i^{wt} 为第 i 种元素的质量分数；c_i 为第 i 种元素的 AES 摩尔分数；A_i 为第 i 种元素的原子量。

AES 给出的相对含量与谱仪的状况有关，各元素的灵敏度因子不同，AES 谱仪对不同能量的俄歇电子的传输效率也不同，并会随谱仪污染程度而改变。当谱仪的分析器受到严重污染时，低能端俄歇峰的强度会大幅下降。AES 仅提供表面 1~3nm 厚的表面层信息，其表示的组成不能反映体相成分。样品表面的 C、O 污染以及吸附物的存在也会严重影响其定量分析的结果。由于俄歇能谱各元素的灵敏度因子与一次电子束的激发能量有关，俄歇电子能谱的激发源的能量也会影响定量结果。

3. 表面元素的化学价态分析

表面元素化学价态分析是 AES 分析的一种重要功能，俄歇电子能谱不仅有化学位移的变化，还有线形的变化。俄歇电子能谱的线形分析也是进行元素化学价态分析的重要方法。

图 10.15 为采集的 SiO_2/Si 样品俄歇能谱的直接谱。Si LVV 俄歇谱的动能与 Si 原子所处的化学环境有关。在 SiO_2 物种中，Si LVV 俄歇谱的动能为 72.5eV，在单质硅中，其 Si LVV 俄歇谱的动能为 88.5eV。可以根据硅元素的化学位移效应研究 SiO_2/Si 的界面化学状态。由图可见，随着界面的深入，SiO_2 物种的量不断减小，单质硅的量不断增大。

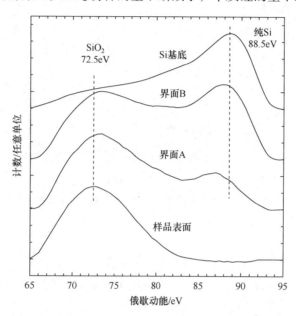

图 10.15 在 SiO_2/Si 界面不同深度处的 Si LVV 俄歇谱

10.3.5 元素沿深度方向的分布分析

AES 的深度分析功能是俄歇电子能谱最有用的分析功能。一般采用 Ar^+ 离子剥离样品表面的深度分析方法。该方法是一种破坏性的分析方法，会引起表面晶格损伤、择优溅射和表面原子混合等现象。但当其剥离速度很快时和剥离时间较短时，以上效应就不太明显，一般可以不用考虑。其分析原理是先用 Ar^+ 将表面一定厚度的表面层溅射掉，然后用 AES 分析剥离后的表面元素含量，这样就可以获得元素在样品中沿深度方向的分布。由于俄歇电子能谱的采样深度较浅，因此它的深度分析比 XPS 的深度分析具有更好的深度分辨率。当离子束与样品表面的作用时间较长时，样品表面会产生各种效应。为了获得较好的深度分析结果，应当选用交替式溅射方式，并尽可能地降低每次溅射间隔的时间。离子束/电子枪束的直径比应大于 10 倍以上，以避免离子束的溅射坑效应。

图 10.16 是 PZT/Si 薄膜界面反应后的典型俄歇深度分析谱图。横坐标为溅射时间，与溅射深度有对应关系。纵坐标为元素的原子摩尔分数。从图上可以清晰地看到各元素在薄膜中的分布情况。在经过界面反应后，在 PZT 薄膜与硅基底间形成了稳定的 SiO_2 界面层。这个界面层是通过从样品表面扩散进的氧与从基底上扩散出的硅反应而形成的。

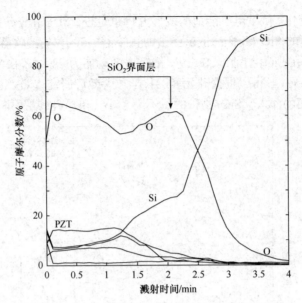

图 10.16　PZT/Si 薄膜界面反应后的俄歇深度分析谱图

10.3.6　微区分析

微区分析也是俄歇电子能谱分析的一个重要功能，可以分为选点分析、线扫描分析和面扫描分析三个方面。这种功能是俄歇电子能谱在微电子器件研究中最常用的方法，也是纳米材料研究的主要手段。

1. 选点分析

俄歇电子能谱由于采用电子束作为激发源，其束斑面积可以聚焦到非常小。从理论上讲，俄歇电子能谱选点分析的空间分辨率可以达到束斑面积大小。因此，利用俄歇电子能谱可以在很微小的区域内进行选点分析，当然也可以在一个大面积的宏观空间范围内进行选点分析。微区范围内的选点分析可以通过计算机控制电子束的扫描，在样品表面的吸收电流像或二次电流像图上锁定待分析点。对于在大范围内的选点分析，一般采取移动样品的方法，使待分析区和电子束重叠。这种方法的优点是可以在很大的空间范围内对样品点进行分析，选点范围取决于样品架的可移动程度。利用计算机软件选点，可以同时对多点进行表面定性分析、表面成分分析、化学价态分析和深度分析。这是一种非常有效的微探针分析方法。

2. 线扫描分析

在研究工作中，不仅需要了解元素在不同位置的存在状况，有时还需要了解一些元素沿某一方向的分布情况，俄歇线扫描分析能很好地解决这一问题，利用线扫描分析可以在微观和宏观的范围内进行(1~6000μm)。俄歇电子能谱的线扫描分析常应用于表面扩散研究、界面分析研究等方面。

Ag-Au 合金超薄膜在 Si(111)面单晶硅上的电迁移后的样品表面的 Ag 和 Au 元素的线扫描分布见图 10.17。横坐标为线扫描宽度，纵坐标为元素的信号强度。由图可见，虽然 Ag

和 Au 元素的分布结构大致相同，但可见 Au 已向左端进行了较大规模的扩散。表明 Ag 和 Au 在电场作用下的扩散过程不一样。其扩散是单向性的，取决于电场的方向。

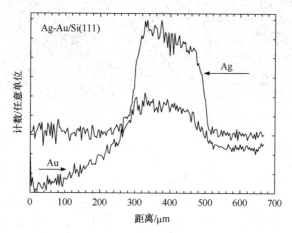

图 10.17　Si(111)表面 Ag 和 Au 的线扫描

3. 面分布分析

俄歇电子能谱的面分布分析也可以称为俄歇电子能谱的元素分布的图像分析。它可以将某个元素在某一区域内的分布以图像的方式表示出来，就像电镜照片一样。只不过电镜照片提供的是样品表面的形貌像，而俄歇电子能谱提供的是元素的分布像。结合俄歇化学位移分析，还可以获得特定化学价态元素的化学分布像。俄歇电子能谱的面分布分析适合于微型材料和技术的研究，也适合于表面扩散等领域的研究。在常规分析中，由于该分析方法耗时非常长，一般很少使用。

10.4　低能电子衍射分析

20 世纪 20 年代后期，科学家戴维森(Davisson)、革末(Germer)和托马森(Thomson)、雷德(Reid)等几乎同时发现电子束被晶体固体衍射。Thomson 和 Reid 观察到电子束穿过金属箔片时产生衍射现象。Davisson 和革末在单晶镍的电子背散射过程中观察到电子衍射现象，1960 年，革末使用现代显示系统记录 LEED 实验结果。随着超高真空技术的发展，LEED 目前已成为广泛应用的常规表面结构分析技术之一。

获得电子衍射照片是 LEED 最基础的应用实验。在绝大多数表面科学实验中，LEED 主要用于确定试样表面清洁度和表面结构规整性。通常在 LEED 花样中，衍射斑点明亮尖锐，表明试样表面清洁且规整有序。LEED 花样可以用于研究试样表面对称性或表面重构、表面层错或孤岛结构等表面缺陷。还可以利用 LEED 花样分析试样表面吸附分子是规整还是无序排列。若外层吸附层规整有序，则可以确定其表面原子尺寸；若吸附层在基体上是匹配性吸附，则可以确定其相对于基体的取向。图 10.18 为常见的 LEED 衍射花样。

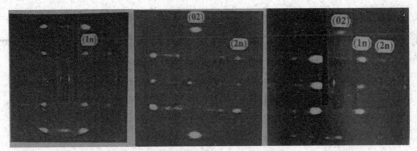

图 10.18   不同电子能量的 Be$\{11\bar{2}0\}$ 表面 LEED 衍射花样

10.4.1   LEED 基础理论

低能电子衍射是利用 10～500eV 能量的电子入射，通过弹性背散射电子的相互干涉产生衍射花样进行的电子束衍射实验，具有极高的表面敏感度。由于样品物质与电子的强烈相互作用，常使参与衍射的样品体积只是表面一个原子层。即使是稍高能量(≥100eV)的电子，也限于 2～3 层原子，分别以二维的方式参与衍射。

1. LEED(二维电子衍射)方向

以晶体表面法向方向入射的低能电子的弹性背散射过程构成低能电子衍射技术。低能电子衍射的方向(必要条件)可由劳厄方程(3.25)描述，二维点阵衍射可以写作矢量方程：

$$(S - S_0) / \lambda = H\boldsymbol{a}^* + K\boldsymbol{b}^* + 0\boldsymbol{c}^* \tag{10.5}$$

2. LEED 成像原理及衍射花样特征

只要衍射棒位于埃瓦尔德球内，在所有能量位置均可产生相应的衍射束。如图 10.19 所示，样品置于反射球中心 O，反射球半径 $OO' = |S_0/\lambda| = 1/\lambda$，$O'$ 为二维倒易点阵原点。二维倒易点阵平面与相应的正点阵平面平行，各倒易点阵点向倒易点阵平面法线方向延伸为倒易杆。倒易杆与反射球面相交，倒易杆相对应的晶列($H\,K$)满足矢量衍射方程式(10.5)，O 点与交点的连接矢量为该晶列的衍射波矢量 S/λ，即图 10.19 中的 OP。

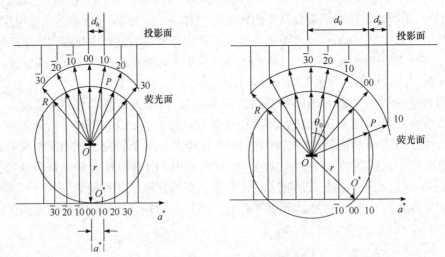

图 10.19   LEED 埃瓦尔德图解

LEED 以半球形荧光屏接收信息，荧光屏显示衍射花样斑点，每个斑点对应样品表面一个晶列衍射，也就是一个倒易点阵。低能电子衍射就是样品表面二维倒易点阵的投影像，荧光屏上与倒易原点对应的衍射斑点(00)处于入射线的镜面反射方向。

10.4.2　低能电子衍射仪

图 10.20 为使用加速聚焦杯技术的后加速低能电子衍射仪示意图。从电子枪钨丝发射的热电子，经三级聚焦杯加速、聚焦并准直，照射到样品(靶极)表面。电子束斑直径为 0.4～1mm，发散度约 1°，样品处于半球形接收极的中心，两者之间还有 3～4 个半球形的网状栅极：G1 与样品同电位(接地)，使靶极与 G1 之间保持为无电场空间，使能量很低的入射和衍射电子束不发生畸变。栅极 G2 和 G3 相连并有略大于灯丝(阴极)的负电位，用来排斥损失了部分能量的非弹性散射电子。栅极 G4 接地，主要起对接收极的屏蔽作用，减少 G3 与接收极之间的电容。半球形接收极上涂有荧光粉，获得衍射花样(斑点)。施加 5kV 正电位，对穿过栅极的衍射束(由弹性散射电子组成)起加速作用，增加其能量，使之在接收极的荧光面上产生肉眼可见的低能电子衍射花样，可从靶极后面直接观察或拍照记录。

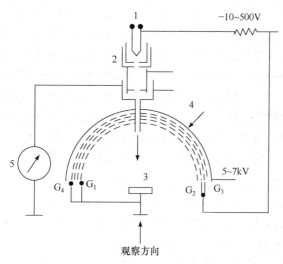

图 10.20　使用加速聚焦杯的低能电子衍射仪示意图

10.4.3　低能电子衍射应用

1. 晶体的表面原子排列

低能电子衍射实验分析发现，金属晶体的表面二维结构并不一定与其体相一致。

在一定的温度范围内，贵金属(Au、Pt、Pd 等)和半导体材料(如 Si、Ge)的表面二维结构具有稳定的、不同于整体内原子的后平移对称性。Si 在 800℃左右退火后，解理或抛光的(111)表面发生了"重组"，出现所谓"Si(111)-7"超结构；Ge 的(111)表面可能有几种不同的超结构，表面结构和表面电子状态之间有直接联系。

2. 气相沉积表面膜的生长

低能电子衍射对于研究表面膜生长过程是十分合适的，可以研究膜与基底结构、缺陷和杂质的关系。

我们知道金属通过蒸发沉积在另一种晶体表面外延生长，在初始阶段，附着原子排列的二维结构常与基底的表面结构有关。通常，它们先是处于基底的点阵位置上形成有序排列，其平移矢量是基底点阵间距的整数倍，这取决于沉积原子的尺寸、基底点阵常数和化学键性质，只有当覆盖超过一个原子单层或者发生了热激活迁移之后，才出现外延材料本身的结构。

低能电子衍射技术对许多固体表面现象的研究，可以得到表面发生了何种变化，并开始逐步地能够研究这种变化的内在原因，是一种对表面层真正的结构探索的重要研究工具。

10.5　扫描隧道显微镜和原子力显微镜分析

20世纪80年代,诞生了扫描探针显微镜家族的第一位成员——扫描隧道显微镜(STM)。STM不仅具有很高的空间分辨率，能直接观察到物质表面的原子结构，还可以进行原子和分子操纵。

随着STM的发明及其在表面科学和生命科学等研究领域的广泛应用,相继出现了许多同STM技术相似的新型扫描探针显微镜，其中主要有扫描力显微镜(scanning force microscopy, SFM)、扫描隧道电位仪(scanning tunneling potentiometer, STP)、扫描热显微镜(scanning thermo microscopy, SThM)、扫描近场光学显微镜(scanning near-field optical microscope, SNOM)等，它们都是利用一种小探针(如Si_3N_4探针)在试样表面扫描，能提供高放大倍率观察图像，测量特征尺寸可以从原子间距到100μm，能测量表面其他性能。实验在大气中操作，表面不需处理，可以获得样品表面的三维形貌像。SFM是几种能控制并检测探针与试样间的相互作用力的显微镜的统称,其中原子力显微镜(atomic force microscope, AFM)、摩擦力显微镜(friction force microscopy, FFM)、磁力显微镜(magnetic force microscopy, MFM)和静电力显微镜(electrostatic force microscopy, EFM)等在研究中应用较为广泛，而原子力显微镜是最具代表性的一种力显微镜。1986年，宾尼格(G. Binnig)等三位科学家发明了第一台原子力显微镜，不仅能在小尺度上探测非常小的力(10～13N)，而且能对表面形貌成像，获得纳米尺度的成像分辨率，在纳米尺度上修饰表面，对各种力进行测量，包括离子排斥力、范德华力、毛细管力、磁力、静电力、固液界面和薄液面上的摩擦力等。

对于非导电材料，STM测试的表面需覆盖一层导电膜(如喷金)，会掩盖表面的结构细节。对于表面存在非单一电子态时，STM得到的并不是真实的表面形貌，而是表面形貌和表面电子性质的综合结果，AFM恰能弥补这一缺点，得到对应于表面总电子密度的形貌。

10.5.1　扫描隧道显微镜

1. 概述

扫描隧道显微镜是通过监测针尖和样品之间隧道电流的变化，观察导体和半导体的表面结构。

宾尼格等于1983年发明了一种新型表面测试分析仪器——STM。与SEM、TEM等相比，STM具有结构简单、分辨率高等特点，可在真空、大气或液体环境下，实空间内进行原位动态观察样品表面的原子组态。STM 可直接用于观察样品表面发生的物理或化学反应的动态过程以及反应中原子的迁移过程等。STM 除了具有一定的横向分辨率，还具有极优异的纵向分辨率。STM 的平面向($x\,y$ 方向)分辨率达 0.1nm，与样品垂直的 z 方向分辨率可达 0.01nm。STM 对样品的尺寸形状没有任何限制，不破坏样品的表面结构。目前，STM 已成功地用于单质金属、半导体等材料表面原子结构的直接观察。

2. 工作原理

图 10.21 为 STM 工作原理示意图。图中 A 为具有原子尺度的针尖，B 为被分析样品。STM 工作时，在样品和针尖间加一定电压，当样品与针尖间的距离小于一定值时，由于量子隧道效应，样品和针尖间产生隧道电流。

根据扫描过程中针尖与样品间相对运动的不同，可将 STM 的工作分为恒电流模式和恒高度模式。STM 在工作过程中，控制针尖在样品表面某一水平面上扫描，随着样品表面高低起伏，隧道电流不断变化，记录隧道电流的变化，得到样品表面的形貌图，即为恒高度模式。

在一定条件下，样品的表面态密度与样品表面的高低起伏程度有关，STM 在工作时，通过反馈系统，用一定的电流控制针尖随样品高低起伏而起伏，使得针尖与样品表面保持恒定的隧道电流。目前 STM 仪器设计时常采用恒电流工作模式，适合于观察表面起伏较大的样品，恒高度模式适合于观察表面起伏较小的样品。图 10.22 为 GaAs 表面原子阵列的 STM 像。

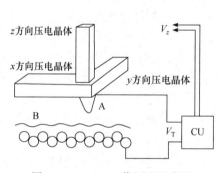

图 10.21　STM 工作原理示意图

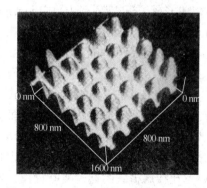

图 10.22　GaAs 表面原子阵列的 STM 像

现代 STM 仪器中针尖的升降、平移运动均采用压电陶瓷控制。只要控制电压连续变化，针尖就可以在垂直方向或水平面上做连续的升降或平移运动，控制精度要求达到 0.001nm。

10.5.2　原子力显微镜

1. 工作原理

原子力显微镜不采用任何光学或电学透镜来成像，而是利用尖锐探针在表面上方扫描来检测样品的某些性质。AFM 是将一尖锐针尖装于一个对微弱力非常敏感的弹性微悬臂上，并使之与待测样品的表面有某种形式的力接触，通过压电陶瓷上三维扫描控制驱动针尖或样品进行相对扫描。作用在样品与针尖间的各种力会使得微悬臂发生形变，通过光学或电学的方式检测形变，作为样品与针尖相互作用力的直接度量。一束激光照到微悬臂背，微悬臂将激光束反射到一个光电检测器，检测器不同象限接收到的激光强度同微悬臂的形

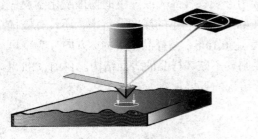

图 10.23　AFM 成像原理

变量会形成一定比例关系，如图 10.23 所示。反馈系统根据检测器电压变化不断调整针尖或样品 z 轴方向的位置，可以保持针尖与样品间的作用力恒定不变，也称为恒力模式的操作模式。通过测量检测器电压对应样品扫描位置的变化，可以得到样品表面形貌图像。

2. 操作模式

AFM 主要有四种操作模式：恒力模式、变化的形变模式、恒梯度模式和谱学模式。恒力模式是最广泛使用的一种模式，它通过反馈回路来保持微悬臂形变量不变，从而控制力的恒定。在精确校正了控制 z 方向运动的压电陶瓷驱动器的压电系数后，可通过反馈回路输出的变化精确测量 z 轴方向的运动。在变化的形变模式中，检测器直接测量微悬臂的形变量。与恒力模式不同，没有使用反馈回路，而采用较高的扫描速度。恒梯度模式是微悬臂振动，检测器通过锁相技术来测量信号。谱学模式是力-距离曲线，一般在实际扫描范围内选取几个点，进行测量而得到。

3. 成像模式

AFM 的成像模式有接触模式(contact mode)、非接触式模式(noncontact mode)和轻敲模式(tapping mode)，如图 10.24 所示。接触模式中，针尖始终同样品接触并简单地在表面上移动。针尖与样品间的相互作用力是互相接触原子的电子间存在的库仑排斥力，其大小通常为 $10^{-8} \sim 10^{-11}$N。这种模式可产生稳定的高分辨率图像，但有可能使样品产生相当大的变形，并对针尖有一定损害。在该模式中，样品可浸入液体中成像，以克服与毛细有关的问题。非接触式是控制探针在样品表面上方 5～20nm 距离处扫描，探针不与样品接触。在该模式中，针尖与样品间相互作用力是很弱的长程力——范德华吸引力。针尖与样品间距是通过保持微悬臂共振频率或振幅恒定来控制的。这种模式增加了显微镜的灵敏度，但一般分辨率比接触模式的低，实际操作也比较困难，且一般不适合在液体中成像。轻敲模式介于接触模式与非接触模式之间，扫描过程中微悬臂振荡并具有比非接触模式更大的振幅(20nm)，针尖在振荡时间断地与样品接触，分辨率几乎同接触模式一样好，克服了接触模式的局限。在大气中成像，轻敲模式是利用压电晶体在微悬臂机械共振频率附近驱动微悬臂振荡。反馈系统根据振幅不断调整针尖与样品间距来控制微悬臂振幅，即样品的作用力恒定，从而得到样品的表面形貌。轻敲模式中针尖与样品间的作用力通常为 10～9N 或 10～12N，对柔软易碎的样品不会产生破坏。在液体中进行轻敲模式同样具有上述优点。

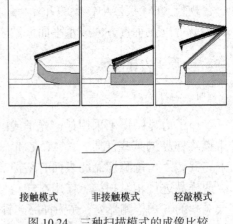

接触模式　　非接触模式　　轻敲模式

图 10.24　三种扫描模式的成像比较

4. 其他工作模式

1) 相位模式

相位模式(phase mode)是 AFM 测定模式的一种，是在非接触式的 AFM 模式下，利用相位的变化差异测定表面物性的方式。主要应用于样品表面，由于吸着力与黏弹性等特性造成探针挠性连杆振动的位相变化，使用相位模式探测可得到较佳的影像，且可与表面形状同时测定。带电的样品、柔软的样品，且其吸着力强时，使用相位模式的探测较有利。

2) 接触模式

接触(contact)模式是探针与样品间活动距离的上下限设定点，探针与试样间的距离与悬臂梁挠曲量的关系所对应的曲线。AFM 接触式测定模式下，可同时测定探针受到的引力与吸着力，可探测样品的硬度等及相互作用力。AFM 的力曲线测定是探针与样品间不超过几十纳米距离内受力过程：首先为引力的作用，其次为斥力的作用，接着探针压到试料表面上，悬臂梁弯曲后离开试料表面再受吸着力的作用。

3) 非接触模式

非接触(noncontact)模式是探针与样品间活动距离的上下限设定点，是探针与样品间的距离与悬臂梁振幅衰减量所对应的曲线。AFM 非接触式的测定模式下，可同时测定探针受到的引力与吸着力。AFM 的非接触式力曲线测定是探针与样品间不超过几十纳米距离内以悬臂梁振动振幅探测原子间力的相互作用过程，探针越接近样品表面时振幅衰减量越大，这样即可得到受力变化的过程。

5. 样品制备

块状固体样品要求微区表面平整，起伏程度小于扫描探头所允许的起伏高度，样品尺寸不大于样品台尺寸，样品厚度小于样品台可以升降的高度。粉末样品压片或固定在某一基体上，使样品在扫描时不移动，常用的基体材料有硅片、云母片、玻璃片等。液体环境下测量样品应无腐蚀性、无挥发性、无黏附性，液体主要为蒸馏水、低浓度氯化钠和氯化钾溶液等。

6. 应用

图 10.25 为紫罗兰红细菌光合作用过程中用 AFM(接触模式)获得的紫罗兰红细菌一个部分的高分辨形貌像。

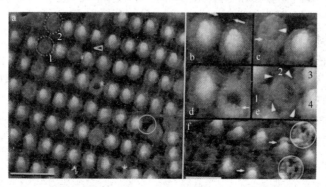

图 10.25　紫罗兰红细菌 AFM 高分辨形貌像(接触模式)

从 AFM 高分辨形貌像可以看出，在紫罗兰红细菌光合作用过程中，AFM 形貌像显示其结构中包含环状结构(光收集复合物)和一个反应中心的组合，并且这种环状-反应中心结构在整个紫罗兰红细菌中呈现周期性分布的规律。

10.6　X 射线计算机断层扫描分析

X 射线计算机断层扫描中的 tomography 一词起源于希腊语 cut 或 tomos。20 世纪初，有科学家已经提出采用不同波长的 X 射线，以切片的形式成像技术，直至 20 世纪 70 年代，由于计算机技术的迅速发展，满足数据处理的超级计算，随之研发了第一台医疗用 CT 设备，进而商业化生产和使用。在医学界，CT 扫描设备又被称为 CAT(计算机轴向断层扫描)，随着计算能力的进一步提高、多种模拟计算软件的应用、X 射线成像投影放大技术的开发，X 射线-CT(X-CT)在工业及材料研究领域中得到了广泛的应用。

10.6.1　基本原理

X-CT 的主要结构包括两大部分：X 射线断层扫描装置和计算机系统。前者主要由产生 X 射线束的球管以及接收和检测 X 射线的探测器组成；后者主要包括数据采集系统、中央处理系统、操作台等。X-CT 工作和结构示意图参见图 10.26 和图 10.27。此外，CT 机还应包括图像显示器、多幅照相机等辅助设备。

探测器所接收到的射线信号的强弱取决于该部位的人体截面内组织的密度。密度高的组织，如骨骼吸收 X 射线较多，探测器接收到的信号较弱；密度较低的组织，如脂肪等吸收 X 射线较少，探测器获得的信号较强。这种不同组织对 X 射线吸收值不同的性质可用组织的吸收系数 m 表示，探测器所接收到的信号强弱反映的是人体组织不同的 m 值，从而对组织性质做出判断。

X 射线穿透人体后的衰减遵循指数衰减规律：

$$I = I_0 e^{-md} \tag{10.6}$$

式中，I 为通过人体吸收后衰减的 X 射线强度；I_0 为入射 X 射线强度；m 为接收 X 射线照射组织的线性吸收系数；d 为受检部位人体组织的厚度。

由图 10.26 看出，X 射线源与探测器围绕一个公共轴心旋转。射线束对整个感兴趣的断面完成一次扫描后，探测器接收到与组织衰减系数直接相关的投影数据。探测器组件是由性能完全相同的探测器单元排列而成，每个探测器对应一束窄的 X 射线。如果有 n 个探测器单元，那么一次就可同时获得 n 个投影数据，所得到的数据也被称为原始数据(raw data)。将所获得全部投影数据输入计算机，通过图像重建算法重建出探测平面的二维图像，图像的灰度值与组织的衰减系数相对应。X-CT 的图像重建过程实际上是从投影数据中解出成像平面上各像素点的衰减系数，像素越小、探测器数目越多，计算机测出的衰减系数越多、分辨率越高，重建出的图像越清晰。目前，X-CT 机的矩阵多为 512×512，该乘积为每个矩阵所包含的像素数。

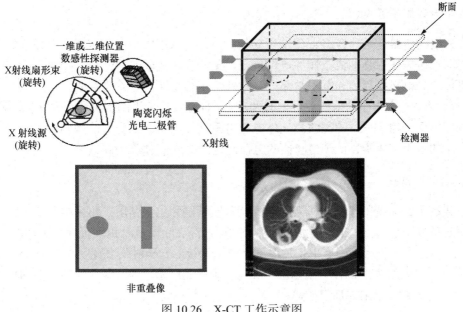

图 10.26 X-CT 工作示意图

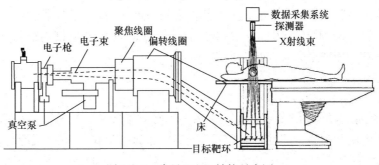

图 10.27 常见 X-CT 结构示意图

10.6.2 X 射线计算机断层扫描设备主要构成

X-CT 设备由 X 射线光管和高压发生器、X 射线探测器、机架和滑环、准直器、图像重建引擎等主要部分构成。

1. X 射线光管和高压发生器

X 射线光管是 CT 系统最重要的部件之一。在脉冲方式下，X 射线光管仅在很短的脉冲期间发射 X 光子，脉冲宽度的范围是 1~4ms，脉冲间隔的典型值为 12~15ms，在此期间没有 X 光子发射。脉冲 X 射线光管的某些好处是省去了大量的信号积分器、在脉冲间隔期间可以使电子电路复位，能够按照患者身体尺寸调节脉冲宽度(从而调节光子束流)并且具有减少方位角模糊的潜力。对于 X-CT，一个评判 X 射线的系数称为占空系数，指 X 射线的发射时间占整个运行时间的百分数，现代高速 CT 扫描，脉冲 X 射线光管的占空系数通常小于 100%。高速扫描要求 X 射线光管连续产生 X 射线以提供足够的 X 射线束流。医用 X-CT 目前使用较多的还是脉冲 X 射线，主要使用 Mo 靶。

2. X 射线探测器

X 射线探测器是一种将 X 射线能量转换为可供记录的电信号的装置。它接收到射线照射，然后产生与辐射强度成正比的电信号。探测器是很复杂的器件，一个典型的探测器包括闪烁体、光电转换阵列和电子学部分，此外，还有软件、电源等附件。

目前，X-CT 中常用的探测器类型有两种，一种是收集荧光的探测器，称为闪烁探测器，也称为固体探测器。另一种是收集气体电离电荷的探测器，称为气体探测器。它收集电离作用产生的电子和离子，记录由它们的电荷产生的电压信号。

3. 机架和滑环

机架是 CT 系统的骨架。机架必须保持角度精度和位置精度。角度精度要求机架在很高的恒定速度下旋转，位置精度要求机架在所有方向(旋转平面和垂直旋转平面两个方向)没有明显的振动。临床应用要求切片厚度是亚毫米级的，X 射线束宽度小于 1mm，在机架旋转过程中 X 射线束的位置的变化小于束宽，确保亚毫米成像，即重建图像的切片厚度是在不同位置 X 射线束射线加权的总和。

系统的另一个关键部件是滑环。通过滑环上电、光或射频的连接，数据信号和 X 射线光管电源在连续旋转的机架和静止的 CT 部件之间通过。一台典型的多层 CT 每排探测器约有 1000 个通道，每次旋转大约包含 1000 组投影数据，为了避免在扫描机的旋转侧使用大量的存储器，数据传输率必须与数据生成率同步。

4. 准直器

X-CT 中的准直器起两个作用：①减少患者不必要接受的辐射剂量；②保证良好的图像质量。准直器有两种类型：前准直器和后准直器。前准直器位于 X 射线源与人体之间，前准直器将 X 射线束限制在一个窄的范围。后准直器置于探测器前面，主要用于阻止发散 X 光子进入探测器，影响成像精度，主要用于第三代 X-CT。

5. 图像重建引擎

图像重建引擎是指执行预处理(数据整理和标定)、图像重建和后处理(减少伪像、图像滤波和图像改善)的计算机软硬件，是 X-CT 不可缺少的组成部分。随着计算机技术和算法优化的进步，目前采用并行或多处理器的方法完成图像重建。

10.6.3　X-CT 在材料研究领域中的应用

1. 材料研究用 X 射线计算机断层扫描仪

应用于材料研究的 X-CT，是指在医用 X-CT 的基础上，将光学物镜应用到扫描仪中，采用光学和几何两级放大进行成像，对所采集的数据进行 3D 重构成像，又称为 3D X 射线显微镜(3 dimension X ray microscopy，XRM)，其光学布置如图 10.28 所示。

图 10.29 为 XRM 成像工作示意图。采集投影数据，经过三维重构后进行切片，选择所需要分析的区域，对所选择的结构物质进行定量三维分析。

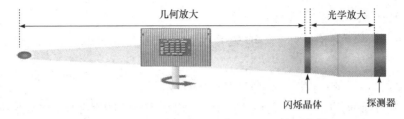

图 10.28 XRM 光学布置示意图(ZEISS 公司提供)

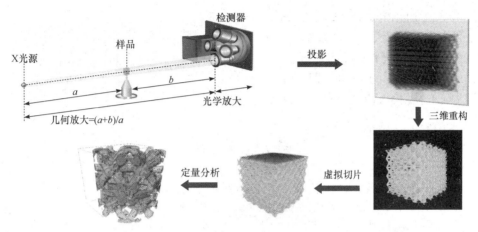

图 10.29 XRM 成像工作示意图(ZEISS 公司提供)

XRM 是一种无损检测,通过 X 射线穿透扫描后的成像,对物质内部的微观、亚微观结构进行分析,并进行三维重构,定量计算,可以广泛应用于工业构件动态和静态损伤检测、材料无损微观及亚微观检测。

2. XRM 在材料研究中的应用

图 10.30 为常见建筑材料混凝土样品的 XRM 重构像。实验样品大小为 45mm × 45mm × 20mm。通过样品数据采集,经过切片、三维成像,选择不同密度矿物质及孔隙进行提取,计算出孔隙率为 6.53%(体积)。

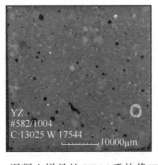

图 10.30 混凝土样品的 XRM 重构像(ZEISS 公司提供)

思考题与习题

1. 简述 X 射线光电子能谱仪的工作原理及仪器构成。
2. 什么是样品表面的荷电效应？荷电效应对 X 射线光电子能谱有什么影响？如何消除或校正荷电效应？
3. 简述俄歇电子能谱的工作原理和仪器的主要构成。
4. 简述俄歇电子的产生。
5. 简述 X 射线荧光光谱的工作原理。
6. 简述原子力显微镜的工作原理和工作模式。
7. 简述 X-CT 在材料研究过程中常用的分析过程。

参 考 文 献

白春礼. 1992. 扫描隧道显微术及其应用. 上海：上海科学技术出版社

陈文哲, 梁伟左, 演声. 2000. 材料现代分析方法. 北京：北京工业大学出版社

丁训民, 王迅杨, 新菊. 2004. 表面物理与表面分析. 上海：复旦大学出版社

特希昂 R, 克莱特 F. 1982. X 射线荧光定量分析原理. 高新华, 等译. 北京：冶金工业出版社

谢忠信, 赵宗铃, 张玉斌, 等. 1980. X 射线光谱分析. 北京：科学出版社

周玉. 2004. 材料分析方法. 北京：机械工业出版社

Hsieh J. 2006. 计算机断层成像技术：原理、设计、伪像和进展. 张朝宗, 等译. 北京：科学出版社

Watts J F, Wolstenholme J. 2008. 表面分析（XPS 和 AES）引论. 吴正龙, 译. 上海：华东理工大学出版社

Vickerman J C, Gilmore I S. 2020. 表面分析技术. 陈建, 等译. 广州：中山大学出版社

第11章

材料测试方法的综合应用

　　材料研究以测试技术为基础，要根据预期目的和实验要求选择测试方法。研究所用测试方法的改进与发展，常带来具体研究领域的重大进展，但无论哪一种测试方法，都有局限性。因此，在材料研究中有时不能单靠一种方法，需要将几种测试方法综合起来进行分析，甚至也要应用本教材没有涉及的"更传统"和"更现代"的分析方法。

　　材料性能与其微观结构及其随时间的变化(演变)有关，探明材料的微观结构及其演变是材料研究的基本内容。研究微观结构，首先要测定物相的种类、大小、形状和分布。其中物相种类可以通过形貌进行辨认，但有时必须通过化学组成、晶体类型或分子结构等，甚至运用不同的测试方法进行多方面确认。

　　本章以水泥基材料为例论述了常用的微观结构测试方法的运用，从一个侧面反映了水泥基材料微观结构的复杂性。同时，在玻璃和高分子材料方面，列举了研究微观结构和宏观性能的关系中微观结构的重要性。最后，简要介绍材料剖析的步骤和有关说明。

11.1　面向水化机理的水泥基材料的微观结构测试

　　即使是最简单配比的水泥基材料，如水泥砂浆，其微观结构也非常复杂。与混凝土一样，业内将水泥砂浆的微观结构分为显微结构、亚微观结构和细观结构等三个层次。理清微观结构，首先要确定物相组成。从宏观角度来看，水泥砂浆硬化体一般由固相、液相和气相组成，但通过肉眼人们只能分辨出骨料(亮色)和水泥浆体(暗色)两种固体物相(图 11.1)。通过显微镜放大，可以看出水泥水化产物、未水化水泥熟料(残核)等物相及其界面(图 11.2)。图 11.2(a)是背散射电子像，可以根据灰度分辨出熟料残核及内部的中间体(最亮区，铝酸钙和铁酸钙及其固溶体)和硅酸三钙(次亮区，长条状，处于最亮区之中)，还能分辨出水化产物，如稍亮一些的为大块氢氧化钙，暗一些的是水化硅酸钙，后者大多处于熟料残核周围，最暗的是孔。如果用二次电子成像，可更直观地看出水泥熟料残核及水化产物的立体形状及关系[图 11.2(b)]：水泥熟料残核被水化产物所包围，留有一定宽度的间隙[图 11.3(a)和(b)]。这里的水化产物可能是氢氧化钙晶体，也可能是以水化硅酸钙为主的水化产物层(Hadley 粒子)。原本颗粒小的熟料颗粒很快就会消耗殆尽[图 11.3(c)]，最终 Hadley 粒子不易辨认，这是由于后来的水化产物几乎填满了间隙(图 11.13 中右上显微图)。水化产物中，水化硅酸钙呈纤维状或网络状[图 11.4(a)]，水化铝酸钙呈片状[图

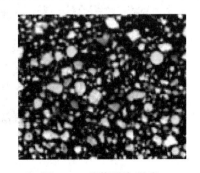

图 11.1　砂浆照片(抛光)

11.4(b)]或石榴籽状[图 11.4(c)]，氢氧化钙和低硫型水化硫铝酸钙呈片状或层状[图 11.4(d)和(e)]，钙矾石[图 11.4(f)]和钾石膏(图 11.13 中左上显微图)呈棒状。

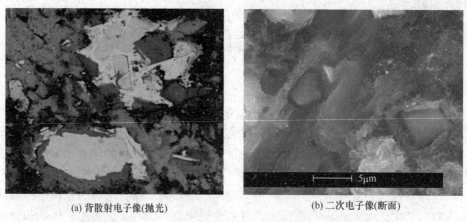

(a) 背散射电子像(抛光)   (b) 二次电子像(断面)

图 11.2   水泥浆体 SEM 图像

(a)   (b)   (c)

图 11.3   若干龄期水泥浆体中的 Hadley 粒子

(a) 水化硅酸钙(C-S-H)   (b) 水化铝酸钙(C_4AH_{19})   (c) 水化铝酸钙(C_3AH_6)

(d) 氢氧化钙   (e) 单硫型水化硫铝酸钙   (f) 钙矾石

图 11.4   若干水化产物的典型形状

水泥混凝土有时用纤维、聚合物或(和)无机矿物作为添加物进行增强或改性。添加物的分布对其作用的发挥非常重要，通过显微结构可以清晰地观察添加物的分布情况。图 11.5(a)和(b)分别显示了水泥浆体的断裂面及钢纤维和高分子聚合物在其中的分布。钢纤维的均匀分布能大幅度提高水泥混凝土的韧性。高分子聚合物若能在水泥浆体中形成网络结构[图 11.5(b)]，与水泥浆体构成互穿网络，也能显著提高水泥基材料的韧性。这种网络结构是否形成取决于高分子聚合物的掺量。图 11.5(c)是粉煤灰作为无机矿物添加物(或称为水泥混合材或混凝土掺合料)的例子，其在水泥浆体中的分布起物理分散和化学增强作用。

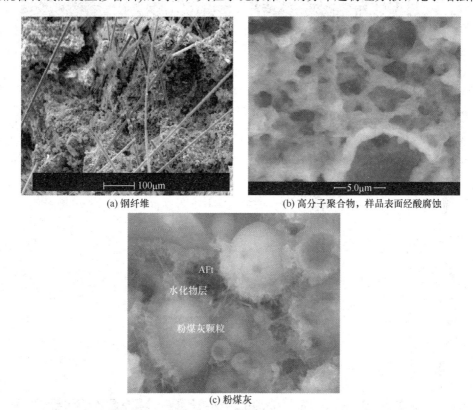

(a) 钢纤维　　　　(b) 高分子聚合物，样品表面经酸腐蚀

(c) 粉煤灰

图 11.5　若干添加物在水泥砂浆中的分散状态(普通扫描电镜)

粉煤灰在水泥浆体中的化学增强作用可以通过图 11.6 和图 11.7 进行比对观察。图 11.6 显示的是不同成像方式下的粉煤灰原始形状，扫描电镜二次电子像呈现粉煤灰颗粒的三维状态[图 11.6(a)]；背散射电子像可用来观察粉煤灰颗粒的内部结构，有的粉煤灰颗粒具有空腔，腔内充满球状小颗粒，称为子母球[图 11.6(b)]，这样的空腔颗粒经过破碎可以释放粉煤灰的更多活性。这是因为粉煤灰的活性主要来自球状玻璃体，其与水泥浆体中的碱离子、硫酸根离子、碱金属和碱土金属反应，形成水化产物。这种反应首先从粉煤灰颗粒表面开始[图 11.7(a)]，逐渐沿球心方向延伸，直至遇到惰性的矿物层或矿物核，最常见的惰性物相是莫来石、石英，其混杂在玻璃体之间，而莫来石最具形状特征，在抛光样品背散射电子像上呈叶片交叉状，图 11.6(b)显示的子母球的母体壁即为一例，用能谱可以证明莫来石的存在，能谱得到的元素组成[图 11.6(c)]接近莫来石的分子式 $Al_6Si_2O_{13}$。经过在水泥浆体中反应消耗外层玻璃体后也能用扫描电镜清楚地观察到莫来石的叶片状网络层[图 11.7(b)]，进而用背散射电子成像可以看出，有时条叶状莫来石布满整个粉煤灰残核[图 11.7(c)]。其

实，证明莫来石的存在还可以用适当的溶液腐蚀原始粉煤灰颗粒的方法，能看到莫来石条叶状构成的网壳或玲珑球。像莫来石这样的惰性物相虽然没有活性，但起微集料的作用，能稳定水泥浆体的长期性能。

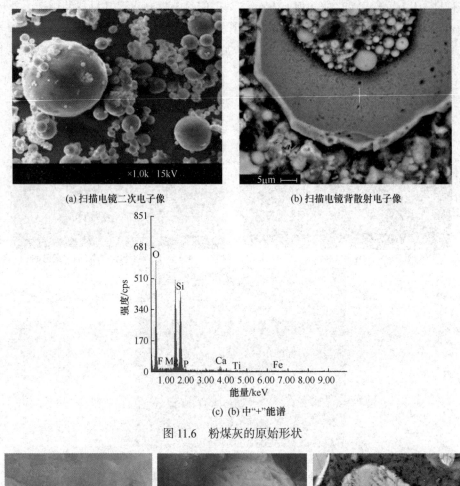

(a) 扫描电镜二次电子像　　　　(b) 扫描电镜背散射电子像

(c) (b) 中"+"能谱

图 11.6　粉煤灰的原始形状

(a) 28d二次电子像　　(b) 90d二次电子像　　(c) 90d背散射电子像

图 11.7　不同反应时间和成像方式的粉煤灰形态

　　水淬高炉矿渣磨细后称为矿渣粉，也是一种很重要的无机矿物添加物，其在水泥浆体中的化学增强作用比粉煤灰发挥得更早。矿渣粉颗粒因经粉磨而不规则，化学反应也是由外向内"均匀"推进，直至将整个颗粒消耗殆尽(图 11.8)。二次电子像显示了矿渣反应 90d 后表面上的腐蚀坑，周围密布着层状氢氧化钙，矿渣残核和氢氧化钙之间有一道薄的反应产物层[图 11.8(a)]。这一薄层反应产物的厚度用背散射电子像看得更清晰准确

[图 11.8(b)]。反应 360d 后水泥浆体变得非常密实，大部分矿渣颗粒消耗殆尽，且保留了原始轮廓，很容易让人辨别矿渣的原始位置和尺寸[图 11.8(c)]，这一点与熟料不同。

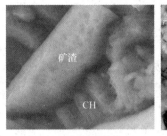 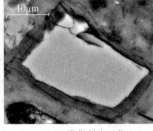 

(a) 90d二次电子像　　　　　　(b) 90d背散射电子像　　　　　　(c) 360d背散射电子像

图 11.8　不同反应时间和成像方式的矿渣粉形态

　　水泥水化产物的形态是多变的，因添加物、用水量、养护工艺、服役时间和环境条件等不同而异，甚至与测试所用的方法也有很大关系。

　　以测试方法不同所表现的水化硅酸钙为例来说明。水化硅酸钙的颗粒尺寸非常小，直径为纳米级，须用高放大倍数的显微镜才能观察清晰。最初用透射电镜进行观察时，结果如图 11.9(a)所示，呈有尖端的纤维状。20 世纪 60 年代扫描电镜问世后，其因具有特强的立体感立即成为观察水化硅酸钙的热门仪器，所得图片如图 11.9(b)所示。再后来出现的环境扫描电镜具有低真空样品室，样品含水可以不经干燥，不导电也可以不镀膜，

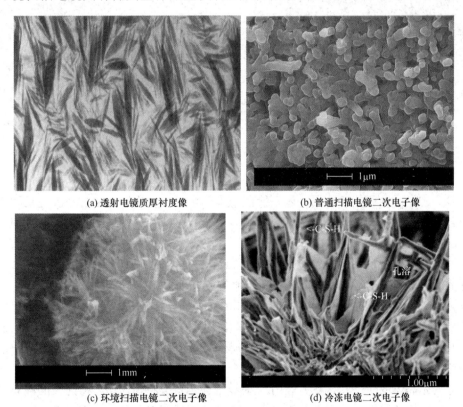

(a) 透射电镜质厚衬度像　　　　　　　　(b) 普通扫描电镜二次电子像

(c) 环境扫描电镜二次电子像　　　　　　(d) 冷冻电镜二次电子像

图 11.9　水化硅酸钙的形状

样品形貌不失真，更适于水化硅酸钙的观察，所得图像如图 11.9(c)所示，水化硅酸钙的尖端纤维状得以展现。图 11.9(b)中水化硅酸钙的尖端应被导电层掩盖。最近面世的冷冻扫描电镜使观察处于更多水分中的水化硅酸钙成为可能[图 11.9(d)]，甚至能用来观察分布在水溶液中的固体颗粒(图 11.10)。图 11.10 表达了纤维素醚对新拌砂浆中水泥颗粒高度分散的能力，这种能力使若不用纤维素醚的浆体可能发生的泌水现象不复存在。

局部反应过程可用扫描电镜二次电子像观察，用背散射电子成像还能直观测得反应深度。图 11.11 显示了水泥水化物氢氧化钙和磨细煤矸石(作为矿物掺合料)发生化学反应的一个瞬间状态，原本结晶完整的六方板状的氢氧化钙(标为 CH)已被"腐蚀"得周边残缺，中部也被啮穿，生成针状反应产物。图 11.12(a)反映了水泥浆体暴露在空气中的变化，在片状水化产物(点 1)上成长出三种形状不同的反应产物，分别呈胡须刷状(点 2)、线团状(点 3)、多面体球状(点 4)。从图 11.12(b)～(d)的能谱数据可以判断片状物为水泥水化产物水化铝酸钙，线团状和胡须刷状物均为碳酸钙，再根据碳酸钙矿物的形状进行鉴别，线团状物为球霰石，胡须刷状物为文石(也称为霰石)。多面体球状物应为方解石(能谱从略)，"成熟"后应为六方体或其变形(如棱状六面体)。

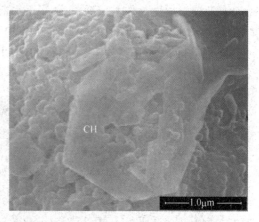

图 11.10　新拌砂浆中水泥颗粒被纤维素醚分散的　　　　图 11.11　与煤矸石反应时被腐蚀的氢氧化钙
　　　　　　状态

仅以上述显微镜和能谱数据，还不能彻底了解水泥水化进展的全过程。这是因为用显微镜和能谱得到的数据一般来说是微区的，即一个样品的部分信息。若样品的微观结构是均匀的，则一个微区的信息可以代表整体信息，反之不然。X 射线衍射、热分析数据虽然来自整个样品，但有的不能检出微量物相或无法判断微区之间信息的差异。除了透射电镜中的电子衍射外，其他显微镜不能从根本上确定物相的晶体结构。

水泥砂浆的物相大多为晶体。骨料和矿物外加剂也以晶体居多。水化产物有晶体和非晶体两大类，前者有氢氧钙石(氢氧化钙)、水化铝酸钙、钙矾石、低硫型水化硫铝酸钙等，非晶体或结晶不良者有水化硅酸钙、水化早期的钙矾石和氢氧化钙等。水泥砂浆中还会有水泥熟料残核，其一般为晶体。

确定上述晶体的属性和含量一般用 X 射线衍射定量分析。这里，X 射线的独立衍射峰无论对定性分析还是定量分析都是至关重要的(常用的几例独立衍射峰列于表 11.1)。氢氧钙石(氢氧化钙晶体的矿物石)尽管属于晶体，但因早期可能会结晶不良，故常用热分析确定

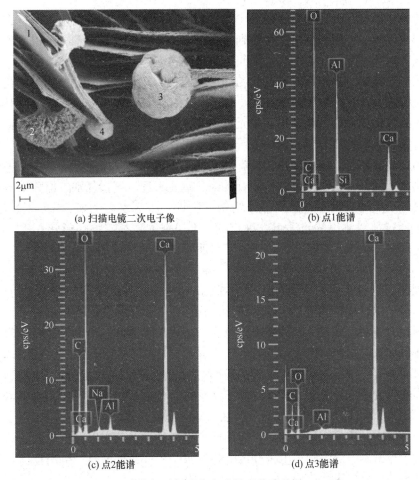

(a) 扫描电镜二次电子像　(b) 点1能谱

(c) 点2能谱　(d) 点3能谱

图 11.12　水化铝酸钙碳化生成的两种碳酸钙

其含量。有时，需将所要测定的物相萃取出来，萃取方法有物理方法和化学方法。将水泥浆体与骨料分离时，一般用物理方法；将水泥浆体中的水化产物和未水化的水泥残骸分离，一般用化学方法。如在确定水泥熟料中的 C_3A 和 C_4AF 时，因 C_3A 和 C_4AF 的量较少，而使 X 射线衍射定量分析时的结果误差较大。通过化学萃取方法，将水泥熟料中的硅酸钙 C_3S 和 C_2S 除去，可大幅度地提高 C_3A 和 C_4AF 定量分析精度。这里常用的萃取溶剂有水杨酸、马来酸或水杨酸-丙酮溶液(1∶5)。

表 11.1　水泥熟料及其水化产物的 X 射线独立衍射峰对应的 d 值(nm)

待测物相	衍射峰对应的 d 值	待测物相	衍射峰对应的 d 值
C_3S	0.177	无水石膏	0.35
C_2S	0.228	AFt	1.1
C_3A	0.270	AFm	0.89
C_4AF	0.730, 0.265	CH	0.49

非晶体的水化硅酸钙凝胶的分子结构和聚合度可用核磁共振进行测定，但含量用任何方法都难以测定。用热分析法会遇到与石膏、AFt 放热峰重合部分难以剥离的问题，用显微镜图像法会遇到尺寸过小漏检的问题，因此目前一般用计算法推出。

用显微镜确定物相只能通过物相的形状辨认，有时确定水化产物的物相并不容易，这是因为有几种水化产物的形状和大小相差不大，无法从外形上将它们鉴别开。这时要用电子探针或电镜中的能谱测定物相的元素组成，以便区别。例如，水化铝酸钙、单硫型水化硫铝酸钙、氢氧钙石有时形状相似，无法从形状上区别时，必须用电子探针根据化学因素的不同加以区别。上述三种物相具有共同的元素钙和氧，仅通过测定这两种元素也难以将上述物相区别开。这时可通过检测有无铝、硫元素逐一进行区别。但如果要测定的物相元素相同，只能通过其他方法如晶体结构或物性加以区别。例如，图 11.12(a)中的三种碳酸钙是通过能谱测出的化学组分确定的，再根据碳酸钙矿物的形状，甄别出分别为球霰石、文石和方解石。实际上，这三种呈鲜明不同外形特征的碳酸钙矿物是另外根据 XRD 测定具有不同的晶体结构，即每一个外形对应一种晶体类型，尽管它们的化学分子是完全相同的，这就为人们根据外形确定矿物种类提供了确凿的依据。

用电子探针仪探测水化产物时应该注意的是，由于水化产物粒子较小，电子探针的轰击范围超出所测粒子尺寸时，所得信息会"失真"。因此，用电子显微术确定水化产物是一件非常细致的工作。

水泥混凝土中水泥浆体和骨料的界面结构的测定有自己的特点，应根据不同的目的采用不同的研究手段：用电子显微镜观察界面的形态(界面缝的发展及过渡区和界面组成、形貌)，用 X 射线衍射方法测定界面过渡区氢氧钙石取向程度的变化，用光电子能谱对界面过渡区进行层析，用显微硬度计测定界面两侧显微硬度的分布以分析界面的效应等。研究界面的电子显微术一般有扫描电镜和电子探针仪，界面区的形态一般用扫描电镜观察，同时用电子探针仪分析表面成分。

以上述测试方法的认知为基础可以探究水泥水化进展和水泥浆体微观结构演变。水泥水化和浆体硬化是一个相当缓慢的过程，一般长达几个月甚至几年。测定这一过程相当费时，相当于一个"缩时"摄影：定时、间断记录并以明显变化的图像再现微观结构缓慢变化过程的手段。有时只关注某一个或某些时段，根据研究目的设计的一个或几个水化时间段(龄期)，确定样品个数，制备一系列水泥浆体，到达龄期，将水泥浆体终止水化，采用适当的研究方法测定物相变化或显微结构的变化，然后获得这些水化产物形成水泥水化进程和浆体微观结构演变，图 11.13 是为此而作的硅酸盐水泥-辅助胶凝材料的水化产物量变模型图。根据这些结果，可将水泥石的形成过程分为若干阶段。有了对此过程的认识，再通过改变材料制备工艺参数，可改变这三个阶段的间隔，从而找出对材料的性能进行改善的途径。

11.2　铌碲酸盐玻璃结构失稳及控制机理

铌碲酸盐玻璃，以 TeO_2 作为网络结构单元，具有很好的非线性光学效应、高折射率、上转换发光及红外透过窗口等，在光学领域应用潜力巨大。这种玻璃稳定性远不如硅酸盐

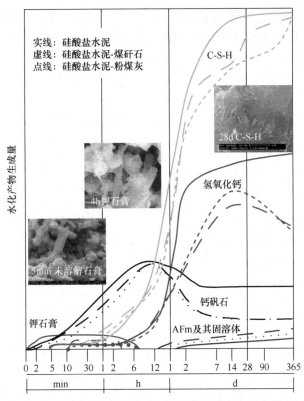

图 11.13　硅酸盐水泥-辅助胶凝材料的水化产物量变模型图

玻璃，其实际应用受到了限制。因此，希望获得一种稳定性较好的铌碲酸盐玻璃，这就需要找出其结构失稳的原因，从而找到改善机制。

　　首先利用 DTA 测试 7 种不同配比的铌碲酸盐玻璃样品的玻璃化转变温度和析晶放热温度。从 DTA 谱(图 11.14)中可见，随着玻璃中 Nb_2O_5 含量的增加，其玻璃化转变温度逐渐上升，同时三个析晶放热峰逐渐靠拢，至 Nb_2O_5 含量(摩尔分数)达 25%时合并成一个。

　　然后从上述配比中选出 3 种典型配比，用 XRD 分析与 DTA 放热峰相对应的晶相种类。从图 11.15 可以看出，将玻璃样品在相应析晶峰附近保温 3h 后，$95TeO_2\text{-}5Nb_2O_5$ 玻璃分别在 425℃ 热处理后析出部分 $\beta\text{-}TeO_2$ 晶相，在 555℃热处理时析出 $\alpha\text{-}TeO_2$ 晶相和 $Te_3Nb_2O_{11}$ 晶相；$70TeO_2\text{-}30NbO_{2.5}$ 玻璃在 505℃析出单一的 $Nb_2Te_4O_{13}$ 晶相。根据专业知识可知，$\beta\text{-}TeO_2$ 晶相的 $[TeO_4]$ 配位多面体呈共棱连接，因而结构稳定性较差；$\alpha\text{-}TeO_2$ 晶相和 $Te_3Nb_2O_{11}$ 晶相结构稳定性较好。玻璃的析晶特性实际上与玻璃网络中的微不均匀区域存在一定的关联性。通过 DTA 和 XRD 两种方法可以推断，随着

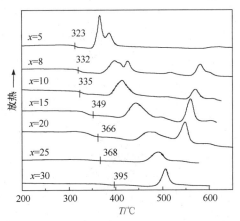

图 11.14　$(100\text{-}x)TeO_2\text{-}xNb_2O_5$ 玻璃的 DTA 谱

Nb$_2$O$_5$含量增加或温度升高,铌碲酸盐玻璃中晶体结构趋于稳定,网络结构逐渐趋同,从而趋稳。明确了失稳原因和改善机制,就为制备稳定性好的非线性光学玻璃指明了方向。

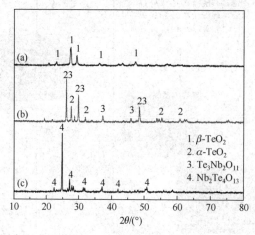

图 11.15　TeO$_2$-Nb$_2$O$_5$ 系统玻璃热处理后的 XRD 谱

(a) 95TeO$_2$-5Nb$_2$O$_5$ 玻璃 425℃保温 3h; (b) 95TeO$_2$-5Nb$_2$O$_5$ 玻璃 555℃保温 3h; (c) 80TeO$_2$-20Nb$_2$O$_5$ 玻璃 505℃保温 3h

11.3　无溶剂二硫化钼纳米粒子流体的结构和性能表征

材料的制备过程和所得材料的结构性能的表征需要用到各种不同的分析测试和分析技术,这里以无溶剂二硫化钼纳米粒子流体的制备为例进行说明。

无溶剂纳米流体合成过程首先在二硫化钼悬浮液中滴加三硅醇丙磺酸(SIT)修饰二硫化钼纳米粒子,如图 11.16(a)所示,然后向体系中滴加十八胺聚氧乙烯醚(ethomeen)水溶液反应制得具有核-壳-冠的结构,如图 11.16(b)所示。具有这种结构的产物在室温下即使二硫化钼含量变化较大仍具有流动性,并且体系内没有溶剂存在,因此称为无溶剂纳米流体。

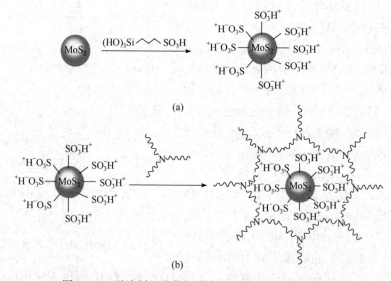

图 11.16　无溶剂二硫化钼纳米粒子的合成路线示意图

设计的这种结构是否符合预期,可以利用几种方法综合分析。首先用 XRD 和高分辨透射电镜分析。图 11.17 给出了二硫化钼纳米粒子的 XRD 谱和透射电镜结构像,由图可知二硫化钼具有微晶结构,原子排列短程有序,晶面间距约为 0.31nm。同时用动态光散射谱测定纳米粒子粒径大小及分布,用透射电镜形貌图来观察粒子的形状及微区分布(图 11.18)。由图可知,纳米粒子的直径分布在 4~9nm 范围内,峰的位置处于约 6.2nm。粒径尺寸均一,分散均匀,体系稳定。

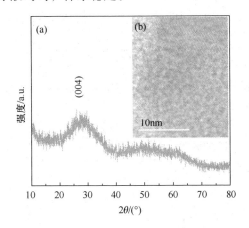

图 11.17　二硫化钼纳米粒子的结构数据

(a) XRD 谱图;(b) 透射电镜结构像

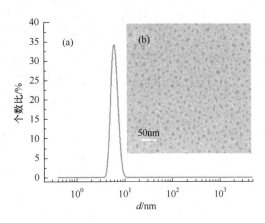

图 11.18　二硫化钼纳米粒子尺寸及分布

(a) 动态光散射谱;(b) 透射电镜形貌图

然后用红外光谱分析确认有机分子是否接枝到二硫化钼表面。图 11.19 为纳米二硫化钼表面修饰前后、制成无溶剂二硫化钼纳米流体后的红外光谱图及 ethomeen 红外光谱图。由图 11.19(a)可知,三硅醇丙磺酸修饰二硫化钼的红外光谱在 $1200cm^{-1}$ 和 $1318cm^{-1}$ 处有两个强吸收峰,分别对应硅碳键(Si—C)和磺酸基团(—SO_2OH)伸缩振动峰,在 $2936cm^{-1}$ 和 $2874cm^{-1}$ 处还有两个小峰,为亚甲基(—CH_2—)的伸缩振动峰,与未修饰的二硫化钼差异明显。在两条谱线的 $3440cm^{-1}$ 处都有宽大的羟基(—OH)伸缩振动峰,对应于三硅醇丙磺酸中或者二硫化钼表面的羟基。图 11.19(b)中,两条谱线在 $2920cm^{-1}$ 和 $2874cm^{-1}$ 处均出现亚甲基(—CH_2—)的伸缩振动峰,在 $1180cm^{-1}$ 处也均出现醚基(—C—O—C—)的伸缩振动峰。可以认为 ethomeen 分子已经接枝到二硫化钼颗粒表面,冠层的接枝反应完成。最后用核磁共振进一步验证合成产物无溶剂纳米流体的化学结构,如图 11.20 所示。谱线中位于 3.67ppm 的峰为 ethomeen 中的乙烯醇(EG)基团质子振动峰。1.27ppm 和 0.89ppm 处的峰分别为亚甲基和甲基中氢核的振动峰,3.98ppm 处的峰为 ethomeen 的端羟基质子峰。

利用 DSC 可以研究纳米流体的热性能,图 11.21(a)中,在降温曲线上-18.49℃和-8.02℃处出现双峰。这种特殊的结晶峰形是由于 ethomeen 分子中两条 PEG 分子链不同的链节数相应具有略微不同的结晶行为。而对于纯 ethomeen 分子,图 11.21(b)降温曲线上的双峰峰形和位置是相似的。二硫化钼纳米流体的双峰位置均比 ethomeen 分子低 2℃左右,说明二硫化钼核对于 PEG 的结晶具有阻碍作用,但作用较小。另外,在升温曲线上,纳米流体的熔融峰位于 4.48℃,ethomeen 分子位于 2.05℃,分别对应于两者结晶 PEG 的熔融温度。

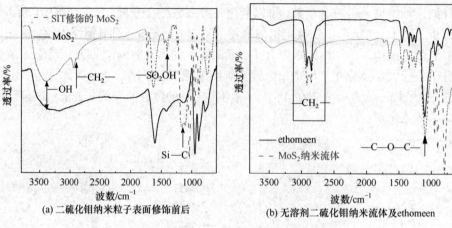

(a) 二硫化钼纳米粒子表面修饰前后   (b) 无溶剂二硫化钼纳米流体及ethomeen

图 11.19   红外光谱图

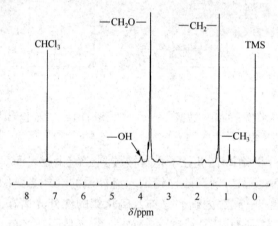

图 11.20   无溶剂二硫化钼纳米流体的 ¹H NMR 谱图

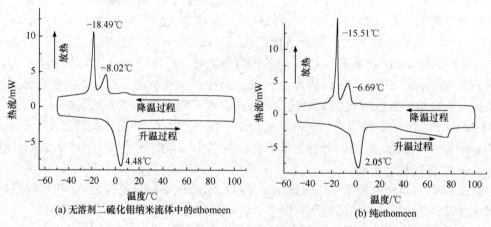

(a) 无溶剂二硫化钼纳米流体中的ethomeen   (b) 纯ethomeen

图 11.21   ethomeen 的 DSC 图

11.4　水泥水化产物参与砂浆泛白的辨识

彩色水泥砂浆在服役期间会出现泛白现象，如图 11.22 所示。一般认为，泛白是由水泥水化产物 $Ca(OH)_2$ 与空气中的 CO_2 发生反应(碳化)生成 $CaCO_3$(多为方解石，偶有文石或球霰石)所致。但是将早期出现的泛白物质刮取下来经 XRD 分析发现，除 $CaCO_3$ 外，还含有水泥水化产物。经扫描电镜观察，碳化产物 $CaCO_3$ 呈棱状、球状等，水化产物呈片状、棒状等。现以棒状水化产物为例，分析其矿物属性，并确定是否参与泛白。

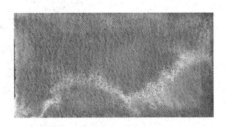

图 11.22　红色砂浆表面泛白的实物照片

图 11.22 中掺有彩色颜料的水泥砂浆表面上，通过扫描电镜找到泛白区域内的棒状物，其以放射状成簇排列[图 11.23(a)]，从形貌上看出是典型的高硫型水化硫铝酸钙(AFt)，并通过能谱[图 11.23(b)]中的元素组分(仅含 O、Al、S、Ca)得以确认。但 AFt 是否参与泛白，其周边基底是否也显示白色还不能确定。因为扫描电镜不能区别物相颜色，只能借助光学显微镜来判断。图 11.23(c)是在超景深光学显微镜下观察到的浆体表面结构，其与图 11.23(a)有完全相同的视域。从该图中可以明显看到在图 11.23(a)中看不到的物相的真实颜色，尤其是白色物相的形状和分布或聚集态。可以确定 AFt 的白色没有受到颜料色彩的影响，其与周边基底颜料的红色分界线非常清晰。AFt 的单个密集区域明显大于肉眼 0.1mm 的分辨率，为确认 AFt 这一水化产物参与早期泛白的事实提供了依据。

在非泛白的红色基底上也发现了成簇 AFt 的存在，如图 11.24 所示。但是因为这里的 AFt 整簇尺寸只有 0.04mm 左右，低于肉眼 0.1mm 的分辨率，所以在原始尺寸的砂浆表面上用肉眼观察不到泛白。因此，白色物是否泛白不仅取决于其是否存在，还取决于其存在的量及聚集度是否达到肉眼可见范围。此时，光学显微镜与电子显微镜、X 射线衍射仪等测试方法的密切配合非常有意义。必要时还可辅以背散射电子成像和能谱面扫描获得的颜料分布来分析泛白情况，此处不再赘述。

(a) 扫描电镜形貌

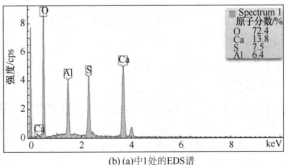

(b) (a)中1处的EDS谱

(c) 与(a)同一位置的光学显微形貌

图 11.23　水泥砂浆泛白区表面形貌及棒状物元素组分

图 11.24　水泥砂浆非泛白区表面形貌及棒状物成簇尺寸(扫描电镜形貌)

11.5　材料剖析

材料剖析是利用现有的仪器分析手段，对未知材料的组分、结构进行定性或定量分析后确定其属性的一种分析方法。其是认识已有物质、开发新产品或解决生产质量问题的常用手段。

材料剖析要有一定的程序。但由于面对的样品体系不同，或剖析的目的和侧重点也不同，试图用一种简单的模式去适应并完成所有的剖析是不现实的，因此剖析程序会有很大的差异。总体来说，样品剖析的一般程序如下：

(1) 详细了解样品来源、特性和用途等信息。

(2) 考察样品的一般性状，包括外观审视、溶解性检验和燃烧性实验等。

(3) 样品的预处理，包括各个组分的分离与纯化、微量组分的富集与提取、非均一体系的预处理等。

(4) 纯度鉴定，包括外观目测、元素分析、物相分析，利用光谱、色谱、衍射谱等。

(5) 化学组成分析，包括元素组成、氧化物组成，主要利用各种光谱。

(6) 聚集体结构分析，包括晶体结构、结晶度、分子结构、链结构，主要利用光谱、衍射谱等。

(7) 各个物相的定性定量分析，包括确认物相属性和含量，主要利用光谱、衍射谱等。

(8) 非均一体系中各组分的形状、大小和分布分析，利用各种显微镜。

对某一样品来说，以上程序并非一定都要用到，应尽可能地简化剖析程序，选择合理的分析方法，降低测试成本，提高工作效率。

现以高分子材料为例说明样品预处理的具体做法。高分子材料(塑料、橡胶、纤维、涂料、黏合剂等)除了基体外，还包含各种增塑剂、抗氧剂、稳定剂、增强剂、着色剂等小分子助剂和一些无机添加剂。高分子材料的基体可能是一种单体的均聚物，也可能是几种单体等规、无规、嵌段的共聚物，或几种聚合物共存的混炼产物。另外，在聚合物制备过程中的一些助剂、催化剂、溶剂、引发剂、分散剂、调节剂、链终止剂、交联剂以及未反应完的单体等通常也保留在聚合物中；在高分子材料加工过程中，为了改善材料的某些特殊性质，需要添加许多加工助剂，如增塑剂、稳定剂、紫外线吸收剂、抗氧剂、偶联剂、增强剂、着色剂、阻燃剂、导电剂等。样品分析前需先对样品进行预处理，将高分子与小分子化合物分开，将有机物与无机物分开，将线形聚合物与交联体形聚合物分开。不同的高分子材料，分析中有不同的要求，采用的分析鉴定方法不同，所要求的预处理方法也各不相同。通过预处理得到高分子材料、低分子助剂、无机填料等，再采用各类色谱技术做进一步分离纯化，然后进行成分与结构分析。通过简单的溶解-沉降、蒸馏、萃取等预处理，对聚合物中量大的组分，如基体、填料等，有时即可达到较好的分离效果。对材料样品中量小的组分，特别是一些反应与加工助剂，有的含量甚微，但对材料的某些特殊性能影响很大，通常是剖析的重点。由于这些微量组分种类、性质、含量相差甚远，其分离纯化程序与方法也各不相同。例如，为了得到纯度较好的聚合物，可在聚合物的浓溶液中加入大量对高聚物不溶的乙醚-己烷溶液，高聚物以絮状物沉淀析出，再用己烷或乙醚充分洗涤沉淀物，可得到纯度较高的高聚物。此时部分小分子的聚合物及大部分助剂留在溶液中。

下面以若干无机材料为例，说明单相材料也必须进行必要的化学组成、矿物组成和显微结构分析的必要性。有些材料呈同质异构现象，虽化学组成相同，但晶体结构不同而归属于不同的矿物。例如，石墨、金刚石和碳纳米管都由 C 元素的单质构成，也就是说，三者的化学组成是相同的，但石墨的晶体结构为六方晶系，金刚石为立方晶系，碳纳米管是一维纳米结构[直径小于 100nm，如图 11.25(a)所示；图 11.25(b)为管壁构造示意图]，三者的性能也大相径庭：如莫氏硬度，石墨仅为 1，金刚石高达 10；如抗压强度，石墨低于 0.1GPa，金刚石可达 2GPa 以上，碳纳米管则高达 200GPa。又如，方解石、球霰石、文石也表现出同质异构现象，化学分子式都是 $CaCO_3$，但晶体结构分别为三方晶系、六方晶系和斜方晶系，结晶完整时晶粒外形特征有明显差异，容易辨认(图 11.12)，晶体结构的不同与它们的稳定性有密切关系。水泥熟料中的 β-Ca_2SiO_4 和 γ-Ca_2SiO_4 也表现出同质异构现象，两种晶体结构的转变对水泥产品性能影响非常大，因此防止这种转变成为水泥生产控制的重要一环。

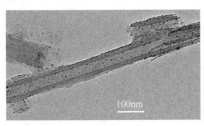

(a) 纳米级形貌(透射电镜质厚衬度像)

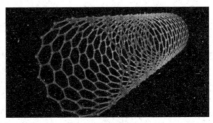

(b) 构造示意图

图 11.25 碳纳米管

思考题与习题

1. 为什么有时要用多种测试方法对材料组分和结构进行分析？
2. 以水泥基材料为例，解释探测材料结构变化过程的意义。
3. 如何控制铌碲酸盐玻璃结构失稳？
4. 在无溶剂二硫化钼纳米流体修饰研究中，如何判断有机分子是否接枝到二硫化钼表面？
5. 为什么将光学显微镜用于水泥水化产物参与砂浆泛白的辨识？
6. 材料剖析应特别注意哪些问题？

参 考 文 献

董炎明. 2005. 高分子材料使用剖析技术. 北京：中国石化出版社

丰曙霞. 2013. 背散射电子图像分析技术及其在水泥浆体研究中的应用. 上海：同济大学

井冲, 林健, 黄文昆. 2005. TeO_2-Nb_2O_5 系统玻璃的析晶性能研究. 陶瓷与玻璃, 33(3): 15-19

王培铭, 刘贤萍, 胡曙光, 等. 2007. 硅酸盐熟料-煤矸石/粉煤灰混合水泥水化模型研究. 硅酸盐学报, 35(S1): 180-186

Liu X, Wang P, Gao H, et al. 2022. Characterization of the white deposit on the surface of cement mortars by correlative light-electron microscopy (CLEM). Cement, 10: 100046

Locher F W. 2000. Zement Grundlagen der Herstellung und Verwendung. Düsseldorf: Verlag Bau+Technik

Stark J, Wicht B. 2013. Dauerhaftigkeit von Beton. 2nd ed. Berlin: Springer-Verlag

Zhang Y, Gu S, Yan B, et al. 2012. Solvent-free ionic molybdenum disulphide (MoS_2) nanofluids. Journal of Materials Chemistry, 22: 14843-14846